市政工程施工安全检查便携手册

于海祥　主编

中国建筑工业出版社

图书在版编目(CIP)数据

市政工程施工安全检查便携手册/于海祥主编. —北京：中国建筑工业出版社，2018.11
ISBN 978-7-112-22754-9

Ⅰ. ①市… Ⅱ. ①于… Ⅲ. ①市政工程-工程施工-安全管理-手册 Ⅳ. ①TU990.05-62

中国版本图书馆 CIP 数据核字（2018）第 224903 号

责任编辑：何玮珂
责任设计：李志立
责任校对：姜小莲

市政工程施工安全检查便携手册
于海祥　主编

*

中国建筑工业出版社出版、发行（北京海淀三里河路 9 号）
各地新华书店、建筑书店经销
北京红光制版公司制版
北京京华铭诚工贸有限公司印刷

*

开本：787×960 毫米　1/16　印张：24　字数：469 千字
2018 年 10 月第一版　2018 年 10 月第一次印刷
定价：**78.00** 元
ISBN 978-7-112-22754-9
（32855）

本书编委会

主　　编：于海祥

编写单位及人员：

重庆建工集团股份有限公司设计研究院：于海祥

重庆建工第九建设有限公司：周雪梅　周建元　杨　兰　刁　波
　　　　　　　　　　　　　　孟　露

中建桥梁有限公司：王殿永　马永强　邵　阳　朱家葆　于　坤
　　　　　　　　　姜延磊　曾　远

中铁二十二局集团第五工程有限公司：王英森　叶　宇

中铁大桥局集团第八工程有限公司：李德坤　朱留洋　陈　飞
　　　　　　　　　　　　　　　　张　剑　古宇鹏

中交二航局第二工程有限公司：汪存书　夏崟濠　阮泽莲
　　　　　　　　　　　　　　戴书学　陈　元　赵　冉

宁波宁大工程建设监理有限公司：管小军

重庆建工桥梁工程有限责任公司：付祥能　张天许

前　言

　　市政工程涉及面广，包括道路、桥梁、隧道、给排水、燃气、热力、绿化等各种城市公用建筑物、构筑物、设备等众多施工过程，所包含的工程专业分项繁杂且交叉作业多，又多位于市区造成施工环境复杂，所涉及的大型复杂桥隧施工技术难度大，这些都造成了市政工程施工安全技术管理难度大。市政工程施工现场安全检查与评价是保证市政工程安全生产的一项重要工作，做好各项安全检查工作是确保施工人员生产安全和健康的重要保证。

　　长期以来，专业分类繁杂的市政工程施工中，其安全管理缺乏一部系统性的检查标准，这既是由其复杂性决定的，也是由于目前较多的市政工程施工领域缺少相关安全技术标准造成的。安全检查中，工程技术人员需翻阅大量的相关安全技术标准，结合自身的专业素养进行选择性检查。这样一来，容易造成检查内容漏项、系统性差、重点不突出的现象，尤其是对于那些尚无安全技术标准的检查对象（如缆索起重机、施工栈桥等），甚至无从下手进行检查。

　　《市政工程施工安全检查标准》CJJ/T 275 - 2018 的制订和发布为市政工程施工设计、专项施工方案、标准规范与施工现场安全生产检查之间建立了有效的纽带，它根据广义市政工程的共性特点，从危险源管理的角度系统归纳了 29 项危险性较大的分部分项工程或施工临时设施作为检查项目，给出了各安全检查子项的检查准则。并对于那些尚无安全技术标准的检查项目，编制组在全国各地区甚至跨行业的广泛调研的基础上，充分借鉴公路、铁路、机械、水利电力行业的相关标准，结合市政工程施工的特点，总结形成了适用性和针对性强的安全检查条文规定。该标准还给出了用评分方式给出施工现场安全生产科学评价的方法，有效实现了检查和评价方法，确保了条文的落地实施。

　　市政工程施工现场分部分项工程多、工作面广、工序繁多、大型施工临时设施种类多且结构复杂、各操作过程成中的检查要素多且技术含量高。安全检查标准中虽然具体给出了各个检查项目的所有检查内容和技术要求，并给出了扣分标准，但安全检查中面临需查阅标准规范多、需核查资料多、定量指标多等难题，对安全查人员提出了很高的能力要求。

　　为便于广大市政工程施工技术人员、安全管理人员能轻松驾驭安全检查标准，提高安全检查效率，并且能对所检查项目所涉及的现行标准的技术条款尽快融会贯通，我们组织编写了本手册。本书是行业标准《市政工程施工安全检查标准》CJJ/T 275 - 2018 的配套工具书，主编人也是《市政工程施工安全检查标准》CJJ/T 275－2018 的主要起草人。

本书针对 29 个检查项目的每个检查子项，分章节逐一讲解了各个危险性较大的分部分项工程的施工概况或施工临时设的工作原理或基本构造，使得标准的执行者能大致把握安全生产的风险点，并罗列出与各个危险性较大的分部分项工程或施工临时设施相关的安全技术标准的概况，帮助标准执行者系统把握目前的标准体系现状。书中各章以表格形式罗列出了各检查子项的检查评定内容和扣分标准，即安全技术定性或定量技术指标；对应给出了检查方法，告知检查人员需要查什么资料、查什么指标、用什么手段或仪器进行检查（观察、测量等）。同时为了体现"便携"的特点，本书在每个检查子项的表格中详细列出了安全检查需要具体执行的现行标准、文件或法律法规的名称、具体条款号，即告知检查人员按照什么基准进行检查判定，这样一来，便于检查人员在检查前先"做足功课"，做到检查前心中有数，检查中游刃有余。

由于市政工程的安全检查项目所针对大型临时施工设施较为复杂，检查点较多，检查中需核对的现场资料较多，为提高检查效率和检查的针对性，本书各个章节均给出了各个检查项目所涉及的相关档案资料，让迎检项目部有规律可循，提前按清单准备相关资料，避免实际检查中受检项目部手忙脚乱，从而导致安全检查落不到实处，无法针对某些检查内容作出检查结论，且大大拖延检查时间。本书将《标准》中的检查要点、关联性标准的具体规定、检查方法集中汇总，力争做到"一册在手，检查无忧"。

本书主要是为了帮助施工企业工程技术、安全管理人员快速理解市政工程施工的基本原理和安全管理要点，准确掌握《标准》中安全检查方法；本书可作为最新行业标准《市政工程施工安全检查标准》CJJ/T 275－2018 宣贯培训的辅导教材，可供从事市政工程施工现场的施工技术、施工管理、安全质量监督、监理、咨询等工程技术人员及大专院校相关专业师生参考使用；对于市政工程的设计单位、监理单位和安全监督等部门的工程技术管理人员也具有一定的参考价值。

另外，本书还与《市政工程施工安全检查指南——依据 CJJ/T 275－2018 编写》（以下简称《指南》）一书互为姊妹篇。《指南》一书主要是为了帮助工程技术人员全面、细致地理解市政工程各个危险性较大的分部分项工程的施工概况或施工临时设的工作原理，在分析常见安全隐患的基础上，紧扣检查要点，结合正反面现场图片，逐项阐述了各项检查内容的标准条文制订背景以及各检查要点对确保安全生产的重要性，力求帮助工程技术人员在学习标准过程中知其然更知其所以然。《指南》一书中列出了与每项检查条目有关的现行标准的技术条款规定，方便工程技术人员有针对性的查阅对应的安全技术指标；同时，还给出了每项检查内容的现场检查和评分方法，最后结合安全检查、评价综合案例讲解了安全检查和评价方法；内容全面、翔实、可操作性强，是一部内容齐全的大型实施性手册。

本书的编制离不开团队的协作，感谢积极参与本书具体章节编制的同志们，他们在兼顾繁忙日常工作的同时，为本书的成稿付出了艰辛的努力。本书的编制过程中，广泛参阅了国内市政工程施工领军企业的施工方案、企业标准、手册、指南，吸纳了他们在市政工程施工安全管理方面的宝贵经验，从而保证了该书的编制质量和实用性。本书的编制过程中，各地广大工程技术人员和专家们对书稿提出了很多宝贵的意见。在本书与读者见面之时，对上述人员和单位无私奉献的精神一并表示衷心的感谢。

在编写过程中，作者力求编写完美，但由于市政工程施工的专业类别和涉及知识面过于宽广，新技术日新月异，对施工现场安全技术管理不断提出新要求，新的标准不断制订，原有标准不断修订，加之作者水平有限及经验不足，书中难免会有不足、过时或疏漏之处，恳请广大工程技术人员批评指正。

于海祥

2018 年 10 月

目　　录

第1章　市政工程施工安全检查概述

1.1　市政工程施工安全管理简介

1.1.1　市政工程的分类

市政基础设施是指在城市区、镇（乡）规划建设范围内设置、基于政府责任和义务为居民提供有偿或无偿公共产品和服务的各种建筑物、构筑物、设备等。城市生活配套的各种公共基础设施建设都属于市政工程范畴，比如常见的城市道路、桥梁、地铁，又比如与生活紧密相关的各种管线，包括雨水、污水、上水、中水、电力（红线以外部分）、电信、热力、燃气等，还有广场，城市绿化等的建设，都属于市政工程范畴。市政工程按照使用功能和行业管理归属可划分为：城市道路（含路基工程、路面工程）、城市公共广场（广场工程）、城市桥梁（桥梁工程）、地下交通（含隧道、车站工程）、城市供水（含供水厂、供水管道工程）、城市排水（含污水处理厂、排水管道工程）、城市供气（含燃气源工程、燃气管道工程、储备厂（站）工程）、城市供热（含热源工程、管道工程）、生活垃圾（含填埋场、焚烧厂工程）、交通安全设施（交通安全防护工程）、机电系统（机电设备安装工程）、轻轨交通（含路基工程、桥涵工程）、城市园林（含庭院工程、绿化工程）。

建设工程按自然属性可划分为建筑工程、土木工程和机电工程，其中土木工程包括轨道交通工程、桥涵工程、隧道工程、水工工程、矿山工程、架线与管沟工程等，由此可见市政工程里面的较多内容可归入土木工程。

1.1.2　市政工程施工安全管理特点

各类市政工程施工与房屋建筑工程、公路工程施工相比有很大的不同，其具有如下显著特点：

1. 施工管理难度大

市政工程与人们的城市日常生活紧密相连，各类市政道桥、管网等工程开工急且工作周期短，施工过程中的安全管理与施工现场的文明施工打造，相比于房屋建筑工程、公路工程有较大的管理难度。

2. 工程分项繁杂，交叉作业多

市政公用工程中的一项单位工程通常包括路基、路面、桥梁、隧道、给排水管网系统、燃气管线、照明系统、交通标志系统、绿化工程等。对于有河流通过的城市，当涉及跨越江河的城市道路时，还会涉及各类大桥、甚至特大桥，其分部分项工程施工难度将会陡增；对于山地城市，还会涉及各类隧道工程。市政道路施工往往会伴随有各类地下管线工程施工，管线工程种类繁多，包括电力管线、通信管线、供水管道、雨污水管道以及各类管线构筑物。因此市政工程施工中，交叉作业较多，不同班组和工种平面及垂直交叉作业比比皆是，安全责任主体多，安全管理压力大。

3. 施工环境复杂

之所以称之为市政工程，就是因为各类基础设施工程位于城市市区，现场施工受市区既有交通影响大，有的地下工程、改扩建工程多位于人口密集区，受居民交通出行影响大，且各类开挖工程对既有建（构）筑物的安全性影响较为突出。许多市政工程施工现场场地受限、场地无法全封闭，人员出入造成的安全隐患较多。

4. 施工安全技术难度大

大型市政桥梁工程，尤其是跨江河的特大型城市桥梁，以及穿越复杂地段的山地或地下隧道、轨道交通工程、地下空间工程施工中，所涉及的基坑开挖及支护难度大，水中墩柱施工需设置围堰、沉井等大型复杂施工临时设施，主体结构施工的工具式模板系统复杂，有时还需要搭设各种人行或车行栈桥，水上作业需搭设作业平台，一些特殊的桥梁施工还需设置临时缆索起重机、猫道等大型复杂临时设施。市政桥梁、轨道交通工程施工中所涉及的起重设施也较房屋建筑工程复杂，不仅吊装吨位大，有些还需采取非常规起重工艺。桥梁工程中的悬臂施工挂篮、各类托架、箱梁现浇移动模架也都是房屋建筑施工中所用不到的，这类临时施工设施多为非标准设施，需要施工单位自行设计，施工技术要求高，有些临时设施的设计、施工、验收尚无现行的国家、行业标准，安全管理难度大。

总之，以桥梁工程为代表的市政工程施工中，各个分部分项工程或施工临时设施大都属于重大危险源，不仅规模大，而且施工难度大，对技术和安全管理人员的素质要求高，同时对施工过程中的安全监控提出了更高的要求。因此市政工程施工安全管理形势更为严峻。

1.2　市政工程施工安全技术标准体系

1.2.1　房建与市政建设领域标准体系

目前，市政工程施工管理方面的法律法规和安全技术标准在不断完善，但在某些方面依然存在一些缺陷，相关有针对性的标准和制度依然缺失，分析目前住房与城乡建设领域的施工安全技术标准体系，针对于房屋建筑工程的标准较多，且体系完善，但针对于市政工程的要少得多，更谈不上体系化。行业标准《市政工程施工安全检查标准》CJJ/T 275-2018（以下简称《标准》）在正文条文中所引用的施工安全类国家、行业如表1.2.1所示，这些都是与《标准》配套执行的。

《标准》引用标准名录 表1.2.1

序号	标准级别	标准名称	专业代号
1	国家标准	《建设工程施工现场供用电安全规范》GB 50194	GB 国标
2		《给水排水管道工程施工及验收规范》GB 50268	
3		《盾构掘进隧道工程施工及验收规范》GB 50446	
4		《建筑基坑工程监测技术规范》GB 50497	
5		《建设工程施工现场消防安全技术规范》GB 50720	
6		《沉井与气压沉箱施工规范》GB/T 51130	
7		《塔式起重机安全规程》GB 5144	
8		《起重机械安全规程 第1部分：总则》GB 6067.1	
9		《起重机械安全规程 第5部分：桥式和门式起重机》GB 6067.5	
10		《高处作业吊篮》GB/T 19155	
11		《架桥机安全规程》GB 26469	
12	行业标准	《盾构法开仓及气压作业技术规范》CJJ 217	CJJ 城建
13		《建筑机械使用安全技术规程》JGJ 33	JGJ 建工
14		《施工现场临时用电安全技术规范》JGJ 46	
15		《建筑施工高处作业安全技术规范》JGJ 80	
16		《龙门架及井架物料提升机安全技术规范》JGJ 88	
17		《建筑与市政工程地下水控制技术规范》JGJ 111	
18		《建筑基坑支护技术规程》JGJ 120	
19		《建筑施工门式钢管脚手架安全技术规范》JGJ 128	
20		《建筑施工扣件式钢管脚手架安全技术规范》JGJ 130	
21		《建设工程施工现场环境与卫生标准》JGJ 146	
22		《施工现场机械设备检查技术规程》JGJ 160	
23		《建筑施工碗扣式钢管脚手架安全技术规范》JGJ 166	
24		《建筑施工土石方工程安全技术规范》JGJ 180	
25		《施工现场临时建筑物技术规范》JGJ/T 188	
26		《液压爬升模板工程技术规程》JGJ 195	

序号	标准级别	标 准 名 称	专业代号
27	行业标准	《建筑施工塔式起重机安装、使用、拆卸安全技术规程》JGJ 196	JGJ 建工
28		《建筑施工工具式脚手架安全技术规范》JGJ 202	
29		《建筑施工升降机安装、使用、拆卸安全技术规程》JGJ 215	
30		《建筑施工承插型盘扣式钢管支架安全技术规程》JGJ 231	
31		《市政架桥机安全使用技术规程》JGJ 266	
32		《建筑施工起重吊装工程安全技术规范》JGJ 276	
33		《建筑深基坑工程施工安全技术规范》JGJ 311	
34		《高处作业吊篮安装、拆卸、使用技术规程》JB/T 11699	JB 机械

1.2.2 交叉领域工程建设标准体系

长期以来，关于市政桥梁、隧道、道路方面的安全管理主要借用公路与水运工程的相关安全技术标准。公路工程行业长期以来形成了以《公路桥涵施工技术规范》JTG/T F50、《公路隧道施工技术规范》JTG F60、《公路工程施工安全技术规范》JTG F90 等为代表的系列技术标准，对公路桥梁、隧道等与道路有关的施工安全技术作出了系统性的规定。同样在铁路工程行业，长期也形成了铁路桥梁、隧道等相关的安全技术标准，在城市轨道交通工程的桥梁、隧道工程施工的安全技术管理中广泛借用。

市政工程施工由于其交叉作业多、环境影响大等特有的工程特点，以及市政、铁路、公路各自所属的行业管理的差异性造成了在安全技术管理方面，市政工程"借用"相关行业安全技术标准有显著的缺点，缺乏针对性。目前，住房和城乡建设部也在组织编制诸如钢围堰、悬臂施工挂篮等有针对性的市政工程安全技术标准，并且已经出台了针对市政架桥机、盾构法隧道施工等有针对性的安全技术标准。

《标准》的编制过程中，较多的检查项目无法在现行的国家、行业标准体系中找到对应的专业技术标准。对于这些缺失标准的检查项，编制组一方面通过全国各地甚至跨行业调研，总结多年来市政道路、桥梁、隧道等施工领域的安全技术管理经验，从而梳理成为《标准》中的安全检查条文规定；另一方面通过借鉴公路、铁路、机械、水利电力行业的相关标准，结合市政工程施工的特点，总结形成《标准》中的安全检查条文规定，这些借鉴的行业标准如表 1.2.2 所示。《标准》的编制过程中还充分借鉴了一些重要的部门规章制度、管理条例、行业领军企业的管理制度等。此外，对于一些具体的检查项目，其条文制定还借鉴了各地有针对性的地方标准。

《标准》编制参考其他行业标准列表 表 1.2.2

序号	行业类别	标准名称	针对检查项目
1	交通	《公路桥涵施工技术规范》JTG/T F50	沉井、土石围堰、钢围堰、猫道、悬臂施工挂篮、移动模架、缆索起重机
2		《公路隧道施工技术规范》JTG F60	矿山法隧道
3		《公路工程施工安全技术规范》JTG F90	钢围堰、土石围堰、沉井、猫道、悬臂施工挂篮、移动模架、缆索起重机、矿山法隧道、盾构法隧道
4		《水运工程钢结构设计规范》JTS 152 《海港总体设计规范》JTS 165 《水运工程施工安全防护技术规范》JTS 205-1	栈桥与作业平台
5	铁路	《铁路桥涵工程施工安全技术规程》TB 10303	钢围堰、土石围堰、沉井、悬臂施工挂篮、移动模架、缆索起重机
6		《铁路混凝土梁支架法现浇施工技术规程》TB 10110	梁柱式模板支撑架
7		《铁路隧道工程施工安全技术规程》TB 10304	矿山法隧道、盾构法隧道
8	水利	《水电水利工程缆索起重机安全操作规程》DL/T 5266 《水利水电建设用缆索起重机技术条件》SL 375	缆索起重机
9	机械	《高处作业吊篮安装、拆卸、使用技术规程》JB/T 11699	高处作业吊篮

为便于广大工程技术人员了解与市政工程施工相关的各类安全技术标准，在本书后续的每个章节中，均列出了与所述分部分项工程施工或施工临时设施相关的国家标准、住房和城建领域行业标准、公路工程行业标准、铁路工程行业标准、其他相关行业标准和相关的制度或管理条例，并在具体的检查条目中列出了与安全管理相关的技术条款号。

1.3 《市政工程施工安全检查标准》CJJ/T 275-2018 概述

1.3.1 《标准》的意义和内容

市政工程施工安全检查标准是打通各类专项施工方案、施工设计文件、各类标准规范与现场安全检查之间需建立一座桥梁，它能对检查要点起到提纲挈领作用，且能量化各类重要指标，还能准确指向相关专业安全技术标准。其涵盖下列内容：

1. 安全检查项目

施工现场的分部分项划分较为复杂，尤其是对于复杂、大型、综合的市政工程，不仅专业类别广、施工点多，所采用的施工临时设施、特种设备种类多、规模大，如何科学、合理地罗列检查项目是考验《标准》编制者智慧和知识面的一项重要工作。《标准》在大纲确定阶段，编制组曾列举了若干种检查项目的设置方式，有按照专业工程罗列的，如桥梁工程（又分为梁式桥、拱桥、斜拉桥、悬索桥）、燃气工程、给排水管道及构筑物工程、广场工程、轨道交通工程等；有按照分部分项工程罗列的，如基坑工程、脚手架工程、模板工程、主体结构工程、附属结构工程、起重吊装工程等。但上述各种方法确定的安全检查项目在实际编写中遇到很多问题，比如大量的重复（如模板工程在多个分部分项工程中都存在）、专业过多、二级目录过长等，导致标准正文脉络不清晰，抓不住重点。在调研基础上，最终确定以市政工程施工危险源为检查项目的编制思路，提炼出了广义市政工程共性的分部分项工程和施工临时设施作为安全检查大项。

2. 安全检查具体内容

在确定了大的检查项后，要简要、科学、重点突出的给出每个检查项目的具体检查内容，也就是说要检查什么。在既有施工安全标准体系条件下，如何用有限的条款尽可能全面的涵盖该检查项的检查子项及各自的检查要点，是施工安全检查标准编制工作的重中之重。本书的后续章节将逐一介绍各检查大项里面各检查点的制定背景以及其在安全检查中的重要性，分析了该检查内容在相关现行标准中的规定和地位，并给出了安全检查要点。

3. 检查方法

施工安全检查标准的条文如何落地，就需要给出各检查内容的检查方法，简单而言就是每个检查点要做到什么程度，如没做到如何用评分的方法给出科学的评价。减分打分、分项计分、汇总算分、按分评定是安全检查评定最合理、最常用、最简单有效的科学方法。

1.3.2　安全检查项目

1. 检查项目的设立

在行业标准《市政工程施工安全检查标准》CJJ/T 275 发布之前，市政工程施工现场安全检查与评定主要是参照行业标准《建筑施工安全检查标准》JGJ 59 的相关要求展开相关工作，但《建筑施工安全检查标准》JGJ 59 所列检查项目强烈针对于房屋建筑的各个危险性较大的分部分项工程，如基坑、脚手架、模板支架、建筑施工常用起重设备等。这其中的很多检查内容对市政工程不适用，如"附着式升降脚手架"、"悬挑式脚手架"等。且行业标准《建筑施工安全检查标准》JGJ 59 所列检查项目完全不能满足市政工程形式多样的危险性较大的分部分项工程或施工临时设施，如市政工程基础施工有深基坑工程、水上作业平台、钢围堰、沉井工程等；模板支撑工程有满堂模板支撑架、各种工具式模板工程、悬臂施工挂篮工程、梁柱式支架工程、移动模架工程等；脚手架工程有落地式脚手架工程、人行栈桥工程、车行栈桥工程、悬挂式移动操作平台、猫道工程等；起重吊装设备有架桥机、缆索起重机、桅杆式起重机等。另外市政工程还包括各类隧道工程、顶管工程等。

为实现利用尽可能少的检查项目涵盖门类繁多的市政工程施工安全管控点，《标准》在设立检查项目时，确定通用项目、地基基础工程、脚手架与作业平台工程、模板工程及支撑系统、地下暗挖与顶管工程、起重吊装工程为 6 个安全检查大类，在此基础上细化下一级的检查项目，如表 1.3.2 所示。

安全检查项目	表 1.3.2

检查大项	具体检查项目
通用项目	安全管理、文明施工、高处作业、施工用电、施工机具
地基基础工程	基坑、钢围堰、土石围堰、沉井
脚手架与作业平台工程	钢管双排脚手架、钢管满堂脚手架、高处作业吊篮、施工栈桥与作业平台、猫道
模板工程及支撑系统	钢管满堂模板支撑架、梁柱式模板支撑架、移动模架、悬臂施工挂篮、液压爬升模板
地下暗挖与顶管工程	矿山法隧道、盾构法隧道、顶管
起重吊装工程	流动式起重机、塔式起重机、门式起重机、架桥机、施工升降机、物料提升机、缆索起重机

2. 确定检查项目时的注意事项

从表 1.3.2 可以看出，《标准》并未根据专业类别（桥梁、隧道、管网、广场、绿化等）列出检查内容（除隧道和顶管工程外），而是根据各类市政工程的共性按照危险源（分部分项工程或施工临时设）施列出，这样既不会产生大量的内容重复，也不会漏掉检查点。其中"通用项目"是每个市政工程都应进行的检查的内容，包括安全管理、文明施工、高处作业、施工用电和施工机具；后续的分部分项工程或施工临时设施则根据具体工程特点确定是否有该项检查内容。比如某排水管道及构筑物工程，除了应进行通用项目的 5 个项目检查外，其中的管线明挖基槽工程、管道起重安装工程（汽车起重机）、顶管工程、泵站基坑工程（沉井）、附属设施脚手架工程（钢管双排脚手架）、泵房顶盖混凝土模板支撑工程（钢管满堂支撑架）应分别执行基坑、流动式起重机、顶管、沉井、钢管双排脚手架、钢管满堂模板支撑架的安全检查，对于没有的检查项，如钢围堰、施工栈桥与平台、架桥机、隧道等则按缺项处理。

随着施工工艺和施工设备的不断创新，市政工程施工安全检查还会增加新的检查项目。比如转体法桥梁施工方法越来越多地应用于市政桥梁工程，但在目前的《市政工程施工安全检查标准》CJJ/T 275 中尚未纳入该检查内容，随着经验的不断积累，在今后的《标准》修订中会适时增加。

对于《标准》中列出的检查项，在实际安全检查中，应根据被检查分部分项工程或施工临时设施的特点，灵活采用或采取各种组合。如大型基坑采用栈桥式支护方式，且栈桥施工中采用了大型汽车吊，虽然《标准》在"基坑"的检查项中已包含基坑支护的内容，但由于兼起支护和通行、作业平台作用的栈桥专业性强、规模庞大，需单独按独立的检查项目进行检查，因此该条件下的检查项目应为"基坑"＋"栈桥与作业平台"＋"流动式起重机"。还有一种情况需区别对待，《标准》中有些检查项目是综合检查项目，无需再进一步拆分，如顶管工程检查中，《标准》所列出的检查内容已包括基坑开挖与支护（在工作井保证项目中规定）和起重吊装这两个重要的检查内容，无需再根据《标准》中的"基坑"和"流动式起重机"或"门式起重机"检查项目进行重复检查。

1.4　市政工程施工安全检查技巧

通读《标准》条文及相关附录表格可以发现，虽然《标准》所涉及的检查项目多达29项，所涉及的内容有通用的安全管理、文明施工、施工用电等，也有诸如悬臂施工挂篮、猫道、缆索起重机等大型复杂临时施工设施，但检查内容的组成还是有一定的规律性，安全检查可按下列规律进行：

1. 对拟检查的危险性较大的分部分项工程或施工临时设施，首先检查项目部是否编制了专项施工方案，有的检查项目所涉及的特殊过程较多，专业性强，需编制多个专项施工方案，如矿山法隧道施工，除了应编制隧道暗挖安全专项施工方案外，还应针对特殊地质地段，有毒气体地层，穿越既有管线或结构物，非标准段二次衬砌模板支撑体系，降水，洞口、横通道、竖井或正洞连接处、断面尺寸变化处、工程周边环境保护等特殊部位、工序编制专项施工方案。对于结构概念要求高的大型临时施工设施，如悬臂施工挂篮、钢围堰等，还需要进行专项结构设计，附上成套设计文件及计算书。安全检查中应对照这些施工内容查其方案或专项设计编制的完整性、针对性。

为确保的方案的指导性能够落地，还应检查方案的审核、审批、交底情况，对于超过一定规模的危险性较大的分部分项工程，还有检查其专项施工方案的论证、修改情况。这部分内容的检查一般是核查各类方案和设计文件的文本、审批页、论证报告、修改回复、交底记录等资料。

2. 对于施工临时设施或施工临时性结构构件，如基坑支护结构、模板支撑体系、定型设备等，需进一步检查其构配件的材质、外观质量等，这部分检查一般是核查各类构配件及原材料的材质证明、合格证明、进场复检证明文件，目测构配件的锈蚀、变形等外观缺陷。

3. 对于施工临时设施，其结构部分应重点检查其地基的现场处理情况和表面排水设施的设置情况，以及基础的设置方式（尺寸、材质等），这部分内容的检查一般是检查地基承载力检测报告，观察地基表面等方式情况，核查基础隐蔽验收记录等。

4. 施工临时设施的结构部分是安全检查的重点，一般是通过对照方案设计图纸，详细检查构配件的型号、空间位置、间距、节点连接质量等，此外还应重点检查杆件的连接系设置情况、隐蔽工程的验收资料等。对于定型设备和常备式定型构配件还应检查其使用说明书的配备情况。

5. 在实体结构检查完成后，还应对施工现场对施工临时设施履行验收手续的情况进行检查，包括核查现场是否在临时结构构配件进场、地基基础施工完成、各类安全防护设施安装完成、相关预压等结构试验完成的各阶段是否进行了阶段性验收，以及在设备投入使用前是否履行了全面的完工验收手续。这部分内容的检查主要是核查现场的各类验收记录。

6. 对施工临时设施或大型装备的使用过程的规范性也应进行检查，主要是检查各类临时结构上是否有超载现象、加载顺序是否合理、是否实施了监控监测等。这些主要是对现场操作过程进行观察，从而作出合规性判定。

7. 由于市政工程多采用高大的施工临时设施，高处作业的临边、临洞口、攀爬、悬空、交叉作业较多，对其临边防护、操作平台等的安全检查也是必不可少的检查内容。

8. 对施工临时设施，还需对其安装和拆除过程中的安装或拆除顺序、临时加固措施、交叉作业防护等要点进行检查。

9. 对属于特种设备范畴的施工设施，还应重点核查特种作业人员的持证上岗情况和分包单位的资质情况。

以上是针对大多数检查项目给出的检查规律，对于特殊的作业过程，尚有其他的检查内容，具体根据施工实际情况按照《标准》的内容进行检查。本书将《标准》中的检查要点、关联性标准的具体规定、检查方法集中汇总，力争做到"一册在手，检查无忧"。

第 2 章　通用检查项目

　　安全管理、文明施工、高处作业、施工用电和施工机具等 5 个方面的安全管理是各类市政工程施工现场均存在的管理要素，对各个项目的安全管理具有通用性。《标准》将这 5 方面的检查内容统一归入"通用项目"，这 5 个检查项目也是每个市政工程项目安全检查中必须进行检查的项目。本章逐一介绍其安全检查实施要点。

2.1　安全管理

2.1.1　安全管理简介

　　安全管理是市政工程施工现场安全生产的重要组成部分，涉及的范围较广，安全管理与安全技术互为补充。安全生产关系到广大群众的生命财产安全，是每个企业的生命线，没有安全，质量、进度又从何谈起。一直以来中央和政府以及地方省市区对建设行业的安全生产十分重视，颁布颁发了一系列关于安全生产管理的法律法规、规章制度、办法通知等，使生产安全管理"横向到边、纵向到底"，形成"企业负责、行业管理、国家监察、群众监督"的生产安全管理体制。

2.1.2　相关安全技术标准

　　与安全管理相关的法律、法规、规章、标准主要有：

1.《中华人民共和国建筑法》（2011 修正）；

2.《中华人民共和国安全生产法》（2014 修正）；

3.《建设工程安全生产管理条例》（国务院令第 393 号）；

4.《建筑施工安全技术统一规范》GB 50870；

5.《施工企业安全生产管理规范》GB 50656；

6.《关于实施〈危险性较大的分部分项工程安全管理规定〉有关问题的通知》（建办质［2018］31 号）、《危险性较大的分部分项工程安全管理规定》（住建部令第 37 号）；

7.《建筑施工企业安全生产管理机构设置及专职安全生产管理人员配备办法》（建质［2008］91 号）；

8.《建筑施工企业负责人及项目负责人施工现场带班暂行办法》（建质

［2011］111号）。

2.1.3 迎检需准备资料

为配合安全管理的安全检查，施工现场需准备的相关资料包括：

1. 安全生产责任制、安全生产责任考核制度、安全生产管理目标；项目经理部安全检查制度、事故隐患排查治理制度；项目经理带班检查制度及带班记录；

2. 安全生产资金保障制度和安全资金使用台账；安全文明措施费使用登记台账；

3. 施工组织设计，针对工程特点、施工工艺制定的安全技术措施；

4. 危险性较大的分部分项工程安全专项施工方案；

5. 超过一定规模危险性较大的分部分项工程，安全专项施工方案，审核、审批页与专家论证意见及方案修改回复；

6. 项目安全生产领导小组或项目安全专职管理机构表，三类人员证书；

7. 施工企业与项目经理部管理人员签订的劳动合同以及为其办理相关保险资料；

8. 特种作业人员的特种作业操作证；

9. 安全专项施工方案实施前的安全技术交底资料；

10. 项目经理部制定的各工种安全技术操作规程；

11. 施工人员入场时安全教育培训制度，含采用新技术、新工艺、新设备、新材料施工时的安全教育培训制度和企业待岗、转岗、换岗的作业人员在重新上岗前的安全教育培训制度；

12. 项目管理人员、专职安全生产管理人员、作业人员安全教育培训记录；

13. 班前安全活动制度以及班前安全活动记录；

14. 重大危险源辨识，易发事故专项应急救援预案；

15. 项目经理部开展日常、定期、季节性安全检查和安全专项检查的活动记录；

16. 安全事故报告和调查处理制度、安全事故档案；

17. 与分包单位签订的安全生产协议书；分包单位资质、安全生产许可证和相关人员上岗资格证；分包单位安全机构及配备的专职安全员相关资料；

18. 总包单位对分包工程的安全检查记录。

2.1.4 安全生产责任制

安全生产责任制安全检查可按表2.1.4执行。

安全生产责任制安全检查表　　　　　　　　表 2.1.4

检查项目	安全生产责任制	本检查子项应得分数	10 分
本检查子项所执行的标准、文件与条款号	《中华人民共和国建筑法》（2011 修正）第三十六条；《中华人民共和国安全生产法》（2014 年修订）第四条；《建设工程安全生产管理条例》（第 393 号国务院令）第二十一条；《建筑施工企业安全生产管理规范》GB 50656－2011 第 5.0.3、12.0.3 条		

检查评定内容	扣分标准	检查方法
1）项目经理部应建立安全生产责任制，并应由责任人签字确认	未制定安全生产责任制，扣 10 分；未经责任人签字确认，扣 5 分	查安全资料台账，看是否建立了安全生产责任制，并查看是否有各相关责任人签字
2）项目经理部应制定安全生产管理目标，并应进行安全生产责任目标分解	未制定安全生产管理目标，扣 10 分；未进行安全生产责任目标分解，扣 5 分	查安全资料台账，看是否制定了安全生产管理目标、是否对安全生产责任目标进行了分解
3）项目经理部应制定安全生产资金保障制度，并应编制安全资金使用计划，建立安全资金使用台账	未制定安全生产资金保障制度，扣 10 分；未编制安全资金使用计划或无安全资金使用台账，扣 5 分	查安全资料台账，看是否制定了安全生产资金保障制度、是否编制安全资金使用计划、是否建立安全资金使用台账
4）项目经理部应建立安全生产责任考核制度，并应定期考核项目管理人员	未建立安全生产责任考核制度，扣 10 分；未定期对项目管理人员进行考核，扣 5 分	查安全资料台账，看是否建立了安全生产责任考核制、是否定期对项目管理人员进行考核，可查考核记录
5）项目经理部应按规定使用安全文明措施费，并应建立费用登记台账	未按规定使用安全文明措施费，扣 10 分；未建立费用登记台账，扣 5 分	查安全文明措施费是否按规定使用，是否有安全文明措施费使用台账，资金使用是否符合安全资金使用计划

2.1.5　施工组织设计及专项施工方案

施工组织设计及专项施工方案编制与审批安全检查可按表 2.1.5 执行。

施工组织设计及专项施工方案编制与审批安全检查表　　　表 2.1.5

检查项目	施工组织设计及专项施工方案	本检查子项应得分数	10 分
本检查子项所执行的标准、文件与条款号	《中华人民共和国建筑法》(2011 修正) 第三十八条;《建设工程安全生产管理条例》(第 393 号国务院令) 第二十六条;《建筑施工安全技术统一规范》GB 50870 - 2013 第 1.0.5 条;《建筑施工企业安全生产管理规范》GB 50656 - 2011 第 10.0.3、10.0.4、10.0.5、12.0.5 条;住建部令第 37 号、建办质〔2018〕31 号文		

检查评定内容	扣分标准	检查方法
1) 项目经理部在施工前应编制施工组织设计,应针对工程特点、施工工艺制定安全技术措施	未编制施工组织设计,扣 10 分 未制定安全技术措施,扣 10 分	查项目经理部是否编制了施工组织设计,安全技术措施的制定是否与本工程的特点和施工工艺有针对性
2) 危险性较大的分部分项工程应编制安全专项施工方案	危险性较大的分部分项工程未编制安全专项施工方案,扣 10 分 安全技术措施、安全专项施工方案无针对性,扣 3 分~5 分	查编制的安全专项方案是否齐全、是否按所有危险性较大的分部分项工程进行了编制
3) 超过一定规模的危险性较大的分部分项工程,施工单位应组织专家对专项施工方案进行论证	对超过一定规模的危险性较大的分部分项工程专项施工方案,未组织专家论证,扣 10 分	查图纸了解有多少超过一定规模危险性较大的分部分项工程,查专家论证意见书记录,对应查看是否所有超过一定规模危险性较大的分部分项工程的施工方案均进行了论证
4) 施工组织设计、专项施工方案应由施工单位相关部门审核,施工单位技术负责人审批、监理单位项目总监批准	施工组织设计或专项施工方案未按规定进行审核、审批,扣 10 分	查施工组织设计、专项施工方案审核、审批、报审单和记录

2.1.6　人员配备

人员配备安全检查可按表 2.1.6 执行。

人员配备安全检查表 表 2.1.6

检查项目	人员配备	本检查子项应得分数	10分
本检查子项所执行的标准、文件与条款号	《中华人民共和国建筑法》(2011年修正)第十二、十四条;《中华人民共和国安全生产法》(2014年修订)第二十一、二十四、二十七条;《中华人民共和国劳动法》(1995年公布)第十六、七十二条;《建设工程安全生产管理条例》(国务院令第393号)第二十、二十一、二十三、二十五、三十六条;《中华人民共和国劳动法》(1995年公布)第十六、七十二条;《建筑施工企业安全生产管理规范》GB 50656-2011第3.0.4条;《建筑施工企业安全生产管理机构设置及专职安全生产管理人员配备办法》(建质〔2008〕91号)第五、十三、十四条		

检查评定内容	扣分标准	检查方法
1) 项目经理部应组建项目安全生产领导小组或项目安全专职管理机构	未设置项目安全生产领导小组或项目安全专职管理机构,扣5分	查资料和人员,查看是否组建安全生产领导小组或项目安全专职管理机构
2) 施工企业应与项目经理部管理人员签订劳动合同,并应为其办理相关保险	施工企业未与项目经理部管理人员签订劳动合同或未为其办理相关保险,扣5分	查资料,核对是否有施工企业与项目经理部管理人员签订的劳动合同以及为其办理相关保险
3) 项目经理部应按规定配备专职安全生产管理人员	未按规定配备专职安全生产管理人员,扣5分	查资料和人员证书,核对项目经理部是否按规定配备专职安全员
4) 项目经理和专职安全生产管理人员应取得安全生产考核合格证书	项目经理或专职安全生产管理人员无安全生产考核合格证书,扣5分	查资料、证书和人员,核对项目经理和专职安全员是否已取得安全生产考核合格证书
5) 特种作业人员应取得特种作业操作证	特种作业人员无特种作业操作证,扣5分	查资料、证书和人员,核对特种作业人员是否已取得特种作业操作证

2.1.7 安全技术交底

安全技术交底安全检查可按表 2.1.7 执行。

安全技术交底安全检查表　　　　　　表 2.1.7

检查项目	安全技术交底	本检查子项应得分数	10 分
本检查子项所执行的标准、文件与条款号	《建设工程安全生产管理条例》(国务院令第 393 号)第二十七条;《建筑施工安全技术统一规范》GB 50870-2013 第 1.0.7 条;住建部令第 37 号、建办质〔2018〕31 号文		
检查评定内容	扣分标准	检查方法	
1) 安全专项施工方案实施前应进行安全技术交底,并应由交底人、被交底人签字确认	未进行安全技术交底,扣 10分;交底未履行签字手续,扣 5分	查书面交底资料、签字人员、人数,与现场操作人员进行核对,核对是否全部交底到位	
2) 安全技术交底应结合施工现场情况及作业特点对危险因素、施工方案、标准、操作规程及应急措施进行技术交底	安全技术交底不全面或无针对性,扣 3 分~5 分	对照施工现场情况及作业特点对危险因素、施工方案、标准、操作规程及应急措施,核查安全技术交底内容是否与之一致或是否有针对性	
3) 安全技术交底应按施工工序、施工部位及施工环境等因素按分部分项进行	未按分部分项进行安全技术交底,扣 5 分	核对安全技术交底时间,是否与施工工序、施工部位及施工环境因素等分部分项的时间相吻合,有无滞后	
4) 项目经理部应制定各工种安全技术操作规程,并应将操作规程设置在作业场所显著位置	未制定各工种安全技术操作规程,扣 5 分;未将操作规程设置在作业场所显著位置,扣 3分	现场查看,各相应工种施工场所是否悬挂了相对应的操作规程、内容是否齐全	

2.1.8 安全教育与班前活动

安全教育与班前活动安全检查可按表 2.1.8 执行。

安全教育与班前活动安全检查表　　表 2.1.8

检查项目	安全教育与班前活动	本检查子项应得分数	10 分
本检查子项所执行的标准、文件与条款号	《中华人民共和国建筑法》（2011 年修正）第四十六条；《中华人民共和国安全生产法》（2014 最新修订）第十八、二十二、二十五、二十六、二十七条；《建设工程安全生产管理条例》（第 393 号国务院令）第二十一、二十五、三十六、三十七条；《建筑施工企业安全生产管理规范》GB 50656 - 2011 第 3.0.6、7.0.1、7.0.2、7.0.3、7.0.5、7.0.6 条		

检查评定内容	扣分标准	检查方法
1）项目经理部应建立安全教育培训制度，施工人员入场时应进行三级安全教育培训和考核	未建立安全教育培训制度，扣 10 分；施工人员入场时未进行三级安全教育培训和考核，扣 5 分	查安全资料台账、现场人员，检查是否建立了安全教育培训制度，施工人员入场时是否进行了三级安全教育和考核
2）采用新技术、新工艺、新设备、新材料施工时，应进行安全教育培训	采用新技术、新工艺、新设备、新材料技术施工时，未进行安全教育培训，扣 5 分	查安全资料台账，核对图纸以及施工资料和施工现场，核查是否采用了新技术、新工艺、新设备、新材料，是否对操作人员进行了安全教育培训
3）企业待岗、转岗、换岗的作业人员在重新上岗前应进行安全教育培训	企业待岗、转岗、换岗的作业人员在重新上岗前未进行安全教育培训，扣 5 分	查安全资料台账和人员，核对企业待岗、转岗、换岗的作业人员在重新上岗前是否进行了安全教育培训
4）项目管理人员、专职安全生产管理人员、作业人员每年度应进行安全教育培训	项目人员每年度未进行安全教育培训或培训不符合规定，扣 5 分	4）项目管理人员、专职安全生产管理人员、作业人员每年度应进行安全教育培训
5）施工现场应建立班前安全活动制度，并应有安全活动记录	未建立班前安全活动制度，扣 5 分；无安全活动记录，扣 3 分	查安全台账资料、班前安全活动记录，核查是否建立班前安全活动制度、安全活动记录是否齐全

2.1.9　应急管理

应急管理安全检查可按表 2.1.9 执行。

应急管理安全检查表　　　　　　　　　**表 2.1.9**

检查项目	应急管理	本检查子项应得分数	10 分
本检查子项所执行的标准、文件与条款号	《中华人民共和国建筑法》（2011 年修正）第十八、二十二、七十八、七十九条；《建设工程安全生产管理条例》（第 393 号国务院令）第四十八、四十九条；《建筑施工企业安全生产管理规范》GB 50656 - 2011 第 13.0.1～13.0.6 条		
检查评定内容	扣分标准	检查方法	
1）项目经理部应针对工程特点进行重大危险源辨识，并应制定易发事故专项应急救援预案，对施工现场易发生重大安全事故的部位、环节进行监控	未进行重大危险源辨识，扣10 分 未制定应急救援预案，扣10 分 未对施工现场易发生重大安全事故的部位、环节进行监控，扣 5 分	查看安全资料台账是否有针对工程特点的重大危险源的辨识记录和资料以及是否有相应的应急预案，是否有易发生重大安全事故的部位、环节进行监控记录	
2）项目经理部应定期开展应急救援演练，并应及时总结	未定期组织员工开展应急救援演练，扣 5 分	查安全资料台账，看是否有应急救援演练记录以及演练工作总结	
3）施工现场应按应急救援预案要求配备应急救援物资、器材及设备，并应及时更新	未按应急救援预案要求配备应急救援物资、器材及设备，扣 5 分	现场查看是否配备有应急救援物资、器材和设备，是否完好、有效以及满足需要	

2.1.10　安全检查

安全检查可按表 2.1.10 执行。

安全检查执行表　　　　　　　　　**表 2.1.10**

检查项目	安全检查	本检查子项应得分数	10 分
本检查子项所执行的标准、文件与条款号	《中华人民共和国安全生产法》（2014 最新修订）第四条；《建设工程安全生产管理条例》（第 393 号国务院令）第二十一条；《建筑施工企业安全生产管理规范》GB 50656 - 2011 第 15.0.2、15.0.3、15.0.5 条；《建筑施工企业安全生产管理机构设置及专职安全生产管理人员配备办法》建质［2008］91 号第 6 条；《建筑施工企业负责人及项目负责人施工现场带班暂行办法》的通知（建质［2011］111号）第三、四、九、十条；住建部令第 37 号、建办质［2018］31号文		
检查评定内容	扣分标准	检查方法	
1）项目经理应执行带班检查制度，并应有记录	项目经理未执行带班检查制度或无带班检查记录，扣 5 分	查看资料是否有项目经理带班检查记录	

续表

检查评定内容	扣分标准	检查方法
2）项目经理部应建立安全检查制度、事故隐患排查治理制度	未建立安全检查制度、事故隐患排查治理制度，扣10分	查资料和项目经理办公室或会议室，看是否建立了安全检查制度、事故隐患排查治理制度，制度牌是否悬挂上墙
3）项目经理部应开展日常、定期、季节性安全检查和安全专项检查，并应有检查记录	未开展日常、定期、季节性安全检查和安全专项检查或无检查记录，扣5分	查安全资料台账，看是否有日常、定期、季节性安全检查和安全专项检查记录
4）重大事故隐患整改后应由相关部门及时组织复查，并应有记录	重大事故隐患整改未按期整改和复查，扣10分；无文字记录，扣5分	查安全资料台账，看是否有相关部门组织的重大事故隐患整改后的复查记录
5）项目经理部应建立安全检查档案	未建立安全检查档案，扣5分	查安全资料台账，看资料建档是否符合要求

2.1.11 生产安全事故处理

生产安全事故处理安全检查可按表2.1.11执行。

生产安全事故处理安全检查表　　　　表2.1.11

检查项目	生产安全事故处理	本检查子项应得分数	10分
本检查子项所执行的标准、文件与条款号	《中华人民共和国建筑法》（2011年修正）第五十一条；《中华人民共和国安全生产法》（2014最新修订）第八十、八十三条；《建设工程安全生产管理条例》（第393号国务院令）第五十、五十一、五十二条；《建筑施工企业安全生产管理规范》GB 50656－2011 第14.0.1、14.0.2、14.0.4、14.0.5、14.0.6条		

检查评定内容	扣分标准	检查方法
1）施工单位应建立安全事故报告和调查处理制度	未建立安全事故报告和调查处理制度，扣10分	查安全资料台账和会议室，看是否有安全事故报告和调查处理制度，制度牌是否悬挂上墙
2）施工现场发生生产安全事故时，施工单位应及时报告	安全事故、险情发生后未及时上报，扣10分	查安全资料台账是否有发生生产安全事故时报告记录
3）施工单位应对生产安全事故进行调查分析、制定防范措施	未对安全事故进行调查分析、制定防范措施，扣10分	查安全资料台账，看是否有生产安全事故调查分析、防范措施记录和方法措施落实记录
4）施工单位应建立安全事故档案	未建立安全事故档案，扣5分	查安全资料台账，看资料建档是否符合要求

2.1.12 分包单位管理

分包单位管理安全检查可按表 2.1.12 执行。

分包单位管理安全检查表 表 2.1.12

检查项目	分包单位管理	本检查子项应得分数	10 分
本检查子项所执行的标准、文件与条款号	《中华人民共和国建筑法》（2011 年修正）第二十九、四十五条；《建设工程安全生产管理条例》（第 393 号国务院令）第二十四条；《建筑施工企业安全生产管理规范》GB 50656 - 2011 第 11.0.2、11.0.3 条；《建筑施工企业安全生产管理机构设置及专职安全生产管理人员配备办法》建质〔2008〕91 号第 14 条		

检查评定内容	扣分标准	检查方法
1）总包单位应审查分包单位资质、安全生产许可证和相关人员上岗资格证	分包单位资质、安全生产许可证和相关人员上岗资格不符合要求，扣 10 分	查资料和人员，看分包单位资质、安全生产许可证和相关人员上岗资格证书是否齐全、是否相对应
2）总包单位与分包单位应签订安全生产协议书，明确双方的安全责任	总包单位未与分包单位签订安全生产协议书，扣 5 分；安全生产协议书未明确双方的安全责任，扣 2 分	查资料，看是否有总包单位与分包单位应签订的安全生产协议书、内容是否齐全、安全责任是否明确
3）分包单位应建立安全机构，并应按规定配备专职安全生产管理人员	分包单位未建立安全机构或未按规定配备专职安全生产管理人员，扣 5 分	查安全资料台账，看是否有分包单位安全机构建立资料以及专职人员证书，并进行人、证相符性核对
4）总包单位应定期对分包工程开展安全检查，并应有检查记录	未定期对分包单工程开展安全检查或无检查记录，扣 5 分	查安全资料台账，看是否有总包单位对分包工程的安全检查记录

2.1.13 安全标志

施工现场安全标志安全检查可按表 2.1.13 执行。

施工现场安全标志安全检查表　　　　　　表 2.1.13

检查项目	安全标志	本检查子项应得分数	10 分
本检查子项所执行的标准、文件与条款号	《中华人民共和国安全生产法》（2014 最新修订）第三十二条；《建设工程安全生产管理条例》（第 393 号国务院令）第二十八条；《安全标志及其使用导则》GB 2894－2008 第 8、9 条		

检查评定内容	扣分标准	检查方法
1）施工现场应设置安全标志布置图	施工现场未设置安全标志布置图，扣 5 分	查看现场明显部位或主出入口处是否设置有安全标志布置图
2）施工现场应设置重大危险源公示牌	施工现场未设置重大危险源公示牌，扣 5 分	现场查看，在明显位置是否设置了重大危险源公示栏以及内容是否齐全
3）施工现场入口及主要施工区域、危险部位应设置安全警示标志牌，并应根据工程部位和施工现场的变化进行调整	施工现场入口及主要施工区域、危险部位未设置相对应的安全警示标志牌，扣 5 分	查看施工现场入口及主要施工区域、危险部位是否按要求以及施工进度设置了安全警示标志牌
4）施工现场安全警示牌移动、损坏时应及时复原	施工现场安全警示牌移动、损坏未及时复原，扣 5 分	检查现场是否有缺失、损坏的安全警示牌

2.2　文明施工

2.2.1　文明施工简介

　　文明施工指在建设工程施工过程中，保持施工场地整洁、卫生，施工组织科学，施工程序合理的一种施工活动。文明施工是企业无形资产原始积累的需要，是在市场经济条件下企业参与市场竞争的需要。建立完善的文明施工体系是建筑工程施工管理过程中的最重要的一环，实现文明施工，可以改善施工作业人员的作业环境、生活条件，还可以提高项目的经济效益，控制施工生产对自然环境和生活环境的污染，减小对居民的生活的不利影响。在建设项目施工过程中,通过对建筑工程安全文明施工管理活动,对影响施工安全的具体因素状态进行控制,减少甚至消除不文明和不安全的行为,预防和降低建筑生产安全事故的发生。

2.2.2 相关技术标准

与文明施工安全技术相关的法律、法规、标准主要有:

1.《中华人民共和国建筑法》(2011 修正);

2.《建设工程安全生产管理条例》(国务院令第 393 号);

3.《建设工程施工现场消防安全技术规范》GB 50720;

4.《建设工程施工现场环境与卫生标准》JGJ 146;

5.《施工现场临时建筑物技术规范》JGJ/T 188;

6.《建筑工程安全防护、文明施工措施费用及使用管理规定》建办〔2005〕89 号;

7. 相关地方标准,如上海市《文明施工规范》DGJ 08 - 2102 等。

2.2.3 迎检需准备资料

为配合文明施工的检查,施工现场需贮备的相关资料包括:

1. 文明施工专项方案;

2. 临时设施专项施工方案;

3. 扬尘治理专项方案;

4. 文明施工验收表;

5. 施工临时用房验收表;

6. 消防安全管理方案及应急预案;

7. 消防安全检查记录表;

8. 一级动火许可证、二级动火许可证、三级动火许可证;

9. 食堂卫生许可证、炊事人员健康证;

10. 夜间施工许可证;

11. 污水排放许可证;

12. 消防器材合格证;

13. 施工现场的公示标牌、交通疏解告示、行人绕行提示、文明施工等标志,各类禁止标志、警示标志、指令标志、提示标志、安全标语等;

14. 安全文明措施费使用计划及使用登记台账。

2.2.4 现场围挡

施工现场围挡设置安全检查可按表 2.2.4 执行。

施工现场围挡设置安全检查表　　　　表 2.2.4

检查项目	现场围挡	本检查子项应得分数	10 分
本检查子项所执行的标准、文件与条款号	《建设工程施工现场环境与卫生标准》JGJ 146-2013 第 3.0.8 条，《施工现场临时建筑物技术规范》JGJ/T 188-2009 第 7.7.1～7.7.5 条		
检查评定内容	扣分标准	检查方法	
1）市区主要路段的施工现场应设置高度不低于 2.5m 的封闭围挡	市区主要路段的施工现场未设封闭围挡，扣 10 分；围挡高度低于 2.5m，扣 1 分～3 分	观察市区主要路段的围挡是否封闭，量测高度是否低于 2.5m	
2）一般路段的施工现场应设置高度不低于 1.8m 的封闭围挡	一般路段的施工现场未设封闭围挡，扣 10 分；围挡高度低于 1.8m，扣 1 分～3 分	观察一般路段的施工现场围挡是否封闭，并测量高度是否低于 1.8m	
3）围挡基础应坚实、牢固	围挡基础不坚固，扣 5 分	查看围挡基础是否和方案一致，是否坚实牢固	
4）围挡立面应顺直、整洁、美观	围挡立面不顺直、整洁、美观，扣 5 分	查看围挡是否顺直整齐、清洁美观和无破损，外观应与周围环境协调	

2.2.5 封闭管理

施工现场封闭管理安全检查可按表 2.2.5 执行。

施工现场封闭管理安全检查表　　　　表 2.2.5

检查项目	封闭管理	本检查子项应得分数	10 分
本检查子项所执行的标准、文件与条款号	《中华人民共和国建筑法》（2011 修正）第 39 条；《文明施工规范》DGJ 08-2102-2012 第 3.1.1、3.1.2、3.1.3 条		
检查评定内容	扣分标准	检查方法	
1）施工现场出入口应设置大门和门卫值班室	施工现场出入口未设置大门，扣 10 分　大门未设置门卫值班室，扣 5 分	查看是否设置了大门和门卫值班室	
2）施工现场应建立门卫值守制度，并应配备门卫值守人员，施工机械、外来人员出入应登记	施工现场未建立门卫值守制度或无门卫值守人员，扣 5 分　施工机械、外来人员未实行出入登记管理随意进出施工现场，扣 5 分	查看是否有门卫值班制度，查外来人员进出是否有登记记录，查机械的进出是否有台账	
3）施工人员进入施工现场应佩戴工作卡或其他有效证件	施工人员进入施工现场未佩戴工作卡或其他有效证件，每人次扣 2 分	查看施工人员是否佩戴胸卡或者凭其他证件进出工地	

2.2.6 施工场地

施工场地安全检查可按表2.2.6执行。

施工场地安全检查表   表2.2.6

检查项目	施工场地	本检查子项应得分数	10分
本检查子项所执行的标准、文件与条款号	《文明施工规范》DGJ 08-2102-2012第12.0.2、12.0.3条		
检查评定内容	扣分标准	检查方法	
1）施工便道应保持畅通，路面应平整坚实	施工便道不畅通，扣5分 施工便道路面不平整坚实，扣5分	查看道路是否畅通，查看路面是否平整、坚实	
2）施工现场的主要道路、出入口和材料加工区地面应进行硬化处理	主要道路、出入口和材料加工区地面未进行硬化处理，扣5分	查看现场道路、出入口、材料加工区地面是否硬化	
3）施工现场应安装电子监控设施	施工现场未按规定安装电子监控设施，扣5分	查看施工现场是安装了电子监控设施，运转是否正常	
4）施工现场应制定防止扬尘的措施	施工现场无防扬尘措施，扣5分	查看制定及实施的防尘措施是否齐全合理	
5）施工现场应设置排水设施，并应保持排水通畅、无积水	施工现场无排水设施或排水不通畅，扣5分	查看现场是否设置了排水设施，是否畅通，场地内是否积水	
6）施工现场应制定防止泥浆、污水、废弃物污染环境或堵塞下水道、河道的措施	施工现场无防止泥浆、污水、废弃物污染环境或堵塞下水道、河道的措施，扣5分	查看是否采取了防止泥浆、污水、废弃物污染环境或堵塞下水道、河道的措施	
7）裸露场地和集中堆放的土方应采取覆盖、固化或绿化等措施	裸露场地和集中堆放的土方未进行覆盖、固化或绿化，扣5分	查看裸露场地和集中堆放的土方是否采取了覆盖、固化或绿化的措施	
8）施工现场出入口处应设置车辆冲洗设施	施工现场出入口处未设置车辆冲洗设施，扣5分	查看施工现场是否设置车辆冲洗设施	
9）施工现场应设置吸烟区，严禁随意吸烟	施工现场未设置吸烟区，扣5分	查看施工现场是否设置了吸烟区，是否有随意吸烟的现象	
10）建筑垃圾应有序堆放、及时清理	建筑垃圾未及时清理或堆放混乱，扣5分	查看垃圾堆放是否有序，清理是否及时	

2.2.7 材料管理

施工现场材料管理安全检查可按表 2.2.7 执行。

施工现场材料管理安全检查表　　　　表 2.2.7

检查项目	材料管理	本检查子项应得分数	10 分
本检查子项所执行的标准、文件与条款号	《建设工程施工现场消防安全技术规范》GB 50720－2011 第 3.2.1 条		
检查评定内容	扣分标准	检查方法	
1）工程材料、构件应按施工现场平面布置图分类堆放	工程材料、构件未按施工现场平面布置图分类堆放，扣 5 分	查看材料、构件是否按平面布置图分类堆放	
2）材料应堆码整齐并悬挂标志牌，并应标明名称、规格	材料堆码混乱或未悬挂标志牌，扣 5 分；标志牌未标明名称、规格，扣 2 分	查看材料堆放是否整齐并悬挂有名称、规格的标志牌	
3）材料堆码应有防火、防锈蚀、防雨等措施	材料堆码无防火、防锈蚀、防雨等措施，扣 5 分	查看材料堆码是否采取了防火、防锈蚀、防雨的措施	
4）易燃易爆物品应分类储藏在专用库房内，库房安全距离应符合国家现行相关标准要求，并应制定防火措施	易燃易爆物品未分类储藏在专用库房内，扣 10 分 库房安全距离不符合国家现行相关标准要求，扣 5 分 库房未制定防火措施，扣 5 分	查看易燃易爆物品是否分类储藏在专用库房内，量测库房的安全距离是否符合国家现行相关标准要求，库房是否有防火措施	

2.2.8 消防管理

施工现场消防管理安全检查可按表 2.2.8 执行。

施工现场消防管理安全检查表　　　　表 2.2.8

检查项目	消防管理	本检查子项应得分数	10 分
本检查子项所执行的标准、文件与条款号	《中华人民共和国安全生产法》（2014 年修订）第九十四条；《建设工程施工现场消防安全技术规范》GB 50720－2011 第 3.3.1、3.3.2、4.2.1、6.1.4、6.3.1、6.1.10、6.1.1 条；《文明施工规范》DGJ 08－2102－2012 第 13.0.4、13.0.10 条		
检查评定内容	扣分标准	检查方法	
1）施工现场应建立内容完善的消防安全管理制度	未建立消防安全管理制度，扣 10 分；制度内容不完善，扣 5 分	查看消防安全管理制度是否齐全	

检查评定内容	扣分标准	检查方法
2）施工现场临时用房和作业场所的防火设计应符合国家现行相关标准要求	临时用房和作业场所的防火设计不符合国家现行相关标准要求，扣10分	查看临时房的建筑构件的燃烧性能等级是否为A级，作业场所的防火设计是否符合相关标准和方案的要求
3）施工现场应设置符合国家现行相关标准要求的消防通道、消防水源	未设置消防通道、消防水源，扣10分；消防通道、消防水源设置不符合国家现行相关标准要求，扣5分	查看消防通道的宽度和消防水源是否符合标准的要求
4）施工现场应设置可靠有效的灭火器材，布局配置应符合国家现行相关标准要求	施工现场灭火器材布局、配置不合理或灭火器材失效，扣5分	查看灭火器材配备的种类和型号是否符合要求，数量是否足够，是否有效
5）动火作业应办理动火审批手续，并应配备动火监护人员	动火作业未办理动火审批手续或未配备动火监护人，扣5分	查看动火台账是否齐全、真实，现场检查作业面是否配备了动火监护员
6）施工现场应定期组织火灾疏散演练，并应有记录	未定期组织火灾疏散演练或无相关记录，扣5分	查看应急演练的记录和图像资料

2.2.9 现场办公与住宿

现场办公与住宿设置与管理安全检查可按表2.2.9执行。

现场办公与住宿设置与管理安全检查表　　　　表2.2.9

检查项目	现场办公与住宿	本检查子项应得分数	10分
本检查子项所执行的标准、文件与条款号	《建设工程安全生产管理条例》（第393号国务院令）第二十九条；《建设工程施工现场环境与卫生标准》JGJ 146-2013 第3.0.7、5.1.5、5.1.6、5.1.7、5.1.8、5.1.9条，《施工现场临时建筑物技术规范》JGJ/T 188-2009 第5.13、5.14、5.2.1～5.2.3、5.3.2条		

检查评定内容	扣分标准	检查方法
1）施工现场的办公区、生活区与作业区应分开设置，并应采取相应的隔离措施	办公区、生活区与作业区未分开设置或无隔离措施，扣5分	查看办公区、生活区、作业区是否分开设置，是否采取了隔离措施

续表

检查评定内容	扣分标准	检查方法
2）伙房、库房及尚未竣工的建筑物不得兼作宿舍	伙房、库房及尚未竣工的建筑物兼作宿舍使用，扣 10 分	查看伙房、库房及未竣工的建筑物内是否兼做宿舍
3）宿舍应设置可开启式窗户，床铺不得超过 2 层，通道宽度不得小于 0.9m，宿舍人均面积不得小于 2.5m²，一间宿舍居住人数不得超过 16 人	宿舍未设置可开启式窗户，扣 5 分　宿舍未设置床铺、床铺超过 2 层或通道宽度小于 0.9m，扣 3 分　宿舍人均面积或居住人数不符合规定，扣 5 分	查看住宿人数是否超过了 16 人，床铺是否超过了 2 层，量测通道宽度和人均面积是否符合要求
4）宿舍内不得违章私拉乱接电线，不得使用大功率用电设备和明火	宿舍内违章私拉乱接电线或使用大功率（2kW 以上）用电设备或明火，扣 5 分	查看宿舍内有无违章私拉乱接电线和使用大功率电器和明火现象
5）宿舍应有冬季保暖、夏季消暑、防煤气中毒、防蚊虫叮咬等措施	宿舍无冬季保暖、夏季消暑、防煤气中毒、防蚊虫叮咬等措施，扣 3 分	查看宿舍内是否有冬季保暖、夏季消暑、防煤气中毒、防蚊虫叮咬的措施
6）住宿、办公用房使用前应履行验收程序，办理验收手续，并应由责任人签字确认	住宿、办公用房使用前未履行验收程序，办理验收手续，扣 10 分	查看住宿、办公房的验收资料是否齐全签字是否规范
7）职工宿舍应实行集中管理	职工宿舍未实行集中管理，扣 5 分	看看职工宿舍的管理制度是否齐全
8）住宿人员信息应实行登记管理	住宿人员信息未实行登记管理，扣 5 分	查看住宿人员的入住登记台账资料是否及时、真实
9）生活用品应摆放整齐，环境卫生应良好	生活用品摆放凌乱或环境卫生较差，扣 3 分	查看宿舍内物品摆放是否整齐、环境是否整洁

2.2.10　交通疏导

施工现场交通疏导安全检查可按表 2.2.10 执行。

施工现场交通疏导安全检查表　　　　　表 2.2.10

检查项目	交通疏导	本检查子项应得分数	10分
本检查子项所执行的标准、文件与条款号	《文明施工规范》DGJ 08 - 2102 - 2012 第 10.0.1～10.0.5、10.0.8～10.0.11 条		
检查评定内容	扣分标准	检查方法	
1）占用、挖掘道路应设置交通疏解告示、行人绕行提示、文明施工用语等标志	占用、挖掘道路未设置交通疏解告示、行人绕行提示、文明施工用语等标志，扣3分	查看占用、挖掘道路是否设置交通疏解告示、行人绕行提示、文明施工等标志，标志是否挂在不妨碍行人、车辆通行的醒目部位	
2）道路、基坑边围墙外侧为道路时，应设置防止来车碰撞墩或交通警示灯	道路、基坑边围墙外侧为道路时，未设置防止来车碰撞墩或交通警示灯，扣5分	查看道路、基坑边围墙为道路时是否设置防止来车碰撞墩或交通警示灯	
3）基坑上车行便桥应设置限载、限速和禁止超车、停车等标志	基坑上车行便桥未设置限载、限速和禁止超车、停车等标志，扣5分	查看基坑上车行便桥是否设置了限载、限速、禁止超车、停车等标志	
4）临时改道应设置导向、减速设施及标志标线	临时改道未设置导向、减速设施及标志标线，扣5分	查看临时改道是否设置了导向、减速设施及标志标线	

2.2.11　公示标牌

施工现场公示标牌设置安全检查可按表 2.2.11 表执行。

施工现场公示标牌设置安全检查表　　　　　表 2.2.11

检查项目	公示标牌	本检查子项应得分数	5分
本检查子项所执行的标准、文件与条款号	《建设工程施工现场环境与卫生标准》JGJ 146 - 2013 第 3.0.9 条，《建筑工程安全防护、文明施工措施费用及使用管理规定》建办〔2005〕89 号		
检查评定内容	扣分标准	检查方法	
1）施工现场出入口应有企业名称或企业标志，公示标牌内容应全面	施工现场出入口无企业名称或企业标志，扣5分	观察施工现场出入口是否有企业名称和企业标志，内容是否全面	

续表

检查评定内容	扣分标准	检查方法
2）施工现场大门口处明显位置应设置公示标牌	在施工现场大门口处明显位置未设置公示标牌，公示标牌内容不全面，扣1分～3分	观察施工现场大门口是否设置公示牌
3）标牌应规范、整齐、统一	标牌不规范、整齐、统一，扣1分～3分	观察标牌是否规范、整齐、统一
4）施工现场应按规定设置禁止标志、警示标志、指令标志、提示标志，并应配以相应的安全标语	未设置禁止标志、警示标志、指令标志、提示标志，扣5分；无相应的安全标语，扣1分～3分	观察施工现场是否按规定设置禁止、警示、指令、提示标志，并配以相应的安全标语
5）施工现场办公区和生活区应设置宣传栏、黑板报、读报栏	办公区和生活区未设置宣传栏、黑板报、读报栏，扣5分	观察办公区、生活区是否设置有宣传栏、黑板报、读报栏

2.2.12 保健急救

施工现场保健急救管理安全检查可按表2.2.12表执行。

施工现场保健急救管理安全检查表   表2.2.12

检查项目	保健急救	本检查子项应得分数	5分
本检查子项所执行的标准、文件与条款号	《建设工程施工现场环境与卫生标准》JGJ 146-2013第5.1.4条		

检查评定内容	扣分标准	检查方法
1）施工现场应制定急救措施，并应配备保健医药箱和急救器材	施工现场未制订急救措施或未配保健备医药箱和急救器材，扣5分	查看施工现场是否制定急救措施，是否配备保健医药箱和急救器材
2）施工现场应配备经培训合格的急救人员	未配备经培训合格的急救人员，扣5分	查看施工现场是否配备了培训合格的急救人员
3）施工现场应开展卫生防疫宣传教育	未开展卫生防疫宣传教育，扣5分	查看防疫教育宣传的书面资料和图像资料

2.2.13 生活设施

施工现场生活设施设置与管理安全检查可按表 2.2.13 表执行。

施工现场生活设施设置与管理安全检查表 　　　　表 2.2.13

检查项目	生活设施	本检查子项应得分数	10分
本检查子项所执行的标准、文件与条款号	《建设工程施工现场环境与卫生标准》JGJ 146-2013 第 5.1.10～5.1.23、5.2.1～5.2.8 条		
检查评定内容	扣分标准	检查方法	
1）施工现场应设置文体活动室、职工夜校等设施	未设置文体活动室、职工夜校等设施，扣5分	查看施工现场是否设置了文体活动室、职工夜校等设施	
2）现场应设置能满足现场人员需求的淋浴室	未设置淋浴室或淋浴室不满足现场人员需求，扣5分	查看并计算计算淋浴室的面积大小，是否能满足现场人员的需求	
3）食堂应建立卫生责任制和卫生管理制度，并应落实到人	食堂未建立卫生责任制和卫生管理制度，5分	查看食堂卫生责任书是否签订，卫生管理制度是否健全	
4）食堂应设置排烟、隔油设施	食堂无排烟、隔油设施，扣3分	观察食堂是否设置了排烟、隔油设施，并检查是否正常运行	
5）食堂使用的燃气罐应单独设置存放间，存放间应通风条件良好	燃气罐未单独设置存放间，扣10分；存放间通风条件不好，扣2分	查看食堂使用的燃气罐是否存放在单独设置的存放间，存放间通风条件是否良好	
6）食堂与厕所、垃圾站、有毒有害场所等污染源的距离应大于15m，且不得设在污染源的下风侧	食堂位置设置不符合规定，扣3分～5分	观察食堂是否在污染源的下风侧，量测食堂与厕所、垃圾站、有毒有害场所等污染源的距离是否大于15m	
7）食堂必须有卫生许可证，炊事人员必须持身体健康证上岗	食堂无卫生许可证，扣10分 炊事人员无身体健康证，每人次扣5分	查看食堂是否有卫生许可证且在有效期内 查看炊事员是否持健康证上岗且证书在有效期内	
8）食堂生熟食应分开存放，并应有防虫害等措施	食堂生熟食未分开存放，扣5分 食堂无防蝇、蚊、鼠、蟑螂等措施，扣5分	观察食堂内生食、熟食是否分开存放，查看食堂是否有防虫害、小动物的措施	
9）生活区应设置开水炉、电热水器或饮用水保温桶	生活区未设置开水炉、电热水器或饮用水保温桶，扣5分	观察生活区是否设置开水炉、电热水器或者饮用水保温桶	

续表

检查评定内容	扣分标准	检查方法
10）厕所内的设施数量、布局、卫生、排放应符合国家现行相关标准要求	厕所内的设施数量、布局、卫生、排放不符合国家现行相关标准要求，扣5分	查看厕所内的设施数量、布局、卫生、排放是否符合国家现行相关标准要求
11）生活垃圾应装入密闭式容器内，并应及时清理	生活垃圾未装入密闭式容器或未及时清理，扣5分	查看生活垃圾是否装入密闭容器内，垃圾清运是否及时
12）食堂应对当天的饭菜留样备查	食堂未对当天的饭菜留样备查，扣5分	查看食堂是否对当天的饭菜留样

2.2.14 环境保护

施工现场环境保护安全检查可按 2.2.14 表执行。

施工现场环境保护安全检查表　　　　表 2.2.14

检查项目	环境保护	本检查子项应得分数	10 分
本检查子项所执行的标准、文件与条款号	《中华人民共和国建筑法》（2011修正）第四十一条；《中华人民共和国文物保护法》（2017年修正）第六十六条；《建筑施工场界环境噪声排放标准》GB 12523－2011 第 4.1 条；《建设工程施工现场环境与卫生标准》JGJ 146－2013 第 4.2.1、4.2.2～4.2.4、4.2.5、4.2.6、4.2.7～4.2.11、4.3.1～4.3.5、4.4.1～4.4.5 条		

检查评定内容	扣分标准	检查方法
1）施工现场应制定防粉尘、防噪声、防废气措施	施工现场无防粉尘、防噪声、防废气措施，扣5分	查看防粉尘、防噪声、防废气的制度、措施是否齐全并有效落实
2）施工单位应对古树名木、文物采取保护措施	施工单位无保护古树名木、文物的措施，扣5分	查看古树名木、文物的保护方案是否完善，保护措施是否落实
3）夜间施工前，应办理夜间施工许可证	夜间施工未办理夜间施工许可证，扣5分	查看夜间施工许可证的手续是否齐全合法有效
4）施工现场严禁焚烧各类废弃物	施工现场焚烧各类废弃物，扣5分	查看施工现场是否有焚烧各类废弃物的现象
5）施工现场应制定施工不扰民措施	施工现场无施工不扰民措施，扣5分	查看是否制定施工不扰民的措施并有效落实
6）工程竣工后应在规定时间内拆除临时设施、恢复道路	工程竣工后未在规定时间内拆除临时设施、恢复道路，扣5分	现场查看工程竣工后是否在规定时间内拆除临时设施、恢复道路

2.3 高处作业

2.3.1 高处作业简介

按照国家标准《高处作业分级》GB 3608 - 2008 对"高处作业"的规定：凡距坠落高度基准面 2m 或 2m 以上有可能坠落的高处进行的作业，都称为高处作业。

建筑施工中的高处作业主要包括临边、洞口、攀登、悬空、交叉作业等五种基本类型，以及与高处作业相关的水平通道、操作平台和物料钢平台以及高处作业所用的防护用品等。

2.3.2 相关安全技术标准

与高处作业施工安全技术相关的标准主要有：

1. 《建筑施工高处作业安全技术规范》JGJ 80；
2. 《公路桥涵施工技术规范》JTG/T F50；
3. 《公路工程施工安全技术规范》JTG F90；
4. 《高处作业分级》GB/T 3608；
5. 《安全帽》GB 2811；
6. 《安全带》GB 6095；
7. 《安全网》GB 5725；
8. 《建筑施工升降机安装、使用、拆卸安全技术规程》JGJ 215；
9. 《龙门架及井架物料提升机安全技术规范》JGJ 88。

2.3.3 迎检需准备资料

为配合高处作业的安全检查，施工现场需准备的相关资料包括：

1. 安全帽质量合格证与检验报告；
2. 安全网质量合格证与检验报告；
3. 安全带质量合格证与检验报告；
4. 索具、吊具等进场验收记录；
5. 梁式通道承重梁、承载结构设计计算书；
6. 落地式移动操作平台设计文件；
7. 悬挂式移动操作平台设计文件；
8. 物料钢平台专项方案、结构设计文件；
9. 物料钢平台搭设完毕的验收记录。

2.3.4 安全帽

安全帽使用安全检查可按表 2.3.4 执行。

安全帽使用安全检查表   表 2.3.4

检查项目	安全帽	本检查子项应得分数	8 分
本检查子项所执行的标准、文件与条款号	《建筑施工高处作业安全技术规范》JGJ 80 - 2016 第 3.0.5 条；《公路桥涵施工技术规范》JTG/T F50 - 2011 第 25.2.5 条		
检查评定内容	扣分标准	检查方法	
1）进入施工现场的人员必须正确佩戴安全帽	施工现场人员未正确佩戴安全帽，每人次扣 2 分	观察进入现场的人员是否佩戴安全帽，安全帽是否系紧下颚系带	
2）安全帽的质量应符合现行国家相关标准要求	安全帽质量不符合现行国家相关标准要求，扣 5 分	查安全帽合格证和进场质量检验报告	

2.3.5 安全网

安全网设置与使用安全检查可按表 2.3.5 执行。

安全网设置与使用安全检查表   表 2.3.5

检查项目	安全网	本检查子项应得分数	10 分
本检查子项所执行的标准、文件与条款号	《建筑施工高处作业安全技术规范》JGJ 80 - 2016 第 4.1.1、4.1.2、4.1.3、4.3.5、8.1.1、8.1.2、8.2.1、8.1.3 条		
检查评定内容	扣分标准	检查方法	
1）临边防护栏杆应张挂密目式安全立网，网间连接应紧密	临边防护栏杆未张挂密目式安全立网或网间连接不紧密，扣 3 分～5 分	观察临边防护栏杆是否张挂密目式安全立网，网间连接是否紧密，网面是否紧绷	
2）短边边长大于或等于 1500mm 的水平洞口位置应张设安全平网	边长大于或等于 1500mm 的水平洞口位置未张设安全平网，扣 5 分	观察短边边长大于或等于 1500mm 的水平洞口是否张设安全水平兜网	
3）当需采用安全平网进行防护时，严禁使用密目式安全立网代替安全平网使用	用密目式安全立网代替安全平网使用，扣 5 分	观察是否存在使用密目式安全立网代替平网使用的情况	
4）安全网与支撑件的拉结应牢固	安全网与支撑件的拉结不牢固，扣 5 分	观察安全网与支撑件的拉结是否牢固	
5）安全网的质量应符合现行国家相关标准要求	安全网质量不符合现行国家相关标准要求，扣 5 分	查进场安全网合格证和进场质量检验报告	

2.3.6 安全带

安全带使用安全检查可按表 2.3.6 执行。

安全带使用安全检查表 表 2.3.6

检查项目	安全带	本检查子项应得分数	8 分
本检查子项所执行的标准、文件与条款号	《建筑施工高处作业安全技术规范》JGJ 80 - 2016 第 3.0.5 条；《公路桥涵施工技术规范》JTG/T F50 - 2011 第 25.2.5 条		
检查评定内容	扣分标准	检查方法	
1）高处作业人员应正确系挂安全带	高空作业人员未正确系挂安全带，每人次扣 3 分	观察高处作业人员安全带系挂情况以及安全带是否高挂抵用	
2）安全带的质量应符合现行国家相关标准要求	安全带质量不符合现行国家相关标准要求，扣 8 分	查进场安全带合格证和进场质量检验报告	

2.3.7 临边防护

高处作业临边防护安全检查可按表 2.3.7 执行。

高处作业临边防护安全检查表 表 2.3.7

检查项目	临边防护	本检查子项应得分数	7 分
本检查子项所执行的标准、文件与条款号	《建筑施工高处作业安全技术规范》JGJ 80 - 2016 第 4.1.1、4.1.4、4.3.1、4.3.2、4.3.3、4.3.4、4.3.5 条		
检查评定内容	扣分标准	检查方法	
1）坠落高度基准面 2m 及以上且无外脚手架的临边作业面边缘应设置连续、严密的临边防护设施	高度 2m 及以上且无外脚手架的临边作业面边缘未设置临边防护设施，扣 7 分 临边防护设施设置不连续、严密，扣 3 分～5 分	观察临边作业面边缘有无设置连续、严密的临边防护设施，如防护栏杆、挡板等	
2）临边防护设施的构造、承载力应符合国家现行相关标准要求	临边防护设施的构造、承载力不符合国家现行相关标准要求，扣 5 分	查防护栏杆构造是否符合 JGJ 80 - 2016 第 4.3 节构造要求	
3）临边防护应采用定型化、工具式防护设施	临边防护设施未实现定型化、工具式，扣 2 分	观察临边防护设施是否采用了定型化、工具化栏杆	
4）临边防护栏杆应设置防物体、火花等坠落的挡脚板或挡脚笆	临边防护栏杆未设置防物体、火花等坠落的挡脚板或挡脚笆，扣 3 分	观察临边防护栏杆是否设置防物体、火花等坠落的挡脚板或挡脚笆	

2.3.8 洞口防护

高处作业洞口防护安全检查可按表 2.3.8 执行。

高处作业洞口防护安全检查表　　　　　　表 2.3.8

检查项目	洞口防护	本检查子项应得分数	7 分
本检查子项所执行的标准、文件与条款号	《建筑施工高处作业安全技术规范》JGJ 80－2016 第 4.1.5、4.2.1、4.2.2、4.2.3、4.2.4、4.2.5 条		
检查评定内容	扣分标准	检查方法	
1) 各类竖向和水平洞口，应采取防护措施	竖向和水平洞口无有效防护措施，每处扣 3 分	观察各类竖向和水平洞口是否采取防护措施	
2) 洞口防护措施、设施的构造应符合国家现行相关标准要求	洞口防护措施、设施的构造不符合国家现行相关标准要求，每处扣 2 分	观察洞口防护措施、设施的构造是否符合 JGJ 80－2016 第 4.2 节构造要求	
3) 洞口防护应采用定型化、工具式防护设施	洞口防护未采用定型化、工具式防护设施，扣 1 分	观察洞口防护是否采用定型化、工具式防护设施，如定型化盖板、防护门、栏杆等	
4) 各类井道内应设置安全平网防护	井道内未设置安全平网防护，扣 5 分	观察各类井道内是否设置安全平网防护	
5) 洞口应根据需要在相应部位设置安全警示牌，夜间应设红灯示警	洞口未设置安全警示牌或夜间未设红灯示警，扣 3 分	观察洞口是否在相应部位设置安全警示牌和夜间示警用的红灯	

2.3.9 通道口防护

高处作业通道口防护安全检查可按表 2.3.9 执行。

高处作业通道口防护安全检查表　　　　　　表 2.3.9

检查项目	通道口防护	本检查子项应得分数	8 分
本检查子项所执行的标准、文件与条款号	《建筑施工高处作业安全技术规范》JGJ 80－2016 第 7.1.3、7.1.4、7.1.5 条；《建筑施工升降机安装、使用、拆卸安全技术规程》JGJ 215－2010 第 5.2.6 条；《龙门架及井架物料提升机安全技术规范》JGJ 88－2010 第 6.2.1、6.2.3 条		
检查评定内容	扣分标准	检查方法	
1) 施工现场人员进出的通道口、物料提升机和施工升降机的进出通道口、处于起重设备的起重臂架回转范围之内的通道，其上部应设置严密、牢固的安全防护棚	通道口上部以及处于起重设备的起重臂架回转范围之内的通道，未设置严密、牢固的安全防护棚，扣 8 分	观察施工现场人员进出的通道口、物料提升机和施工升降机的进出通道口、处于起重设备的起重机臂架回转范围之内的通道上部是否设置严密、牢固的安全防护棚	

续表

检查评定内容	扣分标准	检查方法
2）防护棚两侧应采取封闭措施	防护棚两侧无封闭措施，扣5分	观察防护棚两侧是否封闭
3）防护棚宽度应大于通道口宽度，长度应大于高处作业坠落半径	防护棚宽度小于通道口宽度，扣3分 防护棚长度小于高处作业坠落半径，扣5分	查防护棚宽度、长度，根据高度判断高处作业坠落半径，确认防护棚长度是否符合要求
4）防护棚的材质和构造应符合国家现行相关标准要求	防护棚的材质和构造不符合国家现行相关标准要求，扣3分~5分	对照 JGJ 80-2016 第7.2节查防护棚的材质和棚身构造

2.3.10 攀登作业

攀登作业安全检查可按表 2.3.10 执行。

攀登作业安全检查表　　表 2.3.10

检查项目	攀登作业	本检查子项应得分数	7分
本检查子项所执行的标准、文件与条款号	《建筑施工高处作业安全技术规范》JGJ 80-2016 第5.1.1~5.1.3、5.1.5、5.1.6、5.1.8条；《公路工程施工安全技术规范》JTG F90-2015 第5.7.10、5.7.11、5.7.12、5.7.13、5.7.14、5.7.15、5.7.16条		

检查评定内容	扣分标准	检查方法
1）单梯不得垫高使用	单梯垫高使用，扣3分	观察单梯是否垫高使用
2）直梯如需接长，接头不得超过1处	直梯接头超过1处，扣3分	观察直梯接长接头是否超过1处
3）使用折梯时，铰链必须牢固，并应有可靠的拉撑措施	折梯未设置可靠的拉撑装置，扣5分	观察折梯的铰链和拉撑是否牢固可靠
4）不得两人及以上同时在梯子上作业或上下	两人及以上同时在梯子上作业或上下，扣5分	观察梯子上人员数量
5）脚手架操作层上不得使用梯子作业	脚手架操作层上使用梯子作业，扣7分	观察脚手架操作层上是否有使用梯子作业的情况
6）直梯攀登高度超过8m时，应设置梯间平台	直梯攀登高度超过8m时未设置梯间平台，扣3分	观察直梯攀登高度超过8m时，是否设置梯间平台

续表

检查评定内容	扣分标准	检查方法
7）人行塔梯顶部和各平台应满铺防滑板，并应固定牢固，四周应按临边作业要求设置防护栏杆，高度超过 5m 时，应与既有结构间设置连墙件	人行塔梯顶部和各平台未牢固满铺防滑板或未按临边作业要求在四周设置防护栏杆，扣 5 分 高度超过 5m 的人行塔梯未与既有结构间设置连墙件，扣 7 分	观察人行塔梯顶部和各平台是否满铺防滑板，是否固定牢固，四周是否按临边作业要求设置防护栏杆，高度超过 5m 时，是否与既有结构设置连墙件
8）梯子的材料和制作质量应符合国家现行相关标准要求	梯子的材料或制作质量不符合国家现行相关标准要求，扣 5 分	观察梯子的材质和制造质量是否符合对应产品标准要求，查合格证

2.3.11　悬空作业

悬空作业（图 2.3.11）安全检查可按表 2.3.11 执行。

（*a*）　　　　　　　　　　　　　　　（*b*）

图 2.3.11　市政工程典型悬空作业

（*a*）桥梁装饰作业；（*b*）高空预应力张拉

悬空作业安全检查表　　　　　　　　　　　　表 2.3.11

检查项目	悬空作业	本检查子项应得分数	8 分
本检查子项所执行的标准、文件与条款号	《建筑施工高处作业安全技术规范》JGJ 80 - 2016 第 5.2.1、5.2.2、5.2.3 条		
检查评定内容	扣分标准	检查方法	
1）悬空作业处应设置牢固的落脚点	悬空作业处未设置牢固的落脚点，扣 8 分	观察悬空作业处是否设置有牢固的落脚点或操作平台	

续表

检查评定内容	扣分标准	检查方法
2）悬空作业处应设置防护栏杆或采取其他可靠的安全措施	悬空作业处未设置防护栏杆或采取其他可靠的安全措施，扣3分~5分	观察悬空作业落脚处处是否设置防护栏杆或其他可靠的安全措施
3）悬空作业所使用的索具、吊具等应经验收合格后方可使用	悬空作业使用未经验收合格的索具、吊具，扣5分	查悬空作业所使用的索具、吊具等的验收记录
4）严禁在无固定、无防护的构件及安装中的管道上作业或通行	人员在无固定、无防护的构件及安装中的管道上作业或通行，扣5分	观察有无在无固定、无防护的构件及安装中的管道上作业或通行的情况
5）悬空作业人员应系挂安全带、佩戴工具袋	悬空作业人员未系挂安全带或未佩戴工具袋，每人次扣2分	观察悬空作业人员安全带系挂和工具袋佩戴情况

2.3.12　高处水平通道

高处水平通道（图2.3.12）搭设与使用安全检查可按表2.3.12执行。

高处水平通道搭设与使用安全检查表　　表2.3.12

检查项目	高处水平通道	本检查子项应得分数	7分
本检查子项所执行的标准、文件与条款号	《建筑施工高处作业安全技术规范》JGJ 80-2016第5.2.4条		
检查评定内容	扣分标准	检查方法	
1）梁式通道承重梁、承载结构应由设计确定，搁置端应固定牢固	梁式通道承重梁、承载结构未经设计或搁置端固定不牢固，扣7分	查梁式通道承重梁、承载结构设计计算书，观察搁置端是否固定牢固	
2）通行面应满铺防滑板，并应固定牢固，两侧应按临边作业要求设置防护栏杆	通行面未牢固满铺防滑板或未按临边作业要求在四周设置防护栏杆，扣5分	观察通行面是否满铺防滑板，是否固定牢固，两侧是否按临边作业要求设置防护栏杆（JGJ 80-2016第4.3节）	
3）高空结构物间不得采用简易跳板通行	高空结构物间采用简易跳板通行，扣5分	观察高空结构物间的通道设置情况	
4）当利用已安装的构件或既有的结构构件作为高处水平通道时，临空面应设置临边防护设施	当利用已安装的构件或既有的结构构件作为高处水平通道时，临空面无临边防护设施，扣5分	观察临时水平通道临空面临边防护栏杆设置情况	

37

图 2.3.12　高处水平通道（用于悬索桥施工猫道之间）

2.3.13　落地式移动操作平台

落地式移动操作平台搭设与使用安全检查可按表 2.3.13 执行。

落地式移动操作平台搭设与使用安全检查表　　　　表 2.3.13

检查项目	落地式移动操作平台	本检查子项应得分数	8分
本检查子项所执行的标准、文件与条款号	《建筑施工高处作业安全技术规范》JGJ 80 - 2016 第 6.1.1、6.1.2、6.1.3、6.1.4、6.2.1、6.2.2、6.2.3、6.2.4、6.2.5 条		
检查评定内容	扣分标准	检查方法	
1）落地式移动操作平台应进行设计	操作平台未进行设计，扣8分	查落地式移动操作平台设计文件	
2）操作平台的面积、高度应符合国家现行相关标准要求	操作平台的面积、高度超过标准规定的上限值，扣5分	对照 JGJ 80 - 2016 第 6.2 节查操作平台的面积、高度（上限为 $10m^2$、5m）	
3）装设轮子的移动式操作平台，轮子与平台的接合处应牢固可靠，并应有自锁功能，立柱底端距地面距离不得大于80mm	装设轮子的移动式操作平台，轮子与平台的接合处不牢固或无自锁功能，扣5分 立柱底端距地面距离大于80mm，扣3分	观察装设轮子的移动式操作平台，轮子与平台的接合处是否牢固可靠，观察是否设置自锁装置，量测立柱底端距离地面的距离	
4）操作平台应按设计和产品使用要求进行组装	操作平台未按设计和产品使用要求进行组装，扣5分	观察操作平台组装程序是否按照设计和产品使用要求进行	
5）操作平台面应满铺防滑板，并应固定牢固，四周应按临边作业要求设置防护栏杆	平台面未牢固满铺防滑板，扣5分 平台面未按临边作业要求在四周设置防护栏杆，扣8分	观察操作平台是否满铺防滑板，是否固定牢固，四周是否设置防护栏杆	
6）操作平台应设置专用登高扶梯	未设置专用登高扶梯，扣3分	观察操作平台设施设置专用登高扶梯	

续表

检查评定内容	扣分标准	检查方法
7）操作平台构配件的规格、材质应符合方案设计要求	构配件的规格、材质不符合方案设计要求，扣8分	对照设计要求查操作平台构配件的规格和材质
8）操作平台基础处理应符合设计和产品使用要求	基础处理不符合设计和产品使用要求，扣8分	对照设计和产品使用要求查操作平台基础处理情况
9）操作平台上人员和物料的总重量应在设计允许范围内	操作平台超载使用，扣8分	计算操作平台上人员和物料的总重量是否超过设计允许范围（规范上限为1.5kN/m²）
10）移动式操作平台不得载人移动	移动式操作平台载人移动，扣8分	观察移动式操作平台移动时是否载人

2.3.14 悬挂式移动操作平台

悬挂式移动操作平台（图2.3.14）搭设与使用安全检查可按表2.3.14执行。

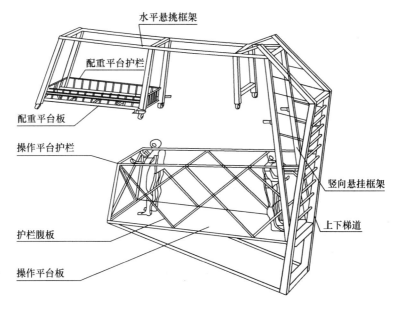

图2.3.14 悬挂式操作平台

悬挂式移动操作平台搭设与使用安全检查表　　　表 2.3.14

检查项目	悬挂式移动操作平台	本检查子项应得分数	7 分
本检查子项所执行的标准、文件与条款号	《建筑施工高处作业安全技术规范》JGJ 80 - 2016 第 6.1.1、6.1.2、6.1.3、6.1.4 条		
检查评定内容	扣分标准	检查方法	
1) 悬挂式移动操作平台应进行设计	操作平台未进行设计，扣 7 分	查悬挂式移动操作平台设计文件	
2) 操作平台的承载体和悬挂装置应牢固、可靠，具有足够的承载力	操作平台的承载体和悬挂装置不牢固或承载力不足，扣 7 分	观察操作平台的承载体和悬挂装置是否牢固可靠	
3) 操作平台面应满铺防滑板，并应固定牢固，四周应按临边作业要求设置防护栏杆	平台面未牢固满铺防滑板，扣 5 分　平台面未按临边作业要求在四周设置防护栏杆，扣 7 分	观察操作平台面是否满铺防滑板，是否固定牢固，四周是否设置防护栏杆	
4) 操作平台应设置专用上下扶梯，并应设置栏杆和扶手	未设置专用上下扶梯，扣 7 分；扶梯未设置栏杆和扶手，扣 3 分	观察操作平台是否设置专用的上下扶梯，是否设置栏杆和扶手	
5) 操作平台构配件的规格和材质应符合方案设计要求	构配件的规格和材质不符合方案设计要求，扣 7 分	对照设计文件查操作平台构配件的规格和材质	
6) 操作平台杆件连接方式应符合设计要求，连接应牢固、可靠	杆件连接方式不符合设计要求或连接不牢固，扣 5 分	观察操作平台杆件连接方式是否符合设计要求，连接是否牢固可靠	
7) 平台搭设完毕应办理验收手续后方可投入使用	操作平台投入使用前未办理验收手续，扣 3 分	查平台搭设完毕后的验收记录	
8) 操作平台上人员和物料的总重量应在设计允许范围内	操作平台超载使用，扣 7 分	计算操作平台上人员和物料的总重量是否超过设计允许范围	

2.3.15　物料钢平台

物料钢平台搭设与使用安全检查可按表 2.3.15 执行。

物料钢平台搭设与使用安全检查表 　　表 2.3.15

检查项目	物料钢平台	本检查子项应得分数	8分
本检查子项所执行的标准、文件与条款号	《建筑施工高处作业安全技术规范》JGJ 80-2016 第 6.1、6.2 节；《现浇混凝土桥梁梁柱式模板支撑架安全技术规范》DBJ 50-112-2016 第 5 章		

检查评定内容	扣分标准	检查方法
1) 物料钢平台的制作、安装应编制专项施工方案，其结构应进行设计	未编制专项施工方案或未经设计，扣8分	查物料钢平台的专项施工方案和结构设计文件
2) 物料钢平台构配件的规格和材质应符合方案设计要求	钢平台构配件的规格和材质不符合方案设计要求，扣8分	对照设计文件查物料钢平台构配件的规格和材质
3) 物料钢平台的搭设应符合专项施工方案要求	物料钢平台的搭设不符合专项施工方案要求，扣8分	观察物料钢平台的搭设是否符合专项施工方案要求
4) 物料钢平台支撑架应与既有结构可靠连接	钢平台支撑架未与既有结构可靠连接，扣8分	观察物料钢平台支撑架是否与既有结构物进行可靠连接
5) 悬挑式物料钢平台的斜拉杆或钢丝绳应在平台两侧各设置前后两道，并应可靠拉结在既有结构上	悬挑式物料钢平台未设置斜拉杆或钢丝绳，扣8分；斜拉杆或钢丝绳未可靠拉结在既有结构上，扣5分	观察悬挑式物料钢平台的斜拉杆或钢丝绳是否在平台两侧各设置了前后两道，是否可靠拉结在既有结构上
6) 物料钢平台台面、平台与结构物间应满铺防滑板，并应固定牢固，台面四周应按临边作业要求设置防护栏杆和挡脚板	平台面、平台与结构物间未牢固满铺防滑板，扣5分平台面未按临边作业要求在四周设置防护栏杆，扣8分；栏杆底部未设置挡脚板，扣5分	观察物料钢平台台面、平台与结构物间是否满铺防滑板，是否固定牢固，台面四周是否设置防护栏杆和挡脚板
7) 物料钢平台搭设完毕应办理验收手续后方可投入使用	物料钢平台投入使用前未办理验收手续，扣5分	查物料钢平台搭设完毕后的验收记录
8) 物料钢平台应在明显位置设置荷载限定标牌，平台上人员和物料的总重量应在设计允许范围内	未在明显位置设置荷载限定标牌，扣5分物料钢平台超载使用，扣8分	观察物料钢平台是否在明显位置设置载荷限定标牌以及是否超载使用

2.3.16　交叉作业

交叉作业安全检查可按表 2.3.16 执行。

交叉作业安全检查表　　　　　　　　　　　　　　表 2.3.16

检查项目	交叉作业	本检查子项应得分数	7 分
本检查子项所执行的标准、文件与条款号	《建筑施工高处作业安全技术规范》JGJ 80 - 2016 第 7.1.1、7.1.2 条		
检查评定内容	扣分标准	检查方法	
1) 上下立体交叉作业时，下层作业的位置应处于上层作业坠落半径之外或设置安全防护棚	上下立体交叉作业，当下层作业的位置处于上层作业坠落半径范围内时，未设置安全防护棚，扣 7 分	根据上层作业高度确定坠落半径，观察上下立体交叉作业时，下层作业的位置是否处于上层作业坠落半径之外，处于坠落半径内时是否设置有安全防护棚	
2) 经拆除的各种部件，临时堆放处离临边边沿距离不得小于 1m，堆放高度不得超过 1m	经拆除的各种部件，临时堆放处离临边边沿小于 1m 或堆放高度超过 1m，每处扣 2 分	观察临时堆放处离临边边沿的距离和堆放高度	

2.4　施工用电

2.4.1　施工用电管理简介

施工用电包括施工机械设备用电和一般照明用电。安全用电是建设工程顺利推进的前提条件之一。因施工现场环境复杂多变、用电设备繁多，施工过程中用电事故时有发生。施工现场存在的安全隐患需要辨识和控制，把预防触电事故作为临时用电安全管理工作的首要目标，现场施工用电必须严格按国家、行业有关标准、规范执行。

2.4.2　相关安全技术标准

与市政工程施工用电管理相关的规范、标准主要有：
1. 《建设工程施工现场供用电安全规范》GB 50194；
2. 《施工现场临时用电安全技术规范》JGJ 46。

2.4.3　迎检需准备的资料

为规范用电管理，配合施工用电的安全检查，施工现场需准备的相关资料有：

1. 临时用电施工组织设计（或方案），包含安全用电和电气防火措施；

2. 临时用电工程图纸；

3. 施工用电工程验收记录；

4. 临时用电电工上岗证书；

5. 用电人员相关教育培训和用电技术交底资料；

6. 用电工程检查验收表；

7. 隐蔽工程验收记录（如有）；

8. 电气设备的试、检验凭单和试验记录；

9. 接地电阻、绝缘电阻和漏电保护漏电动作参数测定记录表；

10. 施工用电定期检（复）查表；

11. 电工安全巡查、维修、拆除工作记录；

12. 用电主要器材、设备、材料的产品合格证、检验报告等相关质量证明文件；

13. 日常各方参与的用电安全检查记录。

2.4.4 外电防护

外电防护安全检查可按表 2.4.4 执行。

外电防护安全检查表　　　　　　　　　表 2.4.4

检查项目	外电防护	本检查子项应得分数	15 分
本检查子项所执行的标准、文件与条款号	《建设工程施工现场供用电安全规范》GB 50194 - 2014 第 7.5.1、7.5.2、7.5.4、7.5.5、7.5.6 条；《施工现场临时用电安全技术规范》JGJ 46 - 2005 第 4.1.1、4.1.2、4.1.3、4.1.5、4.1.6、4.1.8 条		
检查评定内容	扣分标准	检查方法	
1）当外电线路的正下方有施工作业、作业棚、生活设施或材料物品堆放时，应保证其安全距离并采取有效防护措施	外电线路的正下方施工、搭设作业棚、建造生活设施或堆放材料物品时，与外电线路间安全距离不符合要求或无有效防护措施，扣 15 分	现场外电线路的正下方有施工作业、作业棚、生活设施或材料物品堆放等，测量并查看是否保证了安全距离和采取了有效防护措施	
2）当外电线路与在建工程之间的安全距离不符合国家现行相关标准要求时，应采取隔离防护措施并悬挂警示标志	当外电线路与在建工程之间的安全距离不符合国家现行相关标准要求时，无隔离防护措施，扣 10 分；隔离防护措施未挂警示标志，扣 5 分	检查外电线路与在建工程及防护设施之间的安全距离不符合相关标准规定时，是否采取了隔离防护措施并悬挂警示标志	

续表

检查评定内容	扣分标准	检查方法
3）防护设施与外电线路的安全距离应符合国家现行相关标准要求，并应坚固、稳定	防护设施与外电线路的安全距离不符合国家现行相关标准要求，扣 10 分；防护设施不稳固，扣 5 分	查防护设施与外电线路的安全距离是否符合标准规定，并检查防护设施是否坚固、稳定
4）在外电线路电杆附近开挖作业时，应会同有关部门采取加固措施	在外电线路电杆附近开挖作业时，无加固措施，扣 5 分	检查外电线路电杆附近开挖作业时已采取了加固措施

2.4.5　接零保护与防雷

接零保护与防雷系统设置安全检查可按表 2.4.5 执行。

接零保护与防雷系统设置安全检查表　　　表 2.4.5

检查项目	接零保护与防雷	本检查子项应得分数	15 分
本检查子项所执行的标准、文件与条款号	《建设工程施工现场供用电安全规范》GB 50194－2014 第 8.1.1、8.1.2、8.1.3、8.1.8、8.2.3 条；《施工现场临时用电安全技术规范》JGJ 46－2005 第 5.1.1、5.1.2、5.1.8、5.1.10、5.3.4、5.4.2、5.4.3 条		

检查评定内容	扣分标准	检查方法
1）施工现场专用的电源中性点直接接地的低压配电系统应采用 TN-S 接零保护系统	施工现场专用的电源中性点直接接地的低压配电系统未采用 TN-S 接零保护系统，扣 10 分	查看施工现场专用的电源中性点直接接地的低压配电系统是否采用 TN-S 接零保护系统
2）施工现场不得同时采用两种配电保护系统	同时采用不同配电保护系统，扣 10 分	查施工现场是否同时采用两种配电保护系统
3）保护零线应单独敷设，线路上严禁装设开关或熔断器，严禁通过工作电流，严禁断线	未单独敷设保护零线，扣 15 分；线路上装设开关或熔断器、有工作电流通过或有断线，扣 10 分	查保护零线是否单独敷设；检查线路上有无装设开关或熔断器，有无通过工作电流及断线现象
4）保护零线的材质、规格和颜色标记应符合国家现行相关标准要求	保护零线的材质、规格和颜色标记不符合国家现行相关标准要求，扣 10 分	检查保护零线的材质、规格和颜色标记是否符合标准要求

续表

检查评定内容	扣分标准	检查方法
5）电气设备的保护金属外壳必须与保护零线连接，保护零线应由工作接地线、总配电箱电源侧零线或总漏电保护器电源零线处引出	电气设备未接保护零线，每处扣 3 分 保护零线的引出不符合国家现行相关标准要求，扣 10 分	检查电气设备的保护金属外壳有无与保护零线连接；检查保护零线是否由工作接地线、总配电箱电源侧零线或总漏电保护器电源零线处引出
6）接地装置的接地线应采用 2 根及以上导体，在不同点与接地体做电气连接，接地体应采用角钢、钢管或光面圆钢，工作接地电阻不得大于 4Ω，重复接地电阻不得大于 10Ω	工作接地与重复接地的设置、安装方式及接地体材料不符合要求，扣 10 分～15 分 工作接地电阻大于 4Ω 或重复接地电阻大于 10Ω，扣 8 分	查接地装置的接地线是否采用 2 根及以上导体，在不同点与接地体做电气连接，接地体采用材质是否满足规定要求，检测工作接地电阻、重复接地电阻是否满足要求
7）施工现场的施工设施应采取防雷措施，防雷装置的冲击接地电阻值不得大于 30Ω	施工设施无防雷措施，扣 10 分；防雷装置的冲击接地电阻值大于 30Ω，扣 5 分	查施工现场的施工设施是否采取了防雷措施，检测防雷装置的冲击接地电阻值是否满足要求
8）机械上做防雷接地的电气设备，所连接的保护零线必须同时做重复接地	做防雷接地机械上的电气设备，所连接的保护零线未做重复接地，扣 5 分	查机械上做防雷接地的电气设备，所连接的保护零线有无同时做重复接地

2.4.6 配电线路

配电线路设置安全检查可按表 2.4.6 执行。

配电线路设置安全检查表　　　　　　表 2.4.6

检查项目	配电线路	本检查子项应得分数	10 分
本检查子项所执行的标准、文件与条款号	《建设工程施工现场供用电安全规范》GB 50194－2014 第 7.1.1、7.1.2、7.1.3、7.2.7、7.2.8 条；《施工现场临时用电安全技术规范》JGJ 46－2005 第 7.1.1、7.2.1、7.2.3、7.2.10、7.3.2 条		
检查评定内容	扣分标准	检查方法	
1）线路及接头的机械强度和绝缘强度应符合国家现行相关标准要求	线路及接头的机械强度和绝缘强度不符合国家现行相关标准要求，扣 5 分	检测线路及接头的机械强度和绝缘强度是否符合国家现行相关标准要求	

续表

检查评定内容	扣分标准	检查方法
2）电缆线路应采用埋地或架空敷设，严禁沿地面明设	电缆线路未埋地或架空敷设，扣10分	查电缆线路是否采用埋地或架空敷设，有无沿地面明设现象
3）架空线应沿电杆或墙设置，并应绝缘固定牢固，严禁架设在树木、脚手架及其他设施上	架空线架设在树木、脚手架及其他不合理设施上，扣5分	观察架空线是否沿电杆或墙设置，并绝缘固定牢固，检查架空线有无架设在树木、脚手架及其他设施上
4）架空线路与邻近线路、结构物或设施的距离应符合国家现行相关标准要求	架空线路与邻近线路、结构物或设施的距离不符合国家现行相关标准规定，扣10分	测量并检查架空线路与邻近线路、结构物或设施的距离是否符合国家现行相关标准规定
5）线路应设短路保护和过载保护，导线截面应符合线路负荷电流要求	线路未设短路保护和过载保护，扣10分；导线截面与线路负荷电流不匹配，扣3分～5分	查线路是否设置短路保护和过载保护，检测导线截面是否符合线路负荷电流要求
6）电缆线中必须包含全部工作芯线和用作保护零线的芯线，并应正确接用	线路敷设的电缆芯线组成及接地方式不符合规定，扣10分	检查电缆线中是否包含全部工作芯线和用作保护零线的芯线，并检查电缆线是否正确接用
7）通往水上的岸电应采用绝缘物架设，电缆线应有余量，作业过程中不得挤压或拉拽电缆线	通往水上的岸电未按规定进行架设，扣10分	查看通往水上的岸电是否采用绝缘物架设，查电缆线是否有余量，查看作业过程中有无挤压或拉拽电缆线现象
8）架空缆线上不得吊挂物品	架空缆线上吊挂物品，扣5分	观察架空缆线上是否有吊挂物品现象

2.4.7　配电箱与开关箱

配电箱与开关箱配置与使用安全检查可按表2.4.7执行。

配电箱与开关箱配置与使用安全检查表　　　　表2.4.7

检查项目	配电箱与开关箱	本检查子项应得分数	10分
本检查子项所执行的标准、文件与条款号	《建设工程施工现场供用电安全规范》GB 50194-2014 第6.3.1、6.3.2、6.3.4、6.3.7、6.3.8、6.3.11、6.3.12、6.3.18条；《施工现场临时用电安全技术规范》JGJ 46-2005 第1.0.3、8.1.1、8.1.2、8.1.3、8.1.8、8.1.11条		

续表

检查评定内容	扣分标准	检查方法
1）配电系统应采用三级配电、二级漏电保护系统，用电设备必须设置各自专用开关箱	未采用三级配电、二级漏电保护系统，扣10分 用电设备未设置专用开关箱，扣10分	查配电系统是否采用三级配电、二级漏电保护系统，并查看用电设备是否设置了各自专用开关箱
2）配电箱、开关箱及用电设备之间的距离应符合国家现行相关标准要求	3）配电箱、开关箱及用电设备之间的距离不符合国家现行相关标准要求，扣5分	测量配电箱、开关箱及用电设备之间的距离是否符合国家现行相关标准规定
3）配电箱结构、箱内电器设置及使用应符合国家现行相关标准要求	配电箱结构、箱内电器设置及使用不符合国家现行相关标准要求，扣5分	检查配电箱结构、箱内电器设置及使用是否符合国家现行相关标准规定
4）箱体安装位置、高度及周边通道设置应符合国家现行相关标准要求	箱体安装位置、高度及周边通道设置不符合国家现行相关标准要求，扣5分	检查测量箱体安装位置、高度及周边通道是否符合国家现行相关标准规定
5）配电箱的电器安装板上必须分设工作零线端子板和保护零线端子板，并应通过各自的端子板连接	电器安装板上工作零线端子板和保护零线端子板设置不符合要求，扣10分	查配电箱的电器安装板上有无分设工作零线端子板和保护零线端子板，并检查电器安装板是否通过各自的端子板连接
6）总配电箱、开关箱应安装漏电保护器，漏电保护器参数应匹配，并应灵敏可靠	总配电箱、开关箱未安装漏电保护器或漏电保护器参数不匹配、不灵敏，扣10分	检查总配电箱、开关是否安装有漏电保护器，检查漏电保护器参数是否匹配、测试是否灵敏可靠
7）配电箱与开关箱应有门、锁、遮雨棚，并应设置系统接线图、电箱编号及分路标记	配电箱与开关箱未设门、锁或无防雨措施，每处扣2分 配电箱与开关箱未设置接线图、电箱编号及分路标记，每处扣2分	查配电箱与开关箱是否有门、锁、遮雨棚，并检查是否设置系统接线图、电箱编号以及分路标记

2.4.8 配电室与配电装置

配电室与配电装置配置与使用安全检查可按表2.4.8执行。

47

配电室与配电装置配置与使用安全检查表　　　　　表 2.4.8

检查项目	配电室与配电装置	本检查子项应得分数	10 分
本检查子项所执行的标准、文件与条款号	《建设工程施工现场供用电安全规范》GB 50194 - 2014 第 4.0.2、4.0.4、5.0.3 条；《施工现场临时用电安全技术规范》JGJ 46 - 2005 第 6.1.2、6.1.4、6.1.6、6.1.8、6.2.3 条		
检查评定内容	扣分标准	检查方法	
1) 配电室的配置与使用耐火等级不得低于 3 级，配电室内应配置可用于扑灭电气火灾的器材	配电室的建筑耐火等级低于 3 级，扣 10 分；配电室内无有效灭火器材，扣 5 分	查配电室的建筑耐火等级是否符合要求，检查配电室内是否配置有可用于扑灭电气火灾的器材	
2) 配电室和配电装置的布设应符合国家现行相关标准要求	配电室和配电装置的布设不符合国家现行相关标准要求，扣 8 分	对照国家现行相关标准，检查配电室和配电装置的布设是否符合要求	
3) 发电机组电源必须与外电线路电源连锁，严禁并列运行	发电机组电源未与外电线路电源连锁或与其并列运行，扣 10 分	检查发电机组电源是否与外电线路电源连锁	
4) 发电机组并列运行时，必须装设同期装置，并应灵敏可靠	发电机组并列运行时，未装设同期装置或同期装置不灵敏，扣 10 分	查发电机组并列运行时，是否装设了同期装置，并测试同期装置是否灵敏可靠	
5) 配电装置中的仪表、电器元件设置应符合国家现行相关标准要求	配电装置中的仪表、电器元件设置不符合国家现行相关标准要求，扣 5 分	观察配电装置中的仪表、电器元件设置是否符合国家现行相关标准要求	
6) 配电室应铺设绝缘垫并保持整洁，不得堆放杂物及易燃易爆物品	配电室未铺设绝缘垫或配电室杂乱，扣 5 分 配电室堆放杂物、易燃易爆物品，扣 5 分	查配电室是否保持整洁，并铺设绝缘垫，并检查有无堆放杂物及易燃易爆物品	
7) 配电室应采取防止小动物侵入的措施	配电室无防止小动物侵入的措施，扣 5 分	查配电室是否采取了防止小动物侵入的措施，如配电设施电缆沟、门窗均密封、通风道用金属网封闭等	
8) 配电室应设置警示标志、供电平面图和系统图	配电室未设置警示标志、供电平面图和系统图，扣 5 分	检查配电室是否设置了警示标志、供电平面图和系统图	

2.4.9 使用与维护

临时用电使用与维护安全检查可按表 2.4.9 执行。

临时用电使用与维护安全检查表　　　　表 2.4.9

检查项目	使用与维护	本检查子项应得分数	10 分
本检查子项所执行的标准、文件与条款号	《建设工程施工现场供用电安全规范》GB 50194－2014 第 12.0.2、12.0.4、12.0.7 条;《施工现场临时用电安全技术规范》JGJ 46－2005 第 8.3.1、8.3.2、8.3.3、8.3.4、8.3.10 条		

检查评定内容	扣分标准	检查方法
1) 临时用电工程应定期检查、维修,并应形成检查、维修工作记录	临时用电工程未定期检查、维修,扣 10 分;无检查、维修记录,扣 5 分	查临时用电工程定期检查、维修工作记录
2) 电工应取得特种作业操作证	电工无特种作业操作证,扣 10 分	查电工是否取得特种作业操作证,是否人证相符
3) 安装、巡检、维修或拆除临时用电设备和线路,必须由电工完成,并应有人监护	临时用电工程作业未经电工操作,扣 10 分;作业时无人监护,扣 5 分	查安装、巡检、维修或拆除临时用电设备和线路操作人员是否有电工证书,是否人证相符,或查维修等工作是否有资料记录
4) 暂停用设备的开关箱应分断电源隔离开关,并应关上门锁	暂停使用设备的开关箱未分断电源隔离开关或未关上门锁,扣 5 分	查看暂停用设备的开关箱是否分断了电源隔离开关,并是否关门上锁
5) 在检查、维修时应正确穿戴绝缘鞋、手套,必须使用电工绝缘工具	在检查、维修时未正确穿、戴绝缘鞋、手套,或未使用电工绝缘工具,扣 10 分	观察电工在检查、维修时是否正确穿戴绝缘鞋、手套及使用电工绝缘工具

2.4.10 电气消防安全

临时用电的电气消防安全检查规定可按表 2.4.10 执行。

临时用电的电气消防安全检查表　　　表 2.4.10

检查项目	电气消防安全	本检查子项应得分数	10 分
本检查子项所执行的标准、文件与条款号	《建设工程施工现场供用电安全规范》GB 50194－2014 第 4.0.2、5.0.3 条；《施工现场临时用电安全技术规范》JGJ 46－2005 第 4.2.1、6.1.4、7.2.11 条		
检查评定内容	扣分标准	检查方法	
1) 电气设备应设置过载、短路保护装置	电气设备未设置过载、短路保护装置，扣 10 分	检查电气设备是否设置了过载、短路保护装置	
2) 电气线路或设备与可燃易燃材料距离应符合国家现行相关标准要求	电气线路或设备与可燃易燃材料距离不符合国家现行相关标准规定，扣 5 分	查看测量电气线路或设备与可燃易燃材料距离是否符合国家现行相关标准规定	
3) 施工现场应配置适用于电气火灾的灭火器材	施工现场未配置适用于电气火灾的灭火器材，扣 5 分	查看施工现场是否配置了适用于电气火灾的灭火器材	

2.4.11　现场照明

现场照明系统设置安全检查可按表 2.4.11 执行。

现场照明系统设置安全检查表　　　表 2.4.11

检查项目	现场照明	本检查子项应得分数	10 分
本检查子项所执行的标准、文件与条款号	《建设工程施工现场供用电安全规范》GB 50194－2014 第 10.2.1、10.2.2、10.2.3、10.2.5、10.2.8 条；《施工现场临时用电安全技术规范》JGJ 46－2005 第 10.2.2、10.2.5、10.2.6、10.2.8、10.3.1 条		
检查评定内容	扣分标准	检查方法	
1) 照明用电与动力用电应分开设置	照明用电与动力用电未分开设置，扣 5 分	查看照明用电与动力用电是否分开设置	
2) 照明线路与安全电压线路的架设应符合国家现行相关标准要求	照明线路与安全电压线路的架设不符合国家现行相关标准要求，扣 10 分	查看照明线路与安全电压线路的架设是否符合国家现行相关标准要求	
3) 隧道、人防工程等特殊场所使用的安全特低压照明器应符合国家现行相关标准要求	隧道、人防工程等特殊场所使用的安全特低压照明器材不符合国家现行相关标准要求，扣 5 分	查看隧道、人防工程等特殊场所使用的安全特低压照明器合格证及相关证书应是否符合国家现行相关标准要求	

检查评定内容	扣分标准	检查方法
4）照明应采用专用回路，专用回路应设置漏电保护装置	照明未采用专用回路或专用回路未设置漏电保护装置，扣10分	查看照明是否采用专用回路，检查专用回路是否设置了漏电保护装置
5）照明变压器应采用双绕组安全隔离变压器	照明变压器未采用双绕组安全隔离变压器，扣5分	查看照明变压器是否采用双绕组安全隔离变压器
6）照明灯具的金属外壳应与保护零线相连接	照明灯具的金属外壳未与保护零线相连接，扣5分	查看照明灯具的金属外壳是否与保护零线相连接
7）灯具与地面、易燃物间的距离应符合国家现行相关标准要求	灯具与地面、易燃物间的距离不符合国家现行相关标准要求，扣5分	查看测量灯具与地面、易燃物间的距离是否符合国家现行相关标准规定
8）施工现场应配备应急照明系统	施工现场未配备应急照明系统，扣5分	查看施工现场是否配备了应急照明

2.4.12 用电档案

用电档案管理安全检查可按表 2.4.12 执行。

用电档案管理安全检查表 表 2.4.12

检查项目	用电档案	本检查子项应得分数	10分
本检查子项所执行的标准、文件与条款号	《建设工程施工现场供用电安全规范》GB 50194‐2014 第 12.0.8 条；《施工现场临时用电安全技术规范》JGJ 46‐2005 第 3.3.1、3.3.2、3.3.3、3.3.4 条		
检查评定内容	扣分标准	检查方法	
1）施工现场应制定临时用电施工组织设计和外电防护专项施工方案	无临时用电施工组织设计和外电防护专项施工方案，扣10分	查看是用电施工组织设计和外电防护专项方案	
2）临时用电施工组织设计和专项施工方案应履行审核、审批手续	临时用电施工组织设计和专项施工方案未进行审核、审批，扣10分	查看施工组织设计和专项施工方案是否履行了审核、审批手续	
3）总包单位与分包单位应订立临时用电管理协议	总包单位与分包单位未订立临时用电管理协议，扣5分	查看总包单位与分包单位订立临时用电管理书面协议	

检查评定内容	扣分标准	检查方法
4）施工现场临时用电应建立安全技术档案	未建立临时用电安全技术档案，扣 5 分	查施工现场临时用电安全技术档案
5）用电档案资料应齐全，并应设专人管理	用电档案资料不齐全或无专人管理，扣 5 分	查用电档案资料，并检查是否有专人管理电档案资料
6）用电记录应填写规范，并应真实有效	用电记录填写不规范或不真实，扣 5 分	查用电记录并检查是否规范、真实、有效

2.5　施工机具

2.5.1　施工机具简介

市政工程中广泛使用的施工机具，使得施工作业的生产力得到很大提高。随着社会的发展，市政工程涉及的施工机具种类逐渐增多，已成为施工过程不可或缺的劳动手段。《标准》中检查评定的项目包括平刨、圆盘锯、手持电动工具、钢筋机械、电焊机、搅拌机、气瓶、潜水泵、振捣器、桩工机械、运输车辆、空压机、预应力张拉机具、小型起重机具、挖掘机、摊铺机，较为全面的涵盖了市政工程所需的施工机具。

2.5.2　相关技术标准

与施工机具安全技术相关的法律、法规、标准主要有：

1.《建筑机械使用安全技术规程》JGJ 33；

2.《施工现场机械设备检查技术规范》JGJ 160；

3.《气瓶安全技术监察规程》TSG R0006；

4.《焊接与切割安全》GB 9448；

5.《机械安全　防护装置　固定式和活动式防护装置设计与制造一般要求》GB/T 8196；

6.《剩余电流动作保护装置安装和运行》GB/T 13955；

7.《施工现场临时用电安全技术规范》JGJ 46；

8.《公路桥梁施工技术规范》JTG/T F50。

2.5.3 迎检需准备资料

为配合施工机具的检查，施工现场需准备的相关资料包括：

1. 施工机具验收记录；
2. 运输车辆手续复印件；
3. 运输司机培训资料、上岗证；
4. 预应力张拉机械设备的定期、定量标定效验记录；
5. 预应力张拉作业人员操作证；
6. 挖掘机驾驶员操作证；
7. 挖掘机操作规程及保养记录；
8. 摊铺机操作规程及保养记录。

2.5.4 平刨

平刨安全检查可按表 2.5.4 执行。

平刨安全检查表 表 2.5.4

检查项目	平刨	本检查子项应得分数	6分
本检查子项所执行的标准、文件与条款号	《施工现场临时用电安全技术规范》JGJ 46 - 2005 第 1.0.3、9.7.1、9.7.2、8.2.10 条		
检查评定内容	扣分标准	检查方法	
1）平刨使用前应履行验收程序，并应由责任人签字确认	平刨使用前未履行验收程序，扣 6 分；未经责任人签字确认，扣 3 分	查看平刨是否履行验收程序，责任人是否签字确认	
2）平刨应设置护手及防护罩等安全装置	未设置护手及防护罩等安全装置，扣 6 分	查看是否设置护手及防护罩等安全装置	
3）平刨应单独设置保护零线，并应安装漏电保护装置	未单独设置保护零线或未安装漏电保护装置，扣 6 分	查看是否单独设置保护零线，是否安装漏电保护装置	
4）平刨应设置作业棚，并应具有防雨、防晒等功能	未设置作业棚，扣 6 分；作业棚搭设不符合要求，扣 3 分	查看是否设置平刨作业棚，作业棚搭设是否符合规定要求	
5）不得使用同台电机驱动多种刀具、钻具的多功能木工机具	使用同台电机驱动多种刀具、钻具的多功能木工机具，扣 6 分	查看是否使用同台电机驱动多种刀具、钻具的多功能木工机具	
6）平刨旁明显位置应悬挂使用操作规程	未在明显位置悬挂使用操作规程，扣 3 分	查看是否在明显位置悬挂使用操作规程	

2.5.5　圆盘锯

圆盘锯安全检查可按表 2.5.5 执行。

圆盘锯安全检查表　　　　　表 2.5.5

检查项目	圆盘锯	本检查子项应得分数	6 分
本检查子项所执行的标准、文件与条款号	《施工现场临时用电安全技术规范》JGJ 46 - 2005 第 1.0.3、9.7.1、9.7.2、8.2.10 条		
检查评定内容	扣分标准	检查方法	
1) 圆盘锯使用前应履行验收程序，并应由责任人签字确认	圆盘锯使用前未履行验收程序，扣 6 分；未经责任人签字确认，扣 3 分	查看圆盘锯是否履行验收程序，责任人是否签字确认	
2) 圆盘锯应设置防护罩、分料器、防护挡板等安全装置	未设置防护罩、分料器、防护挡板等安全装置，扣 3 分	查看是否设置防护罩、分料器、防护挡板等安全装置	
3) 圆盘锯应单独设置保护零线，并应安装漏电保护装置	未单独设置保护零线或未安装漏电保护装置，扣 6 分	查看是否单独设置保护零线，是否安装漏电保护装置	
4) 圆盘锯应设置作业棚，并应具有防雨、防晒等功能	未设置作业棚，扣 6 分；作业棚搭设不符合要求，扣 3 分	查看是否设置圆盘锯作业棚，作业棚搭设是否符合规定要求	
5) 不得使用同台电机驱动多种刃具、钻具的多功能木工机具	使用同台电机驱动多种刃具、钻具的多功能木工机具，扣 6 分	查看是否使用同台电机驱动多种刃具、钻具的多功能木工机具	
6) 圆盘锯旁明显位置应悬挂使用操作规程	未在明显位置应悬挂使用操作规程，扣 3 分	查看是否在明显位置悬挂使用操作规程	

2.5.6　手持电动工具

手持电动工具安全检查可按表 2.5.6 执行。

手持电动工具安全检查表　　　　　**表 2.5.6**

检查项目	手持电动工具	本检查子项应得分数	6分
本检查子项所执行的标准、文件与条款号	《施工现场临时用电安全技术规范》JGJ 46-2005 第 1.0.3、9.6.6、9.7.1、9.7.2、8.2.10 条;《建筑机械使用安全技术规程》JGJ 33-2012 第 13.22.1、13.22.3、13.22.4、13.22.7 条		
检查评定内容	扣分标准	检查方法	
1)使用手持电动工具时,应穿戴劳动防护用品	使用手持电动工具时,未穿戴劳动防护用品,扣3分	查看作业人员使用手持电动工具时,是否穿戴劳动防护用品	
2)Ⅰ类手持电动工具应单独设置保护零线,并应安装漏电保护装置	Ⅰ类手持电动工具未单独设置保护零线或未安装漏电保护装置,扣6分	查看Ⅰ类手持电动工具是否单独设置保护零线并安装漏电保护装置	
3)负荷线应采用耐气候型橡胶护套铜芯软电缆,且不得有接头	负荷线未采用耐气候型橡胶护套铜芯软电缆,扣6分;负荷线有接头,每个接头扣3分	查看负荷线是否采用耐气候型橡胶护套铜芯软电缆;查看负荷线是否有接头	

2.5.7 钢筋机械

钢筋机械安全检查可按表 2.5.7 执行。

钢筋机械安全检查表　　　　　**表 2.5.7**

检查项目	钢筋机械	本检查子项应得分数	6分
本检查子项所执行的标准、文件与条款号	《施工现场临时用电安全技术规范》JGJ 46-2005 第 1.0.3、9.7.1、9.7.2、8.2.10 条		
检查评定内容	扣分标准	检查方法	
1)钢筋机械使用前应履行验收程序,并应由责任人签字确认	钢筋机械使用前未履行验收程序,扣6分;未经责任人签字确认,扣3分	查钢筋机械使用前是否履行了验收程序,责任人是否签字确认	
2)钢筋机械应单独设置保护零线,并应安装漏电保护装置	未单独设置保护零线或未安装漏电保护装置,扣6分	查钢筋机械是否单独设置了保护零线,并安装漏电保护装置	
3)钢筋加工区应设置作业棚,并应具有防雨、防晒等功能	未设置作业棚,扣6分;作业棚搭设不符合要求,扣3分	查钢筋加工区是否设置作业棚,并具有防雨、防晒等功能	

续表

检查评定内容	扣分标准	检查方法
4）钢筋对焊作业区应有防火花飞溅的措施	钢筋对焊作业区无防火花飞溅的措施，扣 3 分	查钢筋对焊作业区是否有防火花飞溅的措施
5）钢筋冷拉作业应设置防护栏	钢筋冷拉作业未设置防护栏，扣 3 分	查钢筋冷拉作业是否设置防护栏
6）机械传动部位应设置防护罩	机械传动部位未设置防护罩，扣 3 分	查机械传动部位是否设置了防护罩
7）钢筋机械旁明显位置应悬挂使用操作规程	未在明显位置应悬挂使用操作规程，扣 3 分	查钢筋机械旁明显位置是否悬挂了使用操作规程

2.5.8　电焊机

电焊机安全检查可按表 2.5.8 执行。

电焊机安全检查表　　　　　　　　　　表 2.5.8

检查项目	电焊机	本检查子项应得分数	6 分
本检查子项所执行的标准、文件与条款号	《施工现场临时用电安全技术规范》JGJ 46 - 2005 第 1.0.3、9.5.1～9.5.5、9.7.1、9.7.2、8.2.10 条		

检查评定内容	扣分标准	检查方法
1）电焊机使用前应履行验收程序，并应由责任人签字确认	电焊机使用前未履行验收程序，扣 6 分；未经责任人签字确认，扣 3 分	查是否履行了验收程序，并查责任人是否签字确认
2）电焊机应单独设置保护零线，并应安装漏电保护装置	未单独设置保护零线或未安装漏电保护装置，扣 6 分	查电焊机是否单独设置了保护零线，并安装漏电保护装置
3）电焊机应设置二次空载降压保护器	未设置二次空载降压保护器，扣 3 分	查电焊机是否设置了二次空载降压保护器
4）电焊机一次侧电源线长度不应大于 5m，并应穿管保护	一次侧电源线长度大于 5m 或未进行穿管保护，扣 3 分	查电焊机一次侧电源线长度是否大于 5m，查是否进行穿管保护
5）电焊机二次侧线应采用防水橡皮护套铜芯软电缆，二次侧线长度不应大于 30m，二次侧线绝缘层应符合国家现行相关标准要求	二次侧线未采用防水橡皮护套铜芯软电缆，扣 6 分 二次侧线长度超过 30m 或绝缘老化，扣 3 分	查电焊机二次侧线是否采用防水橡皮护套铜芯软电缆，二次侧线长度是否大于 30m，二次侧线绝缘层是否符合要求

检查评定内容	扣分标准	检查方法
6）电焊机应设置防雨罩，接线柱应设置防护罩	电焊机未设置防雨罩、接线柱未设置防护罩，扣3分	查电焊机是否设置防雨罩，接线柱是否设置防护罩
7）交流电焊机应安装防二次侧触电保护装置	交流电焊机未安装防二次侧触电保护装置，扣6分	查交流电焊机是否安装了防二次侧触电保护装置
8）电焊机旁明显位置应悬挂使用操作规程	未在明显位置悬挂使用操作规程，扣3分	查是否在电焊机旁的明显位置悬挂使用操作规程

2.5.9 搅拌机

搅拌机安全检查可按表2.5.9执行。

搅拌机安全检查表　　　　　　　　　　　表2.5.9

检查项目	搅拌机	本检查子项应得分数	6分
本检查子项所执行的标准、文件与条款号	《施工现场临时用电安全技术规范》JGJ 46 - 2005 第 1.0.3、9.7.1、9.7.2、8.2.10 条；《建筑机械使用安全技术规程》JGJ 33 - 2012 第 8.2.4、8.2.7、8.2.8		

检查评定内容	扣分标准	检查方法
1）搅拌机使用前应履行验收程序，并应由责任人签字确认	搅拌机使用前未履行验收程序，扣6分；未经责任人签字确认，扣3分	查是否履行了验收程序，查责任人是否签字确认
2）搅拌机应单独设置保护零线，并应安装漏电保护装置	未单独设置保护零线或未安装漏电保护装置，扣6分	查搅拌机是否单独设置了保护零线，并安装漏电保护装置
3）离合器、制动器应灵敏有效，料斗钢丝绳的磨损、锈蚀、变形量应在规定允许范围内	离合器、制动器失效，扣6分；料斗钢丝绳达到报废标准，扣6分	查离合器、制动器是否灵敏有效，料斗钢丝绳的磨损、锈蚀、变形量是否在规定允许范围内
4）上料斗应设置安全挂钩或止挡装置，传动部位应设置防护罩	上料斗未设置安全挂钩或止挡装置，扣6分；传动部位未设置防护罩，扣3分	查上料斗是否设置了安全挂钩或止挡装置，传动部位是否设置了防护罩
5）搅拌机应设置作业棚，并应具有防雨、防晒等功能	未设置作业棚，扣6分；作业棚搭设不符合要求，扣3分	查搅拌机是否设置了作业棚，并具有防雨、防晒等功能
6）作业平台应平稳可靠	作业平台不稳当，扣6分	查作业平台是否平稳可靠
7）搅拌机旁明显位置应悬挂使用操作规程	未在明显位置悬挂使用操作规程，扣3分	查是否在搅拌机旁的明显位置悬挂使用操作规程

2.5.10　气瓶

气瓶安全检查可按表 2.5.10 执行。

气瓶安全检查表　　　　　　　表 2.5.10

检查项目	气瓶	本检查子项应得分数	6 分
本检查子项所执行的标准、文件与条款号	《建筑机械使用安全技术规程》JGJ 33 - 2012 第 12.9.3、12.9.6、12.9.7、12.9.15 条		
检查评定内容	扣分标准	检查方法	
1) 气瓶使用时应安装减压器，乙炔瓶应安装回火防止器，并应灵敏可靠	气瓶使用时未安装减压器或不灵敏，扣 6 分 乙炔瓶未安装回火防止器或不灵敏，扣 6 分	查气瓶使用时是否安装了减压器，乙炔瓶是否安装了回火防止器，并灵敏可靠	
2) 气瓶应设置防振圈、防护帽，并应分类存放	气瓶未设置防振圈和防护帽或未分类存放，扣 3 分	查气瓶是否设置了防震圈、防护帽，并分类存放	
3) 乙炔瓶与氧气瓶之间的距离不得少于 5m，气瓶与明火之间的距离不得小于 10m	乙炔瓶与氧气瓶之间的距离小于 5m 或气瓶与明火之间的距离小于 10m 时未采取隔离措施，扣 3 分	查作业时，乙炔瓶与氧气瓶之间的距离是否小于 5m，气瓶与明火之间的距离是否小于 10m	
4) 气瓶不得暴晒或倾倒放置	气瓶暴晒或倾倒放置，扣 3 分	查气瓶是否暴晒或倾倒放置	
5) 同时使用两种气体作业时，不同气瓶均应安装单向阀	同时使用两种气体作业时，未安装单向阀，扣 6 分	查同时使用两种气体作业时，不同气瓶是否都安装了单向阀	

2.5.11　潜水泵

潜水泵安全检查可按表 2.5.11 执行。

潜水泵安全检查表　　　　　　　表 2.5.11

检查项目	潜水泵	本检查子项应得分数	6 分
本检查子项所执行的标准、文件与条款号	《施工现场临时用电安全技术规范》JGJ 46 - 2005 第 1.0.3、9.7.1、9.7.2、8.2.10 条		
检查评定内容	扣分标准	检查方法	
1) 潜水泵应单独设置保护零线，并应安装漏电保护装置	未单独设置保护零线或未安装漏电保护装置，扣 6 分	查潜水泵是否单独设置保护零线，并安装漏电保护装置	
2) 负荷线应采用专用防水橡皮电缆，不得有接头	负荷线未采用专用防水橡皮电缆，扣 6 分；负荷线有接头，每个接头扣 3 分	查负荷线是否采用专用防水橡皮电缆，且不得有接头	

2.5.12 振捣器

振捣器安全检查可按表 2.5.12 执行。

振捣器安全检查表 表 2.5.12

检查项目	振捣器	本检查子项应得分数	6分
本检查子项所执行的标准、文件与条款号	《施工现场临时用电安全技术规范》JGJ 46－2005 第1.0.3、9.7.1、9.7.2、8.2.10 条；《建筑机械使用安全技术规程》JGJ 33－2012 第8.6.1~8.6.4、8.7.1~8.7.3 条		
检查评定内容	扣分标准	检查方法	
1）振捣器应单独设置保护零线，并应安装漏电保护装置	未单独设置保护零线或未安装漏电保护装置，扣6分	查振捣器是否单独设置保护零线，并安装漏电保护装置	
2）振捣器作业时应使用移动式配电箱，电缆线长度不应超过30m	振捣器作业时未使用移动式配电箱，扣3分　电缆线长度超过30m，扣3分	查振捣器作业时是否使用移动式配电箱，电缆长度是否超过30m	
3）操作人员应正确穿戴绝缘手套、绝缘靴	操作人员未正确穿戴绝缘手套、绝缘靴，每人次扣3分	观察操作人员是否正确穿戴绝缘手套、绝缘靴	

2.5.13 桩工机械

桩工机械安全检查可按表 2.5.13 执行。

桩工机械安全检查表 表 2.5.13

检查项目	桩工机械	本检查子项应得分数	7分
本检查子项所执行的标准、文件与条款号	《建筑机械使用安全技术规程》JGJ 33－2012 第7.1.3~7.1.7 条		
检查评定内容	扣分标准	检查方法	
1）桩工机械使用前应履行验收程序，并应由责任人签字确认	桩工机械使用前未履行验收程序，扣7分；未经责任人签字确认，扣3分	查桩工机械使用前是否履行验收程序，并由责任人签字确认	
2）作业前，应向作业人员进行安全技术交底，并应有文字记录	作业前未进行安全技术交底或无文字记录，扣7分	查作业前，是否向作业人员进行安全技术交底，并有文字记录	
3）桩工机械应安装安全装置，并应灵敏可靠	未安装安全装置或不灵敏，扣7分	查桩工机械是否安装安全装置，并灵敏可靠	

续表

检查评定内容	扣分标准	检查方法
4）桩工机械作业区域地面承载力应符合机械说明书要求	作业区域地面承载力不符合机械说明书要求，扣 7 分	查桩工机械作业区域地面承载力是否符合机械说明书要求
5）桩工机械与输电线路安全距离应符合国家现行相关标准要求	桩工机械与输电线路安全距离不符合国家现行相关标准要求，扣 7 分	查桩工机械与输电线路安全距离是否符合国家现行相关标准规定
6）打桩机应设置标示牌，标示牌内容应全面	打桩机未设置标示牌，扣 5分；标示牌内容不全面，扣3 分	查打桩机是否设置标示牌，标示牌内容是否全面

2.5.14　运输车辆

运输车辆安全检查可按表 2.5.14 执行。

运输车辆安全检查表 表 2.5.14

检查项目	运输车辆	本检查子项应得分数	6 分
本检查子项所执行的标准、文件与条款号	《建筑机械使用安全技术规程》JGJ 33－2012 第 6.1.1、6.1.5 条		

检查评定内容	扣分标准	检查方法
1）车辆转向、制动和灯光装置应灵敏可靠	车辆转向、制动和灯光装置不灵敏，扣 6 分	查车辆转向、制动和灯光装置是否灵敏可靠
2）运输车辆手续应齐全	运输车辆手续不齐全，扣 6 分	查运输车辆手续是否齐全
3）司机应经专门培训、持证上岗	司机无操作证，扣 6 分	查司机是否经专门培训、持证上岗
4）行车时车斗内不得载人	行车时车斗内载人，扣 6 分	查行车时车斗内是否载人

2.5.15　空压机

空压机安全检查可按表 2.5.15 执行。

空压机安全检查表　　　　　表 2.5.15

检查项目	空压机	本检查子项应得分数	6分
本检查子项所执行的标准、文件与条款号	《建筑机械使用安全技术规程》JGJ 33-2012第3.5节、《施工现场机械设备检查技术规程》JGJ 160-2016第4.2节		
检查评定内容	扣分标准	检查方法	
1）空压机使用前应履行验收程序，并应由责任人签字确认	空压机使用前未履行验收程序，扣6分；未经责任人签字确认，扣3分	查空压机使用前是否履行验收程序，并由责任人签字确认	
2）固定式空压机应设置独立站房	固定式空压机未设置独立站房，扣6分	查固定式空压机是否设置独立站房	
3）设备基础应平整、坚固	设备基础不平整、坚固，扣3分	查设备基础是否平整、坚固	
4）电动空压机应单独设置保护接零，并安装漏电保护装置	电动空压机未单独设置保护接零或未安装漏电保护装置，扣6分	查电动空压机是否作保护接零或设置漏电保护装置	
5）空压机传动部位应设置防护罩	空压机传动部位未设置防护罩，扣3分	查空压机传动部位是否设置防护罩	
6）空压机应安装压力表、安全阀，并应灵敏可靠	空压机未安装压力表、安全阀或不灵敏，扣6分	查空压机是否安装压力表、安全阀，并灵敏可靠	
7）储气罐不得有明显锈蚀和损伤	储气罐有明显锈蚀和损伤，扣6分	查储气罐是否有明显锈蚀和损伤	
8）空压机周围应设置防护栏	空压机周围无防护栏，扣3分	查空压机周围是否有防护栏	

2.5.16 预应力张拉机具

预应力张拉机具安全检查可按表 2.5.16 执行。

预应力张拉机具安全检查表　　　　　表 2.5.16

检查项目	预应力张拉机具	本检查子项应得分数	6分
本检查子项所执行的标准、文件与条款号	《公路桥梁施工技术规范》JTG/T F50-2011第7.6.1、7.6.3条		

续表

检查评定内容	扣分标准	检查方法
1）预应力张拉机械设备应定期、定量进行标定校验，并应有效验记录	张拉机械设备未定期、定量进行标定校验或无校验记录，扣 6 分	查预应力张拉机械设备是否定期、定量进行标定校验，并有效验记录
2）压力表与千斤顶应配套使用	压力表与千斤顶未配套使用，扣 3 分	查压力表与千斤顶是否配套使用
3）操作人员应培训合格后，持证上岗	操作人员无证上岗，扣 3 分	查操作人员是否培训合格后，持证上岗
4）张拉时顺梁方向梁端不得有人员停留	张拉时顺梁方向梁端有人员停留，扣 3 分	查张拉时顺梁方向梁端是否有人员停留
5）预应力张拉时，应搭设供操作人员站立和摆放张拉设备的操作平台，并应牢固可靠	预应力张拉时，未搭设站立操作人员和张拉设备的操作平台或平台不牢固，扣 6 分	查预应力张拉时，是否搭设供操作人员站立和摆放张拉设备的操作平台，并牢固可靠
6）张拉钢筋两端应设置材料强度足够的挡板，挡板距张拉钢筋的端部不应小于 1.5m，且应高出最上一组张拉钢筋 0.5m，其宽度距张拉钢筋两外侧不应小于 1m	张拉钢筋两端的挡板设置不符合规定，扣 3 分	查张拉钢筋两端是否设置材料强度足够的挡板，挡板距张拉钢筋的端部是否小于 1.5m，且高出最上一组张拉钢筋 0.5m，其宽度距张拉钢筋两外侧不小于 1m
7）预应力张拉区域应设置明显的安全标志，禁止非操作人员进入	预应力张拉区域无明显的安全标志，扣 3 分；非操作人员进入张拉区域，每人次扣 2 分	查预应力张拉区域是否设置明显的安全标志，是否有非操作人员进入

2.5.17　小型起重机具

小型起重机具安全检查可按表 2.5.17 执行。

小型起重机具安全检查表 表 2.5.17

检查项目	小型起重机具	本检查子项应得分数	7 分
本检查子项所执行的标准、文件与条款号	《建筑机械使用安全技术规程》JGJ 33 - 2012 第 4.6.18～4.6.28 条；《施工现场机械设备检查技术规程》JGJ 160 - 2016 第 7.1.4、7.1.5 条		

续表

检查评定内容	扣分标准	检查方法
1）小型起重机具使用前应履行验收程序，并应由责任人签字确认	小型起重机具使用前未履行验收程序，扣 7 分；未经责任人签字确认，扣 3 分	查小型起重机具使用前是否履行验收程序，并应由责任人签字确认
2）电动葫芦应设缓冲器，严禁两台及以上手拉葫芦同时起吊重物	电动葫芦未设缓冲器，扣 7 分；两台及以上手拉葫芦同时起吊重物，扣 3 分～5 分	查电动葫芦是否设缓冲器，是否采用两台及以上手拉葫芦同时起吊重物
3）承载机具的基础或载体应牢固可靠	承载机具的基础或载体不牢靠，扣 7 分	查承载机具的基础或载体是否牢固可靠
4）滑轮、吊钩、卷筒磨损变形应在标准允许范围内	滑轮、吊钩、卷筒磨损变形达到报废标准，扣 7 分	查滑轮、吊钩、卷筒磨损变形是否在标准允许范围内
5）钢丝绳磨损、断丝、变形、锈蚀应在标准允许范围内	钢丝绳磨损、断丝、变形、锈蚀达到报废标准，扣 7 分	查钢丝绳磨损、断丝、变形、锈蚀是否在标准允许范围内
6）滑轮、吊钩、卷筒应按国家相关标准要求设置防脱装置	滑轮、吊钩、卷筒未设置防脱装置，扣 7 分	查滑轮、吊钩、卷筒是否按国家相关标准要求设置防脱装置

2.5.18 挖掘机

挖掘机安全检查可按表 2.5.18 执行。

挖掘机安全检查表 表 2.5.18

检查项目	挖掘机	本检查子项应得分数	7 分
本检查子项所执行的标准、文件与条款号	《建筑机械使用安全技术规程》JGJ 33－2012 第 5.2.10～5.2.14 条		
检查评定内容	扣分标准	检查方法	
1）驾驶员必须持证上岗	驾驶员无证上岗，扣 7 分	查驾驶员是否持证上岗	
2）挖掘机工作回旋半径范围内禁止任何人停留或通过	挖掘机工作回旋半径范围内有人停留或通过，每人次扣 3 分	查挖掘机工作回旋半径范围内是否有人停留或通过	
3）夜间作业时，工作场地应有充分的照明设备	夜间作业时，工作场地照明不足，扣 3 分～5 分	查夜间作业时，工作场地和挖掘机内是否有充分的照明设备	

续表

检查评定内容	扣分标准	检查方法
4）驾驶员离开操作室时，应将铲斗或炮头放落地面	驾驶员离开操作室时，未将铲斗或炮头放落地面，扣 3 分	查驾驶员离开操作室时，是否将铲斗或炮头放落地面
5）挖掘机工作时，工作面的高度不得超过机身高度的 1.5 倍	挖掘机工作时，工作面高度超过机身高度的 1.5 倍，扣 7 分	查挖掘机工作时，工作面的高度是否超过机身高度的 1.5 倍
6）挖掘机往运泥车装泥石时，严禁铲斗从汽车驾驶室越过	挖掘机往运泥车装泥石时，铲斗从汽车驾驶室越过，扣 5 分	查挖掘机往运泥车装泥石时，是否禁止铲斗从汽车驾驶室越过，以防止石头、大土块散落造成人身伤亡或机械损坏事故
7）挖掘机应按操作规程进行保养，并应有保养记录	挖掘机未按操作规程进行保养，扣 5 分；无保养记录，扣 3 分	查挖掘机是否按操作规程进行保养，并有保养记录

2.5.19　摊铺机

摊铺机安全检查可按表 2.5.19 执行。

摊铺机安全检查表　　　　　　　　　表 2.5.19

检查项目	摊铺机	本检查子项应得分数	7 分
本检查子项所执行的标准、文件与条款号	《施工现场机械设备检查技术规程》JGJ 160－2016 第 5.11.1～5.11.9 条		

检查评定内容	扣分标准	检查方法
1）发动机器前应做相应检查	发动机器前未做相应检查，扣 5 分	查发动机器前是否做相应检查
2）禁止用摊铺机牵引其他机械	用摊铺机牵引其他机械，扣 7 分	查是否用摊铺机牵引其他机械
3）作业现场必须设专人对摊铺机、压路机、运料车、车辆作业人员进行统一指挥	作业现场无专人对摊铺机、压路机、运料车、车辆作业人员进行统一指挥，扣 5 分	查作业现场是否设专人对摊铺机、压路机、运料车、车辆作业人员进行统一指挥
4）摊铺机应按操作规程进行保养，并应有保养记录	摊铺机未按操作规程进行保养，扣 5 分；无保养记录，扣 3 分	查摊铺机是否按操作规程进行保养，并有保养记录

第3章 地基基础工程

市政工程中的地基基础种类繁多，根据危险性较大的原则，《标准》将基坑、钢围堰、土石围堰、沉井列为安全检查项目。其中基坑适用于各种管道基槽、各类构筑物地下工程施工中不同支护形式的深基坑；钢围堰和土石围堰主要适用于各类水上构筑物基础施工维护结构；而沉井既是一种基础形式，又具有基坑支护结构的属性，既适用于陆地挡土作业，也适用于水上作业。当采用《标准》中所未涉及的基坑形式时，可参照《标准》相关类似项目及本书中的相关描述进行安全检查。

3.1 基坑

3.1.1 深基坑支护结构构造

近年来随着市政基础设施工程建设的发展，各类桥梁、轨道交通、管网及其他地下工程的基坑不断涌现，基坑规模越来越大，在现状的深基坑工程实施中，有诸多成熟的深基坑支护结构体系类型，根据其采用的有关设施及工作原理，常用的基坑支护结构体系如图 3.1.1 所示。

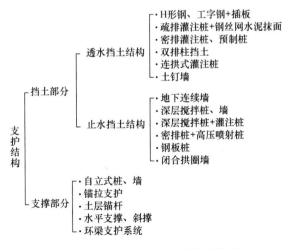

图 3.1.1 常用的基坑支护结构体系

3.1.2 相关安全技术标准

与基坑施工安全技术相关的标准主要有：

1. 《建筑基坑工程监测技术规范》GB 50497；
2. 《建筑基坑支护技术规程》JGJ 120；
3. 《建筑施工土石方工程安全技术规范》JGJ 180；
4. 《建筑与市政工程地下水控制技术规范》JGJ 111；
5. 《建筑深基坑工程施工安全技术规范》JGJ 311。

3.1.3 迎检需准备资料

为配合基坑施工的安全检查，施工现场需准备的相关资料包括：

1. 基坑工程相关专项安全施工方案；
2. 基坑支护专项设计文件，包括成套设计图纸、计算书；
3. 专项施工方案审核、审批页与专家论证报告及方案修改回复；
4. 专项施工方案交底记录；
5. 岩土工程勘察报告，地下管线、设施、障碍资料，相邻建筑、市政、隧道基础资料；
6. 降水水位观测记录、周边环境监测记录；
7. 钢支撑预应力施工记录；
8. 锚杆（索）现场抗拉拔试验报告、完工后验收记录；
9. 机械操作人员操作资格证书；
10. 基坑监测专项方案、监测报告。

3.1.4 方案与交底

基坑工程方案与交底安全检查可按表 3.1.4 执行。

基坑工程方案与交底安全检查表　　　　　表 3.1.4

检查项目	方案与交底	本检查子项应得分数	10 分
本检查子项所执行的标准、文件与条款号	《建筑深基坑工程施工安全技术规范》JGJ 311 - 2013 第 6.1.1 条；住建部令第 37 号、建办质〔2018〕31 号文		
检查评定内容	扣分标准	检查方法	
1）基坑施工前应编制专项施工方案，基坑支护结构应经设计确定	未编制专项施工方案或支护结构未经设计，扣 10 分；编制内容不全或无针对性，扣 3 分～5 分	查是否施工前编制了安全专项施工方案，并检查方案是否具有针对性和指导性，查看深基坑挖、降排水及基坑支护是否有经设计确认的专项设计图纸	

续表

检查评定内容	扣分标准	检查方法
2）专项施工方案应进行审核、审批	专项施工方案未进行审核、审批，扣 10 分	查专项施工方案的审核、审批页是否有施工单位技术、安全等部门以及企业技术负责人审批签字，项目总监理工程师是否审核签字
3）超过一定规模的深基坑工程，其专项施工方案应组织专家论证	超过一定规模的深基坑工程专项施工方案未组织专家论证，扣 10 分	对开挖深度超过 5m（含 5m）的基坑（槽）的土方开挖、支护、降水工程，查专家论证意见、方案修改回复意见、会议签到表等，确认钢围堰安全专项施工方案是否按住建部令第 37 号和建办质〔2018〕31 号文件的规定组织了专家论证
4）专项施工方案实施前，应进行安全技术交底，并应有文字记录	专项施工方案实施前，未进行安全技术交底，扣 10 分；交底无针对性或无文字记录，扣 3 分～5 分	查是否有安全技术交底记录，记录中是否有方案编制人员或项目技术负责人（交底人）的签字以及现场管理人员和作业人员（接底人）的签字

3.1.5　地下水控制

基坑工程地下水控制（图 3.1.5）安全检查要点可按表 3.1.5 执行。

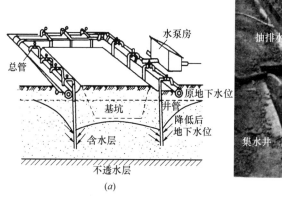
（a）

（b）

图 3.1.5　基坑工程地下水控制

（a）井点降低地下水位全貌；（b）基坑底部集水沟（坑）

基坑工程地下水控制安全检查表 表 3.1.5

检查项目	地下水控制	本检查子项应得分数	10 分
本检查子项所执行的标准、文件与条款号	《建筑基坑支护技术规程》JGJ 120－2012 第 7.1.2、7.1.4、8.1.6 条；《建筑与市政工程地下水控制技术规范》JGJ 111－2016 第 5.4.14 条		
检查评定内容	扣分标准	检查方法	
1）基坑开挖深度范围内有地下水时，应采取有效的降排水措施，并应有防止临近建（构）筑物沉降、倾斜的措施	基坑开挖深度范围内有地下水时无有效的降排水措施，扣 10 分 降水时无防止临近建（构）筑物沉降、倾斜的措施，扣 10 分	对照地质勘查报告和施工方案，查看现场，如有地下水，查是否按照方案采取有效的降排水措施，并有降水水位和临近结构物的沉降观测记录，现场是否采取防止临近结构物及管线沉降的措施	
2）基坑边沿周边地面应按专项施工方案要求设置截、排水沟和防止地表水冲刷基坑侧壁的措施；放坡开挖时，应对坡顶、坡面、坡脚采取降排水措施	基坑边沿周边地面无截、排水沟和防止地表水冲刷基坑侧壁的措施，扣 3 分～5 分 放坡开挖时未对坡顶、坡面、坡脚采取降排水措施，扣 5 分～7 分	查基坑边沿周边地面是否按专项施工方案要求设置截、排水沟和防止地表水冲刷基坑侧壁的措施；放坡开挖时，是否对坡顶、坡面、坡脚采取降排水措施	
3）基坑底周边应按专项施工方案要求设置排水沟和集水井，并应及时排除积水	基坑底周边未设置排水沟和集水井或排除积水不及时，扣 3 分～5 分	查基坑底周边是否按专项施工方案要求设置排水沟和集水井，并及时排除积水	
4）基坑围护结构不得漏水、漏砂，基坑坑底不得积水、涌水或涌砂	围护结构漏水、漏砂或基坑底积水、涌水或涌砂，每处扣 2 分	观察基坑围护结构是否存在漏水、漏砂现象，基坑坑底是否有积水、涌水或涌砂现象	

3.1.6 基坑支护

基坑支护（图 3.1.6）安全检查可按表 3.1.6 执行。

(a)　　　　　　　　　　　(b)

图 3.1.6 基坑支护

（a）按设计施工的基坑支护；（b）基坑灌注桩与锚索结合支护

基坑工程基坑支护安全检查表　　　　表 3.1.6

检查项目	基坑支护	本检查子项应得分数	15分
本检查子项所执行的标准、文件与条款号		《建筑施工土石方工程安全技术规范》JGJ 180-2009 第6.3.5条；《建筑深基坑工程施工安全技术规范》JGJ 311-2013 第6.2.3、6.9.5、6.9.6、6.10.2、6.10.10条	

检查评定内容	扣分标准	检查方法	备注
1）地质条件良好、土质均匀且无地下水的自然放坡的坡率应符合设计和国家现行相关标准要求	自然放坡的坡率不符合设计要求，扣15分	对照施工方案查自然边坡的坡率是否满足方案设计和国家相关标准的要求	自然放坡的坡率允许值应根据地方经验确定，无经验时参照JGJ 180-2009 第6.3.5条执行
2）当开挖深度较大并存在边坡塌方危险时，应按设计要求进行支护	不能采取放坡开挖的基坑工程，当开挖深度较大并存在边坡塌方危险时无支护措施，扣15分　支护措施不符合设计要求，扣8分	观察现场边坡情况与设计图纸和施工方案进行对照，查是否按照要求进行支护	
3）采取内支撑的基坑工程，钢支撑与围护结构的连接、预应力施加应符合设计和专项施工方案要求；钢支撑吊装就位时，吊车及钢支撑下方严禁人员入内，并应采取有效的防下坠措施	钢支撑与围护结构的连接不符合要求，扣8分　钢支撑预应力施加不符合要求，扣8分　钢支撑吊装就位时，吊车及钢支撑下方站人或无有效的防下坠措施，扣10分	采取内支撑的基坑工程，查看钢支撑与围护结构的连接是否符合设计及验收规范要求，钢支撑预应力施加是否满足设计要求。查看吊装区域有无作业人员，有无防坠落措施	钢支撑使用过程中应定期进行预应力监测，并有记录，必要时对预应力损失进行补偿
4）喷射混凝土支护时，喷嘴不得面对有人方向	喷射混凝土的喷嘴面对人，扣10分	观察喷射混凝土支护时，喷嘴是否存在面对有人方向	
5）锚杆或锚索施工前应进行现场抗拉拔试验，施工完成后应进行验收	锚杆（索）施工前未进行现场抗拉拔试验，扣10分　锚杆（索）施工完成后未进行验收，扣10分	查锚杆（索）现场抗拉拔试验检测报告，锚杆（索）施工完成后验收记录	

3.1.7　基坑开挖

对基坑开挖（图3.1.7）过程的安全检查可按表3.1.7执行。

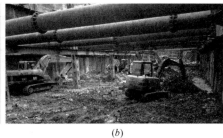

(a) (b)

图 3.1.7 基坑开挖

(a) 土方开挖；(b) 基坑开挖防碰撞支撑结构

基坑工程基坑开挖安全检查表 表 3.1.7

检查项目	基坑开挖	本检查子项应得分数	15 分
本检查子项所执行的标准、文件与条款号	《建筑施工土石方工程安全技术规范》JGJ 180－2009 第 3.1.6、6.1.1 条；《建筑基坑支护技术规程》JGJ 120－2012 第 8.1.1、8.1.2、8.1.3、8.1.4 条；《建筑深基坑工程施工安全技术规范》JGJ 311－2013 第 8.1.2 条		

检查评定内容	扣分标准	检查方法
1）基坑支护面上方的锚杆或锚索、土钉、支撑必须在达到设计要求后，方可开挖下层土方，严禁提前开挖和超挖	下层土方开挖未按设计要求进行，提前开挖或超挖，扣 10 分	对照现场及施工记录，查基坑土方开挖时锚杆或锚索、土钉、支撑是否满足设计要求的强度、预应力等指标
2）基坑开挖应按设计和专项施工方案要求分层、分段、限时、均衡、对称开挖	未按设计和专项施工方案要求分层、分段、限时开挖或开挖不均衡、不对称，扣 10 分	查看基坑开挖顺序是否满足设计和施工方案要求
3）基坑开挖应有防止碰撞支护结构、工程桩或扰动基底原状土土层的有效措施	基坑开挖过程中无防止碰撞支护结构、工程桩或扰动基层原状土土层的有效措施，扣 10 分	查看现场基坑开挖过程中有无碰撞支护结构、工程桩的现象，基底原状土土层是否受到扰动
4）当挖土机械、运输车辆进入基坑作业时，坡道坡度不应大于 1：7，坡道宽度应满足行车要求，且应有防滑措施	挖土机械、运输车辆进入基坑的坡道设置不符合行车要求，扣 3 分～5 分	对照现场查挖土机械、运输车辆等进入基坑的坡道设置是否满足施工方案及行车要求
5）机械操作人员应取得操作资格证书	机械操作人员无操作资格证书，扣 10 分	查机械操作人员有无操作资格证书
6）机械在软土场地作业时，应采取铺设渣土或砂石等硬化措施	机械在软土场地作业时，未采取铺设渣土、砂石等硬化措施，扣 10 分	机械在软土场地作业时是否采取硬化措施

检查评定内容	扣分标准	检查方法
7）有内支撑的基坑开挖，挖土机械不得停留在水平支撑上方进行挖土作业	挖土机械停留在水平支撑上方进行挖土作业，扣10分	有内支撑的基坑开挖，对照现场查是否存在挖土机械停留在水平支撑上方进行挖土作业的现象
8）基坑开挖应根据基坑及周边环境的监测数据，及时调整开挖的施工顺序和施工方法	基坑及周边环境的监测数据发生变化时，未及时调整开挖的施工顺序和施工方法，扣5分	根据基坑及周边环境的监测记录，对照施工记录或观察施工顺序和施工方法是否合理、是否根据监测数据进行及时调整

3.1.8 施工荷载

基坑工程施工荷载控制（图3.1.8）安全检查可按表3.1.8执行。

（a）　　　　　　　　　　　　　　　　　（b）

图3.1.8　基坑工程施工荷载

（a）机械在坑边作业；（b）基坑支撑结构兼作施工栈桥与作业平台

基坑工程施工荷载控制安全检查表　　　　　　　　表3.1.8

检查项目	施工荷载	本检查子项应得分数	10分
本检查子项所执行的标准、文件与条款号	《建筑深基坑工程施工安全技术规范》JGJ 311-2013 第6.1.6、11.2.2、11.2.3、11.2.7条		
检查评定内容	扣分标准	检查方法	备注
1）基坑边堆置土、料具等荷载不得超出基坑支护设计许范围	基坑边堆置土、料具等荷载超过基坑支护设计允许范围，扣10分	对照现场查看基坑边堆置土、料具等荷载是否超出基坑支护设计允许范围	观察堆载与坑边距离，测算堆载数值
2）机械设备施工与坑边的安全距离应符合国家现行相关标准要求	机械设备施工与坑边距离不符合国家现行相关标准要求，扣10分	查机械设备施工与坑边的安全距离是否满足要求	注意观察临坑边的道路设置

续表

检查评定内容	扣分标准	检查方法	备注
3）当利用支撑兼作施工作业平台或施工栈桥时，上部机械设备的荷载应在设计允许范围内	当利用支撑兼作施工作业平台或施工栈桥时，上部机械设备的荷载超过设计允许范围，扣 10 分	现场查利用支撑兼作施工作业平台或施工栈桥时，查上部机械设备的荷载是否存在超载现象	施工栈桥等应有专项设计，使用中应按设计要求控制施工荷载

3.1.9　监测监控

基坑工程监测监控（图 3.1.9）安全检查可按表 3.1.9 执行。

(a)　　　　　　　　　　　　　　　(b)

图 3.1.9　基坑监测监控

（a）基坑监测点；（b）基坑监测

基坑工程监测监控安全检查表　　　　　表 3.1.9

检查项目	监测监控	本检查子项应得分数	10 分
本检查子项所执行的标准、文件与条款号	《建筑基坑工程监测技术规范》GB 50497 - 2009 第 3.0.1、3.0.3、3.0.6、3.0.8、3.0.9、7.0.4、8.0.7 条；《建筑基坑支护技术规程》JGJ 120 - 2012 第 8.2.2 条		
检查评定内容	扣分标准	检查方法	备注
1）基坑工程施工前应编制监测方案，明确监测项目、监测报警值、监测方法和监测点的布置、监测周期等内容，并应按监测方案实施施工监测	未编制监测方案或未按监测方案实施施工监测，扣 10 分 基坑监测项目不符合设计要求，扣 7 分～10 分	查是否编制监测方案，并经审核审批，内容是否齐全，查监测记录是否与方案相一致	具备相应资质的第三方实施监测
2）监测的时间间隔应根据监测方案及施工进度确定，当监测结果变化速率较大时，应加大观测频率	监测的时间间隔不符合要求或监测结果变化速率较大时未加大观测频率，扣 5 分～7 分	查监测的时间间隔是否与监测方案及施工进度相一致，当监测结果变化速率较大时，是否有加大观测频率的监测记录	当基坑工程有重大变更时，监测单位应研究并及时调整监测方案

检查评定内容	扣分标准	检查方法	备注
3）基坑开挖监测过程中，应根据监测方案提交阶段性监测报告	无监测报告或监测报告内容不完整，扣 5 分～7 分	查是否按照监测方案要求提交阶段性监测报告	
4）当监测值达到所规定的报警值时，应停止施工，查明原因，采取补救措施	当监测值达到所规定的报警值时，未停止施工，采取补救措施，扣 10 分	查看监测资料是否达到所规定的报警值，现场是否停止施工，查明原因，并采取补救措施	

3.1.10 安全防护

基坑工程作安全防护（图 3.1.10）安全检查可按表 3.1.10 执行。

(a)

(b)

图 3.1.10 基坑工程安全防护
(a) 基坑防护；(b) 基坑人员上下通道

基坑工程安全防护检查表   表 3.1.10

检查项目	安全防护		本检查子项应得分数	10 分
本检查子项所执行的标准、文件与条款号	《建筑施工土石方工程安全技术规范》JGJ 180 - 2009 第 6.2.1、6.2.2 条；《建筑深基坑工程施工安全技术规范》JGJ 311 - 2013 第 11.2.5、11.2.6 条			
检查评定内容	扣分标准		检查方法	
1）开挖深度 2m 及以上的基坑周边应按临边作业要求设置防护栏杆	开挖深度 2m 及以上的基坑周边未按临边作业要求设置防护栏杆，扣 5 分		现场查看基坑周边是否设置防护栏杆，并满足要求，注意观察栏杆生根方式与支护结构的匹配性	
2）基坑内应设置作业人员上下通道，通道数量不应少于 2 处，宽度不应小于 1m，且应保证通道畅通	基坑内未设置供人员上下的专用通道或通道设置不符合国家现行相关标准要求，扣 5 分		现场查看基坑内是否设置作业人员上下通道，数量是否满足要求，是否畅通	

续表

检查评定内容	扣分标准	检查方法
3）降水井口应设置防护盖板或围栏，并应设置明显的警示标志	降水井口未设置防护盖板或围栏，扣 5 分；无明显警示标志，扣 3 分	现场查看降水井口是否设置防护盖板或围栏，是否设置明显的警示标志

3.1.11　支护结构拆除

基坑工程支护结构拆除（图 3.1.11）安全检查可按表 3.1.11 执行。

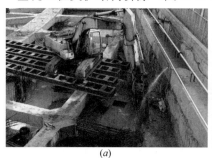 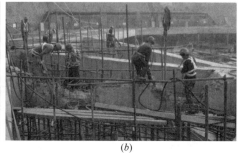

(a)　　　　　　　　　　　　(b)

图 3.1.11　基坑支护拆除

（a）机械拆除；（b）人工拆除

基坑工程支护结构拆除安全检查表　　　　表 3.1.11

检查项目	支护结构拆除	本检查子项应得分数	10 分
本检查子项所执行的标准、文件与条款号	《建筑深基坑工程施工安全技术规范》JGJ 311-2013 第 6.9.1、6.9.8、6.9.9、6.9.10、6.9.11 条		

检查评定内容	扣分标准	检查方法	备注
1）采用锚杆或支撑的支护结构，在未达到设计规定的拆除条件时，严禁拆除锚杆或支撑	未达到设计规定的拆除条件进行锚杆或支撑拆除，扣 10 分	对照设计规定和施工方案查拆除锚杆或支撑时是否满足规定条件	主要确认支护结构的拆除时机是否符合设计规定
2）基坑支护结构拆除或换撑顺序、预加力卸载程序应符合设计和专项施工方案要求	支护结构拆除或换撑顺序、方式不符合设计和方案要求，扣 10 分	观察现场基坑支护结构拆除或换撑顺序、预加力卸载程序是否满足设计和专项施工方案要求	应按先撑后挖、先托后拆的顺序施工
3）当采用机械拆除时，施工荷载应小于支撑结构承载力	机械拆除作业时施工荷载大于支撑结构承载力，扣 10 分	当采用机械拆除时，查是否按施工方案选定的机械设备及吊装方案进行施工，施工荷载是否超过支撑结构允许荷载	严禁超载作业或任意扩大拆除范围

检查评定内容	扣分标准	检查方法	备注
4）人工拆除时，应有可靠防护设施	人工拆除作业时无可靠防护设施，扣6分	人工拆除时，查是否有可靠防护设施	操作面稳固、安全，对拆除的构件要有防下坠措施
5）当采用爆破拆除、静力破碎等拆除方式时，必须符合国家现行相关标准要求	采用非常规拆除方式不符合国家现行相关标准要求，扣10分	当采用非常规拆除方式时，对照现行国家标准《爆破安全规程》GB 6722检查其是否符合相关要求	

3.1.12　作业环境

对基坑工程作业环境（图3.1.12）验收环节的安全检查可按表3.1.12执行。

(a)　　　　　　　　　　　　　　　(b)

图3.1.12　基坑作业环境

（a）地下管线探测；（b）上下交叉作业

基坑工程作业环境安全检查表　　　　　　　　表3.1.12

检查项目	作业环境	本检查子项应得分数	10分
本检查子项所执行的标准、文件与条款号	《建筑施工土石方工程安全技术规范》JGJ 180－2009 第6.1.2、6.2.4、6.3.1条		
检查评定内容	扣分标准	检查方法	备注
1）基坑内土方机械、施工人员的安全距离应符合国家现行相关标准要求	基坑内土方机械、施工人员的安全距离不符合国家现行相关标准要求，扣5分	观察基坑内土方机械、施工人员的安全距离是否满足要求	可参照 JGJ 33 的安全规定
2）上下垂直作业应采取有效的防护措施	上下垂直作业无有效防护措施，扣5分	观察上下垂直作业是否有防护措施	

续表

检查评定内容	扣分标准	检查方法	备注
3）在电力、通信、燃气管线 2m 范围内及给排水管道 1m 范围内挖土时，应采取安全保护措施，并应设专人监护	在各种管线影响范围内挖土作业无安全保护措施或未设专人监护，扣 5 分	观察在电力、通信、燃气管线 2m 范围内及给排水管道 1m 范围内挖土时，是否采取安全保护措施，是否有人监护	必要时，应探明其准确位置
4）施工作业区域应采光良好，当光线较弱时应设置足够照度的光源	施工作业区光线不良，扣 5 分	检查施工作业区域采光情况，光线较弱的是否设置光源，能否满足施工作业的要求	

3.2　钢围堰

3.2.1　钢围堰构造

钢围堰是在涉水工程建设中，为建造永久性构筑物而修建的挡土或挡水的临时性围护钢结构，包括钢板桩围堰、钢管桩围堰、钢套箱围堰、钢吊箱围堰和其他形式钢围堰。

钢板桩截面一般分为 U 形、Z 形和其他类型，市面上普遍使用的为拉森系列钢板桩，钢板桩围堰施工现场如图 3.2.1-1 所示。钢管桩围堰是通过带锁口的钢管排桩咬合连接形成的围堰，结构组成上与钢板桩围堰相类似，一般用于基坑深度小、覆盖层较深的情况，锁扣形式一般分"C-O"、"I-C"、"［-I"等类型。

钢套箱围堰是桥梁工程施工中常用的一种围堰形式，主要是利用型钢及钢板组成格构式壁板结构，合围成密闭空间以形成阻水或挡土的功效。钢套箱围堰分为双壁与单壁结构，主要由壁板、加劲肋、内桁架支撑、刃脚、内支撑等结构组成，其工程实例如图 3.2.1-2 所示。

图 3.2.1-1　钢板桩围堰实例图

图 3.2.1-2　钢套箱围堰实例图

钢吊箱围堰与钢套箱围堰类似，主要适用于施工深水高桩承台。钢吊箱的结构构造由底板、侧板、内支撑、悬吊及定位系统组成，其工程实例如图 3.2.1-3 所示。

(a)　　　　　　　　　　　　　　　　　(b)

图 3.2.1-3　钢吊箱围堰拼装下放工程实例

（a）方形吊箱；（b）圆形吊箱

3.2.2　相关安全技术标准

与钢围堰安全技术相关的标准主要有：

1. 《钢围堰工程技术标准》GB/T 51295－2018；

2. 《公路桥涵施工技术规范》JTG/T F50；

3. 《公路工程施工安全技术规范》JTG F90；

4. 《铁路桥涵工程安全技术规程》TB 10303。

3.2.3　迎检需准备资料

为配合钢围堰施工的安全检查，施工现场需准备的相关资料包括：

1. 钢围堰专项施工方案（含拆除方案）；

2. 钢围堰专项设计文件，包括成套设计图纸、计算书；

3. 专项施工方案审核、审批页与专家论证报告及方案修改回复；

4. 专项施工方案交底记录；

5. 水上水下施工作业许可证（涉水施工时需要）；

6. 钢围堰使用过程监测记录；

7. 从事钢围堰安装、改造、拆卸、维修的单位的设备安装工程专业承包资质和安全生产许可证；

8. 钢围堰施工各阶段专项验收记录；

9. 钢围堰投入使用前的安装验收表。

3.2.4　方案与交底

方案与交底安全检查可按表3.2.4执行。

方案与交底安全检查表 表3.2.4

检查项目	方案与交底	本检查子项应得分数	10分
本检查子项所执行的标准、文件与条款号	《钢围堰工程技术标准》GB/T 51295-2018 第3.0.9、3.0.11、3.0.12、4.2.1、5.3.2条；《公路工程施工安全技术规范》JTG/F 90-2015 第3.0.2、3.0.5条；《铁路桥涵工程安全技术规程》TB 10303-2009 第3.1.2、3.2.1、3.2.2、3.2.17、3.2.28条、住建部令第37号、建办质〔2018〕31号文		
检查评定内容	扣分标准	检查方法	
1）钢围堰施工前应编制专项施工方案	未编制专项施工方案，扣10分	查是否编制了专项施工方案，并查看方案的完整性、针对性	
2）钢围堰施工前应编制完整的设计文件，并应对围堰结构、构件和附属装置进行设计，图纸和计算书应齐全	未编制设计文件，扣10分 未对围堰结构、构件和附属装置进行设计，扣10分 设计文件中图纸或计算书不齐全，扣3分~5分	查是否有完整的钢围堰成套设计文件，是否包含围堰全部构件的计算，图纸是否完整，计算书是否齐全，计算依据是否合规，委托设计时，设计单位是否具有相应资质	
3）专项施工方案应进行审核、审批	专项施工方案未进行审核、审批，扣10分	查专项施工方案的审核、审批页是否有施工单位技术、安全等部门以及企业技术负责人审批签字	
4）专项施工方案应组织专家论证	专项施工方案未组织专家论证，扣10分	查专家论证意见、方案修改回复意见、会议签到表等，确认钢围堰安全专项施工方案是否按住建部令第37号和建办质〔2018〕31号文件的规定组织了专家论证	
5）专项施工方案实施前，应进行安全技术交底，并应有文字记录	专项施工方案实施前，未进行安全技术交底，扣10分；交底无针对性或无文字记录，扣3分~5分	查是否有安全技术交底记录，记录中是否有方案编制人员或项目技术负责人（交底人）的签字以及现场管理人员和作业人员（接底人）的签字	

3.2.5　构配件和材质

构配件和材质安全检查可按表3.2.5执行。

构配件和材质安全检查表　　　　　　　　　　表 3.2.5

检查项目	构配件和材质	本检查子项应得分数	10 分
本检查子项所执行的标准、文件与条款号	《钢围堰工程技术标准》GB/T 51295 - 2018 第 3.0.7、3.0.8、5.1.3、5.1.4 条、《公路桥涵施工技术规范》JTG/T F50 - 2011 第 13.3.5 条		
检查评定内容	扣分标准	检查方法	
1）制作钢围堰的构配件应有质量合格证、产品性能检验报告，其品种、规格、型号、材质应符合专项施工方案要求	构配件无质量合格证、产品性能检验报告，扣 10 分 构配件的品种、规格、型号、材质不符合专项施工方案要求，扣 10 分	查钢围堰原材料和构配件是否具有合格证和按批次的检验报告，查品种、规格、型号、材质是否与围堰设计和专项方案相符	
2）钢板桩等定型产品应有使用说明书等技术文件	钢板桩等定型产品无使用说明书等技术文件，扣 5 分	查钢管桩、钢板桩定型产品配套说明书、产品合格证	
3）钢围堰承力主体结构构件、连接件不得有显著的扭曲和侧弯变形、严重超标的挠度以及严重锈蚀剥皮等缺陷	主体结构构件、连接件有显著的变形、严重超标的挠度或严重锈蚀剥皮等缺陷，扣 10 分	查主体受力构件外观是否完好，变形及锈蚀程度是否满足设计要求	

3.2.6 围堰构造

围堰构造安全检查可按表 3.2.6 执行。

围堰构造安全检查表　　　　　　　　　　表 3.2.6

检查项目	围堰构造	本检查子项应得分数	10 分
本检查子项所执行的标准、文件与条款号	《钢围堰工程技术标准》GB/T 51295 - 2018 第 4.7.2、4.7.5、4.7.6、4.8.2、4.8.3、4.8.5、4.8.6、4.9.2、4.9.4、4.9.7、4.9.13、4.10.2、5.2.14 条；《公路桥涵施工技术规范》JTG/T F50 - 2011 第 13.3.4 条		
检查评定内容	扣分标准	检查方法	
1）钢围堰的侧壁结构尺寸应符合专项施工方案要求	钢围堰侧壁结构尺寸不符合专项施工方案要求，扣 10 分	尺量围堰侧壁结构厚度，观察侧壁格构杆件设置方式是否符合设计要求	
2）钢围堰结构的嵌固深度和封底混凝土厚度应符合专项施工方案要求	嵌固深度或封底混凝土厚度不符合专项施工方案要求，扣 10 分	查施工记录，判断围堰嵌入土体深度是否满足设计要求，并判断封底混凝土厚度是否均匀、是否满足设计厚度	
3）钢吊箱和钢套箱围堰的内支撑间距、层数、设置方式应符合专项施工方案要求	钢吊箱、钢套箱围堰的内支撑间距、层数、设置方式不符合专项施工方案要求，扣 10 分	观察围堰内支撑位置、间距、层数、设置方式是否与设计一致，观察支撑是否设置在对应节点上	

续表

检查评定内容	扣分标准	检查方法
4）钢管桩和钢板桩围堰应按专项施工方案要求设置围檩和内支撑	钢管桩、钢板桩围堰围檩和内支撑的设置不符合专项施工方案要求，扣 10 分	观察钢围堰围檩层数、位置、间距是否符合设计规定
5）钢吊箱围堰的底板结构和吊挂系统的设置应符合专项施工方案要求	钢吊箱围堰的底板结构和吊挂系统的设置不符合专项施工方案要求，扣 10 分	查吊箱底板的肋、板设置方式和吊挂方式是否符合设计规定，吊挂系统为精轧螺纹钢时，查其是否切斜受力，观察吊挂系统是否连接完好，是否设置限位装置

3.2.7　安装

围堰安装（图 3.2.7）安全检查可按表 3.2.7 执行。

图 3.2.7　钢套箱围堰分块拼装示意图

围堰安装安全检查表 表 3.2.7

检查项目	安装		本检查子项应得分数	10 分
本检查子项所执行的标准、文件与条款号	《钢围堰工程技术标准》GB/T 51295 - 2018 第 4.8.4、4.8.12、5.2.13、5.2.14、5.3.9、5.3.17、5.3.18、5.4.3、5.4.4、5.4.5、5.5.8 条；《公路桥涵施工技术规范》JTG/T F50 - 2011 第 13.3.4、13.3.5、13.3.7、13.3.8 条；《公路工程施工安全技术规范》JTG F90 - 2015 第 8.7.3、8.7.4、8.7.5 条；《铁路桥涵工程安全技术规程》TB 10303 - 2009 第 3.2.3、3.2.9、3.2.15、3.2.24、3.2.25、3.2.31、3.2.32 条			
检查评定内容	扣分标准		检查方法	
1）钢板桩或钢管桩围堰在进行施打做作业前，其锁口应采取可靠的止水措施	钢板桩或钢管桩围堰在进行施打作业前，其锁口无可靠的止水措施，扣 5 分		查钢板桩或钢管桩围堰是否采取了止水措施，是否有堵漏的应急措施	

续表

检查评定内容	扣分标准	检查方法
2）钢吊箱在浇筑封底混凝土前，应对底板与桩护筒之间的缝隙进行封堵	钢吊箱在浇筑封底混凝土前，未对底板与桩护筒之间的缝隙进行封堵，扣5分	查钢吊箱底板与钢护筒是否封堵严密，观察是否渗水
3）钢围堰施打或下沉应采取可靠的定位系统和导向装置	钢围堰施打或下沉无可靠的定位系统和导向装置，扣5分	观察围堰施打或下沉过程是否设置定位系统及导向系统，查导向系统是否安全可靠
4）钢围堰接高或下沉作业过程中，应采取保持围堰稳定的措施	钢围堰接高或下沉作业过程中，无保持围堰稳定的措施，扣10分	查施工方案中是否有围堰接高具体措施，是否按照方案要求顺序进行接高作业
5）施工过程中应监测水位变化，围堰内外头水差应在设计范围内	施工过程中未监测水位变化或围堰内外水头差超过设计允许范围，扣5分	查是否设置了围堰水位监测线，查监测记录，判断是否对围堰内外水头进行了监测
6）围堰抽水时应及时加设围檩和支撑系统	围堰抽水时未及时加设围檩和支撑系统，扣10分	查围堰抽水时是否按设计规定的位置及时设置围檩及支撑系统
7）钢吊箱围堰应在封底混凝土达到设计强度后方可进行围堰内抽水并进行钢吊箱体系转换	钢吊箱围堰封底混凝土达到设计强度前进行围堰内抽水、体系转换作业，扣10分	查封底混凝土强度试验报告和施工记录，确认抽水、换撑时是否满足封底混凝土强度要求

3.2.8 检查验收

检查验收安全检查可按表 3.2.8 执行。

检查验收安全检查表　　　　　　　表 3.2.8

检查项目	检查验收	本检查子项应得分数	10 分
本检查子项所执行的标准、文件与条款号	《钢围堰工程技术标准》GB/T 51295-2018 第 5.3.3 条；《公路桥涵施工技术规范》JTG/T F50-2011 第 13.3.8 条		
检查评定内容	扣分标准	检查方法	
1）在构配件进场、围堰结构安装完成、安全防护设施安装完成各阶段应进行检查验收，并应形成记录	在构配件进场、围堰结构安装完成、安全防护设施安装完成各阶段，未进行检查验收或无验收记录，扣10分	查围堰各阶段验收记录，是否形成文字记录及相关签证文件	
2）在围堰施工完成、投入使用前，应办理完工验收手续并形成记录	围堰施工完成、投入使用前未办理完工验收手续或无验收记录，扣10分	查围堰完工验收记录	

续表

检查评定内容	扣分标准	检查方法
3）检查验收内容和指标应有量化内容，并应由责任人签字确认	检查验收内容和指标未量化或未经责任人签字确认，扣 5 分	查各阶段的验收记录采用的表格是否有量化内容和指标，以及是否经相应责任人签字确认
4）验收合格后应在明显位置悬挂验收合格牌	未在明显位置悬挂验收合格牌，扣 3 分	检查是否有验收合格牌

3.2.9 监测

围堰监测安全检查可按表 3.2.9 执行。

围堰监测安全检查表 表 3.2.9

检查项目	监测	本检查子项应得分数	10 分
本检查子项所执行的标准、文件与条款号	《钢围堰工程技术标准》GB/T 51295 - 2018 第 3.0.10、6.1.2、6.1.3、6.1.4、6.1.5、6.2.1、6.2.2、6.2.3、6.2.4、6.2.5、6.2.9、6.4.1、6.4.2 条；《公路桥涵施工技术规范》JTG/T F50 - 2011 第 13.3.5、13.3.7 条；《公路工程施工安全技术规范》JTG F90 - 2015 第 8.7.4、8.7.5 条；《铁路桥涵工程安全技术规程》TB 10303 - 2009 第 3.2.3 条		

检查评定内容	扣分标准	检查方法
1）钢围堰应编制监测方案，并应按监测方案对围堰结构、内外部水位和相邻有影响的结构物进行监测监控	未编制监测方案或未按监测方案对围堰结构、内外部水位和相邻有影响的结构物进行监测监控，扣 10 分	查是否有围堰监测方案或监测技术措施，查现场是否按照方案实施了监测，查监测内容是否涵盖了围堰结构、内外部水位和相邻有影响的结构
2）钢围堰施工前应设置变形观测基准点和观测点	未设置变形观测基准点和观测点，扣 10 分	查是否按方案设置了观测基准点和观测点，基准点是否经过复测确保有效
3）钢围堰布设支撑前应测读所有变形观测和水位观测的初始值	布设支撑前未测读变形观测和水位观测的初始值，扣 5 分	查是否测读变形与水位的初始值，是否有记录
4）监测监控应记录监测时间、工况、监测点、监测项目和报警值	无监测时间、工况、监测点、监测项目和报警值记录，扣 3 分～5 分	查监测记录
5）围堰内抽水时应对围堰各部位的变形进行监测	围堰内抽水时未对围堰各部位的变形进行监测，扣 5 分	查抽水时是否有监测记录

3.2.10 拆除

围堰拆除安全检查可按表 3.2.10 执行。

围堰拆除安全检查表　　　　　　　表 3.2.10

检查项目	拆除	本检查子项应得分数	10分
本检查子项所执行的标准、文件与条款号	\multicolumn{3}{l}{《钢围堰工程技术标准》GB/T 51295 - 2018 第 4.9.5、5.2.15、5.3.21、5.4.4、5.4.5、5.4.6、5.5.13 条；《公路桥涵施工技术规范》JTG/T F50 - 2011 第 13.3.4、13.3.5 条；《公路工程施工安全技术规范》JTG F90 - 2015 第 8.7.6 条；《铁路桥涵工程安全技术规程》TB 10303 - 2009 第 3.2.16 条}		

检查评定内容	扣分标准	检查方法
1) 钢板桩或钢管桩围堰拆除应从下游侧开始逐步向上游侧进行	钢板桩或钢管桩围堰拆除未从下游侧开始逐步向上游侧的顺序进行，扣 10 分	查施工记录，或现场观察，确认钢板桩或钢管桩围堰侧壁是否按照施工方案要求顺序进行拆除
2) 钢板桩或钢管桩围堰内支撑拆除应按从下往上的顺序进行，并应先拆除支撑，再拆除围檩，最后拔出钢板桩或钢管桩	钢板桩或钢管桩围堰内支撑未按规定顺序进行拆除，扣 10 分	查施工记录，或现场观察，确认钢板桩或钢管桩围堰内支撑是否按照施工方案要求顺序进行拆除
3) 钢套箱或钢吊箱围堰拆除应按先上后下、先支撑后侧板的顺序进行	钢套箱或钢吊箱围堰未按规定顺序进行拆除，扣 10 分	查施工记录，或现场观察，确认钢套箱或钢吊箱围堰是否按先上后下、先支撑后侧板的顺序进行拆除
4) 钢围堰拆除时，应采取向围堰内注水或在侧板上开连通孔，使内外水压保持平衡的措施	钢围堰拆除无保持内外水压保持平衡的措施，扣 10 分	钢围堰拆除时，观察是否采取了向围堰内注水或在侧板上开连通孔，使内外水压保持平衡的措施
5) 每道支撑拆除前，应按专项施工方案要求采取换撑措施	每道支撑拆除前，未按专项施工方案要求采取换撑措施，扣 10 分	查施工记录，或现场观察，确认是否按照施工方案要求进行支撑转换
6) 钢管桩或钢板桩拔桩的起重设备应配置超载限制器，不得强制拔桩	钢管桩或钢板桩拔桩的起重设备未安装超载限制器或强制进行拔桩，扣 10 分	现场观察钢管桩或钢板桩的拔桩作业过程
7) 从事钢围堰拆除作业的潜水员应经专业机构培训，并应取得相应从业资格	从事钢围堰拆除作业潜水员未经专业机构培训或未取得相应从业资格，扣 5 分	查潜水员是否持证上岗

3.2.11 制作及浮运

钢围堰制作及浮运（图3.2.11）安全检查可按表3.2.11执行。

(a)　　　　　　　　　　　　　　　(b)

(c)

图 3.2.11　钢围堰制作及浮运

(a) 平台上拼装钢围堰；(b) 钢围堰整体浮运；(c) 钢围堰气囊法下水

制作及浮运安全检查表 表 3.2.11

检查项目	制作及浮运	本检查子项应得分数	10分
本检查子项所执行的标准、文件与条款号	《钢围堰工程技术标准》GB/T 51295-2018 第4.8.8、5.3.15条；《公路桥涵施工技术规范》JTG/T F50-2011 第13.3.4条；《铁路桥涵工程安全技术规程》TB 10303-2009 第3.2.19、3.2.20、3.2.21、3.2.22、3.2.23、3.2.29、3.2.30条		
检查评定内容	扣分标准	检查方法	
1) 钢围堰拼装应搭设牢固可靠的拼装操作平台	钢围堰拼装操作平台不牢靠，扣10分	查是否搭设操作平台，尺寸是否符合设计要求，平台结构是够稳固可靠，基础是否牢靠	
2) 钢围堰在航道上浮运作业前，应办理通航备案手续	钢围堰在航道上浮运作业前未办理通航备案手续，扣5分	查是否报航道管理部门进行备案，是否取得水上水下作业许可证，是否设置航道警示标志	
3) 钢围堰采用气囊法坡道滑移入水时，钢围堰组拼用的钢支墩的高度不应大于气囊直径的0.6倍，气囊的工作高度不应小于0.3m	采用气囊法坡道滑移入水的钢围堰，其组拼用的钢支墩的高度大于气囊直径的0.6倍，扣5分；气囊的工作高度小于0.3m，扣5分	查平台操作空间是否与气囊尺寸相匹配，气囊承载力是否满足撑起围堰拆除平台的需要	

续表

检查评定内容	扣分标准	检查方法
4）钢围堰采取整体浮运就位时，干舷高度不应小于 3m，浮运速度不应大于 0.5m/s，并应设置防溜绳	采取整体浮运就位时，干舷高度小于 3m，扣 3 分；浮运速度大于 0.5m/s，扣 2 分；未设置防溜绳，扣 2 分	现场观察（或查施工记录）围堰浮运入水深度是否符合规定，是否按要求设置防溜绳

3.2.12 安全使用

安全使用安全检查可按表 3.2.12 执行。

安全使用安全检查表 表 3.2.12

检查项目	安全使用	本检查子项应得分数	10 分
本检查子项所执行的标准、文件与条款号	《钢围堰工程技术标准》GB/T 51295 - 2018 第 4.2.5 条；《铁路桥涵工程安全技术规程》TB 10303 - 2009 第 3.2.2 条		
检查评定内容	扣分标准	检查方法	
1）围堰顶标高应确保正常施工状态下围堰内不灌水	钢围堰顶标高不符合正常施工状态下防灌水要求，扣 10 分	对照设计文件，查最高水位检测记录，判断围堰施工顶标高是否满足施工期间水位要求，是否有灌水涌入的处理措施	
2）使用过程中不得私自加高钢围堰	使用过程中私自加高钢围堰，扣 10 分	查是否有围堰接高的备用方案，围堰接高是否报设计方认可	
3）围堰上部设置作业平台时，施工均布荷载、集中荷载应在设计允许范围内	钢围堰上部作业平台施工均布荷载、集中荷载超过设计允许范围，扣 10 分	查围堰上临时荷载是否超出设计要求，是否有集中堆载过高现象	

3.2.13 安全防护

安全防护安全检查可按表 3.2.13 执行。

安全防护安全检查表 表 3.2.13

检查项目	安全防护	本检查子项应得分数	10 分
本检查子项所执行的标准、文件与条款号	《钢围堰工程技术标准》GB/T 51295 - 2018 第 5.1.6、5.1.7 条；《公路桥涵施工技术规范》JTG/T F50 - 2011 第 25.2.4 条		
检查评定内容	扣分标准	检查方法	
1）钢围堰内外应设置安全可靠的上下通道	钢围堰内外未设置上下通道，扣 10 分；通道设置不符合国家现行相关标准要求，扣 5 分	观察围堰是否在侧壁内外侧均设置人员上下通道，观察通道位置及栏杆是否符合高处攀登作业的相关构造要求（JGJ 80 - 2016 第 5.1 节）	

续表

检查评定内容	扣分标准	检查方法
2) 围堰临边应设置防护栏杆	围堰临边未设置防护栏杆，扣5分	观察围堰顶部人员通行部位及操作平台周边是否设置了临边防护栏杆，观察栏杆构造是否符合临边作业要求（JGJ 80-2016第4.3节）
3) 船舶停泊处水中围堰应设置船舶靠泊系缆桩，船舶严禁系缆于围堰结构上	船舶停泊处水中围堰未设置船舶靠泊系缆桩或将船舶系于围堰结构上，扣10分	观察船舶停泊处水中是否设置专用船舶停靠桩，观察船舶是否系缆于停靠桩上
4) 通航水域围堰的临边栏杆应设置反光设施，边角处应设置红色警示灯	通航水域围堰的临边栏杆未设置反光设施或边角处未设置红色警示灯，扣5分	查通航水域是否设置反光栏杆及警示灯
5) 通航水域的围堰应设置确保结构不会被船舶碰撞的防撞桩	通航水域的围堰未设置船舶防撞桩，扣10分	查通航水域的钢围堰是否设置了防撞桩等防撞设施
6) 围堰上应配备消防、救生器材	未配备消防、救生器材，扣5分	查围堰上是否配置灭火器和救生圈等救生器材

3.3 土石围堰

3.3.1 土石围堰构造

围堰是在修建地下和水中构筑物时，所做的临时围护结构，一般在墩台露出水面以后即予以拆除，以免妨碍水流通畅，加剧河床的局部冲刷。围堰一般根据地形、地质条件，因地制宜地进行修建，因此，围堰的种类较多，结构也比较复杂。桥梁基础施工中一般采用土石围堰、钢板桩围堰、钢筋混凝土围堰、钢套箱围堰及钢吊箱围堰。土石围堰由于就地取材、结构简单、施工方便，对地基要求较低等特点，所以在市政工程施工中被广泛采用。

土石围堰根据筑堰材料的不同分为土围堰、土袋围堰、竹笼、木笼、铅丝笼及钢笼围堰、膜袋围堰等，土石围堰结构构造如图3.3.1所示。

3.3.2 相关安全技术标准

与土石围堰施工安全技术相关的标准主要有：
1.《公路桥涵施工技术规范》JTG/T F50；
2.《公路工程施工安全技术规范》JTG F90；

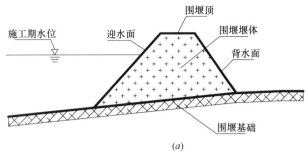

图 3.3.1　土石围堰结构构造与实例

（a）土石围堰结构示意图；（b）土石围堰工程实例

3.《铁路桥涵工程施工安全技术规范》TB 10303；

4.《给水排水构筑物工程施工及验收规范》GB 50141；

5.《城市桥梁工程施工与质量验收规范》CJJ 2。

3.3.3　迎检需准备资料

为配合土石围堰的安全检查，施工现场需准备的相关资料包括：

1. 土石围堰专项施工方案；

2. 堰身设计图、计算书；

3. 专项施工方案审核、审批页与专家论证报告及方案修改回复；

4. 专项施工方案交底记录；

5. 河道施工通航备案手续；

6. 堰体范围内的水井、泉眼、地道处理验收记录；

7. 监测记录；

8. 水位记录表；

9. 完工验收记录。

3.3.4　方案与交底

方案与交底安全检查可按表 3.3.4 执行。

方案与交底安全检查表　　　　　　　表 3.3.4

检查项目	方案与交底	本检查子项应得分数	15 分
本检查子项所执行的标准、文件与条款号	《给水排水构筑物工程施工及验收规范》GB 50141 - 2008 第 4.2.1 条；住建部令第 37 号、建办质〔2018〕31 号文		
检查评定内容	扣分标准	检查方法	备注
1）土石围堰施工前应编制专项施工方案，堰身应进行设计	未编制专项施工方案或未进行设计，扣 15 分	查是否编制了安全专项施工方案，并查看堰身设计图	
2）专项施工方案应进行审核、审批	专项施工方案未进行审核、审批，扣 15 分	查专项施工方案的审核、审批页是否有施工单位技术、安全等部门以及企业技术负责人审批签字	
3）当专项施工方案需要论证时，应按规定组织专家论证	需要论证的土石围堰工程专项施工方案未按规定组织专家论证，扣 15 分	查专家论证意见、方案修改回复意见、会议签到表等，确认土石围堰安全专项施工方案是否按住建部令第 37 号和建办质〔2018〕31 号文件的规定组织了专家论证	各地区另有规定的，尚应从其规定
4）专项施工方案实施前，应进行安全技术交底，并应有文字记录	专项施工方案实施前，未进行安全技术交底，扣 15 分；交底无针对性或无文字记录，扣 5 分	查是否有安全技术交底记录，记录中是否有方案编制人员或项目技术负责人（交底人）的签字以及现场管理人员和作业人员（接底人）的签字	

3.3.5　筑堰材料

筑堰材料安全检查可按表 3.3.5 执行。

筑堰材料安全检查表　　　　　　　表 3.3.5

检查项目	筑堰材料	本检查子项应得分数	10 分
本检查子项所执行的标准、文件与条款号	《公路桥涵施工技术规范》JTG/T F50 - 2011 第 12.2.2、12.2.3、12.2.4、12.2.5 条		
检查评定内容	扣分标准	检查方法	
1）土围堰筑堰材料宜采用黏性土或砂夹黏土；土袋围堰袋内填土宜采用黏性土；竹笼、木笼、钢丝笼、钢笼围堰应采用片石或卵石填筑；膜袋围堰宜采用砂或水泥固化材料填充	筑堰材料与土围堰的填筑方式不相适应或筑堰材料不符合规定，扣 10 分	查方案中围堰结构形式与填筑材料是否相适宜	

检查评定内容	扣分标准	检查方法
2）当用草袋、麻袋等装土堆码时，袋中应装不渗水黏土，装土量应为土袋容量的 1/2～2/3，并应缝合袋口	用草袋、麻袋等装土筑堰时，未按规定进行装填，扣 5 分	查土袋围堰查袋装土材料是否渗水，以及查土袋装土量和袋口缝合情况

3.3.6 堰身构造

堰身构造安全检查可按表 3.3.6 执行。

堰身构造安全检查表　　　　　　表 3.3.6

检查项目	堰身构造	本检查子项应得分数	15 分
本检查子项所执行的标准、文件与条款号	《公路桥涵施工技术规范》JTG/T F50-2011 第 12.2.1～12.2.4 条；《铁路桥涵工程施工安全技术规范》TB 10303-2009 第 3.2.4、3.2.5 条；《给水排水构筑物工程施工及验收规范》GB 50141-2008 第 4.2.7 条		

检查评定内容	扣分标准	检查方法
1）土石围堰的外形尺寸不得影响河道泄洪、通航能力	土石围堰的外形尺寸影响河道泄洪或通航能力，扣 10 分	比较土石围堰的外形尺寸与河道过水断面，看是否影响河道泄洪、通航
2）围堰高度应比施工期间可能出现的最高水位（包括浪高）高出 0.5m	围堰高度不满足挡水安全要求，扣 15 分	对照水文资料查围堰高度是否比施工期最高水位高出 0.5m
3）围堰填筑宽度应符合专项施工方案要求，并应能承受水压和流水冲刷作用	围堰填筑宽度不符合专项施工方案要求或不能有效抵抗水压和流水冲刷，扣 10 分	对照专项施工方案查围堰填筑宽度，并查方案中对于水压和流水冲刷对围堰的影响计算
4）围堰外侧迎水面应采取有效的防冲刷措施	围堰外侧迎水面无有效的防冲刷措施，扣 10 分	查专项施工方案对围堰外侧迎水面防冲刷设计，现场查看防冲刷措施效果
5）围堰填筑内侧坡脚与基坑开挖边缘距离应根据河床土质和基坑深度确定，并应满足专项施工方案要求，且不得小于 1m	围堰填筑内侧坡脚到基坑开挖边缘距离不符专项施工方案要求，扣 10 分	查专项施工方案中围堰填筑内侧坡脚与基坑开挖边缘距离设计
6）堰身内外边坡坡率应符合专项施工方案要求	堰身内外边坡坡率不符合专项施工方案要求，扣 5 分	对照专项施工方案查堰身内外侧边坡坡率

3.3.7　围堰填筑

围堰填筑安全检查可按表 3.3.7 执行。

围堰填筑安全检查表　　　　　　　　　表 3.3.7

检查项目	围堰填筑	本检查子项应得分数	10 分
本检查子项所执行的标准、文件与条款号	《公路桥涵施工技术规范》JTG/T F50 - 2011 第 12.2.1、12.2.2 条;《铁路桥涵工程施工安全技术规范》TB 10303 - 2009 第 3.2.6、3.2.7、3.2.8 条		
检查评定内容	扣分标准	检查方法	
1) 围堰填筑前应办理河道施工通航备案手续	围堰填筑前未办理河道施工通航备案手续,扣 10 分	查河道施工通航备案手续及资料	
2) 围堰填筑应分层进行	围堰填筑未分层进行,扣 5 分	对照施工方案,观察围堰分层填筑情况	
3) 筑堰前应将堰底河床处的树根、石块、杂物清除干净,堰底清理宜在小围堰保护下进行	未将堰底河床处的树根、石块、杂物清除干净,扣 5 分 围堰基础清理未在小围堰保护下进行,扣 5 分	观察筑堰前堰底河床清理情况	
4) 堰体范围内的水井、泉眼、地道等应按要求处理,并应经验收形成记录备查	堰体范围内的水井、泉眼、地道等未进行处理,扣 10 分;未经验收形成记录,扣 5 分	对照施工方案观察堰体范围内的水井、泉眼、地道等处理情况,并查验收记录	
5) 竹笼、木笼、钢丝笼、钢笼围堰在套笼下水时应打桩固定	竹笼、木笼、钢丝笼、钢笼围堰在套笼下水时未打桩固定,扣 10 分	观察竹笼、木笼、钢丝笼、钢笼围堰在套笼下水时打桩固定情况	
6) 采用吸泥船吹砂筑岛,作业区内严禁其他船舶和无关人员进入,不得在承载吸泥管的浮筒上行走	无关人员进入吹砂筑岛作业区或有人员在承载吸泥管的浮筒上行走,扣 5 分	查看有无其他船舶和无关人员进入,并查看有无人员在承载吸泥管的浮筒上行走	
7) 围堰填筑应自上游开始至下游合拢	围堰未按自上游到下游合龙的顺序进行填筑,扣 10 分	观察围堰填筑是否自上游开始至下游合拢	

3.3.8　围堰监测

围堰监测安全检查可按表 3.3.8 执行。

围堰监测安全检查表　　　　　　　　表 3.3.8

检查项目	围堰监测	本检查子项应得分数	10分
本检查子项所执行的标准、文件与条款号	《铁路桥涵工程施工安全技术规范》TB 10303 - 2009 第 3.2.3 条；《公路工程施工安全技术规范》JTG F90 - 2015 第 8.7.1 条		
检查评定内容	扣分标准	检查方法	
1）围堰填筑及使用过程中，应对其堰身变形、渗水和冲刷情况进行监测	围堰填筑及使用过程中未对规定内容进行监测，扣 5 分	查监测记录	
2）围堰应在上下游设置水位标尺，记录不同时间的水位	未按规定设置水位标尺，扣 10 分 未记录各时间段的水位情况，扣 5 分	观察围堰上下游水位标尺设置情况，并查水位记录表	

3.3.9　检查验收

检查验收安全检查可按表 3.3.9 执行。

检查验收安全检查表　　　　　　　　表 3.3.9

检查项目	检查验收	本检查子项应得分数	10分
本检查子项所执行的标准、文件与条款号	《给水排水构筑物工程施工及验收规范》GB 50141 - 2008 第 4.7.1 条		
检查评定内容	扣分标准	检查方法	
1）在围堰施工完成、投入使用前，应办理完工验收手续；完工验收应形成记录	围堰施工完毕未办理验收手续或无验收记录，扣 10 分	查完工验收记录，看是否有责任人签字	
2）检查验收内容和指标应进行量化，并应由责任人签字确认	验收内容和指标未量化或未经责任人签字确认，扣 5 分	查验收内容和指标是否量化	
3）验收合格后应在明显位置悬挂验收合格牌	验收合格后未在明显位置悬挂验收合格牌，扣 3 分	观察是否悬挂验收合格牌	

3.3.10　安全防护

安全防护安全检查可按表 3.3.10 执行。

安全防护安全检查表　　　　　　　　表 3.3.10

检查项目	安全防护	本检查子项应得分数	10分
本检查子项所执行的标准、文件与条款号	《公路工程施工安全技术规范》JTG F90 - 2015 第 25.2.4 条；《给水排水构筑物工程施工及验收规范》GB 50141 - 2008 第 4.2.9 条		
检查评定内容	扣分标准	检查方法	
1）围堰作业区域应设置安全警戒标识，并应采取隔离措施	围堰作业区域未设置安全警戒标识或无隔离措施，扣 5 分	观察围堰作业区域安全警示标识设置情况，观察隔离措施	

续表

检查评定内容	扣分标准	检查方法
2) 围堰上下游 100m 处，应设置航行标志	围堰上下游 100m 处未设置航行标志，扣 5 分	观察围堰上下游 100m 处航行标志设置情况
3) 围堰周围应设置安全警示标志，夜间应设置安全警示灯	围堰周围未设置安全警示标志，扣 5 分 未设置夜间安全警示灯，扣 5 分	观察围堰周围安全警示标志和安全警示灯设置情况
4) 堰顶临边应设置防护栏杆	堰顶临边未设置防护栏杆，扣 5 分	观察堰顶临边防护栏杆设置情况
5) 围堰内应设置作业人员上下坡道或梯道，通道数量不应少于 2 处，作业位置的安全通道应畅通	围堰内未按规定设置供人员上下的专用通道，或通道设置不符合要求，扣 5 分	观察围堰内作业人员上下坡道或梯道设置情况及数量

3.3.11　拆除

围堰拆除安全检查可按表 3.3.11 执行。

围堰拆除安全检查表　　　　　表 3.3.11

检查项目	拆除	本检查子项应得分数	10 分
本检查子项所执行的标准、文件与条款号	《城市桥梁工程施工与质量验收规范》CJJ 2 - 2008 第 10.1.2 条；《给水排水构筑物工程施工及验收规范》GB 50141 - 2008 第 4.2.5 条		

检查评定内容	扣分标准	检查方法
1) 围堰内工程基础施工完成后，应尽快将围堰拆除	围堰内工程基础施工完成后，未及时拆除围堰，扣 5 分	观察围堰内工程完工后围堰是否及时拆除
2) 围堰应按从下游至上游的顺序拆除	围堰未按从下游至上游的顺序拆除，扣 10 分	观察围堰拆除顺序，或查看拆除记录
3) 围堰拆除不得污染水体	围堰拆除污染水体，扣 5 分	观察围堰拆除是否污染水体

3.3.12　河道清理

河道清理安全检查可按表 3.3.12 执行。

河道清理安全检查表　　　　　表 3.3.12

检查项目	河道清理	本检查子项应得分数	10 分
本检查子项所执行的标准、文件与条款号	《中华人民共和国河道管理条例》（2011 修订）第三十六条；《中华人民共和国航道法》（2016 修订）第三十二、四十条		

检查评定内容	扣分标准	检查方法
1) 拆除围堰时，弃土应进行外运，不得往河道内抛填	拆除围堰时弃土未及时进行外运或往河道内抛填，扣 5 分	观察围堰弃土处置情况，看是否向河道内抛填
2) 围堰拆除后，应按当地水务相关部门要求清理河道	围堰拆除后未清理河道，扣 5 分	观察围堰拆除后河道清理情况

3.4 沉井

3.4.1 沉井简介

沉井基础是以沉井法施工的一种地下结构物或深基础形式，沉井结构具有整体性强、体积大、结构强度高、变形小、刚性好、能够承受较大能承受较大的垂直和水平荷载等优点，且其内部空间可以充分利用，能够满足各种使用要求。沉井是井筒状的结构物，施工时一般以井内挖土，依靠自身重力克服井壁摩阻力后下沉到设计标高，然后经过混凝土封底并填塞井孔，使其成为桥梁墩台或其他结构物的基础。沉井既是一种特殊的基础形式，又是一种特殊环境下的深基坑支护结构，沉井一般由井壁、刃脚、内隔墙、楔体（或称剪力键）、底板、顶板等构成，其构造如图 3.4.1 所示。

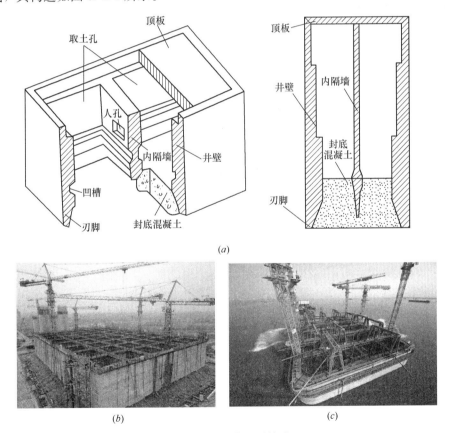

(a)

(b) (c)

图 3.4.1 沉井基础构造

(a) 沉井构造图示意图；(b) 陆上沉井工程实例；(c) 水上沉井工程实例

3.4.2　相关安全技术标准

与沉井施工安全技术相关的标准主要有：

1.《公路桥涵施工技术规范》JTG/T F50；

2.《铁路桥涵工程施工安全技术规程》TB 10303；

3.《公路工程施工安全技术规范》JTG F90；

4.《给排水构筑物工程施工及验收规范》GB 50141；

5.《沉井与气压沉箱施工规范》GB/T 51130；

6.《建筑深基坑工程施工安全技术规范》JGJ 311；

7.《建筑地基工程施工质量验收标准》GB 50202；

8. 相关企业标准，如中交二航局发布企业技术标准《沉井施工》SHEC/GY-QL03（A）。

3.4.3　迎检需准备资料

为配合沉井的安全检查，施工现场需收集、准备的相关资料包括：

1. 专项施工方案、方案变更文件（如有）；

2. 设计文件，包括成套设计图纸、计算书；

3. 专项施工方案和方案变更（如有）的审核、审批页，沉井专家论证报告及方案修改回复；

4. 专项施工方案交底记录；

5. 地质勘探报告、地基承载力检测报告；

6. 通航备案手续（如有）；

7. 各阶段施工记录、质量检查记录、日常巡查所发现问题的整改记录及复检记录；

8. 分阶段检查验收记录；

9. 沉井施工过程中的施工及监控指令；

10. 沉井监测监控方案与监测记录；

11. 使用期间日常检查和周期检查记录；

12. 建设行政主管部门、业主、监理、施工单位的上级单位等单位或部门检查发现的问题整改记录及回复。

3.4.4　方案与交底

沉井方案与交底安全检查可按表3.4.4执行。

沉井方案与交底安全检查表　　　　　表 3.4.4

检查项目	方案与交底	本检查子项应得分数	10分
本检查子项所执行的标准、文件与条款号	《建筑深基坑工程施工安全技术规范》JGJ 311－2013；第 3.0.1、3.0.2、5.1.4、5.6.1、5.6.2 条；《公路工程施工安全技术规范》JTG F90－2015 第 3.0.2、3.0.5 条；住建部令第 37 号、建办质〔2018〕31 号文		
检查评定内容	扣分标准	检查方法	
1）沉井施工前应根据设计文件、水文地质资料及现场实际情况编制专项施工方案，并应进行设计	未编制专项施工方案或未进行设计，扣 10 分；方案编制内容不全或无针对性，扣 3 分～5 分	查是否编制了安全专项施工方案，方案是否具有针对性	
2）专项施工方案应进行审核、审批	专项施工方案未进行审核、审批，扣 10 分	查专项施工方案的审核、审批页是否有施工单位技术、安全等部门以及企业技术负责人审批签字	
3）当专项施工方案需要论证时，应按规定组织专家论证	需要论证的沉井工程专项施工方案未按规定组织专家论证，扣 10 分	查其安全专项施工方案是否按住建部令第 37 号、建办质〔2018〕31 号文规定组织了专家论证（各地区另有规定的，尚应从其规定）	
4）专项施工方案实施前，应进行安全技术交底，并应有文字记录	专项施工方案实施前，未进行安全技术交底，扣 10 分；交底无针对性或无文字记录，扣 3 分～5 分	查是否有安全技术交底记录，记录中是否有方案编制人员或项目技术负责人（交底人）的签字以及现场管理人员和作业人员（接底人）的签字	

3.4.5 沉井构造

沉井构造安全检查可按表 3.4.5 执行。

沉井构造安全检查表　　　　　表 3.4.5

检查项目	沉井构造	本检查子项应得分数	10分
本检查子项所执行的标准、文件与条款号	《公路桥涵施工技术规范》JTG/T F50－2011 第 10.5.3、10.7.1 条；《沉井与气压沉箱施工规范》GB/T 51130－2016 第 4.2.2 条		
检查评定内容	扣分标准	检查方法	
1）沉井的结构尺寸和构件的型号、间距、配筋等应符合设计要求	沉井的结构尺寸或构件的型号、间距、配筋等不符合设计要求，扣 10 分	现场量测沉井结构尺寸、结构型号、间距、钢筋是否符合方案、设计和规范要求	

续表

检查评定内容	扣分标准	检查方法
2）设置内支撑结构的沉井，其支撑间距、层数和构造应符合设计要求	设置内支撑结构的沉井，其支撑间距、层数和构造不符合设计要求，扣10分	查是否按专项方案或设计要求设置间距、层数和构造
3）沉井的嵌固深度和封底混凝土厚度应符合设计要求，封底混凝土的顶面高度应高出刃脚根部不小于0.5m	沉井的嵌固深度或封底混凝土厚度不符合设计要求，扣8分；封底混凝土的顶面高度未高出刃脚根部0.5m，扣5分	查是否按设计要求下沉到要求的深度及封底厚度，同测量查看封底顶面高度是否高出刃脚根部不小于0.5m
4）筑岛沉井的刃脚垫层应由设计确定；垫层厚度和宽度应符合设计与专项施工方案要求	筑岛沉井的刃脚垫层未经设计，扣10分；垫层的厚度、宽度不符合设计与专项施工方案要求，扣5分	查专项施工方案，是否按方案及设计要求控制刃脚垫层厚度、宽度及垫块间距

3.4.6 筑岛

沉井筑岛安全检查可按表3.4.6执行。

沉井筑岛安全检查表 表3.4.6

检查项目	筑岛	本检查子项应得分数	10分
本检查子项所执行的标准、文件与条款号	《公路工程施工安全技术规范》JTG F90-2015 第8.5.2条；《公路桥涵施工技术规范》JTG/T F50-2011 第10.2.1、10.2.2条；《铁路桥涵工程施工安全技术规程》TB 10303-2009 第3.8.1条		

检查评定内容	扣分标准	检查方法
1）筑岛的尺寸应满足沉井制作及抽垫等施工要求，并应在沉井周围设置满足宽度要求的护道	筑岛的尺寸不满足沉井制作及抽垫等施工要求，扣10分；沉井周围未设置护道，扣10分；护道宽度不满足要求，扣5分	对照方案及设计图纸查看筑岛的尺寸，观察沉井周边是否按方案要求的宽度设置护坡
2）制作沉井的岛面、平台面和开挖基坑的坑底高程应比施工期可能的最高水位（包括浪高）高出0.5m	岛面、平台面和坑底高程不符合要求，扣10分	查看施工期的潮汐表最高水位记录，现场量测岛面、平台面和坑底高程是否高出最高水位0.5m
3）筑岛材料应采用透水性好、易于压实的砂性土或碎石土等，且不应含有影响岛体受力及抽垫下沉的块体	筑岛选用的材料不符合设计要求或含有影响施工安全的块体，扣10分	观察筑岛选用的材料是否符合设计及方案要求
4）斜坡上筑岛时应进行设计，并应有抗滑措施	斜坡上筑岛时未进行计算或无抗滑措施，扣10分	查是否进行设计、计算，并采取防滑措施

续表

检查评定内容	扣分标准	检查方法
5）在淤泥等软土上筑岛时，应将软土挖除，换填或采取其他加固措施	在淤泥等软土上筑岛时，无有效加固措施，扣 10 分	查看软土上筑岛是否采取有效加固措施，并符合方案要求
6）无围堰筑岛的临水面坡度不应大于 1∶1.75	无围堰筑岛的临水面坡度大于 1∶1.75，扣 5 分	观察、测量无围堰筑岛的临水面坡面是否大于 1∶1.75
7）岛体应牢固，地基承载力应满足设计要求	岛体不牢固或地基承载力不满足设计要求，扣 10 分	查看地基承载力是否进行检测，并满足设计要求

3.4.7　沉井制作

沉井制作如图 3.4.7 所示，其安全检查可按表 3.4.7 执行。

（a） （b）

图 3.4.7　沉井制作

（a）钢沉井安装；（b）钢沉井砂袋支垫

沉井制作安全检查表　　　　表 3.4.7

检查项目	沉井制作	本检查子项应得分数	10 分
本检查子项所执行的标准、文件与条款号	《公路桥涵施工技术规范》JTG/T F50-2011 第 10.2.3~10.2.6 条；《铁路桥涵工程施工安全技术规程》TB 10303-2009 第 3.8.2 条；《沉井与气压沉箱施工规范》GB/T 51130-2016 第 5.1.7、5.1.8 条；《给排水构筑物工程施工及验收规范》GB 50141-2008 第 7.3.2、7.3.3、7.3.4、7.3.6、7.3.7 条；《建筑深基坑工程施工安全技术规范》JGJ 311-2013 第 6.8.2 条		
检查评定内容	扣分标准	检查方法	
1）底节沉井制作用的脚手架平台和模板支撑架应搭设牢固；后续各节的模板不应支撑于地面上，模板底部距地面不应小于 1m	制作底节沉井的脚手架平台和模板支撑架搭设不牢固，扣 5 分；后续各节的模板支撑于地面上或模板底部距地面小于 1m，扣 3 分	查看底接制作时脚手架及模板支撑架搭设是否牢固；观察后续接得模板支撑是否距离地面 1m 以上	

检查评定内容	扣分标准	检查方法
2）支垫的布置应满足设计要求并应便于抽垫	支垫的布置不满足设计要求或不便于抽垫，扣5分	查看支点的布置是否满足方案及设计要求，查支垫的布置是否便于抽取
3）支垫顶面应与刃脚底面贴紧，并应确保沉井重量均匀分布于各支垫上，内隔墙与井壁连接处的支垫应连成整体	支垫顶面未与钢刃脚底面贴紧，每处扣2分内隔墙与井壁连接处的支垫未连成整体，扣3分	现场观察支点顶面与刃脚地面是否贴紧，内隔墙与井壁连接处的支垫是否连成整体
4）底节沉井抽垫时混凝土强度应符合设计要求，并应满足抽垫后沉井受力要求	混凝土强度未达到设计要求时进行底节沉井抽垫作业，扣5分	检查进行底节沉井抽垫时的混凝土同养护试块的试压强度记录，强度是否满足设计要求
5）支垫应分区、依次、对称、同步地向沉井外抽出，并应随抽随用砂土回填捣实	未按规定顺序抽出支垫，扣5分；抽支垫时未及时用砂土回填捣实，扣2分	查看施工方案中抽垫的方式是否分区、依次、对称、同步进行，观察现场是否按规定顺序进行抽垫，抽垫后回填砂土是否密实
6）沉井底节最小高度以及上部分节制作高度应符合设计要求，并应能确保下沉过程的稳定性	沉井底节最小高度以及上部分节制作高度不符合设计要求，扣5分	对照方案查看沉井的底节制作高度是否符合要求
7）定位支垫应最后同时抽出	提前抽出定位支垫或定位支垫抽出不同步，扣5分	查看是否提前抽出定位支点或定位支垫抽出不同步
8）钢沉井的分段、分块吊装单元应在胎架上组装、施焊，首节钢沉井应在坚固的台座上或支垫上进行整体拼装	钢沉井的分段、分块吊装单元未在胎架上组装、施焊，扣5分；首节钢沉井未在坚固的台座上或支垫上进行整体拼装，扣5分	观察钢沉井的分段、分块吊装单元是否在胎架上进行，首节钢沉井是否在坚固的台座或支垫上进行整体拼装

3.4.8 浮运与就位

浮运与就位施工案例如图 3.4.8 所示，其安全检查可按表 3.4.8 执行。

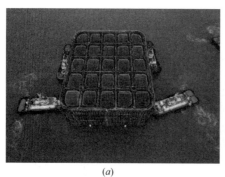

(a)   (b)

图 3.4.8 沉井浮运与就位施工

(a) 沉井浮运；(b) 沉井就位

<table>
<tr><td colspan="2" align="center">沉井浮运与就位安全检查表</td><td colspan="2" align="right">表 3.4.8</td></tr>
<tr><td align="center">检查项目</td><td align="center">浮运与就位</td><td align="center">本检查子项应得分数</td><td align="center">10 分</td></tr>
<tr><td colspan="1">本检查子项所执行的
标准、文件与条款号</td><td colspan="3">《公路桥涵施工技术规范》JTG/T F50-2011 第 10.3.1、10.3.3
条;《公路工程施工安全技术规范》JTG F90-2015 第 8.5.17 条;
《铁路桥涵工程施工安全技术规程》TB 10303-2009 第 3.8.10、
3.8.12、3.8.13、3.8.14 条;中交二航局企业技术标准《沉井施工》
SHEC/GY-QL03(A)-2016 第 4.2.5.3 条</td></tr>
<tr><td align="center">检查评定内容</td><td align="center" colspan="2">扣分标准</td><td align="center">检查方法</td></tr>
<tr><td>1)浮式沉井在下水、浮运前
应进行水密性检查,底节尚应根
据其工作压力进行水压试验,合
格后方可下水</td><td colspan="2">浮式沉井在浮运前未对底节进
行水压试验或未对上部各节进行
水密性检查,扣 10 分</td><td>查看在浮运前对沉井底节进行水
压试验报告,以及上部各节水密性
检查报告</td></tr>
<tr><td>2)在航道上浮运沉井的作业
前,应办理通航备案手续</td><td colspan="2">在航道上浮运沉井的作业前,
未办理通航备案手续,扣 5 分</td><td>查是否办理通航备案手续</td></tr>
<tr><td>3)浮式沉井在浮运、就位、
接高的任何时间内,沉井露出水
面的高度均不应小于 1m,并应
考虑预留防浪高度或采取防浪
措施</td><td colspan="2">浮运、就位、接高的过程中沉
井露出水面的高度小于 1m,扣
5 分</td><td>观察浮运、就位、接高的过程中
沉井是否露出水面(最高水位)小
于 1m</td></tr>
<tr><td>4)浮式沉井在布置锚碇体系
时,应使锚绳受力均匀,并应采
取适当措施避免导向船和沉井产
生过大摆动或折断锚绳</td><td colspan="2">布置锚碇体系时锚绳受力不均
匀,扣 5 分
无防止导向船和沉井产生过大
摆动、折断锚绳的有效措施,扣
5 分</td><td>查看锚碇体系的缆绳受力是否均
匀,是否设置了放置导向船和沉井
产生过大摆动、折断锚绳的有效
措施</td></tr>
<tr><td>5)浮式沉井采取滑移、牵引
等措施下水时,沉井后侧应设置
溜绳</td><td colspan="2">浮式沉井采取滑移、牵引等措
施下水时,沉井后侧未设置溜
绳,扣 2 分</td><td>查看沉井后侧是否设置溜绳</td></tr>
</table>

3.4.9 下沉与接高

沉井下沉与接高现场施工如图 3.4.9 所示,其安全检查可按表 3.4.9 执行。

图 3.4.9　沉井下沉与接高

（a）沉井取土下沉；（b）井内排水吸泥下沉；（c）水上沉井接高；（d）陆上沉井接高

沉井下沉与接高安全检查表　　　　　表 3.4.9

检查项目	下沉与接高	本检查子项应得分数	10 分
本检查子项所执行的标准、文件与条款号	《公路工程施工安全技术规范》JTG F90 - 2015 第 8.5.6～8.5.16 条；《建筑深基坑工程施工安全技术规范》JGJ 311 - 2013 第 6.8.2 条；《铁路桥涵工程施工安全技术规程》TB 10303 - 2009 第 3.8.15 条；《给排水构筑物工程施工及验收规范》GB 50141 - 2008 第 7.3.8～7.3.16 条；中交二航局企业技术标准《沉井施工》SHEC/GY - QL03（A）- 2016 第 4.1.4.1.2、4.1.4.2		
检查评定内容	扣分标准	检查方法	
1) 筑岛沉井下沉时，挖土应自井孔中间向刃脚处分层、均匀、对称进行，不得先挖沉井外圈土，由数个井室组成的沉井，应控制各井室之间出土面的标高保持一致	筑岛沉井下沉时，未按规定顺序与方式进行土体开挖，扣 5 分由数个井室组成的沉井，各井室之间出土面的标高不一致，扣 3 分	对照方案检查下沉是否按照规定进行挖土，由数个井室组成的沉井，观察各井室之间的出土面标高是否一致	

检查评定内容	扣分标准	检查方法
2) 沉井在地面上接高时，井顶露出地面高度不应小于 0.5m；水上沉井接高时，井顶露出水面高度不应小于 1.5m	沉井在地面上接高时，井顶露出地面高度小于 0.5m，扣 5 分；水上沉井接高时，井顶露出水面高度小于 1.5m，扣 5 分	观察地面接高时，露出地面是否小于 0.5m；水上接高时露出水面（最高水位）是否高于 1.5m
3) 带气筒的浮式沉井，气筒应采取防护措施	带气筒的浮式沉井，气筒无防护措施，扣 3 分	观察气筒是否采取防护措施
4) 下沉过程中应对影响范围内的建（构）筑物、道路或地下管线采取保护措施，保证下沉过程和终沉时的坑底稳定	下沉时未对周围影响建（构）筑物、道路、管线采取保护措施，扣 10 分	对照方案查看下沉时是否对周边建筑物、道路、管线采取保护措施
5) 在刃脚或内隔墙附近开挖时，不得有人停留；对于有底梁或支撑梁的沉井，严禁人员在梁下穿越；机械取土时井内严禁站人	在刃脚或内隔墙附近开挖时，有人员停留，扣 3 分；有底梁或支撑梁的沉井，有人员在梁下穿越，扣 3 分；机械取土时井内站人，扣 3 分	观察刃脚或内隔墙附件挖土时，周边是否有人停留；底梁或支撑梁的沉井下，是否有人员穿越；机械取土时井内是否站人
6) 船上或支架上制作的浮式沉井，下水应在水面波浪较小时进行，有船舶经过时不应入水	船上或支架上制作的浮式沉井，下水时水面波浪大或有船舶经过，扣 3 分	观察船上或支架上制作的浮式沉井，是否选择在水面波浪较小时进行，周边是否有船舶经过；在较为繁忙的航道是否采取航道管制等措施
7) 采用空气幕辅助下沉时，空压机储气罐等应由专人操作，储气罐放置地点应通风，严禁日光暴晒和高温烘烤	采用空气幕辅助下沉时，空压机的储气罐无专人操作，扣 5 分；储气罐放置地点不通风或不遮阳，扣 5 分	观察空气幕辅助下沉时，空压机储气罐等是否有专人操作，观察储气罐放置地点是否通风或遮阳
8) 沉井接高时应停止沉井内取土作业	沉井接高时沉井内进行取土作业，扣 10 分	查看接高时是否在进行井内取土作业

3.4.10　检查验收

沉井检查验收安全检查可按表 3.4.10 执行。

沉井检查验收安全检查表　　　　　　　　　　表 3.4.10

检查项目	检查验收	本检查子项应得分数	10 分
本检查子项所执行的标准、文件与条款号	《公路桥涵施工技术规范》JTG/T F50 - 2011 第 10.7.1、10.7.2 条；《沉井与气压沉箱施工规范》GB/T 51130 - 2016 第 6.1.1～6.1.3、6.3.1～6.3.3、6.3.6 条		
检查评定内容	扣分标准	检查方法	
1) 施工前应对所使用的起重设备、缆绳、锚链、锚碇和导向设备进行检查	施工前未对所使用的各项设备进行检查，扣 5 分	查看施工前各项设备、缆绳、锚链、锚碇等的安全检查记录是否完整符合要求	

续表

检查评定内容	扣分标准	检查方法
2) 在筑岛填筑完成、沉井井体制作完成后应进行验收，并应形成记录	在筑岛填筑完成、沉井井体制作完成后未进行验收或无验收记录，扣5分	检查筑岛填筑完成、沉井井体制作完成检查验收记录
3) 钢筋混凝土沉井，在钢筋绑扎完毕后，浇筑混凝土前应进行钢筋隐蔽验收	钢筋混凝土沉井，未进行钢筋隐蔽验收，扣5分	查钢筋隐蔽验收记录表
4) 在沉井施工完成后，应办理完工验收手续并形成验收记录	未办理完工验收手续或无验收记录，扣10分	查完工验收记录
5) 检查验收内容和指标应有量化内容，并应由责任人签字确认	检查验收内容和指标未量化或未经责任人签字确认，扣5分	查各阶段的验收记录是否有标准规定的量化内容，以及是否将相应责任人签字确认

3.4.11　封底与填充

沉井封底与填充安全检查可按表3.4.11执行。

沉井封堵与填充安全检查表　　　　表3.4.11

检查项目	封底与填充	本检查子项应得分数	10分
本检查子项所执行的标准、文件与条款号	《公路桥涵施工技术规范》JTG/T F50-2011 第10.5.1、10.5.7条；《公路工程施工安全技术规范》JTG F90-2015 第8.5.19条；《铁路桥涵工程施工安全技术规程》TB 10303-2009 第3.8.16～3.8.18条；《给排水构筑物工程施工及验收规范》GB 50141-2008第7.3.17、7.3.18条；《沉井与气压沉箱施工规范》GB/T 51130-2016 第5.6节		

检查评定内容	扣分标准	检查方法
1) 在降水条件下施工的干封底沉井，封底时应继续降水，并应稳定保持地下水位距坑底不应小于0.5m	在降水条件下施工的干封底沉井，地下水位距坑底高差小于0.5m，扣5分	查看降水观察记录，检查在降水条件下施工的干封底沉井，地下水位距坑底高差是否小于0.5m
2) 当采用水下封底施工时，应在水下封底混凝土强度达到设计强度、沉井能满足抗浮要求后方可将井内水抽除	沉井水下封底施工时，封底混凝土强度未达到设计要求或沉井不能满足抗浮要求时进行井内抽水作业，扣10分	查看混凝土同条件抗压强度报告，是否满足要求，同时是否满足沉井抗浮要求
3) 封底前，井壁内隔墙及刃脚与封底混凝土接触面处的泥污应清理干净	封底前井壁内隔墙及刃脚与封底混凝土接触面处的泥污未清理干净，扣3分～5分	查水下摄像头监控记录，观察沉井封底前，井壁内隔墙及刃脚与封底混凝土接触面的泥污是否清理干净

续表

检查评定内容	扣分标准	检查方法
4）配合水下封底的潜水人员应经专业机构培训，并取得相应从业资格	配合水下封底的潜水人员无相应从业资格，扣5分	查作业人员从业资格证书
5）井孔填充时，所采用的材料、数量及填充顺序等应符合设计要求	井孔填充时，所采用的材料、数量及填充顺序等不符合设计要求，扣5分	查看封底所用材料的检测报告是否符合设计规定；查看填充材料进场验收记录；对照方案查看是否按规定水下进行填充

3.4.12　使用与监测

沉井使用与监测安全检查可按表3.4.12执行。

沉井使用与监测安全检查表　　　　表3.4.12

检查项目	使用与监测	本检查子项应得分数	10分
本检查子项所执行的标准、文件与条款号	《公路桥涵施工技术规范》JTG/T F50‐2011 第10.1.3、10.4.1条；《建筑深基坑工程施工安全技术规范》JGJ 311‐2013 第10.3.1、10.3.3条；《给排水构筑物工程施工及验收规范》GB 50141‐2008 第7.3.14条；《沉井与气压沉箱施工规范》GB/T 51130‐2016 第3.0.8条、第7章		

检查评定内容	扣分标准	检查方法
1）浮式沉井井顶标高应确保正常施工状态下沉井内不灌水	浮式沉井井顶标高不符合正常施工状态下防灌水要求，扣5分	观察浮式沉井井顶的高度是否符合要求
2）沉井上部设置作业平台时，施工均布荷载、集中荷载应在设计允许范围内	沉井上部作业平台施工均布荷载、集中荷载超过设计允许范围，扣10分	查看计算书，观察沉井上部作业平台的施工荷载是否均匀分布以及集中荷载是否在设计范围内
3）下沉时应进行连续观测，并应采取措施对轴线倾斜及时进行纠偏，倾斜的沉井不得接高	下沉时未进行连续观测或未采取措施对轴线倾斜进行纠偏，扣5分	查看下沉时的观测记录，并是否及时下达纠偏的指令，并按指令实施
4）沉井使用过程中应对沉井结构、水位和相邻有影响的结构物进行监测	井使用过程中未对沉井结构、水位和相邻有影响的结构物进行监测，扣10分	查监控记录
5）筑岛沉井施工期间，应采取必要的防护措施保证筑岛岛体稳定，坡面、坡脚不应被水冲刷损坏	筑岛沉井施工期间无保证筑岛岛体稳定的防护措施，扣10分	对照方案查看筑岛沉井施工期间是否有对保证筑岛岛体稳定的防护措施

3.4.13　安全防护

沉井安全防护设施如图 3.4.13 所示，其安全检查可按表 3.4.13 执行。

(a)　(b)

图 3.4.13　沉井安全防护

(a) 沉井临边防护；(b) 沉井上下通道

沉井安全防护安全检查表　　　　　　表 3.4.13

检查项目	安全防护	本检查子项应得分数	10 分
本检查子项所执行的标准、文件与条款号	《公路工程施工安全技术规范》JTG F90 - 2015 第 8.5.4、8.5.5、8.5.15 条；《铁路桥涵工程施工安全技术规程》TB 10303 - 2009 第 3.8.5、3.8.7 条，《沉井与气压沉箱施工规范》GB/T 51130 - 2016 第 5.8.5、5.8.7 条		
检查评定内容	扣分标准	检查方法	
1) 沉井临边应设置防护栏杆	沉井临边未设置防护栏杆，扣 5 分	观察沉井是否设置防护栏杆	
2) 沉井内外应设置安全可靠的上下通道，各井室内应悬挂钢梯和安全绳	沉井内外未设置安全可靠的上下通道，扣 5 分；各井室内未悬挂钢梯和安全绳，扣 3 分	观察沉井内外是否有上下全可靠通道，各仓室内是否设置悬挂钢梯和安全绳	
3) 船舶停泊处水中沉井应设置船舶靠泊系缆桩，船舶严禁系缆于沉井结构上	船舶停泊处水中沉井未设置船舶靠泊系缆桩或船舶系缆于沉井结构上，扣 10 分	观察船舶停泊处水中是否设置船舶靠泊系缆桩或船舶系缆于沉井结构上	
4) 通航水域沉井的临边栏杆应设置反光设施，边角处应设置红色警示灯	通航水域沉井的临边栏杆未设置反光设施或边角处未设置红色警示灯，扣 5 分	通航水域沉井观察临边栏杆是否设置反光设施，边角处是否设置红色警示灯	
5) 通航水域的沉井应设置确保结构不会被船舶碰撞的防撞桩	通航水域的沉井未设置船舶防撞桩，扣 10 分	观察通航水域的沉井是否设置船舶防撞桩	
6) 水中沉井上应配备消防、救生器材	水中沉井上未配备消防、救生器材，扣 5 分	观察水中沉井是否配备消防、救生器材	

第4章　脚手架与作业平台工程

市政工程施工中，脚手架除了采用传统的双排脚手架、满堂脚手架等钢管架体及高处作业吊篮外，还广泛采用各类供大型设备作业或材料堆放的作业平台；水上施工还广泛采用各类临时栈桥；此外作为悬索桥主缆施工的一种特殊的空中作业平台，猫道是一种结构复杂的专用悬空作业设施。根据工作属性类似的原则，《标准》中将钢管双排脚手架、满堂钢管脚手架、高处作业吊篮、施工栈桥与作业平台以及猫道统一归入脚手架与作业平台工程进行安全检查规定。

4.1　钢管双排脚手架

4.1.1　钢管双排脚手架构造

钢管双排脚手架是指搭设时在与作业面垂直方向设置有两排立杆的一种脚手架形式。在市政工程中根据所采用的构件连接方式不同，主要有四类钢管双排脚手架，分别是扣件式钢管双排脚手架、碗扣式钢管双排脚手架、承插型盘扣式钢管双排脚手架及门式钢管双排脚手架。

1. 扣件式钢管双排脚手架

扣件式钢管双排脚手架具体构件组成主要有垫板、底座、立杆、水平杆、扫地杆、剪刀撑、横向斜撑等基本结构，再设置梯道、脚手板、踢脚板、连墙件及安全网等辅助构件，扣件是形成架体节点的连接配件，其基本空间构造如图4.1.1-1 (a) 所示，市政工程施工中扣件式钢管脚手架的空间组成如图4.1.1-1 (b) 所示。

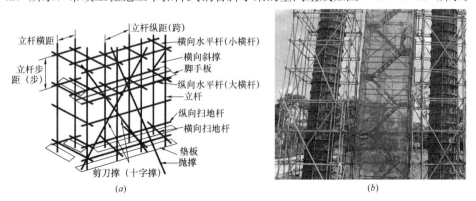

(a)　　　　　　　　　　　　(b)

图 4.1.1-1　扣式钢管双排脚手架结构及立杆连接方式

(a) 主要构配件；(b) 使用实例

2. 碗扣式钢管双排脚手架

碗扣式钢管双排脚手架构件组成主要有垫板、可调底座、立杆、顶杆、水平杆、斜杆或剪刀撑等主要构件及连墙件、脚手板等其他辅助构件，立杆和水平杆通过盖固方式进行节点连接（图4.1.1-2）。

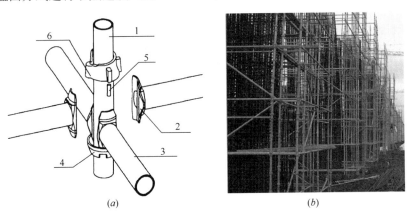

图4.1.1-2　碗扣式钢管双排脚手架

(*a*) 主要构配件及节点连接方式；(*b*) 使用实例

1—立杆；2—水平杆接头；3—水平杆；4—下碗扣；5—限位销；6—上碗扣

3. 承插型盘扣式钢管双排脚手架

承插型盘扣式钢管双排脚手架构件组成主要有垫板、底座、立杆、水平杆、斜杆及其他辅助构件等，各个方向的水平杆和斜杆通过承插接头与立杆连接盘以插接方式进行节点连接（图4.1.1-3）。

4. 门式钢管双排脚手架

门式钢管双排脚手架具体构件组成主要由门架、交叉支撑、连接棒、挂扣式脚手板或水平架、锁臂等组成基本结构，再设置水平加固杆、剪刀撑、扫地杆、封口杆、托座与底座，并采用连墙件与建筑物主体结构相连的一种标准化钢管脚手架（图4.1.1-4）。

4.1.2　相关安全技术标准

与钢管双排脚手架相关的安全技术标准主要有：

1. 《建筑施工脚手架安全技术统一标准》GB 51210；

2. 《建筑施工扣件式钢管脚手架安全技术规范》JGJ 130；

3. 《建筑施工碗扣式钢管脚手架安全技术规范》JGJ 166；

4. 《建筑施工承插型盘扣式钢管支架安全技术规程》JGJ 231；

5. 《建筑施工门式钢管脚手架安全技术规范》JGJ 128；

6. 《铁路工程基本作业施工安全技术规程》TB 10301；

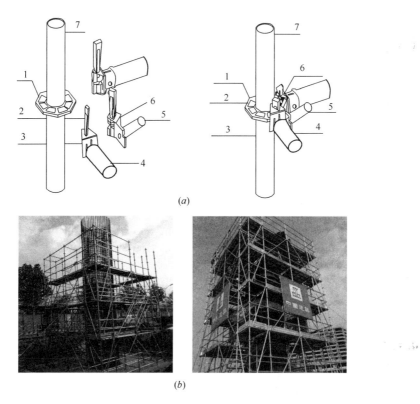

(a)

(b)

图 4.1.1-3　承插型盘扣式钢管双排脚手架

(a) 主要构件；(b) 使用实例

1—连接盘；2—插销；3—水平杆扣接头；4—水平杆；5—斜杆；

6—斜杆扣接头；7—立杆

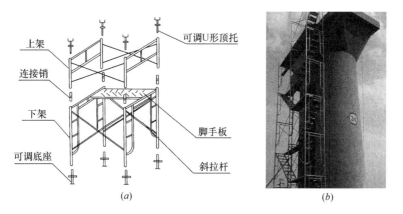

(a) (b)

图 4.1.1-4　钢管双排脚手架

(a) 主要构件；(b) 使用实例

7.《公路工程施工安全技术规范》JTG F90。

4.1.3　迎检需准备资料

钢管双排脚手架安全检查迎检准备时，施工现场需准备的相关资料包括：

1. 钢管双排脚手架专项施工方案（含搭设及拆除方案）；

2. 针对钢管双排脚手架的专项安全技术交底记录（含交底照片或视频）；

3. 架子工特种作业操作证；

4. 专项施工方案审核、审批页与专家论证报告及方案修改回复；

5. 钢管及构配件产品质量合格证、性能检验报告；

6. 钢管及构配件进场验收记录；

7. 安全网产品质量合格证及进场验收记录；

8. 脚手板进场验收记录及工具式脚手板说明书或使用手册等技术文件；

9. 地基承载力检测报告及验收记录；

10. 架体分段验收记录、完工验收记录及现场验收合格标识牌；

11. 钢管双排脚手架使用期间日常安全检查记录及周期检查记录。

4.1.4　方案与交底

钢管双排脚手架方案与交底安全检查可按表 4.1.4 执行。

钢管双排脚手架方案与交底安全检查表　　　　　　表 4.1.4

检查项目	方案与交底	本检查子项应得分数	10 分
本检查子项所执行的标准、文件与条款号	《建筑施工脚手架安全技术统一标准》GB 51210 - 2016 第 3.1.1 条；《铁路工程基本作业施工安全技术规程》TB 10301 - 2009 第 12.5.1 条；《建筑施工扣件式钢管脚手架安全技术规范》JGJ 130 - 2011 第 1.0.3、7.1.1、7.4.1 条；《建筑施工碗扣式钢管脚手架安全技术规范》JGJ 166 - 2016 第 1.0.3、7.1.1、7.1.2 条；《建筑施工承插型盘扣式钢管支架安全技术规程》JGJ 231 - 2010 及《建筑施工门式钢管脚手架安全技术规范》JGJ 128 - 2010 第 1.0.3、7.1.1、7.1.2 条；住建部令第 37 号、建办质〔2018〕31 号文		
检查评定内容	扣分标准	检查方法	
1）钢管双排脚手架搭设前应编制专项施工方案，架体结构和连墙件、立杆地基承载力应进行设计	未编制专项施工方案或架体结构和连墙件、立杆地基承载力未经设计，扣 10 分；方案编制内容不全或无针对性，扣 3 分～5 分	查专项施工方案和计算书，检查方案的章节和内容，判断方案完整性；检查计算书，判断计算内容是否漏项，计算依据是否准确	
2）专项施工方案应进行审核、审批	专项施工方案未进行审核、审批，扣 10 分	查专项施工方案的签字页，检查是否经企业安全、技术部门审核，是否经企业技术负责人审批	

续表

检查评定内容	扣分标准	检查方法
3）当双排钢管脚手架搭设高度在 50m 及以上时，其专项施工方案应组织专家论证	双排脚手架搭设高度达到 50m 及以上时，其专项施工方案未组织专家论证，扣 10 分	现场检查是否有搭设高度在 50m 以上的脚手架，根据现场检查情况查阅专项施工方案；检查专项方案专家评审签字及评审意见或相应影像资料；检查专项方案是否按专家意见进行修改完善，并再次进行审核、审批
4）专项施工方案实施前，应进行安全技术交底，并应有文字记录	专项施工方案实施前，未进行安全技术交底，扣 10 分；交底无针对性或无文字记录，扣 3 分~5 分	查阅安全技术交底资料，检查交底内容是否与专项方案一致，检查交底人及接受交底人签字是否齐全；现场询问作业人员是否接受过安全技术交底

4.1.5 构配件和材质

钢管双排脚手架构配件和材质安全检查可按表 4.1.5 执行。

钢管双排脚手架构配件和材质安全检查表　　　表 4.1.5

检查项目	构配件与材质		本检查子项应得分数	10 分
本检查子项所执行的标准、文件与条款号	《建筑施工脚手架安全技术统一标准》GB 51210-2016 第 4.0.1、4.0.14 条；《公路工程施工安全技术规范》JTG F90-2015 第 5.7.21 条；《铁路工程基本作业施工安全技术规程》TB 10301-2009 第 12.5.4 条；《建筑施工扣件式钢管脚手架安全技术规范》JGJ 130-2011 第 3.1.1、3.2.1 条；《建筑施工碗扣式钢管脚手架安全技术规范》JGJ 166-2016 第 3.2.1、3.3.9、8.0.2 条；《建筑施工承插型盘扣式钢管支架安全技术规程》JGJ 231-2010 第 3.2.1 条；《建筑施工门式钢管脚手架安全技术规范》JGJ 128-2010 第 3.0.1 条			
检查评定内容	扣分标准		检查方法	
1）进场的钢管及构配件应有产品质量合格证、性能检验报告，其规格、型号、材质及产品质量应符合国家现行相关标准要求	进场的钢管及构配件无质量合格证、产品性能检验报告，扣 10 分 钢管及构配件的规格、型号、材质或产品质量不符合国家现行相关标准要求，扣 5 分		检查产品质量合格证及性能检验报告；卡尺实测钢管壁厚及直径、尺量杆件长度是否在误差范围之内	
2）钢管不应有严重的弯曲、变形、锈蚀，各部位焊缝应饱满	钢管严重弯曲、变形、锈蚀，扣 5 分 焊缝不饱满或存在开焊，扣 5 分		目测钢管及杆件弯曲、变形、锈蚀以及各部位焊缝饱满度情况	

检查评定内容	扣分标准	检查方法
3）所采用的扣件应进行复试且技术性能应符合国家现行相关标准要求	所采用的扣件未进行复试或技术性能不符合国家现行相关标准要求，扣5分	检查进场扣件抽样复试检测报告

4.1.6　地基基础

钢管双排脚手架地基基础安全检查可按表4.1.6执行。

钢管双排脚手架地基基础安全检查表　　　　表 4.1.6

检查项目	地基基础	本检查子项应得分数	10 分
本检查子项所执行的标准、文件与条款号	《公路工程施工安全技术规范》JTG F90－2015 第 5.7.23、5.7.24、5.7.25 条；《铁路工程基本作业施工安全技术规程》TB 10301－2009 第 12.5.2 条；《建筑施工扣件式钢管脚手架安全技术规范》JGJ 130－2011 第 6.3.1、7.2.3、7.3.3 条；《建筑施工碗扣式钢管脚手架安全技术规范》JGJ 166－2016 第 6.1.1 条；《建筑施工承插型盘扣式钢管支架安全技术规程》JGJ 231－2010 第 7.1.6、7.3.2、8.0.5 条；《建筑施工门式钢管脚手架安全技术规范》JGJ 128－2010 第 6.2.6、6.8.2 条		

检查评定内容	扣分标准	检查方法
1）立杆基础应按专项施工方案要求进行整平、夯实，并应采取排水措施	立杆基础不整平、不坚实，或不符合专项施工方案要求，扣5分 无排水措施或排水不畅通，扣5分	对照专项方案检查立杆基础平整度及夯实情况；现场查看脚手架基础排水状况
2）立杆底部应设置底座、垫板，垫板的规格应符合国家现行相关标准要求	立杆底部未设置底座、垫板或垫板的规格不符合国家现行相关标准要求，每处扣2分	现场检查立杆底部是否铺设底座、垫板，尺量垫板厚度及宽度是否满足要求
3）立杆和基础应接触紧密	底座松动或立杆悬空，每处扣2分	目测立杆与基础是否有悬空现象
4）当脚手架搭设在既有结构上时，应对既有结构的承载力进行验算，必要时应采取加固措施	当脚手架搭设在既有结构上时，未对既有结构的承载力进行验算或无加固措施，扣10分	对于搭设在既有结构物上的脚手架，应检查专项方案是否对既有结构物承载力进行了验算，是否有计算过程，对于验算承载力不足的情况是否在方案中设计了加固措施；现场检查加固措施是否与专项方案一致

4.1.7 架体搭设

钢管双排脚手架架体搭设安全检查可按表 4.1.7 执行。

钢管双排脚手架架体搭设安全检查表　　　　　表 4.1.7

检查项目	架体搭设	本检查子项应得分数	10 分
本检查子项所执行的标准、文件与条款号	《铁路工程基本作业施工安全技术规程》TB 10301-2009 第 12.5.5 条；《建筑施工脚手架安全技术统一标准》GB 51210-2016 第 8.2.1、11.2.2 条；《建筑施工扣件式钢管脚手架安全技术规范》JGJ 130-2011 第 6.2.1、6.2.2、9.0.5 条；《建筑施工碗扣式钢管脚手架安全技术规范》JGJ 166-2016 第 6.1.5、7.3.5、6.2.12、9.0.7 条；《建筑施工承插型盘扣式钢管支架安全技术规程》JGJ 231-2010 第 6.2.1、6.2.5、7.4.6 条		
检查评定内容	扣分标准	检查方法	
1) 立杆纵、横向间距和水平杆步距应符合专项施工方案要求	立杆纵、横向间距或水平杆步距超过专项施工方案要求，每处扣 2 分	对照专项施工方案现场检查脚手架立杆纵向、横向间距及水平杆步距，采用卷尺实际量测间距，注意转角处搭设间距	
2) 立杆垂直度和纵向水平杆水平度、直线度应满足国家现行相关标准要求	立杆垂直度不符合国家现行相关标准要求，每处扣 2 分 纵向水平杆水平度或直线度不满足国家现行相关标准规定，每处扣 1 分	全站仪或吊线法检测立杆垂直度、水平仪检查水平杆水平度，直尺法、准直法、重力法和直线法等方法水平杆直线度	
3) 纵向水平杆和扫地杆应连续设置，不得缺失；主节点处的横向水平杆不应漏设，非主节点处的水平杆设置方向应与脚手板的类型相匹配，并应按专项施工方案规定的数量要求设置	纵向水平杆和扫地杆未连续设置或主节点处的横向水平杆漏设，每处扣 2 分 非主节点处的水平杆设置方向与脚手板的类型不匹配或未按专项施工方案规定的数量设置，扣 5 分	目测脚手架纵向水平杆和扫地杆是否缺失、主节点处的横向水平杆是否漏设，对照专项施工方案检查水平杆的设置是否与脚手板的类型相匹配	
4) 门洞设置应符合国家现行相关标准的构造加强要求	门洞设置不符合国家现行相关标准的构造加强要求，扣 5 分	对照安全专项方案现场检查门洞加强构造设置措施是否与专项方案一致	
5) 起重设备、混凝土输送管、模板支撑架、物料周转平台等设施不得与脚手架相连接	脚手架与起重设备、混凝土输送管、模板支撑架、物料周转平台等设施进行连接，扣 10 分	现场目测检查架体是否有其他设施相连接	

4.1.8 架体稳定

钢管双排脚手架确保架体稳定的构造措施安全检查可按表4.1.8执行。

确保架体稳定的构造措施安全检查表   表4.1.8

检查项目	架体稳定	本检查子项应得分数	10分
本检查子项所执行的标准、文件与条款号	《建筑施工扣件式钢管脚手架安全技术规范》JGJ 130－2011 第6.3.2、6.6.1~6.6.3、6.4.1~6.4.8条；《建筑施工碗扣式钢管脚手架安全技术规范》JGJ 166－2016 第6.1.3、6.1.4、6.2.6、6.2.7、6.2.9条；《建筑施工承插型盘扣式钢管支架安全技术规程》JGJ 231－2010 第6.2.3、6.2.7条		

检查评定内容	扣分标准	检查方法
1) 脚手架扫地杆离地间距应符合国家现行相关标准要求	脚手架底部扫地杆离地间距超过国家现行相关标准要求，扣5分	采用卷尺实测脚手架扫地杆离地间距是否符合标准规定
2) 架体外立面应按专项施工方案规定的位置、数量、间距设置竖向剪刀撑或专用斜撑杆	架体外立面未设置竖向剪刀撑或专用斜撑杆，扣10分，设置的位置、数量、间距不符合专项施工方案要求，扣5分	对照专项方案检查脚手架剪刀撑或专用斜撑杆是否按照方案搭设；现场检查剪刀撑搭设数量、间距及位置是否符合要求
3) 架体应按专项施工方案规定的竖向和水平间距设置连墙件	未设置连墙件，扣10分，连墙件设置的竖向和水平间距不符合专项施工方案要求，扣5分	现场检查到架体中连墙件是否按专项方案设置，检查连墙件设置位置及数量是否符合要求
4) 连墙件应采用能可靠传递拉力和压力的刚性杆件，拉结点应牢固可靠	连墙件未采用刚性杆件或拉结不牢固，每处扣3分	对照专项方案现场逐个检查连墙件设置是否与专项方案一致，同时可用力晃动连墙件检查是否牢固
5) 连墙件或等效支撑件应从架体第一道水平杆处开始设置	连墙件或等效支撑件设置位置不符合要求，扣5分	现场目测连墙件或等效支撑件是否从架体第一道水平杆处开始设置
6) 竖向剪刀撑杆件与地面的夹角应在45°~60°	竖向剪刀撑杆件与地面的夹角超出45°~60°范围，每处扣2分	采用角度尺或角度仪现场检测剪刀撑角度

4.1.9 脚手板

钢管双排脚手架作业层脚手板设置安全检查可按表4.1.9执行。

钢管双排脚手架作业层脚手板设置安全检查表　　　　表 4.1.9

检查项目	脚手板	本检查子项应得分数	10 分
本检查子项所执行的标准、文件与条款号	《公路工程施工安全技术规范》JTG F90 - 2015 第 5.7.28 条；《铁路工程基本作业施工安全技术规程》TB 10301 - 2009 第 12.5.5 条；《建筑施工扣件式钢管脚手架安全技术规范》JGJ 130 - 2011 第 6.2.4 条；《建筑施工碗扣式钢管脚手架安全技术规范》JGJ 166 - 2016 第 6.1.5 条；《建筑施工承插型盘扣式钢管支架安全技术规程》JGJ 231 - 2010 第 6.2.8 条；《建筑施工门式钢管脚手架安全技术规范》JGJ 128 - 2010 第 6.2.5 条		
检查评定内容	扣分标准	检查方法	
1）脚手板材质、规格应符合国家现行相关标准要求	脚手板材质、规格不符合国家现行相关标准要求，扣 5 分	现场卷尺测量脚手板规格，检查脚手板材质以及是否有破损或严重变形	
2）作业层脚手板应铺满、铺稳、铺实	作业层脚手板未铺满或铺设不牢、不稳，扣 5 分	现场检查各作业层脚手板是否满铺，与两侧边缘立杆是否存在间隙；检查脚手板是否牢固，是否有松动现象并采取固定措施	
3）采用工具式钢脚手板时，脚手板两端必须有挂钩，并应带有自锁装置与作业层横向水平杆锁紧，严禁浮放	采用工具式钢脚手板时，脚手板两端挂钩未通过自锁装置与作业层横向水平杆锁紧，每处扣 2 分	现场检查工具式脚手板两端固定方式；检查两端自锁装置是否与作业层横向水平杆锁紧	
4）采用木脚手板、竹串片脚手板、竹笆脚手板时，脚手板两端应与水平杆绑牢，脚手板探头长度不应大于 150mm	采用木脚手板、竹串片脚手板、竹笆脚手板时，脚手板两端未与水平杆绑牢或脚手板探头长度大于 150mm，每处扣 2 分	现场目测脚手板固定是否牢固可靠，必要时可用力晃动，卷尺测量脚手板探头长度	

4.1.10　检查验收

钢管双排脚手架检查验收安全检查可按表 4.1.10 执行。

钢管双排脚手架检查验收安全检查表　　　　表 4.1.10

检查项目	检查验收	本检查子项应得分数	10 分
本检查子项所执行的标准、文件与条款号	《建筑施工扣件式钢管脚手架安全技术规范》JGJ 130 - 2011 第 8.2 节；《建筑施工碗扣式钢管脚手架安全技术规范》JGJ 166 - 2016 第 8 章；《建筑施工承插型盘扣式钢管支架安全技术规程》JGJ 231 - 2010 第 8 章		
检查评定内容	扣分标准	检查方法	
1）在构配件进场、基础完工、分段搭设、分段使用时应分阶段进行检查验收，并应形成记录	在构配件进场、基础完工、分段搭设、分段使用时未分阶段进行检查验收或无验收记录，扣 10 分	对照专项方案脚手架整体情况检查脚手架搭设程序或阶段搭设情况，检查杆件及构配件材质单及检测报告及进场验收记录，检查脚手架基础、搭设或使用各阶段验收记录，签字手续是否齐全	

续表

检查评定内容	扣分标准	检查方法
2）脚手架搭设完毕、投入使用前，应办理完工验收手续并形成验收记录	在脚手架搭设完毕、投入使用前，未办理完工验收手续或无验收记录，扣10分	检查脚手架完工验收记录，查阅验收记录，查看签字手续是否真实有效
3）检查验收内容和指标应有量化内容，并应由责任人签字确认	检查验收内容和指标未量化或未经责任人签字确认，扣5分	检查验收记录内容是否符合标准要求，填写指标是否量化，内容是否真实具体；检查责任人签字是否完善
4）验收合格后应在明显位置悬挂验收合格牌	验收合格后未在明显位置悬挂验收合格牌，扣3分	现场检查架体明显位置是否悬挂验收合格牌

4.1.11 杆件连接

钢管双排脚手架杆件连接安全检查可按表4.1.11执行。

钢管双排脚手架杆件连接安全检查表　　　　　表4.1.11

检查项目	杆件连接	本检查子项应得分数	10分
本检查子项所执行的标准、文件与条款号	《铁路工程基本作业施工安全技术规程》TB 10301-2009第12.5.5条；《建筑施工扣件式钢管脚手架安全技术规范》JGJ 130-2011第6.2.1、6.3.5、6.3.6、6.4.3、6.6.2、7.3.11条；《建筑施工碗扣式钢管脚手架安全技术规范》JGJ 166-2016第6.1.2、6.1.4、6.2.6、6.2.9、7.3.4条；《建筑施工承插型盘扣式钢管支架安全技术规程》JGJ 231-2010第3.1.2、6.2.2、6.2.7条；《建筑施工门式钢管脚手架安全技术规范》JGJ 128-2010第7.3.5		

检查评定内容	扣分标准	检查方法
1）节点组装时，扣件的扭紧力矩不应小于40N·m，碗扣节点上碗扣应通过限位销锁紧水平杆，承插型盘扣节点的插销应楔紧	节点组装时，扣件的扭紧力矩小于40N·m，碗扣节点未锁紧水平杆，承插型盘扣式节点的插销未楔紧，每处扣2分	现场采用扭矩力扳手检查扣件螺栓扭矩力是否满足标准要求；目测检查碗扣限位销是否锁紧，承插型盘扣节点插销是否楔紧
2）相邻立杆接头不应在同一步距内	相邻立杆接头在同一步距内，每处扣2分	现场目测检查立杆接头是否存在同一步距之内
3）扣件式钢管脚手架的纵向水平杆采用搭接连接时，其搭接长度不应小于1m，并应不少于3处扣接点	扣件式钢管脚手架的纵向水平杆搭接连接不符合规定，每处扣2分	采用卷尺现场检查扣件式钢管脚手架水平杆搭接长度是否小于1m，目测检查搭接是否有不少于3处扣接点

检查评定内容	扣分标准	检查方法
4）扣件式钢管脚手架立杆除顶层顶步外，不得采用搭接接长	扣件式钢管脚手架立杆除顶层顶步外采用搭接接长，每处扣4分	现场检查扣件式钢管脚手架立杆连接方式，查看是否存在立杆搭接接长现象
5）钢管扣件剪刀撑杆件的接长应符合国家现行相关标准要求	钢管扣件剪刀撑杆件的接长不符合国家现行相关标准要求，每处扣2分	采用卷尺现场检查剪刀撑搭接长度，检查搭接扣节点是否不少于3个扣接点
6）专用斜撑杆的两端应固定在纵、横向水平杆与立杆交汇的节点处	专用斜撑杆的两端未固定在纵、横向水平杆与立杆交汇的节点处，每处扣2分	现场目测检查专用斜撑杆固定安装位置
7）钢管扣件剪刀撑杆件的连接点距架体主节点距离不应大于150mm	钢管扣件剪刀撑杆件的连接点距架体主节点距离大150mm，每处扣1分	现场采用卷尺或其他测量工具测量剪刀撑杆件的连接点与架体主节点距离
8）架体与连墙件的连接点距架体主节点距离不应大于300mm	架体与连墙件的连接点距架体主节点距离大于300mm，每处扣2分	现场采用卷尺或其他测量工具测量架体与连墙件的连接点距架体主节点之间的距离

4.1.12　安全防护

钢管双排脚手架安全防护安全检查可按表4.1.12执行。

钢管双排脚手架安全防护安全检查表　　　　表 4.1.12

检查项目	安全防护	本检查子项应得分数	10 分
本检查子项所执行的标准、文件与条款号	《建筑施工扣件式钢管脚手架安全技术规范》JGJ 130‑2011 第7.3.12、9.0.11、9.0.12 条；《建筑施工碗扣式钢管脚手架安全技术规范》JGJ 166‑2016 第6.1.5、6.1.6、6.2.5 条；《建筑施工承插型盘扣式钢管支架安全技术规程》JGJ 231‑2010 第7.5.3、7.5.5 条；《建筑施工门式钢管脚手架安全技术规范》JGJ 128‑2010 第6.7.1、6.7.3 条		

检查评定内容	扣分标准	检查方法
1）架体作业层应按国家现行相关标准要求在外立杆侧设置上、中两道防护栏杆	架体作业层外立杆侧未按国家现行相关标准要求设置上、中两道防护栏杆，扣10分	现场检查架体作业层在外立杆侧设置防护栏杆，检查防护栏杆是否设置了上、中两道
2）作业层应在外立杆内侧设置高度不低于180mm的挡脚板	架体作业层外立杆内侧未设置高度不低于180mm的挡脚板，扣3分	现场尺量检查是否作业层外立杆内侧设置高度不低于180mm的挡脚板

检查评定内容	扣分标准	检查方法
3）作业层脚手板下应采用安全平网兜底，以下每隔 10m 应采用安全平网封闭	作业层脚手板下未采用安全平网进行封闭，扣 5 分	现场检查作业层脚手板下是否采取了安全平网兜底的措施；检查安全平网兜底是否按每隔 10m 设置一道的要求布置
4）架体外侧应采用阻燃密目安全网进行全封闭，网间连接应严密	架体外侧未采用阻燃密目安全网进行全封闭，扣 10 分；网间连接不严密，每处扣 2 分	查看密目安全网产品合格证及检测报告核实密目安全网是否具有阻燃功能，现场检查安全网是否封闭，网间连接是否严密
5）当内立杆与构筑物距离大于 150mm 时，应采用脚手板或安全平网封闭	当内立杆与构筑物距离大于 150mm 时，未进行封闭，扣 5 分	现场检查脚手架内立杆与构筑物之间的间距，可采用卷尺测量；对于间距大于 150mm 的部位，检查是否采取了脚手板或安全平网封闭的安全措施
6）架体应设置供人上下专用梯道或坡道	架体未设置供人员上下专用梯道或坡道，扣 5 分	现场检查钢管双排脚手架是否按专项方案设置供人员上下的专用梯道或坡道

4.1.13　使用与监测

钢管双排脚手架使用与监测安全检查可按表 4.1.13 执行。

钢管双排脚手架使用与监测安全检查表　　表 4.1.13

检查项目	使用与监测	本检查子项应得分数	10 分
本检查子项所执行的标准、文件与条款号	《公路工程施工安全技术规范》JTG F90 - 2015 第 5.7.25 条；《建筑施工脚手架安全技术统一标准》GB 51210 - 2016 第 11.2.1、11.2.2 条；《建筑施工扣件式钢管脚手架安全技术规范》JGJ 130 - 2011 第 9.0.5、9.0.13、8.2.3 条；《建筑施工碗扣式钢管脚手架安全技术规范》JGJ 166 - 2016 第 9.0.3、9.0.8、9.0.11 条；《建筑施工承插型盘扣式钢管支架安全技术规程》JGJ 231 - 2010 第 9.0.5 条；《建筑施工门式钢管脚手架安全技术规范》JGJ 128 - 2010 第 8.3.1 条		

检查评定内容	扣分标准	检查方法
1）作业层施工均布荷载、集中荷载应在方案设计允许范围内	作业层施工均布荷载或集中荷载超过方案设计允许范围，10 分	观察作业层的堆载情况
2）使用过程中不应任意拆除架体构配件	使用过程中，随意拆除架体构配件，扣 10 分	现场检查脚手架在使用过程中是否有杆件及构配件拆除情况或各立杆、水平杆、剪刀撑、连墙件或其他构配件缺失

续表

检查评定内容	扣分标准	检查方法
3）使用过程中，应对地基排水性能、架体结构的完整性和连接牢固性、基础沉降、立杆垂直度和使用工况进行定期巡视检查与监测，并应形成记录	使用过程中，未对地基排水性能、架体结构的完整性和连接牢固性、基础沉降、立杆垂直度和使用工况进行定期巡视检查与监测或无检查、监测记录，扣 5 分	查看安全检查记录，检查在脚手架使用过程中是否对地基排水、架体结构、基础沉降及适用工况等方面开展了日常安全检查、定期巡查及监测等工作内容；检查脚手架使用监测记录或报告

4.2 钢管满堂脚手架

4.2.1 钢管满堂脚手架构造

钢管满堂脚手架是指纵横向设置均不少于三排立杆的脚手架，也有文献定义为：由扣件和钢管构成的搭设面积和室内净空面积大致相当的双向多排脚手架。在市政工程中钢管满堂脚手架较少使用，其形式主要有扣件式钢管满堂脚手架、碗扣式钢管满堂脚手架、门式钢管满堂脚手架和承插型盘扣式钢管满堂脚手架及四种。满堂脚手架除了具有双排脚手架的防护作用外，更多的是作为高处作业的钢管式操作平台，属于高空作业或悬空作业的范畴。满堂脚手架在属性上属于作业脚手架，但在受力方式上，更类似于满堂模板支撑架，在现行国家标准《建筑施工脚手架安全技术统一标准》GB 51210‐2016 中，将满堂脚手架定义为满堂支撑架，其结构构造如图 4.2.1 所示。

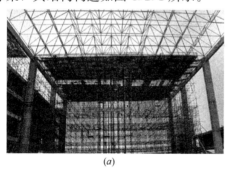

（a） （b）

图 4.2.1 钢管满堂脚手架空间构造

（a）结构形式；（b）顶部作业层

4.2.2 相关安全技术标准

与钢管满堂脚手架施工安全技术相关的标准主要有：

1. 《建筑施工脚手架安全技术统一标准》GB 51210；
2. 《建筑施工扣件式钢管脚手架安全技术规范》JGJ 130；
3. 《建筑施工碗扣式钢管脚手架安全技术规范》JGJ 166；
4. 《建筑施工承插型盘扣式钢管支架安全技术规程》JGJ 231；
5. 《建筑施工门式钢管脚手架安全技术规范》JGJ 128；
6. 《铁路工程基本作业施工安全技术规程》TB 10301；
7. 《公路工程施工安全技术规范》JTG F90。

4.2.3　迎检需准备资料

为配合钢管满堂脚手架的安全检查，施工现场需准备的相关资料包括：

1. 钢管满堂脚手架专项施工方案；
2. 钢管满堂脚手架专项设计文件，包括成套设计图纸、计算书；
3. 专项施工方案审核、审批页与专家论证报告及方案修改回复；
4. 专项施工方案交底记录；
5. 地基承载力检测报告；
6. 进场的钢管及构配件应有产品质量合格证、性能检验报告；
7. 脚手架搭设完毕验收记录。

4.2.4　方案与交底

钢管满堂脚手架方案与交底安全检查可按表 4.2.4 执行。

钢管满堂脚手架方案与交底安全检查表　　　　表 4.2.4

检查项目	方案与交底	本检查子项应得分数	10 分
本检查子项所执行的标准、文件与条款号	《建筑施工脚手架安全技术统一标准》GB 51210－2016 第 3.1.1 条；《建筑施工扣件式钢管脚手架安全技术规范》JGJ 130－2011 第 1.0.3 条		
检查评定内容	扣分标准	检查方法	
1）钢管满堂脚手架应编制专项施工方案，方案应有针对性，架体结构和立杆地基承载力应进行设计	未编制专项施工方案或架体结构和立杆地基承载力未经设计，扣 10 分；方案编制内容不全或无针对性，扣 3 分～5 分	查是否编制了安全专项施工方案，并查看方案的针对性；查是否有计算书，计算书中是否对架体结构和立杆地基基础进行了计算	
2）专项施工方案应进行审核、审批	专项施工方案未进行审核、审批，扣 10 分	查专项施工方案的审核、审批页是否有施工单位技术、安全等部门以及企业技术负责人审批签字	
3）专项施工方案实施前，应进行安全技术交底，并应有文字记录	专项施工方案实施前，未进行安全技术交底，扣 10 分；交底无针对性或无文字记录，扣 3 分～5 分	查是否有安全技术交底记录，记录中是否有方案编制人员或项目技术负责人（交底人）的签字以及现场管理人员和作业人员（接底人）的签字	

4.2.5 构配件和材质

钢管满堂脚手架构配件和材质（图 4.2.5）安全检查可按表 4.2.5 执行。

(a)　　　　　　　　　　　　　　(b)

图 4.2.5　满堂脚手架构配件和材质

(a) 专用工装制作的合格产品；(b) 劣质构配件

钢管满堂脚手架构配件和材质检查表　　　　　　　表 4.2.5

检查项目	构配件和材质	本检查子项应得分数	10 分
本检查子项所执行的标准、文件与条款号	《建筑施工脚手架安全技术统一标准》GB 51210-2016 第 4.0.1、4.0.14 条；《公路工程施工安全技术规范》JTG F90-2015 第 5.7.21 条；《铁路工程基本作业施工安全技术规程》TB 10301-2009 第 12.5.4 条；《建筑施工扣件式钢管脚手架安全技术规范》JGJ 130-2011 第 3.1.1、3.2.1 条；《建筑施工碗扣式钢管脚手架安全技术规范》JGJ 166-2016 第 3.2.1、3.3.9、8.0.2 条；《建筑施工承插型盘扣式钢管支架安全技术规程》JGJ 231-2010 第 3.2.1 条；《建筑施工门式钢管脚手架安全技术规范》JGJ 128-2010 第 3.0.1 条		
检查评定内容	扣分标准	检查方法	
1) 进场的钢管及构配件应有产品质量合格证、性能检验报告，其规格、型号、材质及产品质量应符合国家现行相关标准要求	进场的钢管及构配件无质量合格证、产品性能检验报告，扣 10 分　钢管及构配件的规格、型号、材质或产品质量不符合国家现行相关标准要求，扣 5 分	检查产品质量合格证及性能检验报告是否真实有效；卡尺实测钢管壁厚及直径；尺量杆件长度是否在误差范围之内	
2) 钢管不应有严重的弯曲、变形、锈蚀，各部位焊缝应饱满	钢管弯曲、变形、锈蚀严重，扣 5 分　焊缝不饱满或存在开焊，扣 5 分	目测钢管及杆件弯曲、变形及锈蚀情况；目测工具式杆件及构配件焊缝饱满度	
3) 所采用的扣件应进行复试且技术性能应符合国家现行相关标准要求	所采用的扣件未进行复试或技术性能不符合国家现行相关标准要求，扣 5 分	目测扣件是否有开裂破损情况，螺杆是否有滑丝；检查进场扣件抽样复试检测报告	

4.2.6 地基基础

钢管满堂脚手架地基基础的安全检查可按表4.2.6执行。

钢管满堂脚手架地基基础检查表 表4.2.6

检查项目	地基基础	本检查子项应得分数	10分
本检查子项所执行的标准、文件与条款号	《公路工程施工安全技术规范》JTG F90-2015 第5.7.23、5.7.24、5.7.25条;《铁路工程基本作业施工安全技术规程》TB 10301-2009 第12.5.2条;《建筑施工扣件式钢管脚手架安全技术规范》JGJ 130-2011 第6.3.1、7.2.3、7.3.3条;《建筑施工碗扣式钢管脚手架安全技术规范》JGJ 166-2016 第6.1.1条;《建筑施工承插型盘扣式钢管支架安全技术规程》JGJ 231-2010 第7.1.6、7.3.2、8.0.5条;《建筑施工门式钢管脚手架安全技术规范》JGJ 128-2010 第6.2.6、6.8.2条		

检查评定内容	扣分标准	检查方法
1) 立杆基础应按专项施工方案要求进行整平、夯实,并应采取排水措施	立杆基础不平整,不坚实,或不符合专项施工方案要求,扣5分 无排水措施或排水不畅通,扣5分	对照专项方案检查地基基础平整度及夯实情况;现场查看脚手架基础排水状况;检查地基基础验收记录
2) 立杆底部应设置底座、垫板,垫板的规格应符合国家现行相关标准要求	立杆底部未设置底座、垫板或垫板的规格不符合国家现行相关标准要求,每处扣2分	现场检查立杆底部是否铺设垫板,尺量垫板厚度及宽度是否满足要求;检查立杆底部是否设置底座
3) 立杆和基础应接触紧密	底座松动或立杆悬空,每处扣2分	目测立杆与基础是否有悬空现象
4) 当脚手架搭设在既有结构上时,应对既有结构的承载力进行验算,必要时应采取加固措施	当脚手架搭设在既有结构上时,未对既有结构的承载力进行验算或未采取加固措施,扣10分	对于搭设在既有结构物上的脚手架,应检查专项方案是否对既有结构物承载力进行了验算,是否有计算过程,对于验算承载力不足的情况是否在方案中设计了加固措施;现场检查加固措施是否与专项方案一致

4.2.7 架体稳定

钢管满堂脚手架确保架体稳定的构造措施安全检查可按表4.2.7执行。

确保架体稳定的构造措施安全检查表 表 4.2.7

检查项目	架体稳定	本检查子项应得分数	10分
本检查子项所执行的标准、文件与条款号	《建筑施工脚手架安全技术统一标准》GB 51210 - 2016 第 8.3.15 条；《建筑施工扣件式钢管脚手架安全技术规范》JGJ 130 - 2011 第 6.3.2、6.8.4、6.8.5、6.8.6 条；《建筑施工高处作业安全技术规范》JGJ 80 - 2016 第 6.3.1 条		
检查评定内容	扣分标准	检查方法	备注
1）脚手架扫地杆离地间距应符合国家现行相关标准要求	脚手架底部扫地杆离地间距超过国家现行相关标准要求，扣 5 分	测量脚手架扫地杆的高度	
2）架体四周与中部应按国家现行相关标准要求沿纵、横向设置竖向剪刀撑或专用斜撑杆	架体四周与中部未按国家现行相关标准要求在纵、横向均设置竖向剪刀撑或专用斜撑杆，扣 10 分	检查架体四周与中部是否按照相关标准要求设置竖向剪刀撑或专用斜撑杆	
3）架体应按国家现行相关标准要求设置水平剪刀撑或水平斜撑杆	未按国家现行相关标准要求设置水平剪刀撑或水平斜撑杆，扣 10 分	检查架体是否按照相关标准要求设置有水平剪刀撑或水平斜撑杆	碗扣、盘扣架体可参照支撑架构造要求检查
4）当架体高宽比大于 2.0 时，应与既有结构拉结或采取增加架体宽度、设置钢丝绳张拉固定等稳定措施	架体高宽比超过 2 时未采取与结构拉结或其他可靠的稳定措施，扣 10 分	计算架体高宽比是否大于 2，若大于 2 检查是否与既有结构拉接或采取增加架体宽度、设置钢丝绳张拉固定等稳定措施	

4.2.8 架体搭设

钢管满堂脚手架架体搭设的安全检查可按表 4.2.8 执行。

钢管满堂脚手架架体搭设安全检查表 表 4.2.8

检查项目	架体搭设	本检查子项应得分数	10分
本检查子项所执行的标准、文件与条款号	《铁路工程基本作业施工安全技术规程》TB 10301 - 2009 第 12.5.5 条；《建筑施工脚手架安全技术统一标准》GB 51210 - 2016 第 8.2.1、11.2.2 条；《建筑施工扣件式钢管脚手架安全技术规范》JGJ 130 - 2011 第 6.2.1、6.2.2、9.0.5 条；《建筑施工碗扣式钢管脚手架安全技术规范》JGJ 166 - 2016 第 6.1.5、7.3.5、6.2.12、9.0.7 条；《建筑施工承插型盘扣式钢管支架安全技术规程》JGJ 231 - 2010 第 6.2.1、6.2.5、7.4.6 条		
检查评定内容	扣分标准	检查方法	
1）立杆纵、横向间距和水平杆步距应符合专项施工方案要求	立杆纵、横向间距或水平杆步距超过专项施工方案要求，每处扣 2 分	对照施工方案，查架体立杆间距与水平杆步距是否满足方案设计的规定	

续表

检查评定内容	扣分标准	检查方法
2）水平杆和扫地杆应纵、横向连续设置，不得缺失	纵、横向水平杆和扫地杆未连续贯通设置，每处扣2分	检查水平杆和扫地杆是否连续，是否缺失
3）杆件的接长应符合国家现行相关标准要求	杆件接长不符合国家现行相关标准要求，每处扣2分	检查杆件的接长是否满足方案设计的规定，重点检查扣件架体的杆件接头部位
4）架体搭设应牢固，杆件节点应进行紧固	架体搭设不牢固或杆件节点不紧固，每处扣2分	现场抽查扣件扭紧力矩、碗扣限位销、盘扣插销等锁固件安装情况

4.2.9 脚手板

钢管满堂脚手架作业层脚手板设置安全检查可按表4.2.9执行。

钢管满堂脚手架作业层脚手板设置安全检查表　　　表 4.2.9

检查项目	脚手板	本检查子项应得分数	10分
本检查子项所执行的标准、文件与条款号	《公路工程施工安全技术规范》JTG F90－2015 第5.7.28条；《铁路工程基本作业施工安全技术规程》TB 10301－2009 第12.5.5条；《建筑施工扣件式钢管脚手架安全技术规范》JGJ 130－2011 第6.2.4条；《建筑施工碗扣式钢管脚手架安全技术规范》JGJ 166－2016 第6.1.5条；《建筑施工承插型盘扣式钢管支架安全技术规程》JGJ 231－2010 第6.2.8条；《建筑施工门式钢管脚手架安全技术规范》JGJ 128－2010 第6.2.5条		

检查评定内容	扣分标准	检查方法
1）脚手板材质、规格应符合国家现行相关标准要求	脚手板材质、规格不符合国家现行相关标准要求，扣5分	检查脚手板材质、规格是否和专项施工方案以及相关标准要求一致
2）作业层脚手板应铺满、铺稳、铺实	作业层脚手板未铺满或铺设不牢、不稳，扣5分	观察作业层脚手板的铺设质量
3）采用工具式钢脚手板时，脚手板两端必须有挂钩，并带有自锁装置与作业层横向水平杆锁紧，严禁浮放	采用工具式钢脚手板时，脚手板两端挂钩未通过自锁装置与作业层横向水平杆锁紧，每处扣2分	观察工具式钢脚手板两端与横向水平杆的挂扣锁紧情况
4）采用木脚手板、竹串片脚手板、竹笆脚手板时，脚手板两端应与水平杆绑牢，脚手板探头长度不应大于150mm	采用木脚手板、竹串片脚手板、竹笆脚手板时，脚手板两端未与水平杆绑牢或脚手板探头长度大于150mm，每处扣2分	采用木脚手板、竹串片脚手板、竹笆脚手板时，观察脚手板两端是否与水平杆绑牢，测量脚手板探头长度是否大于150mm

4.2.10 检查验收

钢管满堂脚手架检查验收可按表 4.2.10 执行。

钢管满堂脚手架检查验收检查表		表 4.2.10

检查项目	检查验收	本检查子项应得分数	10 分
本检查子项所执行的标准、文件与条款号	《建筑施工扣件式钢管脚手架安全技术规范》JGJ 130 - 2011 第 8 章，《建筑施工碗扣式钢管脚手架安全技术规范》JGJ 166 - 2016 第 8 章；《建筑施工承插型盘扣式钢管支架安全技术规程》JGJ 231 - 2010 第 8 章		
检查评定内容	扣分标准	检查方法	
1）在构配件进场、基础完工、分段搭设、分段使用应分阶段进行检查验收，并应形成记录	在构配件进场、基础完工、分段搭设、分段使用时未分阶段进行检查验收，扣 10 分	查各个阶段的检查验收记录	
2）脚手架搭设完毕、投入使用前，应办理完工验收手续并形成验收记录	在脚手架搭设完毕、投入使用前，未办理完工验收手续或无验收记录，扣 10 分	查是否有完工验收记录，完工验收参加人员是否符合要求、签字是否完善	
3）检查验收内容和指标应有量化内容，并应由责任人签字确认	检查验收内容和指标未量化或未经责任人签字确认，扣 5 分；验收合格后未在明显位置悬挂验收合格牌，扣 3 分	查各阶段的验收记录是否有标准规定的量化内容，以及是否由相应责任人签字确认	

4.2.11 安全防护

钢管满堂脚手架作业层安全防护构造如图 4.2.11 所示，其安全检查可按表 4.2.11 执行。

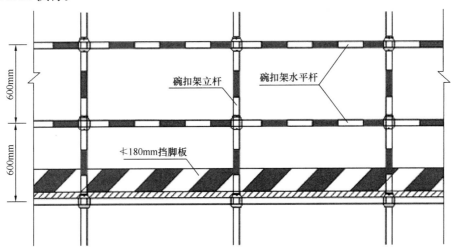

图 4.2.11 作业层安全防护

钢管满堂脚手架安全防护检查表　　　　　　　　表 4.2.11

检查项目	安全防护	本检查子项应得分数	10分
本检查子项所执行的标准、文件与条款号	《建筑施工扣件式钢管脚手架安全技术规范》JGJ 130-2011 第 7.3.12、9.0.11、9.0.12 条；《建筑施工碗扣式钢管脚手架安全技术规范》JGJ 166-2016 第 6.1.5、6.2.5、6.1.6 条；《建筑施工承插型盘扣式钢管支架安全技术规程》JGJ 231-2010 第 7.5.3、7.5.5 条；《建筑施工门式钢管脚手架安全技术规范》JGJ 128-2010 第 6.7.1、6.7.3 条		

检查评定内容	扣分标准	检查方法
1）作业层周边应设置上、中两道防护栏杆	作业层周边未设置上、中两道防护栏杆，扣5分	现场检查脚手架作业层是否设置防护栏杆，检查防护栏杆设置位置是否满足要求；检查防护栏杆是否设置了上、中两道
2）作业层外侧应设置高度不低于180mm的挡脚板	作业层外侧未设置高度不低于180mm的挡脚板，扣3分	现场检查作业层立杆内侧是否设置了挡脚板，检查挡脚板材质是否满足要求；采用卷尺测量挡脚板高度是否符合标准要求
3）作业层脚手板下应采用安全平网兜底，以下每隔10m应采用安全平网封闭	作业层脚手板下未采用安全平网进行封闭，扣5分	现场观察作业层脚手板下是否采取了安全平网兜底的措施；检查安全平网兜底设置是否满足每隔10m设置一道的要求
4）作业层外侧应采用阻燃密目安全网进行封闭，网间连接应严密	作业层周边栏杆未设置安全立网，扣5分	现场检查脚手架外侧是否设置了密目安全网，安全网之间的连接方式是否严密；查看密目安全网材质单及检测报告核实密目安全网是否具有阻燃功能

4.2.12　荷载

钢管满堂脚手架荷载的安全检查可参照表 4.2.12 执行。

钢管满堂脚手架荷载检查表　　　　　　　　表 4.2.12

检查项目	荷载	本检查子项应得分数	10分
本检查子项所执行的标准、文件与条款号	《建筑施工门式钢管脚手架安全技术规范》JGJ 128-2010 第 4.2.3、4.2.4 条；《建筑施工高处作业安全技术规范》JGJ 80-2016 第 6.3.1 条		

检查评定内容	扣分标准	检查方法
1）作业层施工荷载应在方案设计允许范围内	作业层施工荷载超过方案设计允许范围，扣10分	对照计算书，现场查作业层堆载情况，核查荷载是否在架体设计允许范围内

续表

检查评定内容	扣分标准	检查方法
2）作业层荷载分布均匀	作业层荷载堆放不均匀，每处扣5分	检查作业层荷载的堆放情况

4.2.13　通道

钢管满堂脚手架通道安全检查可按表4.2.13执行。

钢管满堂脚手架通道检查表
表4.2.13

检查项目	通道	本检查子项应得分数	10分
本检查子项所执行的标准、文件与条款号	《建筑施工扣件式钢管脚手架安全技术规范》JGJ 130 - 2011 第6.7.1、6.7.2条		
检查评定内容	扣分标准	检查方法	
1）架体应设置供人员上下的专用通道	未设置人员上下专用通道，扣10分	观察架体上是否搭设了专用通道	
2）专用通道的设置应符合国家现行相关标准要求	通道设置不符合国家现行相关标准要求，扣5分	对照施工方案，检查专用通道设置是否稳固，是否与既有结构可靠连接	

4.3　高处作业吊篮

4.3.1　高处作业吊篮构造

高处作业吊篮是一种悬挂机构架设于建筑物或构筑物上，提升机驱动悬吊平台通过钢丝绳沿立面上下运行的非常设悬挂设备。吊篮作为一种特殊形式的脚手架，与其他脚手架相比具有安拆方便快捷、操作简单、移位容易、作业效高、占地面积小等特点。在高层及多层建筑物的外墙的装饰施工中得到了广泛的应用，在市政工程中，大型烟囱、水坝、桥梁等的装饰、检查、保养及维修中也离不开高处作业吊篮。高处作业吊篮虽然品种繁多，类型各异，但是整体构造的各个组成部件是相似的。吊篮主要由悬挂机构、悬吊平台、提升机、电气控制系统、安全保护装置、工作钢丝绳和安全钢丝绳组成，其结构构造如图4.3.1所示。

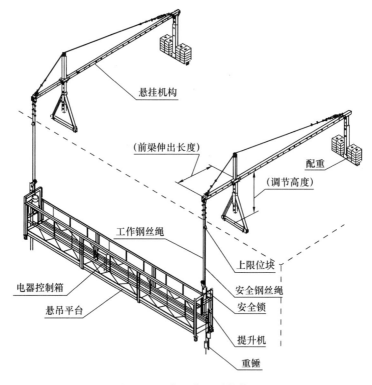

图 4.3.1　高处作业吊篮构造

4.3.2　相关安全技术标准

与高处作业吊篮安全技术相关的标准主要有：

1.《高处作业吊篮》GB/T 19155；

2.《高处作业吊篮安装、拆卸、使用技术规程》JT/B 11699；

3.《建筑施工工具式脚手架安全技术规范》JGJ 202；

4.《施工现场机械设备检查技术规范》JGJ 160；

5.《建筑施工升降设备设施检验标准》JGJ 305。

4.3.3　迎检需准备资料

为配合高处作业吊篮的安全检查，施工现场需准备的相关资料包括：

1. 吊篮安拆、使用的安全专项施工方案；

2. 专项施工方案审核、审批页；

3. 专项施工方案交底记录；

4. 吊篮的出厂合格证、产品型式检验报告、使用说明书及构配件的合格证；

5. 吊篮安全锁的合格证、检测报告；

6. 吊篮安装验收表；

7. 吊篮作业班前、班后检查记录；

8. 安装拆卸工的《建筑施工特种作业操作资格证书》；

9. 升降操作人员的培训记录、培训合格证；

10. 特殊结构施工的非标准吊篮应有专项设计文件，包括成套设计图纸、计算书；

11. 特殊结构施工的非标准吊篮应有专家论证报告及方案修改回复。

4.3.4 方案与交底

高处作业吊篮方案与交底安全检查可按表 4.3.4 执行。

高处作业吊篮方案与交底安全检查表　　　表 4.3.4

检查项目	方案与交底	本检查子项应得分	10 分
本检查子项所执行的标准、文件与条款号	《高处作业吊篮安装、拆卸、使用技术规程》JB/T 11699-2013 第 4.3、4.4、4.5、4.6、5.1.7 条；《建筑施工工具式脚手架安全技术规范》JGJ 202-2010 第 5.4.1、5.6.1 条；住建部令第 37 号、建办质〔2018〕31 号文		

检查评定内容	扣分标准	检查方法
1）吊篮安装、拆卸作业前应编制专项施工方案，吊篮支架支撑处结构的承载力应经过验算	未编制专项施工方案或未对吊篮支架支撑处结构的承载力进行验算，扣 10 分	查是否编制了安全专项施工方案，并查看方案的针对性
2）专项施工方案应进行审核、审批	专项施工方案未进行审核、审批，扣 10 分	查专项施工方案的审核、审批页是否有施工单位技术、安全等部门以及企业技术负责人审批签字
3）对于特殊结构施工所采用的非标准吊篮，应进行设计，并应组织专家论证	特殊结构施工所采用的非标准吊篮未进行设计，扣 10 分 特殊结构施工的非标准吊篮，其专项施工方案未组织专家论证，扣 10 分	查非标准吊篮的设计资料；并查其专项施工方案的专家论证意见或报告、论证会议签到表，以及方案修改回复
4）专项施工方案实施前，应进行安全技术交底，并应有文字记录	专项施工方案实施前，未进行安全技术交底，扣 10 分；交底无针对性或无文字记录，扣 3 分～5 分	查是否有安全技术交底记录，记录中是否有方案编制人员或项目技术负责人（交底人）的签字以及现场管理人员和作业人员（接底人）的签字

4.3.5　安全装置

高处作业吊篮安全装置如图 4.3.5 所示，其安全检查可按表 4.3.5 执行。

图 4.3.5　高处作业吊篮安全装置
(a) 防坠安全锁；(b) 防坠安全锁检验标识；
(c) 安全绳和安全锁扣；(d) 上限位止挡块

高处作业吊篮安全装置检查表　　　　　　　　表 4.3.5

检查项目	安全装置	本检查子项应得分	10分
本检查子项所执行的标准、文件与条款号	《高处作业吊篮》GB/T 19155-2017 第 8.3.8.1～8.3.8.3 条；《高处作业吊篮安装、拆卸、使用技术规程》JB/T 11699-2013 第 5.1.5、5.1.8 条；《建筑施工升降设备设施检验标准》JGJ 305-2013 第 5.2.7、5.2.8 条		

检查评定内容	扣分标准	检查方法
1）吊篮应安装防坠安全锁，并应灵敏可靠	未安装防坠安全锁或不灵敏，扣10分	摆臂防倾式安全锁：让吊篮升高1m～2m左右，让一头降落倾斜，安全锁上的安全绳起作用；再升平检查另外一头离心限速安全锁，在安全锁上方快速拉动安全钢丝绳，安全锁能立即锁住，且不能复位
2）防坠安全锁不应超过标定期限	使用中的防坠安全锁超过标定期限，扣5分	检查安全锁上粘贴的由检测机构检验出具检验标识
3）吊篮应为作业人员设置安全带专用的安全绳和安全锁扣，安全绳应固定在结构物可靠位置上，不得与吊篮上的任何部位连接	未设置安全带专用安全绳及安全锁扣，扣5分 安全绳未固定在结构物可靠位置，扣5分 安全绳与吊篮连接，扣5分	目测是否设有安全带专用的安全绳和安全锁扣，安全绳是否固定在结构物可靠位置上，转角处是否有保护措施
4）吊篮应安装上限位装置，并应灵敏可靠	未安装上限位装置或不灵敏，扣5分	目测吊篮的上限位止挡块是否安装牢固，将悬吊平台上升到最高作业高度，限位开关摆臂上的滚轮应在上限位块平面内

4.3.6 悬挂机构

高处作业吊篮悬挂机构的构造如图4.3.6所示，其安全检查可按表4.3.6执行。

图4.3.6 高处作业吊篮悬挂机构

高处作业吊篮悬挂机构安全检查表　　表 4.3.6

检查项目	悬挂机构	本检查子项应得分	10 分
本检查子项所执行的标准、文件与条款号	《高处作业吊篮》GB/T 19155 - 2017 第 9.1.1、9.1.2、9.2、9.3.2 条；《高处作业吊篮安装、拆卸、使用技术规程》JB/T 11699 - 2013 第 5.1.6 条；《建筑施工工具式脚手架安全技术规范》JGJ 202 - 2010 第 5.2.11、5.4.7、5.4.10、5.4.13；《施工现场机械设备检查技术规范》JGJ 160 - 2016 第 8.2.1 条		
检查评定内容	扣分标准	检查方法	
1）悬挂机构前支架支撑处结构应有足够的承载力，当悬挂机构的荷载由预埋件承受时，预埋件的安全系数不应小于 3	悬挂机构前支架支撑在非承重结构上，扣 10 分　悬挂机构的荷载由预埋件承受时，预埋件的安全系数小于 3，扣 10 分	现场观察吊篮悬挂机构的承载体，查是否有直接放置在非承重结构上的现象；采用预埋件承力时，查预埋件的承载力检测记录，并对照方案推算安全系数	
2）悬挂机构前梁外伸长度和中梁长度配比、使用高度应符合产品说明书或吊篮设计要求	前梁外伸长度和中梁长度配比、使用高度不符合产品说明书或吊篮设计要求，扣 10 分	对照产品说明书或吊篮设计要求，检查悬挂机构前梁外伸长度和中梁长度配比、使用高度是否符合要求	
3）前支架应与支撑面垂直，且脚轮不应受力	前支架与支撑面不垂直或脚轮受力，扣 10 分	目测支架应与支撑面是否垂直，脚轮是否受力	
4）上支架应固定在前支架调节杆与悬挑梁连接的节点处	上支架未在前支架调节杆与悬挑梁连接的节点处进行固定，扣 5 分	检查连接处是否牢固、有无破裂脱焊现象	
5）吊篮严禁使用破损的配重块或其他替代物	使用破损的配重块或用其他替代物代替配重块，扣 10 分	检查配重块的完好性	
6）配重块应固定可靠，重量应符合使用说明书或吊篮设计要求	配重块未固定，或重量不符合使用说明书或吊篮设计要求，扣 10 分	使用说明书或吊篮设计要求，检查配重的重量标识、放置情况	

4.3.7　钢丝绳

高处作业吊篮钢丝绳安全检查可按表 4.3.7 执行。

高处作业吊篮钢丝绳安全检查表		表 4.3.7	
检查项目	钢丝绳	本检查子项应得分	10 分
本检查子项所执行的标准、文件与条款号	《高处作业吊篮》GB/T 19155-2017 第 8.10.2、8.10.3.1、8.10.3.2、8.10.4 条；《高处作业吊篮安装、拆卸、使用技术规程》JB/T 11699-2013 第 5.2.12 条；《建筑施工工具式脚手架安全技术规范》JGJ 202-2010 第 5.5.1、5.5.17 条；《建筑施工升降设备设施检验标准》JGJ 305-2008 第 5.2.3 条		
检查评定内容	扣分标准	检查方法	
1）钢丝绳磨损、断丝、变形、锈蚀应在相关标准允许范围内	钢丝绳磨损、断丝、变形、锈蚀达到报废标准，扣 10 分	目测钢丝绳是否有损伤，包括断丝、断股、压痕、变形、松散、折弯、锈蚀及磨损情况	
2）安全钢丝绳应单独设置，其规格、型号应与工作钢丝绳一致	安全钢丝绳未单独设置或其规格、型号与工作钢丝绳不一致，扣 10 分	对照施工方案，采用带有宽钳口的游标卡尺测量安全钢丝绳的直径	
3）钢丝绳端部绳夹应设置符合相关标准要求	钢丝绳端部绳夹设置不符合相关标准要求，扣 10 分	目测绳夹有无松动，设置方式是否合理	
4）吊篮运行时安全钢丝绳应张紧悬垂	吊篮运行时安全钢丝绳未张紧悬垂，扣 5 分	目测吊篮正常运行时安全钢丝绳是否处于张紧悬垂	
5）电焊作业时应对钢丝绳采取保护措施	电焊作业时未对钢丝绳采取保护措施，扣 5 分	对照方案检查电焊作业应对钢丝绳的保护措施	

4.3.8 悬吊平台

高处作业吊篮悬吊平台构造如图 4.3.8 所示，其安全检查可按表 4.3.8 执行。

图 4.3.8 吊篮悬吊平台

高处作业吊篮悬吊平台安全检查表　　　　　表 4.3.8

检查项目	悬吊平台	本检查子项应得分	10 分
本检查子项所执行的标准、文件与条款号	《高处作业吊篮》GB/T 19155 - 2017 第 7.1.1、7.1.2、7.1.5～7.1.8 条；《高处作业吊篮安装、拆卸、使用技术规程》JB/T 11699 - 2013 第 5.2.11 条；《建筑施工工具式脚手架安全技术规范》JGJ 202 - 2010 第 5.5.11、5.5.12、5.5.14 条；《施工现场机械设备检查技术规范》JGJ 160 - 2016 第 8.2.2 条；《建筑施工升降设备设施检验标准》JGJ 305 - 2008 第 5.2.2 条		
检查评定内容	扣分标准	检查方法	
1）悬吊平台应有足够的承载力，不得出现焊缝开裂、螺栓铆钉松动、变形过大等现象	悬吊平台出现焊缝开裂、螺栓铆钉松动、变形过大等现象，扣 10 分	检查平台上各紧固件的拧紧情况，焊接处是否有开裂、破损、松开、脱焊等情况	
2）悬吊平台的组装长度应符合产品说明书或吊篮设计要求	悬吊平台的组装长度不符合产品说明书或吊篮设计要求，扣 10 分	查阅产品说明书或吊篮设计要求，对照检查悬吊平台的组装长度	
3）悬吊平台应设有导向装置或缓冲装置	悬吊平台无导向装置或缓冲装置，扣 5 分	观察悬吊平台是否设有导向装置或缓冲装置	

4.3.9　安装与拆卸

对高处作业吊篮安装与拆卸的安全检查可按表 4.3.9 执行。

对高处作业吊篮安装与拆卸安全检查表　　　　　表 4.3.9

检查项目	安装与拆卸	本检查子项应得分	10 分
本检查子项所执行的标准、文件与条款号	《高处作业吊篮安装、拆卸、使用技术规程》JB/T 11699 - 2013 第 5.1.3、5.1.4、7.5、7.6、7.7 条；《建筑施工工具式脚手架安全技术规范》JGJ 202 - 2010 第 5.4.1、5.4.2、5.4.3、5.4.4、5.6.1、5.6.4 条		
检查评定内容	扣分标准	检查方法	
1）吊篮的安装、拆卸人员应取得特种作业操作证	安装、拆卸人员无相应特种作业操作证，扣 5 分	查阅安装、拆卸人员的特种作业操作证	
2）吊篮组装采用的构配件应是同一生产厂家的产品	吊篮组装采用的构配件不是同一生产厂家的产品，扣 10 分	查阅吊篮组装采用的构配件的合格证等资料，核对是否为同一生产厂家的产品	

续表

检查评定内容	扣分标准	检查方法
3）吊篮拆卸分解后的构配件不得放置在构筑物边缘，并应采取防止坠落的措施，不得将吊篮任何部件从高处抛下	吊篮拆卸分解后的构配件放置在结构物边缘，扣5分 未对拆卸后构配件采取防止坠落的措施，或将其从高处抛下，扣5分	查阅专项施工方案是否有拆卸阶段的构配件防止坠落的措施，目测检查吊篮拆卸分解后的构配件放置位置是否安全
4）吊篮维修、拆卸作业时，应设置警戒区及警示牌，禁止无关人员进入	吊篮维修、拆卸作业时未设置警戒区及警示牌，扣5分	观察维修、拆卸阶段是否设置警戒区及警示牌

4.3.10 升降作业

高处作业吊篮升降作业安全检查可按表4.3.10执行。

高处作业吊篮升降作业安全检查表　　　　表4.3.10

检查项目	升降作业	本检查子项应得分	10分
本检查子项所执行的标准、文件与条款号	《高处作业吊篮安装、拆卸、使用技术规程》JB/T 11699－2013 第6.2.3条；《建筑施工工具式脚手架安全技术规范》JGJ 202－2010 第5.5.4、5.5.5、5.5.7～5.5.10、5.5.12、5.5.16～5.5.19、5.5.21条		

检查评定内容	扣分标准	检查方法
1）吊篮升降操作人员必须经培训合格	操作升降人员未经培训合格，扣10分	查阅升降操作人员的培训记录、培训合格证
2）吊篮内的作业人员数量不应超过产品说明书或吊篮设计要求	吊篮内作业人员数量超过产品说明书或吊篮设计要求，扣10分	对照产品说明书或吊篮设计要求核查吊篮内作业人数
3）吊篮内作业人员应将安全带用安全锁扣正确挂置在独立设置的专用安全绳上	吊篮内作业人员未将安全带用安全锁扣挂置在独立设置的专用安全绳上，扣10分	观察作业人员应将安全带用安全锁扣正确挂置在独立设置的专用安全绳上
4）作业人员应从地面进出吊篮	作业人员未按规定从地面进出吊篮，扣5分	观察作业人员是否从地面进出吊篮
5）吊篮提升机手动释放装置应完好有效	吊篮提升机手动释放装置失效，扣5分	将工作台上升3m～5m，操作人员使用手动释放装置，检查工作平台能否平稳滑降
6）吊篮作业时，下方严禁站人	吊篮作业时下方站人，扣5分	观察吊篮作业时下方有无人员

4.3.11　检查验收

高处作业吊篮检查验收环节安全检查可按表 4.3.11 执行。

高处作业吊篮检查验收安全检查表　　　　表 4.3.11

检查项目	检查验收	本检查子项应得分	10 分
本检查子项所执行的标准、文件与条款号	《高处作业吊篮》GB/T 19155 - 2017 第 15.2.7 条；《高处作业吊篮安装、拆卸、使用技术规程》JB/T 11699 - 2013 第 5.3.3、5.3.4 条；《建筑施工工具式脚手架安全技术规范》JGJ 202 - 2010 第 5.5.20 条		
检查评定内容	扣分标准	检查方法	
1）吊篮安装完毕，应履行验收程序，填写安装验收表，并经责任人签字	未履行验收程序或未经责任人签字确认，扣 5 分	查阅安装验收表是否填写完整，相关人员是否签字	
2）班前、班后应对吊篮进行检查	班前班后未对吊篮进行检查，扣 5 分	查阅班前、班后检查记录	

4.3.12　安全防护

高处作业吊篮安全防护安全检查可按表 4.3.12 执行。

高处作业吊篮安全防护安全检查表　　　　表 4.3.12

检查项目	安全防护	本检查子项应得分	10 分
本检查子项所执行的标准、文件与条款号	《高处作业吊篮》GB/T 19155 - 2017 第 7.1.3、7.1.4、7.1.9 条；《高处作业吊篮安装、拆卸、使用技术规程》JB/T 11699 - 2013 第 5.4.2 条；《建筑施工工具式脚手架安全技术规范》JGJ 202 - 2010 第 5.5.2 条；《施工现场机械设备检查技术规范》JGJ 160 - 2016 第 8.2.2 条；《建筑施工升降设备设施检验标准》JGJ 305 - 2008 第 5.2.2 条		
检查评定内容	扣分标准	检查方法	
1）悬吊平台面应满铺防滑板，并固定牢固，操作人员不得穿拖鞋或易滑鞋作业	悬吊平台面未牢固满铺防滑板，扣 5 分　操作人员穿拖鞋或易滑鞋作业，每人次扣 2 分	观察悬吊平台内是否铺有防滑板，操作人员是否穿拖鞋或易滑鞋作业	
2）悬吊平台周边应按国家现行相关标准要求设置防护栏杆、踢脚板	悬吊平台周边未按国家现行相关标准要求设置防护栏杆，扣 10 分；防护栏杆底部未设置踢脚板，扣 5 分	观察悬吊平台四周应装有固定式的安全护栏，护栏是否设有挡脚板	
3）上下立体交叉作业时吊篮应设置顶部防护板	立体交叉作业未设置防护顶板，扣 5 分	观察上下立体交叉作业时吊篮是否设置顶部防护板	

4.3.13 使用荷载

高处作业吊篮使用荷载安全检查可按表4.3.13执行。

高处作业吊篮使用荷载安全检查表　　　　表4.3.13

检查项目	使用荷载	本检查子项应得分	10分
本检查子项所执行的标准、文件与条款号	《高处作业吊篮安装、拆卸、使用技术规程》JB/T 11699-2013第6.2.5条;《建筑施工工具式脚手架安全技术规范》JGJ 202-2010第5.5.11、5.2.4条		
检查评定内容	扣分标准	检查方法	
1) 吊篮施工荷载应符合使用说明书或吊篮设计要求	施工荷载超过使用说明书或吊篮设计要求,扣10分	查阅使用说明书或吊篮设计要求的施工荷载,核查是否造成超载现象	
2) 吊篮施工荷载应均匀分布	荷载堆放不均匀,扣5分	观察吊篮的荷载分布是否均匀	
3) 吊篮应有重量限载的警示标志	无重量限载的警示标志,扣5分	检查吊篮上是否有重量限载的警示标志	

4.4　施工栈桥与作业平台

4.4.1　施工栈桥与作业平台构造

施工栈桥与作业平台多用于山区跨越深沟、山谷或用于水中连接前方施工场地与陆域而修建的排架结构物。两者结构组成相似,均为桁梁式空间框排架结构,一般是由基础、立柱、主横梁、主纵梁,横向分配梁、纵向分配梁、面板、立柱支撑及主纵梁连接系等部分组成(图4.4.1-1、图4.4.1-2)。

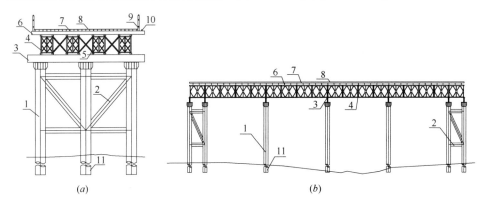

图4.4.1-1　栈桥空间构造(一)
(a) 栈桥横断面示意图;(b) 栈桥纵断面示意图;
1—钢立柱;2—钢支撑;3—主横梁;4—主纵梁;5—纵梁连接;6—横向分配梁;
7—纵向分配梁;8—面板;9—栏杆;10—施工管线;11—基础

图 4.4.1-1　栈桥空间构造（二）

（c）贝雷梁栈桥工程实例；（d）万能杆件栈桥工程实例

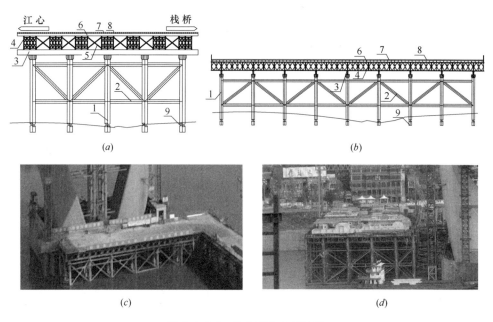

图 4.4.1-2　作业平台空间构造

（a）施工平台横断面图；（b）施工平台纵断面图；

（c）墩柱作业平台工程实例；（d）构件堆放作业平台工程实例

1—钢立柱；2—钢支撑；3—主横梁；4—主纵梁；5—纵梁连接；

6—横向分配梁；7—纵向分配梁；8—面板；9—基础

4.4.2　相关安全技术标准

与施工栈桥及作业平台施工安全技术相关的标准主要有：

1. 《钢结构设计标准》GB 50017；
2. 《水运工程钢结构设计规范》JTS 152；
3. 《公路桥涵施工技术规范》JTG/T F50；
4. 《海港总体设计规范》JTS 165；
5. 《水运工程施工安全防护技术规范》JTS 205‑1；
6. 《公路工程施工安全技术规范》JTG F90；
7. 《建筑地基工程施工质量验收标准》GB 50202；
8. 《钢结构工程施工质量验收规范》GB 50205；
9. 《现浇混凝土桥梁梁柱式模板支撑架安全技术规范》DBJ 50‑112。

4.4.3　迎检需准备资料

为配合施工栈桥与作业平台的安全检查，施工现场需准备的相关资料包括：

1. 施工栈桥与作业平台专项施工方案（含拆除方案）；
2. 施工栈桥与作业平台专项设计文件，包括成套设计图纸、计算书；
3. 专项施工方案审核、审批页与专家论证报告及方案修改回复；
4. 专项施工方案交底记录；
5. 材料构配件的质量合格证、产品性能检验报告；
6. 贝雷梁、万能杆件、工具式牛腿等常备式定型钢构件的使用说明书（或使用手册）；
7. 地质勘测报告、地基承载力检测报告；
8. 打桩记录；
9. 墩柱预埋件隐蔽验收记录；
10. 施工阶段的周期检查验收记录；
11. 完工验收记录；
12. 监测方案与监测记录。

4.4.4　方案与交底

施工栈桥与作业平台方案与交底安全检查可按表 4.4.4 执行。

施工栈桥与作业平台方案与交底安全检查表　　　　　表 4.4.4

检查项目	方案与交底	本检查子项应得分数	10 分
本检查子项应得分	《公路工程施工安全技术规范》JTG F90‑2015 第 3.0.2、3.0.5 条；住建部令第 37 号、建办质〔2018〕31 号文		

续表

检查评定内容	扣分标准	检查方法
1）施工栈桥与作业平台搭设前应编制专项施工方案	未编制专项施工方案，扣10分	查是否编制了安全专项施工方案，并查看方案的完整性、针对性
2）施工栈桥与作业平台搭设前应编制完整的设计文件，并应对施工栈桥和作业平台结构、构件、地基基础进行设计，图纸和计算书应齐全	未编制设计文件，扣10分 未对施工栈桥与作业平台结构、构件、地基基础进行设计，扣10分 设计文件中图纸或计算书不齐全，扣3分～5分	查施工栈桥及作业平台的整套设计文件及图纸是否齐全、查是否有计算书，计算书中是否对栈桥及作业平台结构、构件、地基基础等进行了计算，荷载取值是否合理
3）专项施工方案应进行审核、审批	专项施工方案未进行审核、审批，扣10分	查专项施工方案的审核、审批页是否有施工单位技术、安全等部门以及企业技术负责人审批签字
4）专项施工方案应组织专家论证	专项施工方案未组织专家论证，扣10分	查专家论证意见、方案修改回复意见、会议签到表等，确认安全专项施工方案是否按住建部令第37号和建办质［2018］31号文件的规定组织了专家论证
5）专项施工方案实施前，应进行安全技术交底，并应有文字记录	专项施工方案实施前，未进行安全技术交底，扣10分；交底无针对性或无文字记录，扣3分～5分	查是否有安全技术交底记录，记录中是否有方案编制人员或项目技术负责人（交底人）的签字以及现场管理人员和作业人员（接底人）的签字，交底内容是否有针对性

4.4.5 构配件和材质

施工栈桥与作业平台构配件与材质安全检查可按表4.4.5执行。

施工栈桥与作业平台构配件和材质安全检查表　　　　　表4.4.5

检查项目	构配件和材质	本检查子项应得分数	10分
本检查子项所执行的标准、文件与条款号	《现浇混凝土桥梁梁柱式模板支撑架安全技术规范》DBJ50-112-2016第4.2.1、4.2.6、5.1.2、7.2.1～7.2.3条；《公路钢结构桥梁设计规范》JTG D64-2015第3.1.1、3.1.2条；《施工现场临时建筑物技术规范》JGJ/T 188-2009第7.2.4条；《港口工程桩基规范》JTS 167-4-2012第6.1.1、6.1.2、6.1.3条；《建筑地基工程施工质量验收标准》GB 50202-2018第5.10.1条		

续表

检查评定内容	扣分标准	检查方法
1）进场的构配件应有质量合格证、产品性能检验报告，其品种、规格、型号、材质应符合专项施工方案要求	构配件无质量合格证、产品性能检验报告，扣10分 构配件品种、规格、型号、材质不符合专项施工方案要求，扣10分	查栈桥及作业平台各类构配件质量合格证、产品性能检验报告，并查构配件及原材料进场验收记录，核查型钢、钢管等产品信息是否符合专项方案设计中规定的品种、规格、型号、材质
2）施工栈桥与作业平台所采用的贝雷梁、万能杆件等常备式定型钢构件的质量应符合相关使用手册要求	所采用的常备式定型钢构件的质量不符合相关使用手册要求，扣10分	对照使用手册检查贝雷梁、万能杆件等的外观质量
3）常备式定型钢构件应有使用说明书等技术文件	常备式定型钢构件无使用说明书等技术文件，扣5分	查贝雷梁、万能杆件等是否具有产品使用说明书
4）主体结构构件、连接件严禁存在显著的扭曲和侧弯变形、挠度严重超标以及严重锈蚀剥皮等严重缺陷	主体结构构件、连接件有显著的变形、严重超标的挠度或严重锈蚀剥皮等缺陷，扣5分	目测架体构配件的锈蚀程度、杆件扭曲和侧弯变形程度、梁部杆件的挠曲和侧弯程度，按规范要求用钢尺、水平尺等工具查构件的相关指标

4.4.6 墩柱与桥台

施工栈桥与作业平台墩柱与桥台构造如图 4.4.6-1～图 4.4.6-4 所示，其安全检查可按表 4.4.6 执行。

图 4.4.6-1 墩桩联系图

图 4.4.6-2 柱头盖板

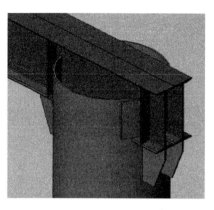

图4.4.6-3　柱头盖板柱头开槽口标准图　　　　图4.4.6-4　桥台构造

施工栈桥与作业平台墩柱与桥台安全检查表　　　　表4.4.6

检查项目	墩柱与桥台	本检查子项应得分数	10分
本检查子项所执行的标准、文件与条款号	《港口工程桩基规范》JTS 167-4-2012 附录 K 表；《水运工程钢结构设计规范》JTS 152-2012 第 7.4.1、7.4.2、7.4.8 条		
检查评定内容	扣分标准	检查方法	
1）采用钢管桩墩柱时，钢管桩的入土（岩）深度应符合设计要求	钢管桩的入土（岩）深度不符合设计要求，扣10分	翻查打桩记录及施工记录等，查其钢管桩的入土（岩）深度	
2）墩柱设置位置应符合专项施工方案要求，柱身垂直度偏差不应大于墩柱高度的 1/500，且柱顶偏移值不得大于50mm	墩柱设置位置不符合专项施工方案要求，扣5分　墩柱柱身垂直度偏差大于墩柱高度的 1/500 或柱顶偏移值大于 50mm，扣5分	对照施工方案，检查墩柱位置，可通过吊锤球等方式，核查墩柱垂直度	
3）相邻墩柱间应按专项施工方案所规定的位置和数量设置横向连接系	相邻墩柱间未按专项施工方案所规定的位置和数量设置横向连接系，扣5分	对照施工方案，观察相邻墩柱间横向连接系的设置位置和数量	
4）墩柱柱头应按专项施工方案要求作加强处理，并应与上部横梁、下部基础紧密接触、连接牢固	墩柱柱头未按专项施工方案要求作加强处理，扣3分　墩柱与上部横梁及下部基础接触不紧密或连接不牢固，扣5分	观察墩柱柱头的处理，对照施工方案，观察墩柱与上部横梁及下部基础接触是否满足方案要求	
5）栈桥端部应设置满足承载力要求的桥台	栈桥端部未设置桥台或桥台承载力不足，扣10分	对照施工方案，观察是否有桥台，桥台处是否有明显变形等	

4.4.7 纵梁和横梁构造

施工栈桥与作业平台纵梁和横梁构造如图 4.4.7-1、图 4.4.7-2 所示，其安全检查可按表 4.4.7 执行。

图 4.4.7-1 横梁支承加劲肋 图 4.4.7-2 贝雷梁横向连接系

施工栈桥与作业平台纵梁和横梁构造安全检查表 表 4.4.7

检查项目	纵梁和横梁构造	本检查子项应得分数	10分
本检查子项所执行的标准、文件与条款号	《公路工程施工安全技术规范》JTG F90-2015 第5.2.7条；《钢结构设计标准》GB 50017－2017 第6.3.2条；《水运工程钢结构设计规范》JTS 152－2012 第 7.4.6、8.2.3、8.2.4、8.3.1、8.3.2、8.4.4、8.4.5、8.4.6条		

检查评定内容	扣分标准	检查方法
1）纵梁和横梁的设置数量、位置、间距应符合专项施工方案要求	纵横梁的设置数量、位置、间距不符合专项施工方案要求，扣5分	对照施工方案，查纵、横梁的设置位置、间距（主要查梁的设置数量）是否满足方案设计的规定
2）型钢纵梁或横梁应在梁支承位置设置支承加劲肋	型钢纵梁或横梁未在支承位置设置支承加劲肋，扣3分	观察纵、横梁的支承位置是否设置了加劲肋
3）型钢纵梁间应设置横向连接系将同跨内全部纵梁连接成整体	型钢纵梁间未设置将同跨内全部纵梁连接成整体的横向连接系，扣3分	观察型钢纵梁间是否在上下翼缘之间设置了连接杆件
4）桁架梁的相邻桁片间应设置通长横向连接系将同跨内全部纵梁连接成整体；贝雷梁两端及支承位置均应设置通长横向连接系，且其间距不应大于9m；	桁架梁的相邻桁片间未设置将同跨内全部纵梁连接成整体的通长横向连接系，扣5分 贝雷梁两端及支承位置未设置通长横向连接系，扣5分；横向连接系间距大于9m，扣3分	观察相邻桁架梁之间是否设置了通长横向连接系；观察贝雷梁两端及支承位置是否应设置通长横向连接系；测量贝雷梁横向连接系的设置间距是够满足施工方案的规定

续表

检查评定内容	扣分标准	检查方法
5）当桁架梁支承位置不在其主节点上时或当支座处剪力较大时，应按专项施工方案要求在支座附近设置加强竖杆或V形斜杆对桁架进行加强	当桁架梁支承位置不在其主节点上时或当支座处剪力较大时，未按专项施工方案要求对桁架支座处腹杆进行加强，扣10分	针对支承位置不在主节点上的贝雷梁等桁架梁以及双层贝雷梁，观察其支座附近是否设置了加强竖杆或V形斜杆等进行抗剪腹杆加强
6）纵梁应在支承位置设置侧向限位装置，两端应设置止推挡块	纵梁未在支承位置设置侧向限位装置，扣5分；纵梁两端未规定设置止推挡块，扣3分	观察纵梁支承位置是否设置了侧向限位装置，观察纵梁两端是否设置了止推挡块

4.4.8　桥面构造

施工栈桥与作业平台的桥面构造（图4.4.8）安全检查可按表4.4.8执行。

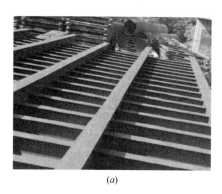
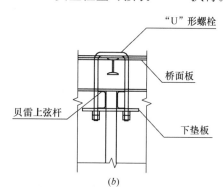

(*a*) (*b*)

图4.4.8　桥面构造

（*a*）桥面连接案例；（*b*）桥面连接图

施工栈桥与作业平台桥面构造安全检查表　　　　　　　表4.4.8

检查项目	桥面构造	本检查子项应得分数	10分
本检查子项所执行的标准、文件与条款号	《公路工程施工安全技术规范》JTG F90-2015第4.3.4条；《水运工程施工安全防护技术规范》JTS 205-1-2008第4.3.3.1条；《水运工程钢结构设计规范》JTS 152-2012第8.2.1条		
检查评定内容	扣分标准	检查方法	
1）施工栈桥和作业平台上车辆和人员行走区域的面板应满铺，并应与下部结构连接牢固，悬臂板应采取有效的加固措施	车辆和人员行走区域的面板未满铺或未与下部结构连接牢固，扣5分；悬臂面板无有效的加固措施，扣3分	观察作业平台上是否满铺面板及检查与下部结构的连接是否牢固；查悬臂面板是否采取有效的加固措施	

续表

检查评定内容	扣分标准	检查方法
2）行车道两侧应设置护轮坎	行车道侧面未设置护轮坎，扣3分	观察行车道两侧是否设置护轮坎
3）波浪较大水域的桥面板应设置波浪消能孔	波浪较大水域的面板未设置波浪消能孔，扣3分	查波浪较大水域的面板是否设置消能孔

4.4.9 检查验收

对施工栈桥与作业平台检查验收环节的安全检查可按表4.4.9执行。

施工栈桥与作业平台检查验收安全检查表 表4.4.9

检查项目	检查验收	本检查子项应得分数	10分
本检查子项所执行的标准、文件与条款号	《现浇混凝土桥梁梁柱式模板支撑架安全技术规范》DBJ50-112-2016第7.2.1、7.2.2、7.2.3、7.4.1、7.4.2、7.4.3条；《公路桥涵施工技术规范》JTG/T F50－2011第5.4.2条；《建筑地基工程施工质量验收标准》GB 50202－2018第5.1.2条		

检查评定内容	扣分标准	检查方法
1）在构配件进场、基础完工、结构安装完成、安全防护设施安装完成各阶段应进行检查验收，并形成检查验收记录	在配件进场、基础完工、结构安装完成、安全防护设施安装完成各阶段未进行检查验收或无验收记录，扣10分	查各个施工阶段是否有检查验收记录
2）办理完工验收手续并形成验收记录	未办理完工验收手续或无验收记录，扣10分	查完工验收记录
3）检查验收内容和指标应量化，并经责任人签字确认	检查验收内容和指标未量化或未经责任人签字确认，扣5分	查验收记录是否量化，是否有相关责任人签字
4）验收合格后应在明显位置悬挂验收合格牌	验收合格后未在明显位置悬挂验收合格牌，扣3分	现场检查是否悬挂验收合格牌

4.4.10 安全使用

对施工栈桥与作业平台安全使用的安全检查可按表4.4.10执行。

施工栈桥及作业平台安全使用安全检查表　　　表 4.4.10

检查项目	安全使用	本检查子项应得分数	10分
本检查子项所执行的标准、文件与条款号	《公路工程施工安全技术规范》JTG F90-2015 第 4.3.4 条		
检查评定内容	扣分标准	检查方法	
1）施工栈桥与作业平台上的车辆、起重机械等机动设备严禁超速	施工栈桥与作业平台上的机动设备超速行驶，每次扣3分	观察是否悬挂行车限速牌、使用说明牌等	
2）使用过程中应检查各部位螺栓或销钉的紧固程度和焊缝完整性，并应有检查记录	施工栈桥与作业平台使用过程中未对各部位螺栓或销钉的紧固程度和焊缝完整性进行检查，扣5分；无检查记录，扣3分	查螺栓或销钉的紧固及焊缝的检查记录	
3）进入施工栈桥与作业平台上的机械设备或大型结构件的重量（起重机含吊重，车辆含载重）严禁超过其设计限载值，堆置的物料物件严禁局部集中超高、超限堆载或偏载	施工栈桥与作业平台上的施工机械或物料堆置的荷载超过设计规定，扣10分	对照设计文件，观察施工机械或物料堆置等是否超过设计条件	
4）在施工栈桥与作业平台入口处应悬挂安全使用规程	施工栈桥与作业平台入口处未悬挂安全使用规程，扣3分	观察是否悬挂使用规程	
5）施工栈桥与作业平台应设置行车限速、限载、防人员触电及落水等安全警示标志	施工栈桥与作业平台无行车限速、限载、防人员触电及落水等安全警示标志，扣5分	观察有无行车限速、限载、防人员触电及落水等安全警示标志	
6）非许可的设备、设施不得与施工栈桥或作业平台连接	非许可的设备、设施与施工栈桥或作业平台连接，扣10分	观察有无非许可的设备、设施与施工栈桥与作业平台连接	
7）当遇海水或其他腐蚀性环境时，施工栈桥与作业平台应采取防腐措施，每年应进行不少于1次的安全评估	当遇海水或其他腐蚀性环境时，施工栈桥与作业平台未采取防腐措施，扣5分；未进行每年不少于1次安全评估，扣3分	观察是否采取防腐措施，查是否有安全评估资料	
8）施工现场应建立施工栈桥与作业平台的安全技术档案	施工现场未建立施工栈桥与作业平台的立安全技术档案，扣5分	查安全技术档案	

4.4.11 设计构造

施工栈桥与作业平台设计构造安全检查可按表 4.4.11 执行。

施工栈桥与作业平台设计构造安全检查表　　　　表 4.4.11

检查项目	设计构造	本检查子项应得分数	10 分
本检查子项所执行的标准、文件与条款号	《公路工程施工安全技术规范》JTG F90 - 2015 第 4.3.4 条		
检查评定内容	扣分标准	检查方法	
1）施工栈桥与作业平台下弦标高应高于设计年限内最大洪水位且应考虑安全高度，并应保证通航要求	施工栈桥与作业平台下弦标高不符合渡洪与通航要求，扣 5 分	观察洪水期栈桥与水面的距离	
2）长距离施工栈桥应设置会车、调头区域	长距离施工栈桥无会车、调头区域，扣 5 分	观察栈桥的布置形式	

4.4.12 监测

施工栈桥与作业平台监测安全检查可按表 4.4.12 执行。

施工栈桥与作业平台监测安全检查表　　　　表 4.4.12

检查项目	监测	本检查子项应得分数	10 分
本检查子项所执行的标准、文件与条款号	《现浇混凝土桥梁梁柱式模板支撑架安全技术规范》DBJ50 - 112 - 2016 第 9.0.10 条		
检查评定内容	扣分标准	检查方法	
1）施工栈桥与作业平台应设置变形观测基准点和观测点	施工栈桥与作业平台未设置变形观测基准点和观测点，扣 5 分	观察变形观测基准点和观测点位置	
2）施工栈桥与作业平台在使用过程中应对水位和各部位的变形进行监测，并应形成监测记录	施工栈桥与作业平台在使用过程中未对水位和各部位的变形进行监测或无监测记录，扣 5 分	查变形观测记录	
3）监测监控应记录各监测项目对应的监测点、监测时间、工况和报警值	监测记录内容不全，扣 3 分	查变形观测记录	

4.4.13　安全防护

施工栈桥与作业平台安全防护构造如图 4.4.13-1、图 4.4.13-2 所示,其安全检查可按表 4.4.13 执行。

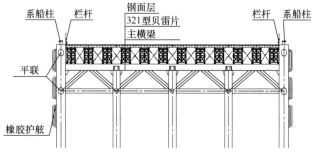

图 4.4.13-1　防护栏杆　　　　　　　　　图 4.4.13-2　防撞布置

施工栈桥与作业平台安全防护安全检查表　　　　表 4.4.13

检查项目	安全防护	本检查子项应得分数	10 分
本检查子项所执行的标准、文件与条款号	《公路工程施工安全技术规范》JTG F90-2015 第 4.3.4 条;《水运工程施工安全防护技术规范》JTS 205-1-2008 第 4.3.2、4.3.5、4.3.6、4.3.7、4.3.8、4.3.9 条;《海港总体设计规范》JTS 165 - 2013 第 5.4.9、5.4.19、5.4.23、7.9.1.6、7.9.1.7 条		
检查评定内容	扣分标准	检查方法	
1) 施工栈桥与作业平台周边应设置防护栏杆、挡脚板和安全立网	施工栈桥与作业平台周边未设置防护栏杆扣 10 分;防护栏杆未设置挡脚板和安全立网,扣 5 分	观察栏杆、挡脚板和安全立网的设置	
2) 通航水域施工栈桥与作业平台的临边栏杆应设置反光设施,边角处应设置红色警示灯	通航水域施工栈桥与作业平台的临边栏杆未设置反光设施或边角处未设置红色警示灯,扣 5 分	在通航水域,观察临边栏杆有无反光设施,边角处的红色警示灯	
3) 通过施工栈桥的电缆应绝缘良好,并应在施工栈桥的一侧设置固定电缆的支架	通过施工栈桥的电缆无有效绝缘措施或未在施工栈桥的一侧设置固定电缆的支架,扣 5 分	观察是否设置固定电缆的支架	
4) 船舶停泊处水中施工栈桥与作业平台应设置船舶靠泊系缆桩,船舶严禁系于施工栈桥与作业平台结构上	水中施工栈桥与作业平台船舶停泊处未设置船舶靠泊系缆桩或船舶系缆于施工栈桥与作业平台结构上,扣 10 分	观察是否有船舶靠泊系缆桩;观察船舶系缆的位置	
5) 通航水域的施工栈桥与作业平台应设置确保结构不会被船舶碰撞的防撞桩	通航水域的施工栈桥与作业平台未设置防撞桩,扣 10 分	观察是否设置防撞桩	
6) 施工栈桥与作业平台上应配备消防、救生器材	施工栈桥与作业平台上未配备消防、救生器材,扣 5 分	观察是否配备消防、救生器材	

4.5 猫道

4.5.1 猫道构造

猫道是悬索桥施工时架设在主缆之下、平行于主缆线形的重要的空中走道和作业平台。它是施工人员进行施工作业的高空脚手架，是主缆系统乃至悬索桥整个上部结构的施工平台。施工人员在猫道上完成诸如索股牵引、测量、索股调整、整形入鞍、紧缆、索夹及吊索安装、箱梁吊装及连接、主缆缠丝、防护涂装等重要工作。大桥上下游各一条，断面通常呈 U 形，狭长且有一些摇晃，故称"猫道"。它是悬索桥施工中极其重要的临时设施和施工操作平台，悬索桥主缆及防护涂装等完成后被拆除。其他市政工程施工过程中所采取的悬索式操作平台也可参照猫道的相关安全技术要求进行安全技术管理。

1. 猫道结构组成

猫道系统一般由承重索（包括索端长度调节装置）、面层、栏杆和扶手、横向天桥、抗风系统等组成，其结构构造如图 4.5.1 所示。

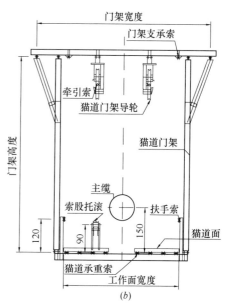

图 4.5.1 猫道系统（一）

（a）猫道实例图；（b）猫道全断面示意图；

2. 猫道分类

实际工程中，根据索塔跨度情况的不同，按猫道承重索在塔顶的跨越形式，

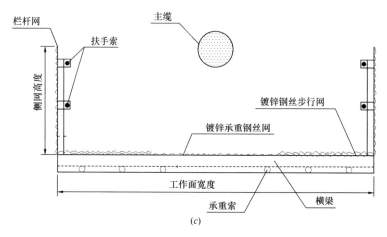

(c)

图 4.5.1　猫道系统（二）

(c) 猫道工作断面布置示意图

通常采用分段式和连续式两种布置形式。

　　分段式猫道需在绳端设置长度调整装置，其空间构造如图 4.5.2A 所示；连续式猫道除在绳端设调节装置外，还需在塔顶设转索鞍及变位刚架、下拉装置等结构，其空间构造如图 4.5.2B 所示。

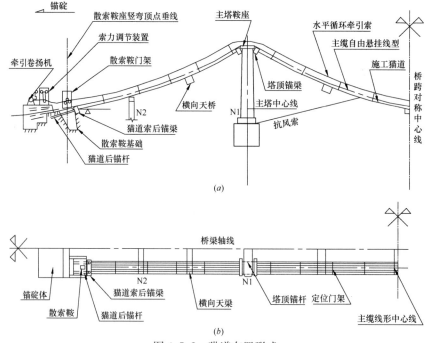

图 4.5.2　猫道布置形式

（A）分段式猫道布置示意图

(a) 1/4 猫道立面图；(b) 1/4 猫道平面图

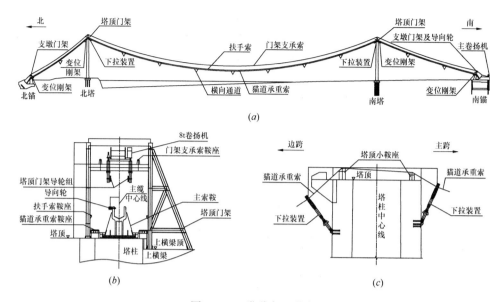

图 4.5.2　猫道布置形式

（B）连续式猫道布置示意图

（a）猫道纵立面图；（b）猫道承重索鞍及塔顶门架布置图；

（c）猫道下拉装置布置图（塔侧平台走道及变位刚架未示）

4.5.2　相关安全技术标准

1.《公路桥涵施工技术规范》JTG/T F50；

2.《公路工程施工安全技术规范》JTG F90；

3.《钢结构工程施工质量验收规范》GB 50205；

4.《重要用途钢丝绳》GB 8918；

5.《城市桥梁工程施工与质量验收规范》CJJ 2；

6.《现浇混凝土桥梁梁柱式模板支撑架安全技术规范》DBJ 50-112；

7. 相关企业标准，如中铁大桥局集团有限公司的企业标准《悬索桥施工》MBEC 1006。

4.5.3　迎检需准备资料

为配合猫道的安全检查，施工现场需准备的相关资料包括：

1. 猫道架设专项施工方案（含拆除方案）；

2. 猫道专项设计文件，包括成套设计图纸、计算书；

3. 专项施工方案审核、审批页与专家论证报告及方案修改回复；

4. 专项施工方案交底记录；

5. 猫道构配件的质量合格证、产品性能检验报告；

6. 猫道系统所采用的液压或卷扬装置的使用说明书（或使用手册）；

7. 猫道所用的各类钢丝绳和构配件检测报告；

8. 各类预埋件隐蔽验收记录；

9. 各个施工阶段的检查验收记录；

10. 猫道完工验收记录；

11. 猫道监测方案与监测记录。

4.5.4　方案与交底

猫道方案与交底安全检查可按表 4.5.4 执行。

猫道方案与交底安全检查表　　　　　　　表 4.5.4

检查项目	方案与交底	本检查子项应得分数	10 分
本检查子项所执行的标准、文件与条款号	住建部令第 37 号、建办质〔2018〕31 号		
检查评定内容	扣分标准	检查方法	
1）猫道搭设前应编制专项施工方案	未编制专项施工方案，扣 10 分	查是否编制了安全专项施工方案，并查看方案的针对性、操作性	
2）猫道搭设前应编制完整的设计文件，并应对猫道系统结构、构件和附属设施进行设计，图纸和计算书应齐全	未编制设计文件，扣 10 分 未对猫道系统结构、构件和附属设施进行设计，扣 10 分 设计文件中图纸或计算书不齐全，扣 3 分～5 分	查猫道的整套设计文件，猫道设计图纸是否齐全查计算书，计算书中是否对猫道结构、构件和附属设施进行了设计计算	
3）专项施工方案应进行审核、审批	专项施工方案未进行审核、审批，扣 10 分	查专项施工方案的审核、审批页是否有施工单位技术、安全等部门以及企业技术负责人审批签字	
4）猫道专项施工方案应组织专家论证	专项施工方案未组织专家论证，扣 10 分	查专家论证意见、方案修改回复意见、会议签到表等，确认猫道安全专项施工方案是否按住建部令第 37 号和建办质〔2018〕31 号文件的规定组织了专家论证	
5）专项施工方案实施前，应进行安全技术交底，并应有文字记录	专项施工方案实施前，未进行安全技术交底，扣 10 分；交底无针对性或无文字记录，扣 3 分～5 分	查安全技术交底记录，记录中是否有方案编制人员或项目技术负责人（交底人）的签字以及现场管理人员和作业人员（接底人）的签字	

4.5.5　构配件和材质

猫道构配件和材质（图 4.5.5）安全检查可按表 4.5.5 执行。

图 4.5.5　钢丝绳承重索合格证

猫道构配件和材质安全检查表　　　　　表 4.5.5

检查项目	构配件和材质	本检查子项应得分数	10 分
本检查子项所执行的标准、文件与条款号	《重要用途钢丝绳》GB 8918 - 2006 第 7.1.1.1、7.1.2、7.1.3、7.1.4、7.1.6、7.1.7 条；《悬索桥》MBEC 1006 - 2007 第 6.2.3 条		
检查评定内容	扣分标准	检查方法	
1）猫道所用的各类钢丝绳和构配件均应由专业化厂家生产、加工制作，并应有质量合格证、产品性能检测报告、材质证明，其品种、规格、型号、材质应符合设计要求	猫道系统所用的各类钢丝绳或构配件无质量合格证、产品性能检测报告、材质证明，扣 10 分 构配件品种、规格、型号、材质不符合专项施工方案要求，扣 10 分	查猫道钢丝绳和各类构配件质量合格证、产品性能检验报告、材质证明，并查构配件及原材料进场验收记录，核查型钢、钢丝绳等产品信息是否符合猫道方案设计中规定的品种、规格、型号、材质	
2）猫道系统钢丝绳热铸锚头及所采用的套筒应进行探伤检测，并应出具合格证明	猫道系统钢丝绳热铸锚头及套筒无无损探伤检测记录，扣 5 分	查钢丝绳热铸锚头及其套筒探伤检测，合格证明文件	
3）猫道所采用的精轧螺纹钢筋、锚具及索具（含销轴）应对原材料和加工成品件进行探伤检查和验收	所采用的精轧螺纹钢筋、锚具及索具（含销轴）未对原材料和加工成品件进行探伤检查，扣 10 分；无验收记录，扣 5 分	查猫道所用的精轧螺纹钢筋、锚具及索具（含销轴）的原材料和成品件的探伤及进场验收记录	
4）猫道系统所采用的液压或卷扬装置应有产品合格证	猫道系统所采用的液压或卷扬装置无产品合格证，扣 5 分	查猫道系统中的液压、卷扬机等产品合格证	
5）构配件应无明显的变形、锈蚀及外观缺陷	构配件有明显的变形、锈蚀及外观缺陷，扣 5 分	全数目测构配件的锈蚀程度、杆件扭曲和侧弯变形程度、外部缺陷情况	

4.5.6 猫道结构

猫道结构安全检查可按表4.5.6执行。

猫道结构安全检查表 表4.5.6

检查项目	猫道结构	本检查子项应得分数	15分
本检查子项所执行的标准、文件与条款号	《城市桥梁工程施工与质量验收规范》CJJ 2 - 2008 第18.4.2、18.4.3条；《公路工程施工安全技术规范》JTG F90 - 2015 第8.14.6条；《公路桥涵施工技术规范》JTG/T F50 - 2011 第18.5.3条；《悬索桥》MBEC 1006 - 2007 第6.2.3条		
检查评定内容	扣分标准	检查方法	
1) 猫道承重索、门架支撑索在各工况下的安全系数均应符合设计要求，且不应小于3.0	猫道承重索、门架支撑索在各工况下的安全系数不符合设计要求，扣15分	查设计文件中的安全系数是否满足要求	
2) 猫道的线型应控制在设计规定范围之内	猫道线型不符合设计规定，扣5分~7分	对照设计文件和施工方案，查测量报告是否有线型测量成果	
3) 猫道承重索、门架支撑索、扶手索规格、位置、间距和锚固方式均应符合设计要求	猫道承重索、门架支撑索、扶手索规格、位置、间距和锚固方式不符合设计要求，扣10分	对照设计文件和施工方案，观察锚固方式，查规格、位置和间距，必要时进行尺量	
4) 猫道扶手索、门架支承索转向鞍座均应按设计规定的平面位置、高程和构造方式进行设置	猫道扶手索、门架支承索转向鞍座未按设计规定的平面位置、高程和构造方式进行设置，扣10分	对照设计文件和施工方案，查构造方式，查高程及平面位置测量成果是否满足要求	
5) 塔顶门架、鞍部顶门架、变位刚架、回转支架、平衡重支架的构造应符合设计要求，并应牢固可靠	塔顶门架、鞍部顶门架、变位刚架、回转支架、平衡重支架的构造不符合设计要求或设置不牢固，扣10分	对照设计文件和施工方案，观察猫道构配件的构造方式是否满足要求	
6) 放索场吊机、放索装置及转向滚轮锚固应符合设计要求	放索场吊机、放索装置及转向滚轮锚固不符合设计要求，扣10分	对照设计文件和施工方案，观察核实放索场吊机、放索装置及转向滚轮锚固是否符合设计要求	
7) 猫道门架和横向天桥的规格、位置、间距和锚固方式均应符合设计要求	猫道门架和横向天桥的规格、位置、间距和锚固方式不符合设计要求，扣8分	对照设计文件和施工方案，查猫道门架和横向天桥的验收记录及其位置、间距和锚固方式是否满足要求	

4.5.7　猫道系统安装

猫道系统安装安全检查可按表 4.5.7 执行。

猫道系统安装安全检查表　　　　　　　　　表 4.5.7

检查项目	猫道系统安装	本检查子项应得分数	15 分
本检查子项所执行的标准、文件与条款号	《城市桥梁工程施工与质量验收规范》CJJ 2 - 2008 第 18.4.5、18.4.6 条;《公路桥涵施工技术规范》JTG/T F50 - 2011 第 18.5.3 条;《公路工程施工安全技术规范》JTG F90 - 2015 第 8.14.8 条;《悬索桥》MBEC1006 - 2007 第 6.2.3 条		

检查评定内容	扣分标准	检查方法
1) 猫道系统架设应制定专项操作指导书	猫道系统架设无专项操作指导书,扣 3 分	查猫道系统架设操作指导书
2) 猫道索安装应保证线型要求,并应采用猫道索上标记的位置进行辅助检查	猫道索安装线型不满足要求,扣 5 分	查猫道索安装好后,猫道索上的标记是否与设计文件及方案要求一致
3) 连续猫道索架设完成后,应在转索鞍处设置锁定装置进行锁定	连续猫道索架设完成后,未在转索鞍处设置锁定装置进行锁定,扣 15 分	猫道索架设完后,检查转索鞍处的锁定装置安装位置、形式、数量是否与设计文件及方案要求一致
4) 猫道承重索、扶手索、支撑索安装过程中应无破损、无断丝等异常情况	猫道承重索、扶手索、支撑索安装过程中有破损、断丝等异常情况,扣 15 分	通过外观查看,检查猫道索安装完成后,各类索是否有破损、断丝等异常情况
5) 各类钢丝绳连接或锚固用卡环安装应符合设计要求,卡环数量、间距应通过计算确定	各类钢丝绳连接或锚固用卡环安装不符合设计要求或卡环数量、间距未通过计算确定,扣 5 分~7 分	查钢丝绳连接或锚固处的卡环安装数量、间距等是否满足设计文件和方案要求
6) 猫道系统安装过程中应对塔顶位移实施监测,并应形成记录,确保塔柱底部应力在设计规定范围之内	猫道系统安装过程中未对主塔顶位移进行监测或无监测记录,扣 8 分	利用专用设备对猫道系统安装过程中的塔顶偏位和塔底应力进行实时监测,查监测记录文件
7) 猫道系统安装过程中应监测风力变化,6 级以上大风应停止安装作业	猫道系统安装过程中未对风力进行监测或 6 级以上大风天气进行安装作业,扣 5 分	查猫道安装过程中的风力监测记录,查是有否超过 6 级风力顶风作业的行为
8) 猫道系统在改吊至主缆的体系转换前,应按设计要求进行后锚固系统调整	猫道系统在改吊至主缆的体系转换前,未按设计要求进行后锚固系统调整,扣 5 分	对照设计文件和方案,查猫道系统改吊的位置、数量、形式是否满足要求

4.5.8 检查验收

猫道检查验收安全检查可按表 4.5.8 执行。

猫道检查验收安装安全检查表　　　　　表 4.5.8

检查项目	检查验收	本检查子项应得分数	10 分
本检查子项所执行的标准、文件与条款号	《钢结构工程施工质量验收规范》GB 50205 - 2001 第 4.2.1、4.3.1、4.4.1、5.2.4 条;《悬索桥》MBEC 1006 - 2007 第 6.2.3 条		
检查评定内容	扣分标准	检查方法	
1) 猫道系统进场时应对各类钢丝绳和构配件规格、型号、尺寸和数量进行核对,检查钢丝绳、构件有无缺损,表面有无损坏和锈蚀,配件和专用工具是否齐备	猫道系统进场时未对各类钢丝绳和各构配件规格、型号、尺寸和数量进行核对,扣 10 分;未检查钢丝绳、构件表面完好性,扣 5 分	查各类构件材料的进场验收记录	
2) 猫道系统中的钢结构施工完成后,应办理专项验收手续	猫道系统中的钢结构施工完成后未办理专项验收手续,扣 10 分	查完工验收记录	
3) 猫道承重索和面网施工完成后均应办理专项验收手续	猫道承重索和面网施工完成后未分别办理专项验收手续,扣 10 分	查猫道承重索和面网施工完成后专项验收记录	
4) 猫道系统施工完成后,应办理完工验收手续,全面检查其制作和安装质量	猫道系统施工完成后未办理完工验收手续,扣 10 分	查猫道系统施工完成后验收记录,并检查制作与安装质量	
5) 各阶段检查验收应采用经审批的表格形成记录,并应由相关责任人签字确认	各阶段检查验收未采用经审批的表格形成记录,扣 10 分;未经相关责任人签字确认,扣 5 分	查各专项的验收记录是否有标准规定的量化内容,以及是否将相应责任人签字确认	
6) 猫道验收合格后应在明显位置悬挂验收合格牌	猫道验收合格后未在明显位置悬挂验收合格牌的,扣 3 分	观察猫道上是否在明显位置悬挂了验收合格牌	

4.5.9 使用与监测

猫道使用和监测安全检查可按表 4.5.9 执行。

猫道使用和监测安全检查表　　　　　　　　　表 4.5.9

检查项目	使用和监测	本检查子项应得分数	10 分
本检查子项所执行的标准、文件与条款号	参照《现浇混凝土桥梁梁柱式模板支撑架安全技术规范》DBJ50-112-2016 第 9.0.10 条		
检查评定内容	扣分标准	检查方法	
1）猫道使用中，钢丝绳、销轴、卡环、承重索锚固精轧螺纹钢筋及连接螺母等应完好可靠	猫道使用中，钢丝绳、销轴、卡环、承重索锚固精轧螺纹钢筋及连接螺母等有损坏，扣3分~5分	查合格证书和质量证明文件，观察现场安装质量是否满足要求	
2）猫道使用前，应在显著位置悬挂猫道安全使用规程	猫道使用前，未在显著位置悬挂猫道安全使用规程，扣5分	观察现场是否按要求悬挂猫道安全使用规程	
3）主缆施工过程中应对称、平衡地将主缆放在猫道面层，面层荷载不平衡偏差不应超过设计规定	主缆施工过程中未对称、平衡地将主缆放在面层，或面层荷载不平衡偏差超过设计规定，扣5分	观察猫道面荷载堆放情况，观察主缆是否对称平衡地架设	
4）猫道作业面上的施工荷载（含主缆架荷载）应符合设计规定	猫道面层施工荷载超过设计规定，扣10分	观察猫道面荷载堆放情况	
5）在猫道转索鞍处应标记猫道承重索的位置，并应每日查看是否有位移	未在猫道转索鞍处标记猫道承重索的位置或未按时检查承重索的位移情况，扣3分	观察是否在猫道转索鞍处标记了猫道承重索的位置，查是否有位移日监测记录	
6）猫道使用过程中应对猫道各部位变形和位移进行监测，并应形成监测记录	猫道使用过程中未对猫道各部位的变形和位移进行监测或无监测记录，扣5分	查专项方案中是否有监测措施，或查是否编制了专项监测方案；查是否能提供涵盖猫道上部施工全过程的监测记录	
7）严禁在承重索锚固的精轧螺纹钢筋上进行电焊、搭火作业	在承重索锚固的精轧螺纹钢筋上进行电焊、搭火作业，扣10分	观察是否有电焊或者搭火痕迹，查过程检查记录	
8）严禁在猫道承重索上进行电焊、气割等作业	在猫道承重索上进行电焊、气割等作业，扣10分	观察在承重索锚固的精轧螺纹钢筋上是否有电焊或者气割痕迹，查过程检查记录	
9）雨雪天或风力超过猫道设计风力时，不得进行主缆架设施工	雨雪天或风力超过猫道设计风力时进行主缆架设施工，扣10分	雨雪天或风力超过猫道设计风力时，观察风速仪数值是否超标，查过程施工检查记录	
10）施工现场应建立猫道的安全技术档案	施工现场未建立猫道的安全技术档案，扣5分	查安全技术档案，档案资料是否齐全	

155

4.5.10 猫道面层

猫道面层安全检查规定对应的检查方法可参照表 4.5.10 执行。

<table>
<tr><td colspan="2" align="center">猫道面层安全检查表</td><td colspan="2" align="center">表 4.5.10</td></tr>
<tr><td align="center">检查项目</td><td align="center">猫道面层</td><td align="center">本检查子项应得分数</td><td align="center">10 分</td></tr>
<tr><td align="center">本检查子项所执行的标准、文件与条款号</td><td colspan="3">《城市桥梁工程施工与质量验收规范》CJJ 2 - 2008 第 18.4.4 条；《公路工程施工安全技术规范》JTG F90 - 2015 第 8.14.8 条；《公路桥涵施工技术规范》JTG/T F50 - 2011 第 18.5.3 条；《建筑施工脚手架安全技术统一标准》GB 51210 - 2016 第 4.0.6 条；《悬索桥》MBEC 1006 - 2007 第 6.2.3 条</td></tr>
<tr><td align="center">检查评定内容</td><td colspan="2" align="center">扣分标准</td><td align="center">检查方法</td></tr>
<tr><td>1) 猫道面层应严密、牢固铺设面网，面网孔眼内切圆直径应不大于 25mm</td><td colspan="2">面层未牢固满铺面网，扣 5 分
面网孔眼内切圆直径大于 25mm，扣 3 分</td><td>观察面网铺设质量，尺量面网尺寸，查面网进场验收记录和质量证明文件</td></tr>
<tr><td>2) 猫道两侧的面层应按设计要求设置人行道，并应铺设防滑踏步</td><td colspan="2">猫道两侧的面层未按设计要求设置人行道，扣 10 分；未铺设防滑踏步，扣 5 分</td><td>观察两侧面层是否按要求设置人行道，查防滑踏步是否按要求铺设</td></tr>
</table>

4.5.11 安全防护

猫道安全防护（图 4.5.11）安全检查可按表 4.5.11 执行。

(a) (b)

图 4.5.11 安全防护

(a) 人员专用通道；(b) 临边防护栏杆和侧网

猫道安全防护安全检查表　　　　　　　　　表 4.5.11

检查项目	安全防护	本检查子项应得分数	10 分
本检查子项所执行的标准、文件与条款号	《公路工程施工安全技术规范》JTG F90－2015 第 8.14.8 条；《建筑施工高处作业安全技术规范》JGJ 80－2016 第 7.2 节		
检查评定内容	扣分标准	检查方法	
1）猫道应设置供人员上下专用通道，通道应与既有结构进行可靠连接	猫道未设置人员上下的专用通道或通道未与既有结构进行可靠连接，扣 10 分	观察人员上下作业层专用通道，并检查通道是否可靠连接	
2）猫道两侧应按临边作业要求设置防护栏杆，并应设置扶手绳、踢脚绳和侧网	猫道两侧未按临边作业要求设置防护栏杆，扣 10 分；防护栏杆未设置扶手绳、踢脚绳和侧网，扣 5 分	检查猫道两侧防护栏杆，扶手绳、踢脚绳和侧网是否设置齐全	
3）跨（临）铁路、道路、航道的猫道应设置能防止穿透的防护棚	跨（临）铁路、道路、航道的猫道部分未设置能防止穿透的防护棚，扣 5 分	现场观察跨（临）铁路、道路的猫道部分是否设置了能防止穿透的防护棚（技术内容参照 JGJ 80－2016 第 7.2 节）	

4.5.12 拆除

猫道拆除安全检查可按表 4.5.12 执行。

猫道拆除检查方法　　　　　　　　　表 4.5.12

检查项目	猫道拆除	本检查子项应得分数	10 分
本检查子项所执行的标准、文件与条款号	《公路工程施工安全技术规范》JTG F90－2015 第 8.14.9 条；《城市桥梁工程施工与质量验收规范》CJJ 2－2008 第 18.4.7 条；《公路桥涵施工技术规范》JTG/T F50－2011 第 18.5.5 条；《悬索桥》MBEC 1006－2007 第 6.2.3 条		
检查评定内容	扣分标准	检查方法	
1）猫道拆除前，方案编制人员或项目技术负责人应向现场管理人员和作业人员进行安全技术交底	猫道拆除前，未向现场管理人员和作业人员进行安全技术交底，扣 10 分	查猫道拆除专项方案、安全技术交底，并检查交底内容是否与拆除专项方案一致，检查交底人及接受交底人签字是否齐全；现场询问作业人员是否接受过安全技术交底	
2）猫道拆除过程中应设专人统一指挥	猫道拆除过程中未设专人统一指挥，扣 5 分	观察现场是否设置专人指挥拆除施工	

157

续表

检查评定内容	扣分标准	检查方法
3）拆除作业应严格按专项施工方案中规定的拆除顺序实施	拆除作业未按专项施工方案规定的拆除顺序进行，扣 5 分	查拆除记录，检查拆除顺序是否满足设计文件和方案要求
4）猫道拆除前应清理完猫道面层上面的杂物	猫道拆除前未清理完猫道面层上面的杂物，扣 5 分	观察猫道面层是否将杂物清理干净
5）当风力大于 6 级时，严禁实施猫道拆除作业	风力大于 6 级时进行猫道拆除作业，扣 10 分	查猫道拆除施工记录及风力监测记录，检查作业时风力超过 6 级时是否进行作业
6）猫道拆除过程中垂直下方严禁人员施工，并应设置警示牌	猫道拆除过程中垂直下方有人员施工，扣 10 分；未设置警示牌，扣 3 分	观察猫道拆除时是否设置警示牌和警戒线，专人监护是否下方有人员施工或通行

第5章 模板工程及支撑系统

相比房屋建筑工程，市政工程现浇施工所采用的模板及支撑体系种类更为繁多，除了普通的满堂模板支撑体系外，市政桥梁工程箱梁现浇施工还经常采用梁柱式支架、移动模架和悬臂挂篮，桥梁高墩柱施工还较多的采用工具式液压爬升模板体系。这些模板及支撑体系构造复杂、规模大，多为非标准设施，安全技术难度高，是市政工程施工安全管理的重点和难点。

5.1 钢管满堂模板支撑架

5.1.1 钢管满堂模板支撑架构造

钢管满堂模板支撑架主要应用于现浇梁、板等的模板支架，是在纵、横方向由不少于三排立杆并与水平杆、水平剪刀撑、竖向剪刀撑、扣件等构成的承受竖向施工荷载的承力支架。架体顶部的施工荷载通过可调托撑传给立杆，顶部立杆呈轴心受压状态。根据所用杆件及构配件类型不同主要有扣件式、门式、碗扣式、承插型盘扣式四种。

无论采用何种类型的杆件及构配件，钢管满堂模板支撑的结构都包括地基基础、架体、主次楞等几部分，如图5.1.1所示。

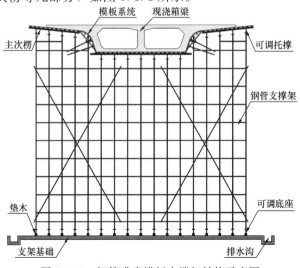

图 5.1.1 钢管满堂模板支撑架结构示意图

5.1.2　相关安全技术标准

与钢管满堂模板支撑架施工安全技术相关的标准主要有：

1. 《建筑施工扣件式钢管脚手架安全技术规范》JGJ 130；

2. 《建筑施工碗扣式钢管脚手架安全技术规范》JGJ 166；

3. 《建筑施工承插型盘扣式钢管支架安全技术规程》JGJ 231；

4. 《建筑施工门式钢管脚手架安全技术规范》JGJ 128；

5. 《钢管满堂支架预压技术规程》JGJ/T 194；

6. 《建筑施工模板安全技术规范》JGJ 162；

7. 《铁路混凝土梁支架法现浇施工技术规程》TB 10110；

8. 《铁路桥涵工程施工安全技术规程》TB 10303；

9. 《公路桥涵施工技术规范》JTG/T F50；

10. 《公路工程施工安全技术规范》JTG F90。

5.1.3　迎检需准备资料

为配合钢管满堂模板支撑架的安全检查，施工现场需收集、准备的相关资料包括：

1. 专项施工方案（含拆除方案）、方案变更文件（如有）；

2. 设计文件，包括成套设计图纸、计算书（含作为支撑架基础的既有结构承载力验算）；

3. 专项施工方案和方案变更（如有）的审核、审批页，超规模支撑架专家论证报告及方案修改回复；

4. 专项施工方案交底记录；

5. 钢管及构配件质量合格证、产品性能检验报告、抽检报告；

6. 地质勘探报告、地基承载力检测报告；

7. 各阶段施工记录、质量检查记录、日常巡查所发现问题的整改记录及复检记录；

8. 分阶段检查验收记录；

9. 预压方案、预压验收记录；

10. 支撑架完工验收记录；

11. 支撑架监测监控方案与监测记录；

12. 使用期间日常检查和周期检查记录；

13. 建设行政主管部门、业主、监理、施工单位的上级单位等单位或部门检查发现的问题整改记录及回复。

5.1.4 方案与交底

钢管满堂模板支撑架方案与交底安全检查可按表 5.1.4 执行。

钢管满堂模板支撑架方案与交底安全检查表　　　表 5.1.4

检查项目	方案与交底		本检查子项应得分数	10 分
本检查子项所执行的标准、文件与条款号	《建筑施工扣件式钢管脚手架安全技术规范》JGJ 130-2011 第 1.0.3、7.1.1 条；《建筑施工门式钢管脚手架安全技术规范》JGJ 128-2010 第 1.0.3、7.1.1、7.1.2 条；《建筑施工承插型盘扣式钢管支架安全技术规程》JGJ 231-2010 第 1.0.3、7.1.1、7.1.2 条；《建筑施工临时支撑结构技术规范》JGJ 300-2013 第 3.0.6、7.2.1 条；《铁路混凝土梁支架法现浇施工技术规程》TB 10110-2011 第 3.2.1、3.2.2、3.2.3、3.3 条；《公路桥涵施工技术规范》JTG/T F50-2011 第 5.1.3 条；《建筑施工碗扣式钢管脚手架安全技术规范》JGJ 166-2016 第 7.1.1、7.1.2 条；住建部令第 37 号、建办质〔2018〕31 号文			
检查评定内容	扣分标准	检查方法		备注
1) 钢管满堂模板支撑架搭设前应编制专项施工方案，架体结构和立杆地杆基承载力应进行设计	未编制专项施工方案或架体结构、立杆地基承载力未经设计，扣 10 分；方案编制内容不全或无针对性，扣 3 分~5 分	查是否编制了安全专项施工方案，并查看方案的针对性		
2) 专项施工方案应进行审核、审批	专项施工方案未进行审核、审批，扣 10 分	查专项施工方案的审核、审批页是否有施工单位技术、安全等部门以及企业技术负责人审批签字		
3) 超过一定规模的钢管满堂模板支撑架，其专项施工方案应组织专家论证	超过一定规模的支撑架专项施工方案未组织专家论证，扣 10 分	对搭设高度 8m 及以上，或搭设跨度 18m 及以上，或施工总荷载 15kN/m² 及以上，或集中线荷载 20kN/m 及以上的钢管满堂模板支撑架，查其安全专项施工方案是否按住建部令第 37 号及建办质〔2018〕31 号文件的规定组织了专家论证		各地区另有规定的，尚应从其规定

161

续表

检查评定内容	扣分标准	检查方法	备注
4) 专项施工方案实施前，应进行安全技术交底，并应有文字记录	专项施工方案实施前，未进行安全技术交底，扣 10 分；交底无针对性或无文字记录，扣 3 分～5 分	查是否有安全技术交底记录，记录中是否有方案编制人员或项目技术负责人（交底人）的签字以及现场管理人员和作业人员（接底人）的签字	

5.1.5　构配件和材质

钢管满堂模板支撑架构配件和材质安全检查可按表 5.1.5 执行。

钢管满堂模板支撑架构配件和材质安全检查表　　　　表 5.1.5

检查项目	构配件和材质	本检查子项应得分数	10 分
本检查子项所执行的标准、文件与条款号	《建筑施工脚手架安全技术统一标准》GB 51210 - 2016 第 4.0.1、4.0.14 条；《建筑施工扣件式钢管脚手架安全技术规范》JGJ 130 - 2011 第 3 章、第 8.1 节；《建筑施工碗扣式脚手架安全技术规范》JGJ 166 - 2016 第 3.2、3.3 节、第 8.0.2 条；《建筑施工承插型盘扣式钢管支架安全技术规程》JGJ 231 - 2010 第 3.2、3.3 节、第 8.0.1 条；《建筑施工门式钢管脚手架安全技术规范》JGJ 128 - 2010 第 3 章、第 8.1 节；《公路工程施工安全技术规范》JTG F90 - 2015 第 5.7.21 条；《铁路工程基本作业施工安全技术规程》TB 10301 - 2009 第 12.5.4 条；《钢管脚手架扣件》GB 15831 - 2006、《碗扣式钢管脚手架构件》GB 24911 - 2010、《承插型盘扣式钢管支架构件》JG/T 503 - 2016		

检查评定内容	扣分标准	检查方法
1) 进场的钢管及构配件应有质量合格证、产品性能检验报告，其规格、型号、材质及产品质量应符合国家现行相关标准要求	进场的钢管及构配件无质量合格证、产品性能检验报告，扣 10 分 钢管及构配件的规格、型号、材质或产品质量不符合国家现行相关标准要求，扣 10 分	查钢管及构配件是否具有质量合格证、产品性能检验报告，并检查进场验收记录，核查钢管及构配件等产品信息是否符合支撑架设计文件中规定的规格、型号、材质
2) 钢管壁厚应进行抽检，且壁厚应符合国家现行相关标准要求	未对钢管壁厚进行抽检，扣 5 分；壁厚不符合国家现行相关标准要求，扣 3 分	查是否进行了钢管壁厚抽检，查看钢管壁厚抽检记录、壁厚不符合标准的不合格品处理记录

续表

检查评定内容	扣分标准	检查方法
3）所采用的扣件应进行复试且技术性能应符合国家现行相关标准要求	所采用的扣件未进行复试或技术性能不符合国家现行相关标准要求，扣5分	查是否进行了扣件的复试，查看扣件的复试抽检报告、技术性能不符合标准的不合格品处理记录
4）杆件的弯曲、变形、锈蚀量应在允许范围内，各部位焊缝应饱满	钢管弯曲、变形、锈蚀严重，扣5分 焊缝不饱满或存在开焊，扣5分	全数目测架杆件的锈蚀程度、焊缝饱满程度及有无开焊，测量杆件的直线度

5.1.6 地基基础

钢管满堂模板支撑架的地基基础（图5.1.6）安全检查可按表5.1.6执行。

(a) (b)

图5.1.6 钢管满堂模板支撑架地基基础

（a）原位地基；（b）既有结构作为支架地基

钢管满堂模板支撑架地基基础安全检查表　　　表5.1.6

检查项目	地基基础	本检查子项应得分数	10分
本检查子项所执行的标准、文件与条款号	《建筑施工扣件式钢管脚手架安全技术规范》JGJ 130-2011 第6.3.1、7.2.1、7.2.2条；《建筑施工门式钢管脚手架安全技术规范》JGJ 128-2010 第6.8.1、6.8.2、6.8.4、7.1.5、7.2.1条；《建筑施工碗扣式钢管脚手架安全技术规范》JGJ 166-2016 第6.1.1、7.2.1~7.2.4条；《建筑施工承插型盘扣式钢管支架安全技术规范》JGJ 231-2010 第7.3.1、7.3.2条；《铁路混凝土梁支架法现浇施工技术规程》TB10110-2011 第4.5.1、4.5.2、5.2.1、5.3.3；《公路桥涵施工技术规范》JTG/T F50-2011 第5.2.3条		

续表

检查评定内容	扣分标准	检查方法
1）基础处理方式和承载力应符合专项施工方案要求，地基应坚实、平整	基础处理方式或承载力不符合专项施工方案要求，或地基未达到坚实、平整要求，扣10分	根据地质勘探报告了解现场是否存在软弱地基，对照施工方案查地基承载力特征值是否满足要求；需处理的检查软基处理施工记录、处理后地基承载力检测报告；观察地基表面处理是否达到平整、坚实效果
2）立杆底部应按专项施工方案要求设置底座、垫板或混凝土垫层	立杆底部未按专项施工方案要求设置底座、垫板或混凝土垫层，扣5分	对照施工方案查混凝土垫层验收记录，必要时进行尺量，现场查立杆底部底座、垫板设置情况
3）立杆和基础应接触紧密	底座松动或立杆悬空，每处扣2分	现场查立杆底部和基础接触情况
4）基础排水设施应完善，且排水应畅通	排水设施不完善或排水不畅通，扣5分	对照施工方案查基础防排水设施设置是否齐备，场地是否会积水
5）当支撑架设在既有结构上时，应对既有结构的承载力进行验算，必要时应采取加固措施	当支撑架设在既有结构上时，未对既有结构的承载力进行验算或需要加固时无加固措施，扣10分	查既有结构承载力验算、结构加固设计、加固设施施工和验收记录，现场查看加固措施实施情况

5.1.7　架体搭设

满堂钢管模板支撑架架体搭设的安全检查可按表 5.1.7 执行。

钢管满堂模板支撑架架体搭设安全检查表　　　　表 5.1.7

检查项目	架体搭设	本检查子项应得分数	10 分
本检查子项所执行的标准、文件与条款号	《建筑施工扣件式钢管脚手架安全技术规范》JGJ 130 - 2011 第 5.4.1、7.3.2、8.2.4、9.0.5 条；《建筑施工门式钢管脚手架安全技术规范》JGJ 128 - 2010 第 6.11.1、6.11.9、7.3.1 条第 4 款；《建筑施工脚手架安全技术统一标准》GB 51210 - 2016 第 8.3.9 条；《建筑施工碗扣式钢管脚手架安全技术规范》JGJ 166 - 2016 第 6.1.3、6.3.2~6.3.6、7.3.5 条；《建筑施工承插型盘扣式钢管支架安全技术规范》JGJ 231 - 2010 第 7.4.6 条；《铁路混凝土梁支架法现浇施工技术规程》TB 10110 - 2011 第 4.5.2、5.3.5、5.3.6、5.3.8、5.3.9 条；《公路桥涵施工技术规范》JTG/T F50 - 2011 第 5.2.5 条		

续表

检查评定内容	扣分标准	检查方法
1）立杆纵向、横向间距和水平杆步距应符合专项施工方案要求	立杆纵向、横向间距或水平杆步距超过专项施工方案要求，每处扣2分	查架体搭设验收记录，对照支撑架设计图纸抽查立杆纵、横向间距和水平杆步距
2）立杆垂直度和水平杆水平度、直线度应满足国家现行相关标准规定	立杆垂直度不符合国家现行相关标准要求，每处扣2分水平杆水平度、直线度不符合国家现行相关标准要求，每处扣1分	查架体搭设验收记录，现场抽查测量立杆垂直度和水平杆水平度、直线度
3）水平杆和扫地杆应纵、横向连续设置，不得缺失	纵横向水平杆或扫地杆未连续贯通设置，每漏设一处扣2分	查架体搭设验收记录，现场抽查水平杆和扫地杆有无缺失
4）顶部施工荷载应通过可调托撑向立杆轴心传力	顶部未采用可调托撑传力，扣10分	查钢管、可调托撑螺杆复检记录和架体搭设验收记录，现场检查是否设可调托撑、主楞在可调托撑U形托板上安装是否居中、主楞接头是否设在可调托撑U形托板上
5）起重设备、混凝土输送管、作业脚手架、物料周转平台等设施不得与支撑架相连接	支撑架与起重设备、混凝土输送管、作业脚手架、物料周转平台等设施相连接，扣10分	现场检查起重设备、混凝土输送管、作业脚手架、物料周转平台等设施是否与支撑架相连

5.1.8 架体稳定

钢管满堂模板支撑架架体稳定方面的安全检查可按表5.1.8执行。专用斜撑杆、扣件式剪刀撑安装如图5.1.8所示。

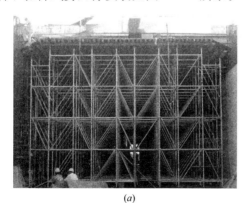

(a)　　　　　　　　　　　　　　(b)

图 5.1.8　钢管满堂模板支撑架架体稳定措施
（a）专用斜撑杆；(b) 扣件式剪刀撑

钢管满堂模板支撑架架体稳定安全检查表　　　　　　　表 5.1.8

检查项目	架体稳定	本检查子项应得分数	10 分
本检查子项所执行的标准、文件与条款号		《建筑施工扣件式钢管脚手架安全技术规范》JGJ 130 - 2011 第 6.3.2、6.9.1～6.9.5、6.9.7 条;《建筑施工门式钢管脚手架安全技术规范》JGJ 128 - 2010 第 6.11.7～6.11.11 条;《建筑施工碗扣式钢管脚手架安全技术规范》JGJ 166 - 2016 第 6.1.3、6.1.4、6.3.3、6.3.8～6.3.13 条;《建筑施工承插型盘扣式钢管支架安全技术规范》JGJ 231 - 2010 第 6.1.3～6.1.5、6.1.8 条;《铁路混凝土梁支架法现浇施工技术规程》TB 10110 - 2011 第 4.5.1、4.5.2、5.3.7 条;《公路桥涵施工技术规范》JTG/T F50 - 2011 第 5.2.5、5.4.2 条	

检查评定内容	扣分标准	检查方法
1) 支撑架扫地杆离地间距应符合国家现行相关标准要求	支撑架扫地杆离地间距超过国家现行相关标准要求,扣 5 分	查支撑架验收记录,现场抽查测量扫地杆离地间距
2) 立杆伸出顶层水平杆中心线至支撑点的长度应符合国家现行相关标准要求	立杆伸出顶层水平杆中心线至支撑点的长度超过国家现行相关标准要求,扣 10 分	查支撑架验收记录,现场抽查测量立杆伸出顶层水平杆中心线至支撑点的长度
3) 架体竖向和水平剪刀撑或专用斜撑杆的位置、数量、间距应符合国家现行相关标准和专项施工方案要求	未设置竖向剪刀撑或专用斜撑杆,扣 10 分 未设置水平剪刀撑或专用斜撑杆,扣 5 分 剪刀撑或专用斜撑杆的设置位置、数量、间距不符合国家现行相关标准和专项施工方案要求,扣 5 分	对照支撑架设计图纸查架体竖向和水平剪刀撑或专用斜撑杆的位置、数量,测量剪刀撑间距,抽查扣件式钢管剪刀撑的扣件扭紧力矩
4) 当支撑架高宽比超过国家现行相关标准要求时,应将架体与既有结构连接或采用增加架体宽度等加强措施	支撑架高宽比超过国家现行相关标准要求时,未采取与结构拉结或增加架体宽度等加强措施,扣 10 分	审核专项施工方案中相应内容是否完善,查支撑架验收记录,现场检查加强措施是否与方案相符

5.1.9　拆除

钢管满堂模板支撑架拆除安全检查可按表 5.1.9 执行。

钢管满堂模板支撑架拆除安全检查表　　　　表 5.1.9

检查项目	拆除	本检查子项应得分数	10 分
本检查子项所执行的标准、文件与条款号	《铁路混凝土梁支架法现浇施工技术规程》TB 10110 - 2011 第 8.7.1、8.7.2、8.7.3 条；《公路桥涵施工技术规范》JTG/T F50 - 2011 第 5.5.1、5.5.4~5.5.7、5.5.9 条；《建筑施工扣件式钢管脚手架安全技术规范》JGJ 130 - 2011 第 7.4 节、《建筑施工门式钢管脚手架安全技术规范》JGJ 128 - 2010 第 7.4 节；《建筑施工碗扣式钢管脚手架安全技术规范》JGJ 166 - 2016 第 7.4.9、9.0.6 条；《建筑施工承插型盘扣式钢管支架安全技术规范》JGJ 231 - 2010 第 7.4.9、7.4.10、7.5.9 条；《铁路混凝土梁支架法现浇施工技术规程》TB 10110 - 2011 第 8.7.1、8.7.2、8.7.3 条		

检查评定内容	扣分标准	检查方法
1）支撑架拆除前，应确认混凝土达到拆模强度要求，并应填写拆模申请单，履行拆模审批手续；预应力混凝土结构的支撑架应在建立预应力后拆除	支撑架拆除前未确认混凝土达到拆模强度要求，扣 5 分 未填写拆模申请单并履行拆模审批手续，扣 2 分 预应力混凝土结构的支撑架在建立预应力前拆除，扣 5 分	对照设计文件规定的拆模时混凝土强度要求以及设计文件对拆架顺序的规定，查是否正确填写了拆模申请单，是否履行了拆模审批手续；查拆模施工记录核对拆模时混凝土试块强度是否满足要求；对预应力混凝土结构，查预应力张拉施工记录，确定支撑架是否是在预应力建立后拆除
2）拆除作业应按专项施工方案规定的顺序，并按分层、分段、由上至下的顺序进行	拆除作业未按分层、分段、由上至下的顺序进行，扣 5 分	观察支架拆除顺序及分层、分段是否符合施工方案和有关标准的规定
3）支撑架拆除前，应设置警戒区，并应设专人监护	支撑架拆除未设置警戒区或未设专人监护，扣 5 分	观察拆架过程中是否设置了警戒，是否派专人监护

5.1.10　使用与监测

钢管满堂模板支撑架使用与监测安全检查可按表 5.1.10 执行。

钢管满堂模板支撑架使用与监测安全检查表　　　　表 5.1.10

检查项目	使用与监测	本检查子项应得分数	10 分
本检查子项所执行的标准、文件与条款号	《建筑施工扣件式钢管脚手架安全技术规范》JGJ 130 - 2011 第 9.0.6、9.0.7 条；《建筑施工门式钢管脚手架安全技术规范》JGJ 128 - 2010 第 9.0.3、9.0.6 条；《建筑施工碗扣式钢管脚手架安全技术规范》JGJ 166 - 2016 第 9.0.13、9.0.14、9.0.16 条；《建筑施工承插型盘扣式钢管支架安全技术规范》JGJ 231 - 2010 第 9.0.3、9.0.4、9.0.16 条；《铁路混凝土梁支架法现浇施工技术规程》TB 10110 - 2011 第 7.3.1、7.3.2、7.3.4、8.5.5 条		

续表

检查评定内容	扣分标准	检查方法
1）混凝土浇筑顺序应符合专项施工方案要求	混凝土浇筑顺序不符合安全专项施工方案要求，扣 5 分	观察现场混凝土浇筑顺序，或查混凝土浇筑记录
2）作业层施工均布荷载、集中荷载应在设计允许范围内	作业层施工均布荷载或集中荷载超过设计允许范围，10 分	对照支架设计文件规定的设计荷载，现场查施工荷载是否有集中堆载或荷载超限现象
3）支撑架应制定监测监控措施，在架体搭设、钢筋安装、混凝土浇捣过程中及混凝土终凝前后应对基础沉降、模板支撑体系的位移进行监测监控	支撑架未按国家现行相关标准要求编制监测监控措施或未对基础沉降、模板支撑体系的位移进行监测监控，扣 10 分	查专项方案中是否有监测措施，或查是否编制了专项监测方案；查是否能提供涵盖支架作业层上部施工全过程的监测记录
4）监测监控应记录监测点、监测时间、工况、监测项目和报警值	监测监控未记录监测点、监测时间、工况、监测项目和报警值，扣 10 分	查监测记录的信息是否完备、反馈是否及时

5.1.11　杆件连接

钢管满堂模板支撑架杆件连接安全检查可按表 5.1.11 执行。

钢管满堂模板支撑架杆件连接安全检查表　　　表 5.1.11

检查项目	杆件连接	本检查子项应得分数	10 分
本检查子项所执行的标准、文件与条款号	《建筑施工扣件式钢管脚手架安全技术规范》JGJ 130－2011 第 6.2.1、6.8.3、6.8.5、6.9.2、7.3.11 条；《建筑施工门式钢管脚手架安全技术规范》JGJ 128－2010 第 6.5.4、7.3.5 条；《建筑施工碗扣式钢管脚手架安全技术规范》JGJ 166－2016 第 6.3.7、7.3.4 条；《建筑施工承插型盘扣式钢管支架安全技术规范》JGJ 231－2010 第 7.4.4、7.4.5 条；《铁路混凝土梁支架法现浇施工技术规程》TB 10110－2011 第 4.1.5、4.5.2 条		

检查评定内容	扣分标准	检查方法
1）节点组装时，扣件的扭紧力矩不应小于 40N·m，碗扣节点上碗扣应通过限位销锁紧水平杆，承插型盘扣节点的插销应楔紧	节点组装时，扣件的扭紧力矩小于 40N·m，碗扣节点未通过上碗扣和限位销锁紧水平杆，承插型盘扣式节点的插销未楔紧，每处扣 2 分	查支架验收记录，现场抽查扣件扭紧力矩、碗扣限位销、盘扣插销等锁固件安装情况

续表

检查评定内容	扣分标准	检查方法
2）扣件式钢管模板支撑架的水平杆采用搭接连接时，其搭接长度不应小于1m，并应不少于3处扣接点	扣件式钢管模板支撑架的水平杆未按规定进行搭接接长，每处扣2分	对于扣件式钢管架体，现场查水平杆搭接长度和扣件扣接情况
3）扣件式钢管模板支撑架立杆应采用对接扣件连接，不得采用搭接接长	扣件式钢管模板支撑架立杆采用搭接接长，每处扣4分	现场查扣件式钢管架体立杆连接方式
4）钢管扣件剪刀撑杆件的接长应符合国家现行相关标准规定	剪刀撑杆件的接长不符合国家现行相关标准要求，每处扣2分	查剪刀撑接长和扣件扣接情况
5）专用斜撑杆的两端应固定在纵、横向水平杆与立杆交汇的节点处	专用斜撑杆的两端未固定在纵、横向水平杆与立杆交汇的节点处，每处扣2分	针对碗扣、盘扣等工具式定尺杆件架体，查专用斜撑杆安装情况
6）钢管扣件剪刀撑杆件的连接点距离架体主节点不应大于150mm	钢管扣件剪刀撑杆件的连接点距离架体主节点大于150mm，每处扣1分	查剪刀撑杆件连接点位置和扣接情况
7）架体与既有结构连接件的连接点距离架体主节点不应大于300mm	架体与既有结构连接件的连接点距离架体主节点大于300mm，每处扣2分	查满堂架体与既有结构连接件位置和连接情况

5.1.12 安全防护

钢管满堂模板支撑架安全防护（图5.1.12）安全检查可按表5.1.12执行。

(a) *(b)*

图5.1.12 钢管满堂支撑架安全防护

（a）上下通道及顶部作业平台；（b）车行门洞防护

钢管满堂模板支撑架安全防护安全检查表　　　表 5.1.12

检查项目	安全防护	本检查子项应得分数	5 分
本检查子项所执行的标准、文件与条款号	《建筑施工扣件式钢管脚手架安全技术规范》JGJ 130-2011 第 6.7 节;《建筑施工碗扣式钢管脚手架安全技术规范》JGJ 166-2016 第 6.3.14、6.3.15 条;《建筑施工承插型盘扣式钢管支架安全技术规范》JGJ 231-2010 第 6.1.9 条;《铁路混凝土梁支架法现浇施工技术规程》TB 10110-2011 第 4.5.6、4.5.7 条;《公路桥涵施工技术规范》JTG/T F50-2011 第 5.2.5 条		

检查评定内容	扣分标准	检查方法
1) 当无外脚手架时,架体顶面四周应设置宽度不小于 900mm 的作业平台,并应设置脚手板、挡脚板、安全立网、防护栏杆	无外脚手架时架体顶面四周未设置作业平台,扣 5 分　作业平台宽度、脚手板、挡脚板、安全立网、防护栏杆的设置不符合国家现行相关标准要求,每项扣 2 分	观察支撑架顶部是否按照临边作业要求设置了作业平台,作业层铺板、栏杆、挡脚板和密目网是否设置齐全
2) 架体应设置供人员上下的专用通道,通道应与既有结构进行可靠连接	无供人员上下的专用通道,扣 5 分　上下通道设置不符合国家现行相关标准要求或未与既有结构进行可靠连接,扣 3 分~5 分	观察人员上下作业层是否设置了专用通道,通道是否设置了与既有结构的连接
3) 车行门洞通道顶部应设置全封闭硬防护,并应设置导向、限高、限宽、减速、防撞设施及标识	车行门洞通道顶部未设置全封闭硬防护,扣 5 分　门洞未设置导向、限高、限宽、减速、防撞设施及标识,扣 3 分~5 分	观察车行通道在距离洞门规定距离处是否设置了限高限宽门、导向、减速、防撞设施和相关标识是否满足交通规定,通道顶部是否采取了硬质全封闭
4) 当支撑架可能受水流影响时,应采取防冲(撞)击的安全措施	当支撑架可能受水流影响时无防冲(撞)击的安全措施,扣 8 分	查防冲(撞)设施设计资料、验收记录,现场查看防冲(撞)设施是否完好

5.1.13　底座、托撑与主次楞

钢管满堂模板支撑架底座、托撑与主次楞(图 5.1.13)安全检查可按表 5.1.13 执行。

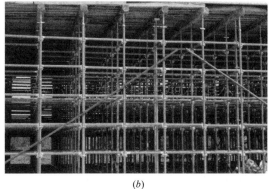

| (a) | (b) |

图 5.1.13　钢管满堂模板支撑架底座、托撑与主次楞
(a) 底座；(b) 托撑与主次楞

钢管满堂模板支撑架底座、托撑与主次楞安全检查表　　　　表 5.1.13

检查项目	底座、托撑与主次楞	本检查子项应得分数	5分
本检查子项所执行的标准、文件与条款号	《建筑施工扣件式钢管脚手架安全技术规范》JGJ 130－2011 第6.9.6 条；《建筑施工门式钢管脚手架安全技术规范》JGJ 128－2010 第6.2.7、6.11.3 条；《建筑施工碗扣式钢管脚手架安全技术规范》JGJ 166－2016 第3.3.8、6.3.3、6.3.4 条；《建筑施工承插型盘扣式钢管支架安全技术规范》JGJ 231－2010 第6.15、6.1.7 条；《铁路混凝土梁支架法现浇施工技术规程》TB 10110－2011 第4.5.2、5.3.8 条		

检查评定内容	扣分标准	检查方法
1）可调底座、托撑螺杆直径应与立杆内径匹配，配合间隙应小于2.5mm	可调底座、托撑螺杆直径与立杆内径配合间隙大于2.5mm，每处扣2分	查构配件质量合格证、进场验收记录，抽查螺杆直径和钢管尺寸
2）螺杆与螺母的啮合长度不应少于5 扣，螺杆插入立杆内的长度不得小于150mm，外露长度不得大于300mm	螺杆与螺母的啮合长度少于5扣，每处扣2分 螺杆插入立杆内的长度小于150mm，每处扣3分 螺杆外露长度大于300mm，扣3分	查质量检查记录、支撑架验收记录，抽查可调底座、托撑插入立杆的长度和外露长度
3）可调托撑顶部主次楞规格、型号及接长方式应符合国家现行相关标准要求	主楞或次楞规格、型号、接长方式不符合国家现行相关标准要求，扣5分	对照专项施工方案查主次楞验收记录，观察主次楞接长方式及接头位置（接头是否位于托撑上，相邻接头是否错开）

5.1.14　检查验收

对钢管满堂模板支撑架检查验收环节的安全检查可按表 5.1.14 执行。

钢管满堂模板支撑架检查验收安全检查表　　　　表 5.1.14

检查项目	检查验收	本检查子项应得分数	10 分
本检查子项所执行的标准、文件与条款号	《建筑施工扣件式钢管脚手架安全技术规范》JGJ 130 - 2011 第 8 章、《建筑施工门式钢管脚手架安全技术规范》JGJ 128 - 2010 第 8 章、《建筑施工碗扣式钢管脚手架安全技术规范》JGJ 166 - 2016 第 8.0.1、8.0.6、8.0.7 条；《建筑施工承插型盘扣式钢管支架安全技术规范》JGJ 231 - 2010 第 8 章；《钢管满堂支架预压技术规程》JGJ/T 194 - 2009 第 3～7 章；《铁路混凝土梁支架法现浇施工技术规程》TB 10110 - 2011 第 6.1.1～6.1.4 条；《公路桥涵施工技术规范》JTG/T F50 - 2011 第 5.4.2、5.4.4 条		

检查评定内容	扣分标准	检查方法
1）在构配件进场、基础完工、架体搭设完毕、安全设施安装完成各阶段应进行检查验收，并应形成记录	在构配件进场、基础完工、架体搭设完毕、安全设施安装完成各阶段未进行检查验收或无验收记录，扣 10 分	查各个阶段的检查验收记录
2）当需要进行预压时，基础和架体预压应符合国家现行相关标准要求	当需要进行预压时，未按国家现行相关标准要求对基础和架体实施预压，扣 10 分	查预压方案，查是否有预压监测记录，预压监测记录是否符合规定
3）在支撑架搭设完毕、浇筑混凝土前，应办理完工验收手续并形成验收记录	在支撑架搭设完毕、浇筑混凝土前，未办理完工验收手续或无验收记录，扣 10 分	查是否有完工验收记录，完工验收参加人员是否符合要求、签字是否完善
4）检查验收内容和指标应有量化内容，并应由责任人签字确认	检查验收内容和指标未量化或未经责任人签字确认，扣 5 分	查各阶段的验收记录是否有标准规定的量化内容，以及是否由相应责任人签字确认
5）验收合格后应在明显位置悬挂验收合格牌	验收合格后未在明显位置悬挂验收合格牌，扣 3 分	观察支架上是否悬挂了验收合格牌

5.2　梁柱式模板支撑架

5.2.1　梁柱式支架构造

梁柱式模板支撑架指的是由立柱及其上部横梁和纵梁构成的混凝土构件现浇模板支撑架，多用于桥梁跨越河流、沟谷时，以及架体搭设高度大、不良地质条件等不适合搭设落地式满堂支撑架的情况。立柱系统和梁部是其最为重要的组成构件，其结构形式为空间梁柱单跨门形结构或多跨框架（排架）结构。梁柱式支架由基础、立柱（含立柱顶分配梁和落架装置）、横梁、纵梁及连接系等部分组成，其结构构造如图 5.2.1 所示。

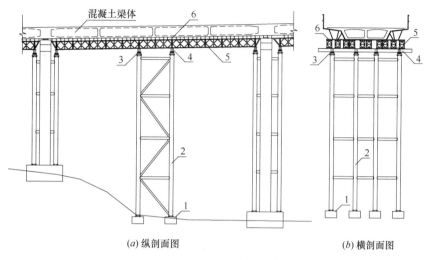

(a) 纵剖面图　　　　　　　　　　(b) 横剖面图

（A）梁柱式模板支撑架结构示意图

（B）梁柱式支架工程实例

图 5.2.1　梁柱式支架空间构造

1—基础；2—立柱；3—落架装置；4—横梁；5—纵梁；6—模板及分配梁

5.2.2　相关安全技术标准

与梁柱式模板支撑架施工安全技术相关的标准主要有：

1.《现浇混凝土桥梁梁柱式模板支撑架安全技术规范》DBJ 50-112；

2.《铁路桥涵工程施工安全技术规程》TB 10303；

3.《公路桥涵施工技术规范》JTG/T F50；

4.《铁路混凝土梁支架法现浇施工技术规程》TB 10110；

5.《公路工程施工安全技术规范》JTG F90；

6.《钢结构工程施工质量验收规范》GB 50205。

5.2.3　迎检需准备资料

为配合梁柱式模板支撑架的安全检查，施工现场需准备的相关资料包括：

1. 梁柱式模板支撑架专项施工方案（含拆除方案）；

2. 梁柱式模板支撑架专项设计文件，包括成套设计图纸、计算书；

3. 专项施工方案审核、审批页与专家论证报告及方案修改回复；

4. 专项施工方案交底记录；

5. 支架构配件的质量合格证、产品性能检验报告；

6. 贝雷梁、万能杆件、工具式牛腿等常备式定型钢构件的使用说明书（或使用手册）；

7. 地质勘测报告、地基承载力检测报告；

8. 地基验收记录、基础隐蔽验收记录；

9. 墩柱预埋件隐蔽验收记录；

10. 各个施工阶段的检查验收记录；

11. 预压方案与预压监测记录；

12. 支架完工验收记录；

13. 支架监测方案与监测记录。

5.2.4　方案与交底

梁柱式模板支撑架方案与交底安全检查可按表 5.2.4 执行。

梁柱式模板支撑架方案与交底安全检查表　　　　表 5.2.4

检查项目	方案与交底	本检查子项应得分数	10 分
本检查子项所执行的标准、文件与条款号	《现浇混凝土桥梁梁柱式模板支撑架安全技术规范》DBJ 50-112-2016 第 1.0.3、6.1.2、6.1.3 条；住建部令第 37 号、建办质〔2018〕31 号文		
检查评定内容	扣分标准	检查方法	
1）支撑架搭设前应编制专项施工方案	未编制专项施工方案，扣 10 分	查是否编制了安全专项施工方案，并查看方案的针对性	

检查评定内容	扣分标准	检查方法
2）支撑架搭设前应编制完整的设计文件，并应对支架结构、构件、地基基础进行设计，图纸和计算书应齐全	未编制设计文件，扣10分 未对支架结构、构件、地基基础进行设计，扣10分 设计文件中图纸或计算书不齐全，扣3分～5分	查是否编制了支架的整套设计文件，支架设计图纸是否齐全；查是否有计算书，计算书中是否对支架结构、构件、地基基础进行了计算
3）专项施工方案应进行审核、审批	专项施工方案未进行审核、审批，扣10分	查专项施工方案的审核、审批页是否有施工单位技术、安全等部门以及企业技术负责人审批签字
4）超过一定规模的梁柱式模板支撑架，其专项施工方案应组织专家论证	超过一定规模的支撑架专项施工方案未组织专家论证，扣10分	对搭设高度8m及以上，或搭设跨度18m及以上，或施工总荷载（设计值）15kN/m² 及以上，或集中线荷载（设计值）20kN/m 及以上的梁柱式模板支撑架，查专家论证意见、方案修改回复意见、会议签到表等，确认其安全专项施工方案是否按住建部令第37号和建办质［2018］31号文件的规定组织了专家论证
5）专项施工方案实施前，应进行安全技术交底，并应有文字记录	专项施工方案实施前，未进行安全技术交底，扣10分；交底无针对性或无文字记录，扣3分～5分	查是否有安全技术交底记录，记录中是否有方案编制人员或项目技术负责人（交底人）的签字以及现场管理人员和作业人员（接底人）的签字

5.2.5 构配件和材质

梁柱式模板支撑架构配件和材质安全检查可按表5.2.5执行。

梁柱式模板支撑架构配件和材质安全检查表　　　　表5.2.5

检查项目	构配件和材质	本检查子项应得分数	10分
本检查子项所执行的标准、文件与条款号	《现浇混凝土桥梁梁柱式模板支撑架安全技术规范》DBJ 50 - 112 - 2016 第4.2.1、4.2.6、5.1.2、7.2.1～7.2.3条		

续表

检查评定内容	扣分标准	检查方法	备注
1）进场的支撑架构配件应有质量合格证、产品性能检验报告，其品种、规格、型号、材质应符合专项施工方案要求	构配件无质量合格证、产品性能检验报告，扣10分 构配件品种、规格、型号、材质不符合专项施工方案要求，扣10分	查支架各类构配件是否具有质量合格证、产品性能检验报告，并查构配件及原材料进场验收记录，核查型钢、钢管等产品信息是否符合架体方案设计中规定的品种、规格、型号、材质	
2）支撑架所采用的贝雷梁、万能杆件等常备式定型钢构件的质量应符合相关使用手册要求	所采用的常备式定型钢构件的质量不符合相关使用手册要求，扣10分	对照使用手册检查贝雷梁、万能杆件等的外观质量	
3）常备式定型钢构件应有使用说明书等技术文件	常备式定型钢构件无使用说明书等技术文件，扣5分	查贝雷梁、万能杆件等是否具有产品使用说明书	立柱抱箍等工具式牛腿配件也纳入该项检查
4）支架承力主体结构构件、连接件严禁存在显著的扭曲和侧弯变形、严重超标的挠度以及严重锈蚀剥皮等严重缺陷	主体结构构件、连接件有显著的变形、严重超标的挠度或严重锈蚀剥皮等缺陷，扣10分	全数目测架体构配件的锈蚀程度、立柱杆件扭曲和侧弯变形程度、梁部杆件的挠曲和侧弯程度	

5.2.6 基础

梁柱式模板支撑架基础（图5.2.6）安全检查可按表5.2.6执行。

(a)   (b)

图5.2.6 梁柱式支架基础
(a) 深基础处理；(b) 浅基础处理

梁柱式模板支撑架基础安全检查表   表 5.2.6

检查项目	基础	本检查子项应得分数	10 分
本检查子项所执行的标准、文件与条款号		《现浇混凝土桥梁梁柱式模板支撑架安全技术规范》DBJ 50-112-2016 第 5.1.6、6.2.1~6.2.4 条；《公路桥涵施工技术规范》JTG/T F50-2011 第 16.2.1 条	

检查评定内容	扣分标准	检查方法	备注
1) 场地存在软弱地基时,应进行处理	软弱地基未按规定进行处理,扣 10 分	对照地质勘察报告和施工方案,查看现场场地,如存在软弱地基,查施工现场是否针对软弱地基进行了处理	
2) 地基处理方式和承载力应符合专项施工方案要求,地基应坚实、平整	无地基承载力检测报告或承载力不符合专项施工方案要求,扣 10 分;地基未达到坚实、平整要求,扣 5 分	对照施工方案,查是否有地基承载力检验报告,报告中的承载力特征值是否达到专项施工方案要求;观察场地表面处理情况是否达到平整、坚实效果	沉桩作为立柱时,无需地基处理,但应查沉桩记录
3) 基础形式、尺寸、材料应符合专项施工方案要求	基础型式、尺寸、材料不符合专项施工方案要求,扣 10 分	对照施工方案,观察基础外观质量,查基础验收记录,必要时进行尺量	
4) 基础周围应按专项施工方案要求设置防、排水设施	地基周围未按专项施工方案要求设置防、排水设施,扣 5 分	对照施工方案,观察场地、防排水设施设置是否齐备,场地是否有积水	
5) 基础预埋件的设置应符合专项施工方案要求	基础预埋件的设置不符合专项施工方案要求,扣 5 分	对照施工方案,观察预埋件尺寸、规格、数量、锚固长度,或查基础浇筑前的隐蔽验收记录	

5.2.7 立柱或托架

梁柱式模板支撑架立柱或托架如图 5.2.7 所示,其安全检查可按表 5.2.7 执行。

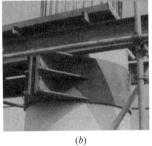

(a)　　　　　　　　　　(b)　　　　　　　　　　(c)

图5.2.7　梁柱式支架立柱构造

(a) 立柱；(b) 牛腿托架；(c) 柱头

梁柱式模板支撑架立柱或托架构造安全检查表

表5.2.7

检查项目	立柱或托架	本检查子项应得分数	10分
本检查子项所执行的标准、文件与条款号	《公路桥涵施工技术规范》JTG/T F50－2011 第5.2.5、5.4.2条；《现浇混凝土桥梁梁柱式模板支撑架安全技术规范》DBJ 50－112－2016 第4.4.5、5.2.3～5.2.5、6.3.2、5.2.9条		

检查评定内容	扣分标准	检查方法	备注
1) 立柱设置位置应符合专项施工方案要求，柱身垂直度偏差不应大于立柱高度的1/500，且柱顶偏移值不得大于50mm	立柱设置位置不符合专项施工方案要求，扣5分；立柱柱身垂直度大于立柱高度的1/500或柱顶偏移值大于50mm，扣5分	观察同排立柱是否在同一条直线上；通过铅垂仪和卷尺测量，判断立柱的垂直度偏差是否满足要求	至少同排相邻3根立柱在同一直线上
2) 相邻立柱间的横向连接系、立柱与既有结构的连接件的位置和设置数量应符合专项施工方案要求	相邻立柱间的横向连接系、立柱与既有结构的连接件的位置和设置数量不符合专项施工方案要求，扣5分～7分	对照施工方案，观察相邻立柱间的横向连接系、立柱与既有结构的连接件的位置和设置数量是否满足要求	
3) 格构柱缀件的位置和设置数量和节点连接应符合专项施工方案要求	格构柱缀件的位置或设置数量、节点连接不符合专项施工方案要求，扣5分～7分	对照施工方案，观察立柱间缀件的位置、设置数量和节点连接方式是否满足方案实际要求	
4) 立柱柱头和柱脚应按专项施工方案要求作加强处理	立柱柱头和柱脚应未按专项施工方案要求作加强处理，扣5分	对照施工方案，观察立柱柱头和柱脚是否采取了专用传力件、加劲肋等加强措施	

续表

检查评定内容	扣分标准	检查方法	备注
5）当采用附墩托架代替立柱时，托架的附墩连接方式和构造应符合专项施工方案要求。当托架间采用对拉连接时，每根拉杆的预拉力应符合专项施工方案要求；当采取抱箍式连接时，预紧力（矩）应符合专项施工方案要求；当采取预埋锚固方式时，预埋件尺寸和锚固长度应符合专项施工方案规定	托架附墩连接方式和构造不符合专项施工方案和使用说明书的要求，扣10分	对照施工方案以及工具式牛腿的使用说明书，查施工记录确定对拉连接牛腿的每根拉杆的预拉力，或抱箍式牛腿的预紧力（矩）；对预埋锚固式牛腿，观察预埋件尺寸、规格、数量、锚固长度，或查基础浇筑前的隐蔽验收记录	

5.2.8 纵梁和横梁

梁柱式模板支撑架纵梁和横梁如图 5.2.8 所示，其安全检查可按表 5.2.8 执行。

(a)   (b)

图 5.2.8 梁柱式支架纵横梁

（a）桁架式纵梁组；（b）型钢纵梁组

梁柱式模板支撑架纵梁和横梁安全检查表   表 5.2.8

检查项目	纵梁和横梁	本检查子项应得分数	10 分
本检查子项所执行的标准、文件与条款号	《公路工程施工安全技术规范》JTG F90 - 2015 第 5.2.7 条；《铁路混凝土梁支架法现浇施工技术规程》TB 10110 - 2011 第 4.5.5 条		

检查评定内容	扣分标准	检查方法	备注
1）纵梁和横梁的设置位置、间距应符合专项施工方案要求	纵横梁的设置位置、间距不符合专项施工方案要求，扣5分~7分	对照施工方案，查纵、横梁的设置位置、间距（主要查梁的设置数量）是否满足方案设计的规定	
2）在有较大集中荷载的型钢纵梁或横梁支承位置应按专项施工方案的要求设置支承加劲肋	在有较大集中荷载的型钢纵、横梁支承位置未按专项施工方案要求设置支承加劲肋或加劲肋与纵、横梁连接不牢固，扣3分	观察纵梁的跨中集中力作用处以及横梁的支座位置是否设置了加劲肋	
3）型钢纵梁间应设置横向连接系将同跨内全部纵梁连接成整体	型钢纵梁间未设置横向连接系将同跨内全部纵梁连接成整体，扣3分	观察型钢纵梁间是否在上下翼缘之间设置了连接杆件	
4）桁架梁的相邻桁片间应设置通长横向连接系将同跨内全部纵梁连接成整体	桁架梁的相邻桁片间未设置通长横向连接系将同跨内全部纵梁连接成整体，扣5分~7分	观察相邻桁架梁之间是否设置了通长横向连接系	
5）贝雷梁两端及支承位置均应设置通长横向连接系，且其间距不应大于9m	贝雷梁两端及支承位置未设置通长横向连接系，扣10分；通长横向连接系的间距大于9m，扣5分	观察贝雷梁两端及支承位置是否应设置通长横向连接系，并观察通长横向连接系的设置间距是否满足施工方案的规定，以及是否小于9m	
6）当桁架梁支承位置不在其主节点上时，以及在剪力较大的支座附近应按专项施工方案要求设置加强竖杆或V形斜杆对桁架进行加强	当桁架梁支承位置不在其主节点上时，以及在剪力较大的支座附近，未按专项施工方案要求对桁架竖杆或斜杆进行加强，扣5分	对照施工方案，针对支承位置不在主节点上的贝雷梁等桁架梁以及双层贝雷梁、跨度大于12m的贝雷梁，其支座附近是否设置了加强竖杆或V形斜杆等进行抗剪腹杆加强	
7）横梁端部应设置便于纵横梁移除的加长段	横梁端部未设置用于纵横梁移除的加长段，扣5分	观察横梁端部是否设置了用于纵横梁移除的加长段	加长段应伸出梁投影范围1m以上

5.2.9 检查验收

对梁柱式模板支撑架检查验收环节的安全检查可按表 5.2.9 执行。

梁柱式模板支撑架检查验收安全检查表　　　　表 5.2.9

检查项目	检查验收	本检查子项应得分数	10 分
本检查子项所执行的标准、文件与条款号	《现浇混凝土桥梁梁柱式模板支撑架安全技术规范》DBJ 50 - 112 - 2016 第 7.2.1～7.2.3、7.3.1、7.3.2、7.4.1、7.4.2、7.4.3 条;《公路桥涵施工技术规范》JTG/T F50 - 2011 第 5.4.2 条;《公路工程施工安全技术规范》JTG F90 - 2015 第 5.2.7 条		
检查评定内容	扣分标准	检查方法	
1) 在构配件进场、基础完工、架体搭设完成、安全设施安装完成各阶段应进行检查验收,并应形成记录	在构配件进场、基础完工、架体搭设完成、安全设施安装完成各阶段未进行检查验收或无验收记录,扣 10 分	查各个施工阶段的检查验收记录	
2) 基础和架体应按国家现行相关标准要求进行预压	基础和架体未按按国家现行相关标准要求进行预压,扣 10 分	查预压方案,查是否有预压监测记录,预压监测记录是否符合规定	
3) 支撑架搭设完毕、浇筑混凝土前,应办理完工验收手续,并应形成验收记录	在支撑架搭设完毕、浇筑混凝土之前,未办理完工验收手续或无验收记录,扣 10 分	查是否有完工验收记录	
4) 检查验收内容和指标应有量化内容,并应由责任人签字确认	检查验收内容和指标未进行量化或未经责任人签字确认,扣 5 分	查各阶段的验收记录是否有标准规定的量化内容,以及是否将相应责任人签字确认	
5) 验收合格后应在明显位置悬挂验收合格牌	验收合格后未在明显位置悬挂验收合格牌,扣 3 分	观察支架上是否悬挂了验收合格牌	

5.2.10 使用与监测

梁柱式模板支撑架使用与监测安全检查可按表 5.2.10 执行。

梁柱式模板支撑架使用与监测安全检查表　　　　表 5.2.10

检查项目	使用与监测	本检查子项应得分数	10 分
本检查子项所执行的标准、文件与条款号	《现浇混凝土桥梁梁柱式模板支撑架安全技术规范》DBJ 50 - 112 - 2016 第 9.0.10、9.0.13 条		
检查评定内容	扣分标准	检查方法	
1）混凝土浇筑顺序应符合专项施工方案要求	混凝土浇筑顺序不符合安全专项施工方案要求，扣 5 分	观察现场混凝土浇筑顺序，或查混凝土浇筑记录	
2）作业层施工均布荷载、集中荷载应在设计允许范围内	作业层施工均布荷载或集中荷载超过设计允许范围，10 分	观察支架作业层的堆载情况	
3）当浇筑混凝土时，应对混凝土的堆积高度进行控制	当浇筑混凝土时，未对混凝土的堆积高度进行控制，扣 5 分	观察混凝土浇筑过程中的摊铺及时性	
4）支撑架应编制监测监控措施，在架体搭设、钢筋安装、混凝土浇捣过程中及混凝土终凝前后应对基础沉降、模板支撑体系的位移进行监测监控	支撑架未按国家现行相关标准要求编制监测监控措施或未按规定实施监测监控，扣 10 分	查专项方案中是否有监测措施，或查是否编制了专项监测方案；查是否能提供涵盖支架作业层上部施工全过程的监测记录	
5）监测监控应记录监测点、监测时间、工况、监测项目和报警值	监测监控未记录监测点、监测时间、工况、监测项目和报警值，扣 10 分	查监测记录是否提供了足够的信息	

5.2.11　构件连接

　　梁柱式模板支撑架构件连接安全检查可按表 5.2.11 执行。重要部位的连接构造如图 5.2.11 所示。

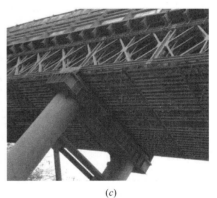

(a)　　　　　　　　　(b)　　　　　　　　　(c)

图 5.2.11　梁柱式支架构件连接

(a) 立柱接长与柱头连接；(b) 立柱焊接；(c) 桁架梁侧限位

梁柱式模板支撑架构件连接安全检查表 表 5.2.11

检查项目	构件连接	本检查子项应得分数	10 分
本检查子项所执行的标准、文件与条款号	《现浇混凝土桥梁梁柱式模板支撑架安全技术规范》DBJ 50-112-2016 第 5.2.7、5.2.9、5.3.1、4.5.5、5.3.4 条		
检查评定内容	扣分标准	检查方法	
1）立柱与基础,立柱与顶部横梁连接部位应接触紧密、连接牢固	立柱与基础或立柱与顶部横梁连接部位接触不紧密或连接不牢固,扣5分	观察立柱与顶底部横梁和基础是否接触紧密	
2）立柱的竖向连接应采用法兰连接,当采用焊接连接时应设置连接板	立柱的竖向连接未采用法兰盘连接或采用焊接时未设置连接板,扣3分	观察立柱的连接方式	
3）连接系、支撑件与纵梁、横梁、立柱间的连接应牢固、可靠,焊接质量应与专项施工方案规定的焊缝等级相匹配	连接系、支撑件与纵梁、横梁、立柱间的连接不牢固,扣5分	观察各部位的焊接外观质量	
4）两根及以上型钢构成的组合梁,应采用垫板、加劲肋将型钢连接成整体	两根及以上型钢构成的组合梁,未采用垫板、加劲肋将型钢连接成整体,扣5分	观察组合型钢梁支架是否设置了垫板、加劲肋	
5）桁架式纵横梁应在支承位置设置侧向限位装置	桁架式纵横梁未在支承位置设置侧向限位装置,扣3分	观察桁架式纵横梁支承位置是否按施工方案设置了焊接角钢等侧向限位装置	
6）倾斜设置的纵梁或横梁支座处应采取可靠的防滑移固定措施	倾斜设置的纵梁或横梁支座处无可靠防滑移固定措施,扣3分~5分	观察倾斜梁体是否在支座处设置了防滑移措施	

5.2.12 安全防护

梁柱式模板支撑架安全防护（图 5.2.12）安全检查可按表 5.2.12 执行。

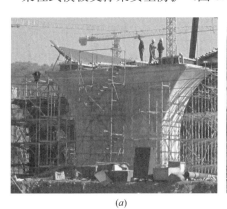

(a) (b)

图 5.2.12 梁柱式支架安全防护

(a) 上下通道及顶部作业平台；(b) 车型门洞防护

梁柱式模板支撑架安全防护安全检查表　　　　表 5.2.12

检查项目	安全防护	本检查子项应得分数	10分

本检查子项所执行的标准、文件与条款号	《现浇混凝土桥梁梁柱式模板支撑架安全技术规范》DBJ 50-112-2016 第 5.4.1、5.4.2、5.4.3、5.4.4 条；《公路桥涵施工技术规范》JTG/T F50-2011 第 16.2.1 条；《公路工程施工安全技术规范》JTG F90-2015 第 5.2.7 条

检查评定内容	扣分标准	检查方法	备注
1) 支撑架顶面四周应设置操作平台，平台铺板应严密、牢固，并应按临边作业要求设置防护栏杆	架体顶面四周未设置操作平台，扣 10 分 平台面未牢固满铺脚手板，扣 5 分 平台外侧未按临边作业要求设置防护栏杆，扣 10 分	观察支撑架顶部是否按照临边作业要求设置了作业平台，作业层铺板、栏杆、挡脚板和密目网是否设置齐全	
2) 支撑架应设置供人员上下的专用通道，通道应与既有结构进行可靠连接	无供人员上下的专用通道，扣 10 分 通道设置不符合国家现行相关标准要求或未与既有结构进行可靠连接，扣 3 分～5 分	观察人员上下作业层是否设置了专用通道，通道是否设置了连墙件	人员可从相邻其他桥跨上下通行除外
3) 支撑架四周的安全区域、围栏、警示标志应符合国家现行相关标准要求	支撑架四周的安全区域、围栏、警示标志不符合国家现行相关标准要求，扣 3 分～5 分	观察周边安全警戒的设置是否齐全	
4) 支撑架下部车行门洞通道应设置顶部全封闭硬防护，并应设置导向、限高、限宽、减速、防撞设施及标识	车行门洞通道未设置顶部全封闭硬防护，扣 5 分；门洞未设置导向、限高、限宽、减速、防撞设施及标识，扣 3 分～5 分	观察车型通道在距离洞门规定距离处是否设置了限高限宽门，导向、减速、防撞设施和相关标识是否满足交通规定，通道顶部是否采取了硬质全封闭	
5) 当支撑架受河水影响时，应采取防冲（撞）击的安全措施	当支撑架可能受河水影响时，无防冲（撞）击的安全措施，扣 5 分	观察水中支架是否设置了防冲撞设施	
6) 起重设备、混凝土输送管、脚手架、物料周转平台等设施不得与支撑架相连接	起重设备、混凝土输送管、脚手架、物料周转平台等设施与支撑架相连接，扣 10 分	观察支架是否与其他施工设施相连	与既有结构连接除外

5.2.13 拆除

梁柱式模板支撑架拆除安全检查可按表 5.2.13 执行。

梁柱式模板支撑架拆除安全检查表 　　　　表 5.2.13

检查项目	拆除	本检查子项应得分数	10 分
本检查子项所执行的标准、文件与条款号	《现浇混凝土桥梁梁柱式模板支撑架安全技术规范》DBJ 50-112 - 2016 第 6.4.1～6.4.9 条；《公路桥涵施工技术规范》JTG/T F50 - 2011 第 5.5.4～5.5.6、15.2.3 条		
检查评定内容	扣分标准	检查方法	
1）支撑架拆除前，应确认混凝土达到拆模强度要求，并应填写拆模申请单，履行拆模审批手续；预应力混凝土结构的支撑架应在建立预应力后拆除	支撑架拆除前未确认混凝土达到拆模强度要求，扣 10 分 支撑架拆除未填写拆模申请单并履行拆模审批手续，扣 3 分 预应力混凝土结构的支撑架在建立预应力前拆除，扣 10 分	对照设计文件规定的支撑架拆除时的混凝土强度要求以及设计文件对拆架顺序的规定，查是否正确填写了拆模申请单，是否履行了拆模审批手续；对预应力混凝土结构，查预应力张拉施工记录，确定支撑架是否是在预应力建立后进行的拆除	
2）支撑架落架应按专项施工方案规定的顺序分阶段循环进行	支撑架落架未按专项施工方案规定的顺序分阶段循环进行，扣 10 分	观察支架卸落顺序是否符合施工方案的规定和有关标准的规定	
3）支撑架拆除前，应设置警戒区，并应设专人监护	支撑架拆除未设置警戒区或无专人监护，扣 5 分	观察拆架过程中是否设置了警戒，是否派专人监护	

5.3 移动模架

5.3.1 移动模架简介

　　移动模架是一种自带模板，在承台或墩柱设置临时支点，以钢结构为主体的梁式移动模架系统，辅之液压电气系统为动力，对桥梁进行现场浇筑的施工机械。

　　移动模架造桥机系统适用于滩涂、峡谷、城市高架桥、跨江、跨海大桥等场地连续梁或简支梁现浇混凝土桥梁的施工。具有周转次数多，施工周期短，施工安全可靠，现场文明简洁，使用移动模架造桥机施工不需要中断桥下交通等特点，与传统的施工方法相比，使用移动模架造桥机减少了辅助设备、减少了人力资源的浪费，既保证了工程质量，又能加快施工进度，具有良好的经济效益。

移动模架造桥机按承重方式可分为上行式和下行式如图 5.3.1 所示。

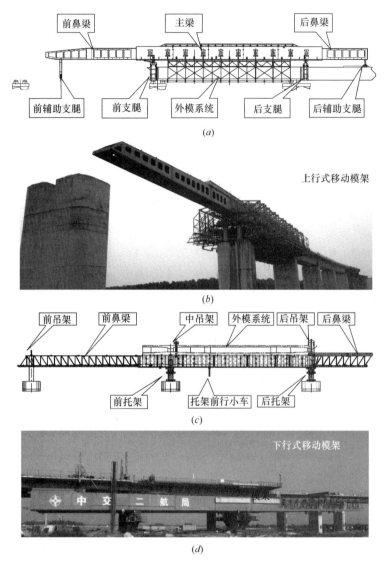

图 5.3.1　移动模架常见形式

（a）常见上行式移动模架平面布置图；（b）上行式移动模架实物图；

（c）常见下行式移动模架平面布置图；（d）下行式移动模架实物图

5.3.2　相关安全技术标准

与移动模架施工安全技术相关的标准主要有：

1.《铁路桥涵工程施工安全技术规程》TB 10303；

2.《公路桥涵施工技术规范》JTG/T F50；

3.《公路工程施工安全技术规范》JTG F90；

4.《钢结构设计标准》GB 50017；

5.《钢结构工程施工质量验收规范》GB 50205；

6.《建筑施工高处作业安全技术规范》JGJ 80；

7. 企业标准，如《移动模架施工技术指南》SHEC/ZB-LQ02（B）等。

5.3.3 迎检需准备资料

为移动模架的安全检查，施工现场需准备的相关资料包括：

1. 移动模架施工专项施工方案（含安装、拆除方案）；

2. 移动模架专项设计文件，包括成套设计图纸、计算书；

3. 专项施工方案审核、审批页与专家论证报告及方案修改回复；

4. 专项施工方案交底记录；

5. 移动模架的质量合格证、产品性能检验报告；

6. 移动模架的使用说明书（或使用手册）；

7. 安装临时结构的验收记录、基础隐蔽验收记录；

8. 各个施工阶段的检查验收记录；

9. 预压方案与预压监测记录；

10. 移动模架安装完毕验收记录。

5.3.4 方案与交底

移动模架方案与交底安全检查可按表5.3.4执行。

移动模架方案与交底安全检查表   表 5.3.4

检查项目	方案与交底	本检查子项应得分数	10 分
本检查子项所执行的标准、文件与条款号	《移动模架施工技术指南》（企业标准 SHEC/ZB-LQ02（B）-2015）第 1.0.6、1.0.7 条；《公路工程施工安全技术规范》JTG F90 附录 A；住建部令第 37 号、建办质 [205] 31 号文		
检查评定内容	扣分标准	检查方法	备注
1）移动模架应编制专项施工方案，并应对临时拼装支架或吊架进行设计	未编制专项施工方案，扣 10 分；未对临时拼装支架或吊架进行设计，扣 10 分；方案编制内容不全或无针对性，扣 3 分～5 分	查安全专项施工方案，并查看方案的针对性，查看相关计算书	
2）当移动模架采用非定型产品时，应进行设计	当移动模架采用非定型产品时，未进行设计，扣 10 分	查非定型移动模架相应设计计算书	

续表

检查评定内容	扣分标准	检查方法	备注
3）专项施工方案应进行审核、审批	专项施工方案未进行审核、审批，扣 10 分	查专项施工方案的审核、审批页是否有施工单位技术、安全等部门以及企业技术负责人审批签字	
4）移动模架专项施工方案应组织专家论证	移动模架专项施工方案未组织专家论证，扣 10 分	查专家论证意见、方案修改回复意见、会议签到表等，确认移动模架安全专项施工方案是否按住建部令第 37 号和建办质〔2018〕31 号文件的规定组织了专家论证	
5）专项施工方案实施前，应进行安全技术交底，并应有文字记录	专项施工方案实施前，未进行安全技术交底，扣 10 分；交底无针对性或无文字记录，扣 3 分～5 分	查是否有安全技术交底记录，记录中是否有方案编制人员或项目技术负责人（交底人）的签字以及现场管理人员和作业人员（接底人）的签字	

5.3.5　模架产品和材质

移动模架产品和材质安全检查可按表 5.3.5 执行。

动模架产品和材质安全检查表　　　　　　表 5.3.5

检查项目	模架产品和材质	本检查子项应得分数	10 分
本检查子项所执行的标准、文件与条款号	《移动模架施工技术指南》企业标准 SHEC/ZB-LQ02（B）-2015 第 3.1.1.1、3.1.1.3、3.1.1.4～3.1.1.6、3.1.2.1、3.2.1.3、3.2.1.4、3.2.2.1～3.2.2.4 条		

检查评定内容	扣分标准	检查方法
1）定型移动模架产品应具有设计制造资质证书、设备出厂合格证	定型移动模架产品无设计制造资质证书或无设备出厂合格证，扣 10 分	查制造厂家是否具备加工制造资质，查设备产品合格证
2）定型移动模架应有设计及安装技术资料以及操作手册等技术文件	定型移动模架无设计及安装技术资料或无操作手册等技术文件，扣 10 分	查移动模架设计技术文件、操作手册
3）非定型移动模架所用的承重构配件和连接件应有质量合格证、材质证明，其品种、规格、型号、材质应符合模架设计要求	非定型移动模架所用的承重构配件和连接件无质量合格证、材质证明，扣 10 分；其品种、规格、型号、材质不符合设计要求，扣 10 分	查构配件质量合格证明，查钢材规格型号及合格证明

续表

检查评定内容	扣分标准	检查方法
4）所采用的液压或卷扬等装置应有产品合格证	所采用的液压或卷扬等装置无产品合格证，扣5分	查液压、卷扬机产品合格证
5）构配件应无显著的变形、锈蚀及外观缺陷	构配件有显著的变形、锈蚀及外观缺陷，扣10分	查移动模架构配件进场验收记录，对有显著变形和锈蚀严重的处理措施

5.3.6 模架结构

移动模架结构安全检查可按表5.3.6执行。

移动模架结构安全检查表　　　　　　　　表5.3.6

检查项目	模架结构	本检查子项应得分数	10分
本检查子项所执行的标准、文件与条款号	《移动模架施工技术指南》企业标准 SHEC/ZB-LQ02（B）-2015 第3.1.2.1；《铁路桥涵工程施工安全技术规程》TB 10303-2009 第7.6.5条		

检查评定内容	扣分标准	检查方法
1）定型移动模架产品及所用构配件应与所施工的混凝土梁各项施工要求相适应	定型移动模架产品及所用构配件与所施工的混凝土梁的各项施工要求不相适应，扣5分	查设计文件中移动模架的相关参数与混凝土梁参数是否相符
2）非定型移动模架的主承重梁的支承位置、间距应符合模架设计要求	非定型移动模架的主承重梁的支承位置、间距不符合模架设计要求，扣5分	查非定型移动模架承重梁支撑位置、间距是否符合模架设计规定
3）非定型移动模架的主承重梁的纵、横向连接的型号位置和连接方式应符合模架设计要求，连接应牢固可靠	非定型移动模架的主承重梁的纵、横向连接的型号位置和连接方式不符合模架设计要求，扣10分；连接不牢固，扣5分	查设计文件，检查纵向、横向链接位置是否符合设计规定、链接可靠
4）下行式模架的托架采用对拉连接时，精轧螺纹钢筋的使用次数不应超过设计要求	下行式模架的托架采用对拉连接时，精轧螺纹钢筋的使用次数超过设计规定，扣10分	下行式模架的托架采用对拉连接时，查现场精轧螺纹钢筋使用记录
5）下行式模架的托架采用非对拉连接安装时，托架位置、构造方式应符合模架设计要求	下行式模架的托架采用非对拉连接安装时，托架位置或构造方式不符合模架设计要求，扣5分	下行式模架的托架采用非对拉连接安装时，检查托架位置、构造是否符合结构模架设计文件要求

5.3.7 安装

移动模架安装安全检查可按表5.3.7执行。

移动模架安装安全检查表 表5.3.7

检查项目	安装	本检查子项应得分数	10分
本检查子项所执行的标准、文件与条款号	《移动模架施工技术指南》企业标准 SHEC/ZB-LQ02（B）-2015 第4.1.7条；《铁路桥涵工程施工安全技术规程》TB 10303-2009 第7.6.5、7.6.6条		
检查评定内容	扣分标准	检查方法	
1）移动模架应按产品操作手册安装，并由移动模架设计制造厂家派专人现场指导安装与调试	移动模架安装未按操作手册进行，扣10分 未在设计制造厂家专人现场指导下进行安装与调试，扣10分	观察拼装方法与流程是否与操作手册一致，设计制造厂家是否派专人现场指导	
2）临时拼装支架地基基础应坚实可靠，架体结构牢固可靠、构造合理，支架搭设材料及构件的质量应符合国家现行相关标准要求	临时拼装支架地基基础不牢固或架体结构不满足牢固可靠、构造合理要求，扣10分 临时拼装支架材料及构件的质量不符合国家现行相关标准要求，扣10分	查看是否有地基承载力验算书、临时支架设计书且是否符合移动模架设计要求；查支架配构件质量合格证	
3）下行式模架的托架采用对拉连接时，张拉精轧螺纹钢筋预拉力应符合设计要求，双螺帽应紧固	托架精轧螺纹钢筋未按设计规定的预拉力进行张拉，扣10分 托架对拉精轧螺纹钢筋未采用双螺帽或螺帽未拧紧，扣10分	对照设计和产品使用说明书，查精轧螺纹钢张拉记录，必要时应对精轧螺纹钢进行试验，并检查是否带双螺帽，螺帽是否紧固	
4）上行式模架后支腿应置于已浇筑梁段腹板中心线上，支承面积应满足模架设计要求	上行式模架后支腿未置于已浇筑梁段腹板中心线上，扣8分；支承面积未进行计算或不满足模架设计要求，扣5分	测量并观察后支腿是置于已浇筑梁段腹板中心线上；计算支撑面面积是否满足移动模架设计要求	
5）模架拼装过程中，支腿托架、主梁、横联应及时连接，防止模架整体失稳	模架拼装过程中，支腿托架、主梁、横联未及时连接，扣5分	观察检查支腿托架、主梁和横梁安装完成后是否及时连接	
6）模架在首孔梁浇筑位置首次安装就位后应按不小于1.2倍施工总载荷进行预压试验，每次重新组装后应按最大施工组合荷载的1.1倍进行模拟荷载试验，检验合格后应由制造厂家和使用单位共同签认，符合移动模架设计要求后方可正式投入使用	模架在首孔梁浇筑位置安装就位后未按规定的荷载进行模拟荷载试验，扣10分	查预压方案，方案是否明确按不小于1.2倍施工总载荷进行预压试验、查是否具有试压过程记录；试压检验合格后是否有签认单，签认单是否有制造厂家和使用单位签单确认厂家和使用单位签单签字确认	

5.3.8 检查验收

移动模架检查验收安全检查可按表 5.3.8 执行。

移动模架检查验收安全检查表　　　　　　　　　　表 5.3.8

检查项目	检查验收	本检查子项应得分数	10 分
本检查子项所执行的标准、文件与条款号	《公路工程施工安全技术规范》JTG F90 - 2015 第 5.2.5 条；《移动模架施工技术指南》企业标准 SHEC/ZB-LQ02（B）- 2015 第 3.3.1.1、3.3.1.2 条；《铁路桥涵工程施工安全技术规程》TB 10303 - 2009 第 7.6.5 条		
检查评定内容	扣分标准	检查方法	
1）移动模架拼装采用的临时支架或吊架施工完成后应办理验收手续	移动模架拼装采用的临时支架或吊架施工完成后未办理验收手续，扣 5 分	查临时支架或吊架验收记录	
2）移动模架进场后，应清点、检查所有部件，并对重点部位焊缝进行无损探伤检测	移动模架进场后，未清点、检查所有部件或未对重点部位焊缝进行无损探伤检测，扣 5 分～7 分	查进场验收记录、探伤记录和探伤报告	
3）采用对拉连接的托架安装前，应对精轧螺纹钢筋、夹具及连接器进行外观检查，并应进行力学试验，合格后方可使用	采用对拉连接的托架安装前，未对精轧螺纹钢筋、夹具及连接器进行外观检查或未进行力学试验，扣 5 分	查精轧螺纹钢检查记录、力学试验报告是否与移动模架设计符合	
4）移动模架拼装完成后应对电路、液压系统的运行情况进行检查	移动模架拼装完成后未对电路、液压系统的运行情况进行检查，扣 3 分	查电路和液压系统检查记录表	
5）移动模架组装后首次使用前应组织设计制造和安装单位共同进行检查验收	移动模架组装后首次使用前未组织设计制造和安装单位共同进行检查验收，扣 10 分	查检查验收记录表，并确认是否有相应负责人签字	
6）过孔前后应对模架的关键部位和支承系统进行全面检查	过孔前后未对模架的关键部位和支承系统进行全面检查，扣 8 分～10 分	查过跨前后检查记录表及是否有相关责任人签字	
7）各阶段检查验收应采用经审批的表格形成记录，并应由相关责任人签字确认	各阶段检查验收未采用经审批的表格形成记录，扣 10 分；未经相关责任人签字确认，扣 5 分	查各阶段检查验收记录表及是否有相应负责人签字	
8）验收合格后应在明显位置悬挂验收合格牌	验收合格后未在明显位置悬挂验收合格牌，扣 3 分	观察移动模架上是否悬挂了验收合格牌	

5.3.9　模架过孔

移动模架过孔安全检查规定可按表 5.3.9 执行。

移动模架过孔安全检查表　　　　　　　表 5.3.9

检查项目	模架过孔	本检查子项应得分数	10 分
本检查子项所执行的标准、文件与条款号	《铁路桥涵工程施工安全技术规程》TB 10303 - 2009 第 7.6.7 条；《移动模架施工技术指南》SHEC/ZB-LQ02（B）- 2015 第 7.4.4 条		

检查评定内容	扣分标准	检查方法
1）移动模架过孔应在梁体预应力初张拉完成后方可进行	移动模架在梁体预应力初张拉完成前进行过孔操作，扣 10 分	找相关责任技术员确认并查张拉数据表
2）模架打开过孔前应确认电路、油路运行正常，并应解除所有影响模架位移的约束	移动模架在梁体初张拉完成前进行过孔操作，扣 10 分	查过孔前安全检查表
3）模架纵向移动时两侧的承重主梁应保持同步	模架纵向移动时两侧的承重主梁不同步，扣 8 分～10 分	记录并观察纵推油缸行程，判断每次纵推油缸是否同时推出
4）模架横向开启及合拢过程中，左右两侧模架、同侧模架前后端均应保持同步	模架横向开启及合拢过程中，左右两侧模架或同侧模架前后端不同步，扣 8 分～10 分	记录并观察开合模油管行程数量
5）纵移到最后 1m 时，应按点动按钮前进	纵移到最后 1m 时，未按点动按钮前进，扣 10 分	观察主梁纵移速度，观察操控人员的操作
6）移动模架应有可靠的纵向过孔限位和制动装置	移动模架无可靠的纵向过孔限位和制动装置，扣 10 分	查过孔前安全检查表并到相应部位检查实物
7）移动模架过孔后应及时将外模系统合拢，并应将支腿吊架、主梁、横联及时连接	移动模架过孔后未及时将外模系统合拢或未将支腿吊架、主梁、横联及时连接，扣 8 分～10 分	到相应部位检查实物
8）移动模架安装完成或纵移定位后，支撑主梁的油缸应处于锁定状态	移动模架安装完成以及纵移定位后，支撑主梁的油缸未处于锁定状态，扣 10 分	到相应部位检查实物并查安全检查表
9）移动模架在过孔时的抗倾覆稳定系数不应小于 1.5	移动模架在过孔时的抗倾覆稳定系数小于 1.5，扣 10 分	查设计计算书并检查现场模架工况是否符合设计要求

5.3.10 使用与监测

移动模架使用与监测安全检查规定可按表 5.3.10 执行。

移动模架使用与监测安全检查表 表 5.3.10

检查项目	使用与监测	本检查子项应得分数	10 分
本检查子项所执行的标准、文件与条款号	《移动模架施工技术指南》企业标准 SHEC/ZB-LQ02（B）- 2015 第 6.6.4.2、6.7.2、6.7.3、6.7.4 条		
检查评定内容	扣分标准	检查方法	
1）移动模架使用前，应在显著位置悬挂移动模架安全使用规程	移动模架使用前，未在显著位置悬挂移动模架安全使用规程，扣 5 分	检查是否悬挂移动模架安全使用规程	
2）移动模架移动过孔时，应对模架的运行状态进行监控	移动模架移动过孔时，未对模架的运行状态进行监控，扣 5 分	检查监控记录	
3）浇筑混凝土时，应对承重主梁变形进行监测，并应形成监测记录	浇筑混凝土时，未对承重主梁变形进行监测或无监测记录，扣 5 分	检查监测记录，并确认是否有相关责任人签字	
4）模架中的动力和照明线路应由专业人员敷设，并应定期检查清理，消除短路、漏电等隐患	模架中的动力和照明线路未经专业人员敷设或未定期检查清理，扣 3 分	查施工记录和定期检查记录，并落实是否有专职责任人签字	
5）移动模架浇筑作业面上的施工荷载应在模架设计允许范围内	浇筑作业面上的施工荷载超过设计规定，扣 10 分	结合移动模架设计书规定，检查现场移动模架浇筑作业面上施工载荷	
6）混凝土浇筑应由悬臂端向已浇筑梁端进行，左右两侧腹板及翼缘混凝土对称下料，以保证主梁结构受力均匀，变形一致	混凝土浇筑未按规定顺序进行，扣 5 分	现场检查混凝土浇筑顺序	
7）风力大于 6 级时，不得进行移动模架施工作业，所有支腿均应处于锚固和锁定状态，外模板应闭合	风力达到 6 级以上时，未停止移动模架作业，扣 10 分；未将所有支腿均置于锚固和锁定状态或外模板未闭合，扣 5 分	关注天气预报观察是否存在顶风作业情况，并现场检查模架状态	
8）移动模架现场使用单位应对其安全技术资料建立安全技术档案	移动模架现场使用单位未对其安全技术资料建立安全技术档案，扣 3 分～5 分	检查移动模架安全技术档案	

5.3.11　安全防护

移动模架安全防护安全检查可按表 5.3.11 执行。

移动模架安全防护安全检查表　　　　表 5.3.11

检查项目	安全防护	本检查子项应得分数	10 分
本检查子项所执行的标准、文件与条款号	《铁路桥涵工程施工安全技术规程》TB 10303 - 2009 第 7.6.2、7.6.3、7.6.12 条；《建筑施工高处作业安全技术规范》JGJ 80 - 2016 第 4.1、4.3、7.2 节		
检查评定内容	扣分标准	检查方法	
1）移动模架上部两侧应设置人行道和防护栏杆，并应在两个端头应增加防护栏杆	移动模架上部两侧未设置人行道和防护栏杆，扣 10 分；未在两个端头设置防护栏杆，扣 5 分	检查移动模架上部两侧是否设置人行通道和栏杆、两个端头是否增加栏杆及安全网	
2）设置的操作平台应满铺脚手板，并应设置防护栏杆、挡脚板和安全立网	操作平台未牢固满铺脚手板，扣 5 分　操作平台未设置防护栏杆，扣 10 分；防护栏杆未设置挡脚板和安全立网，扣 5 分	检查操作平台上是否满铺脚手板、是否设置栏杆、挡脚板和安全立网	
3）跨（临）铁路、道路、航道的移动模架下部应设置能防止穿透的防护棚	跨（临）铁路、道路、航道的移动模架下部未设置能防止穿透的防护棚，扣 5 分	现场检查跨（临）铁路、道路、航道的移动模架下方是否设置防穿透防护棚	
4）起重设备、混凝土输送管、上下通道等设施不得与移动模架相连接	起重设备、混凝土输送管、上下通道等设施与移动模架相连接，扣 3 分	专人随时巡查，检查起重设备、混凝土输送管、上下通道等设施移动模架相是否连接	
5）移动模架施工时，应设置防护区并设置明显的警示标志	移动模架施工时，未设置防护区和明显的警示标志，扣 2 分	检查是否设置防护区及警示标志	
6）移动模架应有风速仪、避雷针和防风锚定设施	移动模架未配备风速仪、避雷针和防风锚定设施，每缺一项扣 2 分	检查是否安装风速仪、避雷针和防风锚定设施，并监测上述设施是否有效运行	

5.3.12　通道

移动模架通道安全检查规定可按表 5.3.12 执行。

移动模架通道安全检查表 表 5.3.12

检查项目	通道	本检查子项应得分数	10 分
本检查子项所执行的标准、文件与条款号	《建筑施工高处作业安全技术规范》JGJ 80 - 2016 第 5.1.1 条		
检查评定内容	扣分标准	检查方法	
1) 移动模架应设置人员上下的专用通道	无人员上下的专用通道,扣 10 分	检查人员上下的专用通道	
2) 专用通道应与墩身做可靠连接	通道设置不符合国家现行相关标准要求或未与墩身做可靠连接,扣 5 分	检查通道是否与墩身可靠连接	

5.3.13 拆除

移动模架拆除安全检查规定可按表 5.3.13 执行。

移动模架拆除安全检查表 表 5.3.13

检查项目	拆除	本检查子项应得分数	10 分
本检查子项所执行的标准、文件与条款号	《铁路桥涵工程施工安全技术规程》TB 10303 - 2009 第 7.6.10 条,《移动模架施工技术指南》企业标准 SHEC/ZB-LQ02（B）- 2015 第 8.1.1~8.1.6 条		
检查评定内容	扣分标准	检查方法	
1) 移动模架拆除前,应设置围栏和警戒标志,并应派专人监护	模架拆除前,未设置围栏和警戒标志或未派专人监护,扣 3 分~5 分	检查警戒标志是否设置,专业监护人员是否到位	
2) 移动模架拆除应在不带电的状态下进行	移动模架拆除在带电的状态下进行,扣 10 分	模架拆除时,现场观察线缆是否拆除完毕	
3) 移动模架拆除应对称进行,防止整体结构失衡失稳	移动模架拆除未对称进行,扣 10 分	监督拆除是否进行对称拆除	
4) 拆除主梁等大型构件前,应采取增设缆风绳、临时支撑等措施,防止倾覆	拆除主梁等大型构件前,未采取增设缆风绳、临时支撑等措施,扣 5 分	检查缆风绳、临时支撑等措施是否安装并有效	
5) 拆下的构件应堆放稳定,防止倾翻伤人	拆下的构件堆放不稳定,扣 10 分	观察拆下的构件是否存在堆放不稳、超高等情况	

5.4 悬臂施工挂篮

5.4.1 悬臂施工挂篮构造

悬臂施工挂篮是一个能沿主梁顺桥向移动的承重结构，其锚固悬挂在已施工的梁段上或者其他构件上，并可进行空间位置的微调。在挂篮上可进行梁段的模板、钢筋、预应力管道的安装，并浇筑混凝土、张拉预应力及灌浆。完成一个节段的施工循环后，即可前移并重新固定，进行下一主梁节段的施工。

挂篮主要结构由主受力桁架、吊挂系统、走行系统、模板及安全防护施工平台部分组成，如图5.4.1所示。

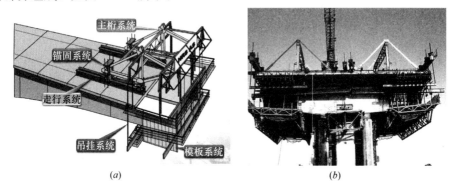

(a) (b)

图 5.4.1 挂篮系统

(a) 挂篮结构示意图；(b) 挂篮实例图（有轨道三角式）

5.4.2 相关安全技术标准

与悬臂挂篮施工安全技术相关的标准主要有：

1.《桥梁悬臂浇筑施工技术标准》CJJ/T 281；

2.《公路桥涵施工技术规范》JTG/T F50；

3.《公路工程施工安全技术规范》JTG F90；

4.《铁路桥涵工程施工安全技术规程》TB 10303；

5.《钢结构施工质量验收规范》GB 50205；

6. 相关企业标准，如中铁大桥局（集团）股份公司的企业标准《预应力混凝土连续梁施工》QB/MBEC1002。

5.4.3 迎检需准备资料

为配合悬臂施工挂篮安全检查，施工现场需准备的相关资料包括：

1. 挂篮安装专项施工方案（含拆除方案）；

2. 挂篮专项设计文件，包括成套设计图纸、计算书；

3. 专项施工方案审核、审批页与专家论证报告及方案修改回复；

4. 专项施工方案实施前安全技术交底记录；

5. 挂篮构配件的质量合格证、产品性能检验报告以及材料进场验收记录、挂篮拼装记录；

6. 挂篮所采用的钢吊带或吊杆（含销轴）无损探伤检测记录；

7. 挂篮行专项操作指导书；

8. 各类预埋件隐蔽验收记录；

9. 各个施工阶段的检查验收记录；

10. 挂篮施工监测记录；

11. 挂篮完工验收记录。

5.4.4　方案与交底

悬臂施工挂篮方案与交底的安全检查可按表 5.4.4 执行。

悬臂施工挂篮方案与交底安全检查表　　　　　表 5.4.4

检查项目	方案与交底	本检查子项应得分数	10 分
本检查子项所执行的标准、文件与条款号	《桥梁悬臂浇筑施工技术标准》CJJ/T 281－2018 第 3.0.1、3.0.2、5.1.5 条；《公路工程施工安全技术规范》JTG F90－2015 第 3.0.2、3.0.5 条、附录 A；住房城乡建设部令第 37 号、建办质〔2018〕31 号		

检查内容	扣分标准	检查方法
1）挂篮施工前应编制专项施工方案	未编制专项施工方案，扣 10 分	查是否编制了挂篮安全专项施工方案，并查看方案的内容及针对性
2）挂篮施工前应编制完整的设计文件，并应对挂篮结构、构件和附属设施进行设计，图纸和计算书应齐全	未编制设计文件，扣 10 分 未对挂篮结构、构件和附属设施进行设计，扣 10 分 设计文件中图纸或计算书不齐全，扣 3 分～5 分	查挂篮的整套设计文件，挂篮设计图纸是否齐全；查有计算书，计算书中是否对挂篮结构、构件进行计算
3）专项施工方案应进行审核、审批	专项施工方案未进行审核、审批，扣 10 分	查专项施工方案的审核、审批页是否有施工单位技术、安全等部门以及企业技术负责人审批签字

续表

检查内容	扣分标准	检查方法
4) 悬臂浇筑挂篮专项施工方案应组织专家论证	专项施工方案未组织专家论证，扣10分	查专家论证意见、方案修改回复意见、会议签到表等，确认挂篮安全专项施工方案是否按住建部令第37号和建办质〔2018〕31号文件的规定组织了专家论证
5) 专项施工方案实施前，应进行安全技术交底，并应有文字记录	专项施工方案实施前，未进行安全技术交底，扣10分；交底无针对性或无文字记录，扣3分～5分	查是否有安全技术交底记录，记录中是否有方案编制人员或项目技术负责人（交底人）的签字以及现场管理人员和作业人员（接底人）的签字

5.4.5　构配件和材质

悬臂施工挂篮构配件和材质的安全检查可按表5.4.5执行。

悬臂施工挂篮配件和材质安全检查表　　　　　　表5.4.5

检查项目	构配件和材质	本检查子项应得分数	10分
本检查子项所执行的标准、文件与条款号	《桥梁悬臂浇筑施工技术标准》CJJ/T 281－2018 第4.3.1、4.5.1、5.3.1条；《钢结构焊接规范》GB 50661－2011 第8.3.3条		

检查内容	扣分标准	检查方法
1) 挂篮所用的承重构配件和连接件应有质量合格证、材质证明，其品种、规格、型号、材质应符合挂篮设计要求	挂篮所用的承重构配件和连接件无质量合格证、材质证明，扣10分 构配件和连接件品种、规格、型号、材质不符合挂篮设计要求，扣10分	查挂篮各类构配件是否具有质量合格证、产品性能检验报告，并查构配件及原材料进场验收记录，核查型钢、销轴等产品信息是否符合架体方案设计中规定的品种、规格、型号、材质
2) 挂篮所采用的钢吊带或吊杆（含销轴）应进行无损探伤检测，并出具合格证明	挂篮所采用的钢吊带或吊杆（含销轴）无无损探伤检测记录，扣5分	查是焊缝无损探伤检测报告
3) 挂篮所采用的液压或卷扬等装置应有产品合格证	挂篮所采用的液压或卷扬等装置无产品合格证，扣10分	查挂篮相应的配套机械设备是否符合专项施工方案的要求，查产品合格证
4) 挂篮承力主体结构构件、连接件严禁存在显著的扭曲和侧弯变形、严重超标的挠度以及严重锈蚀剥皮等严重缺陷。	主体结构构件、连接件有显著的变形、严重超标的挠度或严重锈蚀剥皮等缺陷，扣10分	查材料构配件进场验收记录，并全数目测挂篮构配件的外观检查是否扭曲和侧弯变形、严重超标的挠度以及严重锈蚀剥皮等

5.4.6 加工制作

挂篮加工制作安全检查可按表5.4.6执行。其中，悬臂施工挂篮预拼现场如图5.4.6所示。

图5.4.6 挂篮预拼实例图

悬臂施工挂篮加工制作安全检查表 表5.4.6

检查项目	加工制作	本检查子项应得分数	10分
本检查子项所执行的标准、文件与条款号	《桥梁悬臂浇筑施工技术标准》CJJ/T 281-2018第5.1.1、5.1.2、5.2.1~5.2.8、5.4.1、5.4.2、5.5.5、6.2.2、6.2.3条；《公路工程施工安全技术规范》JTG F90-2015第8.11.4条；《公路桥涵施工技术规范》JTG/T F50-2011第16.5.1条		

检查内容	扣分标准	检查方法
1）挂篮各部件加工完成后应进行试拼装，并应形成拼装记录	挂篮各部件加工完成后未进行试拼装，扣10分；无拼装记录，扣5分	查挂篮拼装记录，记录中要写明拼装结果
2）挂篮采用螺栓连接进行拼装时，严禁对螺栓孔进行切割扩孔	挂篮采用螺栓连接进行拼装时对螺栓孔进行切割扩孔，扣5分	查挂篮的螺栓连接处螺栓孔是否与挂篮设计图一致，如有改动时，是否有相关设计文件说明
3）挂篮制作完成后应经厂家自检合格，并应出具合格证	挂篮制作完成后未经厂家自检合格并出具合格证，扣10分	查挂篮出厂合格证，且查合格证日期，明确挂篮是新制还是周转设施
4）挂篮焊接各部位焊缝应饱满，焊药应清除干净，不得有未焊透、夹砂、咬肉、裂纹等缺陷	挂篮焊接各部位焊缝有焊接缺陷，每处扣3分	查挂篮的出厂合格证及无损探伤文件，在施工现场对焊缝可按《钢结构焊接规范》GB 50661-2011进行检查

续表

检查内容	扣分标准	检查方法
5）螺栓连接或销接处应连接紧密，螺栓应上足拧紧，销轴端头应安装保险销	挂篮螺栓连接或销接连接不牢固，每处扣 3 分	复查螺栓连接或销接处是否连接紧密，螺栓是否上足拧紧，销轴端头是否安装保险销

5.4.7　挂篮结构

悬臂施工挂篮结构安全检查可按表 5.4.7 执行。

悬臂施工挂篮结构安全检查表

表 5.4.7

检查项目	挂篮结构	本检查子项应得分数	10 分
本检查子项所执行的标准、文件与条款号	《桥梁悬臂浇筑施工技术标准》CJJ/T 281-2018 第 4.1.2、4.1.4、4.1.5 条；《公路桥涵施工技术规范》JTG/T F50-2011 第 16.5.1、16.5.3 条		

检查内容	扣分标准	检查方法
1）挂篮的总重量应控制在设计规定限重之内	挂篮的总重量超出设计规定的限重范围，扣 10 分	查挂篮设计文件，看其总重是否控制在设计规定限重之内
2）挂篮的主桁架间应按设计要求设置具有足够刚度的横联	挂篮的主桁架间横联的设置不符合设计要求，扣 10 分	查挂篮设计文件是否有横联，并检查挂篮计算书中的稳定性分析是否满足要求，观察施工现场是否按挂篮设计文件要求设置了横联
3）连续梁采用挂篮进行悬浇施工时，应设置墩梁临时固结装置	连续梁墩顶梁段采用挂篮进行悬浇施工时，未设置墩梁临时固结装置，扣 10 分	查墩顶是否按桥梁设计文件要求设置了墩梁临时固结装置
4）采用挂篮浇筑主梁 0 号段及相邻梁段浇筑施工时，采用的支架系统应牢固可靠、构造合理，支架搭设材料及构件的质量应符合国家现行相关标准要求	采用挂篮浇筑主梁 0 号段及相邻梁段浇筑施工时，采用的支架系统构造不合理、不牢靠，扣 10 分；辅助支架搭设材料及构件的质量不符合国家现行相关标准要求，扣 10 分	查主梁 0 号段及相邻梁段的专项施工方案，并检查其采用的支架系统是否按专项施工方案实施；并核查辅助支架搭设材料及构件的外观质量，查材料合格证及复检报告
5）挂篮悬臂端最大变形不应超过 20mm	挂篮悬臂端最大变形超过 20mm，扣 10 分	查是挂篮设计文件中，挂篮变形计算是否在 20mm 以内，并检查挂篮预压记录，是否与设计文件一致

续表

检查内容	扣分标准	检查方法
6）采用精轧螺纹钢筋作为吊杆时，必须使用双螺帽锁紧	采用精轧螺纹钢筋作为吊杆时，未使用双螺帽锁紧，扣10分	现场检查精轧螺纹钢吊杆是否采用双螺帽锁紧
7）挂篮的行走装置、锚固装置应按设计规定的位置和方式进行设置	挂篮的行走装置、锚固装置设置的位置和方式不符合设计要求，扣10分	查挂篮设计文件，检查挂篮的行走装置、锚固装置是否符合设计要求
8）挂篮在梁段混凝土浇筑及行走时的抗倾覆安全系数、自锚固系统的安全系数、斜拉水平限位系统的安全系数以及上下水平限位的安全系数，均不应小于2	挂篮在梁段混凝土浇筑及行走时的抗倾覆安全系数、自锚固系统的安全系数、斜拉水平限位系统的安全系数以及上下水平限位的安全系数，任何一项小于2，扣10分	查挂篮设计文件，混凝土浇筑及行走时的抗倾覆安全系数、自锚固系统的安全系数、斜拉水平限位系统的安全系数以及上下水平限位的安全系数是否大于2

5.4.8 行走与锚固

悬臂施工挂篮行走与锚固安全检查可按表5.4.8执行。

悬臂施工挂篮行走与锚固安全检查表 表5.4.8

检查项目	行走与锚固		本检查子项应得分数	10分
本检查子项所执行的标准、文件与条款号	《桥梁悬臂浇筑施工技术标准》CJJ/T 281 - 2018 第4.6.3～4.6.7、6.1.4、6.4.1～6.4.4、6.5.1、6.5.3条；《公路工程施工安全技术规范》JTG F90 - 2015 第8.11.4条；《公路桥涵施工技术规范》JTG/T F50 - 2011 第16.5.4条；《铁路桥涵工程施工安全技术规程》TB 10303 - 2009 第7.3.6条			
检查内容	扣分标准		检查方法	
1）挂篮行走应制定专项操作指导书	挂篮行走无专项操作指导书，扣5分		查挂篮行走专项操作指导书或操作规程等指导性文件	
2）挂篮滑道或轨道应铺设平顺，限位器应设置牢固	滑道或轨道铺设不平顺，扣5分；滑道或轨道未设置限位器或限位器设置不牢固，扣10分		现场检查挂篮道或轨道是否铺设平顺，限位器是否设置牢固	
3）挂篮移动前，应解除所有吊挂系统和模板系统的约束，完成悬吊系统的转换	挂篮移动前未解除所有吊挂系统和模板系统的约束并完成悬吊系统的转换，扣10分		对照挂篮行走专项操作指导书，挂篮移动前，查是否解除所有吊挂系统和模板系统的约束，确认是否完成了悬吊系统的转换	

201

续表

检查内容	扣分标准	检查方法
4）挂篮移动前，应完成锚固体系的可靠转换，并应设置临时锚固等保险措施	挂篮移动前，未完成锚固体系的可靠转换或无保险措施，扣10分	挂篮移动前，对照挂篮行走专项操作指导书，查是否完成锚固体系的可靠转换，是否设置了临时锚固等保险措施
5）挂篮行走前应检查行走系统、吊挂系统和模板系统，并应形成检查记录	挂篮行走前未检查行走系统、吊挂系统和模板系统或无检查记录，扣10分	查挂篮行走前检查记录
6）墩两侧挂篮应对称、平稳移动	墩两侧挂篮移动不对称或不平稳，扣5分	对照挂篮行走专项操作指导书，在挂篮行走过程中观察挂篮是否对称平稳移动
7）挂篮行走速度不应超过0.1m/min	挂篮行走速度超过0.1m/min，扣5分	对照挂篮行走专项操作指导书，在挂篮行走过程中，用油漆在主桁架上标出刻度线，观察计算挂篮行走速度
8）挂篮移动过程中应设置防倾覆装置	挂篮移动过程中未设置防倾覆装置，扣10分	在挂篮行走过程中，对照挂篮行走专项操作指导书，查是否设置了挂篮防倾覆装置
9）挂篮行走到位后应及时锚固，锚固点应设置醒目标志	挂篮行走到位后未及时锚固，扣5分	在挂篮行走到位后，对照挂篮行走专项操作指导书，观察其后锚是否及时锚固，是否设置了醒目的提醒标志

5.4.9　检查验收

悬臂施工挂篮检查验收的安全检查可按表5.4.9执行。

悬臂施工挂篮检查验收安全检查表　　　　　　　　表5.4.9

检查项目	检查验收	本检查子项应得分数	10分
本检查子项所执行的标准、文件与条款号	《桥梁悬臂浇筑施工技术标准》CJJ/T 281-2018第6.1.1、6.3.1、6.3.2、6.5.5条；《铁路桥涵工程施工安全技术规程》TB 10303-2009第7.3.2、7.3.3、7.3.4条；《公路工程施工安全技术规范》JTG F90-2015第8.11.4条；《公路桥涵施工技术规范》JTG/T F50-2011第16.5.1条		
检查内容	扣分标准	检查方法	
1）挂篮设备进场时应对各构件规格、型号、尺寸、数量、外观质量和配件及专用工具的配备进行检查验收	挂篮设备进场时未对各构件规格、型号、尺寸、数量、外观质量和配件及专用工具的配备进行检查验收，扣10分	查材料设备及工具等进场检查验收记录	

检查内容	扣分标准	检查方法
2）采用挂篮浇筑主梁 0 号段及相邻梁段浇筑施工时，采用的支架系统施工完成后应办理验收手续	墩顶 0 号段及相邻两端浇筑施工时，采用的支架系统施工完成后未办理验收手续，扣 5 分	查支架系统验收记录及负责人签字是否齐全
3）挂篮拼装完成后，应办理完工验收手续，全面检查其制作和安装质量	挂篮拼装完成后未办理完工验收手续，扣 10 分	查拼装验收记录及负责人签字是否齐全
4）挂篮现场首次组拼后，应按不小于 1.2 倍施工总荷载进行模拟荷载试验，每次重新组装后应按最大施工组合荷载的 1.1 倍进行模拟荷载试验，检验合格后应由制造厂家和使用单位共同签认，符合挂篮设计要求后方可正式投入使用	挂篮现场组拼后，未按规定进行模拟荷载试验，扣 10 分	查模拟荷载试验记录以及记录中是否有厂家和使用单位的共同签认记录
5）挂篮行走到位固定后，浇筑混凝土前应检查锚固系统、吊挂系统和模板系统	挂篮行走到位固定后浇筑混凝土前未检查锚固系统、吊挂系统和模板系统，扣 5 分	观察挂篮走形到位后，浇筑混凝土之前是否有锚固系统、吊挂系统和模板系统安全检查记录
6）各阶段检查验收应采用经审批的表格形成记录，并应由相关责任人签字确认	各阶段检查验收未采用经审批的表格形成记录，扣 10 分；未经相关责任人签字确认扣 5 分	查验收表格是否统一，表格是否审批，是否有相关负责人签字确认
7）挂篮验收合格后应在明显位置悬挂验收合格牌	挂篮验收合格后未在明显位置悬挂验收合格牌的，扣 3 分	查明显位置处悬挂验收合格标志牌

5.4.10 使用与监测

悬臂施工挂篮使用与监测的安全检查可按表 5.4.10 执行。

悬臂施工挂篮使用与监测安全检查表　　　表 5.4.10

检查项目	使用与监测	本检查子项应得分数	10分
本检查子项所执行的标准、文件与条款号	《桥梁悬臂浇筑施工技术标准》CJJ/T 281-2018 第 6.1.2、3.0.7、6.1.3、7.2.8、10.0.2、10.0.4 条；《铁路桥涵工程施工安全技术规程》TB 10303-2009 第 7.3.1、7.3.3 条、《公路工程施工安全技术规范》JTG F90-2015 第 8.11.4 条、《公路桥涵施工技术规范》JTG/T F50-2011 第 16.5.4 条		

检查内容	扣分标准	检查方法
1）挂篮使用中，千斤顶、滑道、手拉葫芦、钢丝绳、保险绳、后锚固筋及连接器等应完好可靠	挂篮使用中，千斤顶、滑道、手拉葫芦、钢丝绳、保险绳、后锚固筋及连接器等未处于完好的状态，每项扣 5 分	检查挂篮使用中各类小型设备安全检查记录
2）挂篮使用前，应在显著位置悬挂挂篮安全使用规程	挂篮使用前，未在显著位置悬挂挂篮安全使用规程，扣 5 分	观察显著位置是否悬挂了挂篮安全使用规程
3）混凝土应对称、平衡地浇筑，两悬臂端挂篮上的荷载不平衡偏差不应超过设计规定，并应控制同一挂篮轴线两侧的荷载均衡	两悬臂端挂篮上的荷载不平衡偏差超过设计规定，扣 10 分	查挂篮专项施工方案及混凝土浇筑施工记录，核查挂篮施工荷载是否在浇筑中对称、平衡
4）混凝土浇筑应按从悬臂端向已完梁段的顺序分层浇筑	混凝土未按从悬臂端向已完梁段的顺序分层浇筑，扣 3 分	检查挂篮专项施工方案及混凝土浇筑记录，是否为从悬臂端向已完梁段的顺序分层浇筑
5）挂篮浇筑作业面上的施工荷载应在挂篮设计允许范围内	挂篮浇筑作业面上的施工荷载超过挂篮设计规定，扣 10 分	检查挂篮专项施工方案是否有对施工荷载的规定，并检查施工作业平台上是否有荷载限重标志
6）挂篮使用过程中应对挂篮各部位的变形进行监测，并应形成监测记录	挂篮使用过程中未对挂篮各部位的变形进行监测或无检测记录，扣 10 分	检查挂篮监测记录
7）严禁在精轧螺纹钢筋吊杆上进行电焊、搭火作业	在精轧螺纹钢筋吊杆上进行电焊、搭火作业，扣 10 分	检查精轧螺纹钢吊杆是否进行了专门的保护
8）挂篮行走过程中，构件上严禁站人	挂篮行走过程中，构件上站人，每人次扣 5 分	检查挂篮行走专项操作指导书是否有此项要求及说明，并现场观察是否有此行为
9）雨雪天或风力超过挂篮设计移动风力时，不得移动挂篮	恶劣天气情况下进行挂篮移动，扣 10 分	检查挂篮行走专项操作指导书是否有此项要求，查恶劣天气下是否进行挂篮移动操作
10）施工现场应建立挂篮的安全技术档案	施工现场未建立挂篮的安全技术档案，扣 5 分	检查使用单位是否建立了挂篮的安全技术档案

5.4.11 预留预埋

悬臂施工挂篮预留预埋的安全检查可按表 5.4.11 执行。

悬臂施工挂篮预留预埋安全检查表　　　　　　表 5.4.11

检查项目	预留预埋	本检查子项应得分数	10 分
本检查子项所执行的标准、文件与条款号	《公路桥涵施工技术规范》JTG/T F50-2011 第 16.5.1 条		
检查内容	扣分标准	检查方法	
1）预留孔数量、位置、尺寸应符合专项施工方案要求	预留孔数量、位置、尺寸不符合专项施工方案要求，每处扣5分	检查挂篮设计文件是否有预留孔详细设计图，并现场确认是否按专项施工方案要求设置	
2）预埋件型号、位置、标高应符合专项施工方案要求	预埋件型号、位置、标高不符合专项施工方案要求，每处扣5分	检查挂篮设计文件是否有预埋件详细设计图，并现场确认是否按专项施工方案要求设置	

5.4.12 安全防护

悬臂施工挂篮安全防护详见图 5.4.12，其安全检查可按表 5.4.12 执行。

（a）　　　　　　　　　　　　　　　　　（b）

图 5.4.12　安全防护实例图

（a）挂篮全封闭；（b）挂篮跨路防护棚

悬臂施工挂篮加工制作安全检查表　　　　表5.4.12

检查项目	安全防护	本检查子项应得分数	10分
本检查子项所执行的标准、文件与条款号	《桥梁悬臂浇筑施工技术标准》CJJ/T 281－2018第10.0.1、10.0.7、10.0.8条;《铁路桥涵工程施工安全技术规程》TB 10303－2009第7.3.3、7.3.8条、《公路桥涵施工技术规范》JTG/T F50－2011第16.5.1、16.5.4条		

检查内容	扣分标准	检查方法
1）挂篮临边作业处应设置稳固的操作平台	挂篮临边作业处未设置操作平台,扣10分;操作平台不稳固,扣5分	查挂篮各临边悬空作业部位,是否设置了操作平台,并检查平台构件及连接部位的可靠性
2）操作平台应满铺防滑板,并应固定牢固	操作平台未牢固满铺防滑板,扣5分	检查挂篮操作平台是否满铺防滑板,是否牢固
3）操作平台应设置防护栏杆、挡脚板和安全立网	操作平台未设置防护栏杆,扣10分;防护栏杆未设置挡脚板和安全立网,扣5分	对照JGJ 80－2016的临边防护栏杆构造要求,观察操作平台是否正确设置了栏杆、挡脚板及安全立网
4）上下操作平台间梯道应牢固,并应保持畅通	上下操作平台间未设置梯道,扣10分;梯道设置不牢固或不畅通,扣5分	检查挂篮各平台之间是否设置了安全通道并畅通无障碍物
5）跨（临）铁路、道路、航道的挂篮下部应设置能防止穿透的防护棚	跨（临）铁路、道路、航道的挂篮下部未设置能防止穿透的防护棚,扣5分	现场观察挂篮底模是否全封闭,是否设置跨路防护棚
6）起重设备、混凝土输送管、脚手架、物料周转平台等设施不得与挂篮相连接	起重设备、混凝土输送管、脚手架、物料周转平台等设施与挂篮相连接,扣10分	现场观察挂篮是否与其他施工机械、设备相连接

5.4.13　拆除

悬臂施工挂篮拆除的安全检查可按表5.4.13执行。

悬臂施工挂篮拆除安全检查表　　　　　表 5.4.13

检查项目	拆除	本检查子项应得分数	10分
本检查子项所执行的标准、文件与条款号	《桥梁悬臂浇筑施工技术标准》CJJ/T 281－2018 第 5.1.3、5.1.5、5.6.1 条；《铁路桥涵工程施工安全技术规程》TB 10303－2009 第 7.3.3 条		
检查内容	扣分标准	检查方法	
1）挂篮拆除前，专项施工方案编制人员或项目技术负责人应向现场管理人员和作业人员进行安全技术交底	挂篮拆除前未向现场管理人员和作业人员进行安全技术交底，扣 10 分	查挂篮拆除专项施工方案、安全技术交底记录	
2）挂篮后移过程中应设专人统一指挥	挂篮后移过程中无专人统一指挥，扣 5 分	现场观察挂篮后移过程是否有专人指挥	
3）拆除作业应按先拆除模板和吊挂系统，后拆除主桁受力系统的顺序进行	未按规定顺序进行拆除作业，扣 5 分	对照挂篮拆除专项方案，查现场施工日志，结合现场观察，判断拆除作业顺序的合理性	
4）模板系统和吊挂系统拆除前，应完成体系转换	完成体系转换前进行模板系统和吊挂系统拆除，扣 10 分	观察模板系统和吊挂系统拆除前，是否已经完成体系转换，或查挂篮拆除记录	
5）两悬臂端挂篮后移和拆除应对称同步进行	两悬臂端挂篮后移和拆除不同步，扣 5 分	观察两悬臂端挂篮后移和拆除顺序是否同步进行	
6）挂篮拆除过程中，前端严禁堆放物料	挂篮拆除过程中，前端堆放物料，扣 5 分	观察拆架过程中前端是否堆放物料	

5.5 液压爬升模板

5.5.1 液压爬升模板简介

液压爬升模板是指模板与架体装置通过承载体附着在混凝土结构上，当新浇筑的混凝土脱模后，以液压油缸为动力，以导轨为爬升轨道，将模板与架体装置向上爬升一层，反复循环作业的模板体系，简称爬模。目前国内市政工程爬模施工中主要采用的油缸和架体组成的爬模装置。液压爬升模板是一种技术先进的施工工艺，已广泛应用于高层建筑、超高层建筑和高耸构筑物核心筒，以及大型桥塔等现浇钢筋混凝土结构工程。液压爬升模板是一种工具式模板，由于其爬模装置重量大，施工荷载和风荷载都比较大，高空作业安全风险极大的特点，是市政工程安全检查中的重点。

液压爬升模板具体结构组成上是由模板系统、架体与操作平台系统、液压爬升系统及电气控制系统等部分组成，具体组成如图 5.5.1 所示。

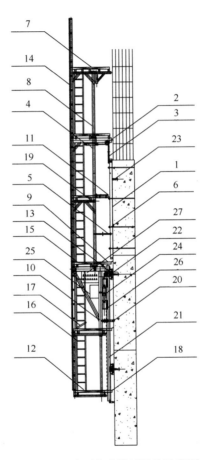

图 5.5.1　液压爬升模板结构示意图

1—模板；2—模板平移滑轮组；3—模板吊杆；4—合模脱模油缸；5—模板定位调节螺栓；6—模板对拉螺栓；7—上操作平台；8—上架体；9—下操作平台；10—下架体；11—翻转平台；12—吊平台；13—架体挂钩；14—金属栏网；15—铝合金跳板；16—爬梯；17—上人孔翻板；18—贴墙翻板；19—水平连系梁；20—架体防倾调节支腿；21—导轨；22—挂钩连接座；23—锥形承载接头和承载螺栓；24—油缸；25—油泵；26—防坠爬升器；27—智能控制装置

5.5.2　相关安全技术标准

与液压爬升模板施工安全技术相关的标准主要有：

1. 《液压爬升模板工程技术规程》JGJ 195；
2. 《建筑施工模板安全技术规范》JGJ 162；
3. 《公路工程施工安全技术规范》JTG F90；
4. 《建筑施工高处作业安全技术规范》JGJ 80；
5. 《混凝土结构工程施工质量验收规范》GB 50204。

5.5.3　迎检需准备资料

为配合液压爬升模板的安全检查，施工现场需准备的相关资料包括：

1. 液压爬升模板安全专项施工方案（含拆除方案）；
2. 液压爬升模板专项设计文件，包括成套设计图纸、计算书；
3. 专项施工方案审核、审批页与专家论证报告及方案修改回复；
4. 专项施工方案交底记录；
5. 爬模液压系统试验报告；
6. 承载体位置同条件试块混凝土强度报告；
7. 爬模装置主要构配件的产品合格证、材质证明及材料复检报告；
8. 爬模装置的安装试验、爬升性能试验和承载试验检验报告；
9. 爬模装置安装完毕的整体验收记录；
10. 爬模各爬升阶段的安全检查记录；
11. 爬模操作人员培训记录；
12. 爬模指挥管理组织机构及管理制度。

5.5.4　方案与交底

液压爬升模板方案与交底安全检查可按表 5.5.4 执行。

液压爬升模板方案与交底安全检查表　　　　　　　　表 5.5.4

检查项目	方案与交底	本检查子项应得分数	10 分
本检查子项所执行的标准、文件与条款号			
检查评定内容	扣分标准	检查方法	备注
1）液压爬升模板施工应编制专项施工方案，结构设计应进行计算	未编制专项施工方案或未对其结构进行设计，扣 10 分	查是否编制了安全专项施工方案，并查看方案的针对性；查是否有计算书，计算书中是否对爬模装置设计与工作荷载进行了计算	必须对承载螺栓、导轨等主要受力部件按施工、爬升、停工三种工况分别进行强度、刚度及稳定性计算

其中"本检查子项所执行的标准、文件与条款号"栏内容为：

《液压爬升模板工程技术规程》JGJ 195 - 2010 第 3.0.1、4.1.1、9.0.2 条；《混凝土结构工程施工质量验收规范》GB 50204 - 2015 第 4.1.1 条；住建部令第 37 号、建办质〔2018〕31 号文

续表

检查评定内容	扣分标准	检查方法	备注
2）专项施工方案应进行审核、审批	专项施工方案未进行审核、审批，扣 10 分	查专项施工方案的审核、审批页是否有总承包单位、爬模专业单位双方技术负责人的审批签字	
3）专项施工方案应组织专家论证	专项施工方案未组织专家论证，扣 10 分	查专家论证意见、方案修改回复意见、会议签到表等，确认爬模安全专项施工方案是否按住建部令第 37 号和建办质〔2018〕31 号文件的规定组织了专家论证	各地区另有规定的，尚应从其规定
4）专项施工方案实施前，应进行安全技术交底，并应有文字记录	专项施工方案实施前，未进行安全技术交底，扣 10 分；交底无针对性或无文字记录，扣 3 分～5 分	查专项施工方案实施前，是否有安全技术交底记录，记录中交底人和被交底人签字是否齐全，并看交底的针对性	

5.5.5　承载体

液压爬升模板承载体构造部分如图 5.5.5 所示，安全检查可按表 5.5.5 执行。

图 5.5.5　承载体

（a）挂钩连接座；（b）锥形承载接头

液压爬升模板承载体安全检查表　　　　　表 5.5.5

检查项目	承载体	本检查子项应得分数	10 分
本检查子项所执行的标准、文件与条款号	《液压爬升模板工程技术规程》JGJ 195 - 2010 第 5.2.4、7.3.3、7.3.4 条		

检查评定内容	扣分标准	检查方法
1）锥形承载接头的安装位置应符合爬模设计要求，其定位中心允许偏差应为±5mm	锥形承载接头的安装位置与爬模设计规定的定位中心偏差超过±5mm 范围，扣 5 分	通过吊线和钢卷尺测量，查锥形承载接头的安装位置是否符合爬模方案设计中的规定，以及中心允许偏差是否在±5mm 内
2）挂钩连接座应采用专用承载螺栓固定，并应与结构物表面有效接触	挂钩连接座未采用专用承载螺栓固定或未与建筑物表面有效接触，扣 10 分	查承载螺栓产品信息是否符合爬模方案设计中的规定，观察挂钩连接座是否与结构物表面充分接触
3）锥体螺母长度不应小于承载螺栓外径的 3 倍	锥体螺母长度小于承载螺栓外径的 3 倍，每处扣 5 分	通过钢卷尺测量，判断锥体螺母长度是否大于承载螺栓外径的 3 倍
4）预埋件和承载螺栓拧入锥体螺母的深度均不应小于承载螺栓外径的 1.5 倍	预埋件和承载螺栓拧入锥体螺母的深度小于承载螺栓外径的 1.5 倍，每处扣 5 分	通过钢卷尺测量，判断预埋件和承载螺栓拧入锥体螺母的深度是否大于承载螺栓外径的 1.5 倍
5）承载螺栓螺杆露出螺母长度不得小于 3 扣，垫板尺寸不应小于 100mm×100mm×10mm	承载螺栓螺杆露出螺母小于 3 扣或垫板尺寸小于 100mm×100mm×10mm，扣 5 分	观察承载螺栓螺杆露出螺母长度是否大于 3 扣；通过钢卷尺测量，判断垫板尺寸是否大于 100mm×100mm×10mm
6）承载螺栓应与锥体螺母扭紧	承载螺栓未与锥体螺母扭紧，每处扣 5 分	观察并检查承载螺栓与锥体螺母是否扭紧，有无松动现象

5.5.6　防倾与防坠装置

液压爬升模板防倾与防坠装置构造如图 5.5.6 所示，其安全检查可按表 5.5.6 执行。

上防坠爬升器

下防坠爬升器

架体防倾调节支腿

图 5.5.6 防倾与防坠装置

液压爬升模板防倾与防坠装置安全检查表 表 5.5.6

检查项目	防倾与防坠装置	本检查子项应得分数	10 分
本检查子项所执行的 标准、文件与条款号	《液压爬升模板工程技术规程》JGJ 195 - 2010 第 5.2.5、5.2.7、 7.3.9、11.0.6 条		
检查评定内容	扣分标准	检查方法	
1）导轨的垂直度偏差不应大于导轨高度的 5/1000，且不得大于 30mm，工作状态中的最大挠度不应大于 5mm	导轨垂直度偏差大于导轨高度的 5/1000 或 30mm，扣 5 分；工作状态中的最大挠度大于 5mm，扣 5 分	通过吊线、钢卷尺测量，检查导轨的垂直度偏差是否小于导轨高度的 5/1000，且是否小于 30mm，检查工作状态下导轨最大挠度是否小于 5mm	
2）防倾装置的导向间隙不应大于 5mm	防倾装置的导向间隙大于 5mm，扣 5 分	通过吊线、钢卷尺测量，检查防倾装置的导向间隙是否小于 5mm	
3）防坠装置必须灵敏可靠，其下坠制动距离不得大于 50mm	防坠装置不灵敏可靠或下坠制动距离大于 50mm，扣 10 分	观察防坠装置的动作是否灵敏可靠，通过钢卷尺测量，下坠制动距离是否小于 50mm	
4）液压系统应具有超载和油缸油管破裂时的液压保护功能	液压系统超载时不能启动溢流阀保护功能，扣 10 分 油缸油管破裂时不能启动液压锁保护功能，扣 10 分	查液压系统试验报告，核查液压系统超载时是否能启动溢流阀保护功能，油缸油管破裂时是否能启动液压锁保护功能	
5）油缸不同步时应能启动调节功能	油缸不同步时不能单独降某个油缸，扣 10 分	测试油缸不同步时是否能单独升降某个油缸	

5.5.7 爬升机构

液压爬升模板爬升机构重要部位的构造如图 5.5.7 所示，安全检查可按表 5.5.7 执行。

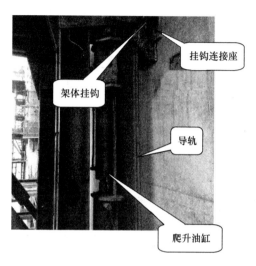

图 5.5.7 爬升机构

液压爬升模板爬升机构安全检查表　　　　　　　　表 5.5.7

检查项目	爬升机构	本检查子项应得分数	15 分
本检查子项所执行的标准、文件与条款号	《液压爬升模板工程技术规程》JGJ 195－2010 第 5.1.7、5.1.9、5.2.5、5.2.7 条		
检查评定内容	扣分标准	检查方法	
1) 导轨的梯挡应与油缸行程相匹配，并应能满足与防坠爬升器相互运动要求	导轨的梯挡与油缸行程不匹配，不能满足与防坠爬升器相互运动要求，扣 10 分	通过钢卷尺测量，检查导轨的梯挡间距与油缸行程是否相匹配，并查看是否能与防坠爬升器相互运动	
2) 导轨顶部应与挂钩连接座可靠挂接或销接，中部应穿入架体防倾调节支腿中	导轨顶部不能与挂钩连接座可靠挂接，扣 10 分；中部未穿入架体防倾调节支腿中，扣 10 分	观察导轨顶部与挂钩连接座是否可靠挂接或销接，中部是否穿入架体防倾调节支腿中	
3) 上、下防坠爬升器的定位销、限位器、导向板、承力块等组装件应转动灵活，定位正确可靠	上、下防坠爬升器的定位销、限位器、导向板、承力块等组装件转动不灵活或定位不正确，扣 5 分	观察上、下防坠爬升器的定位销、限位器、导向板、承力块等组装件是否转动灵活，并复查定位是否正确可靠	

续表

检查评定内容	扣分标准	检查方法
4）防坠爬升器换向应灵敏可靠，并应能确保棘爪支承在导轨的梯挡上，有效防止架体坠落	防坠爬升器换向不灵敏可靠，不能确保棘爪支承在导轨的梯挡上，扣10分	观察防坠爬升器换向是否灵敏可靠，并查看棘爪是否支承在导轨的梯挡上
5）油缸机位间距应符合爬模设计要求	油缸机位间距不符合爬模设计要求，扣10分	通过钢卷尺测量，检查油缸机位间距是否满足爬模设计要求
6）油缸选用的额定荷载不应小于工作荷载的2倍	油缸选用的额定荷载小于工作荷载的2倍，扣10分	查爬模方案设计说明，油缸额定荷载是否大于工作荷载的2倍

5.5.8 架体爬升

液压爬升模板架体爬升安全检查可按表5.5.8执行。

液压爬升模板架体爬升安全检查表　　　　表5.5.8

检查项目	架体爬升	本检查子项应得分数	15分
本检查子项所执行的标准、文件与条款号	《液压爬升模板工程技术规程》JGJ 195-2010 第3.0.6、8.2.4、8.2.5条；《建筑施工模板安全技术规范》JGJ 162-2008 第6.4.3条；《公路工程施工安全技术规范》JTG F90-2015 第8.9.5条		

检查评定内容	扣分标准	检查方法
1）爬模装置爬升时，承载体受力处混凝土的强度不应小于10MPa，并应满足爬模设计要求	爬模装置爬升时，承载体受力处混凝土的强度未达到10MPa，或不满足爬模设计规定的混凝土强度要求，扣10分	查同条件试块混凝土强度报告，检查爬模装置爬升时承载体处混凝土强度是否大于10MPa，是否满足爬模方案中设计要求
2）架体爬升前，应解除下层附墙连接装置及相邻分段架体之间、架体与构筑物之间的连接	架体爬升前，未解除下层附墙连接装置及相邻分段架体之间、架体与构筑物之间的连接，扣10分	观察架体爬升前，是否解除了下层附墙连接装置及相邻分段架体之间、架体与构筑物之间的连接
3）架体爬升前，应清除操作平台上的堆料	架体爬升前，未清除操作平台上的堆料，扣5分	观察架体爬升前，是否清除干净操作平台上的堆料
4）防坠爬升器的工作状态应与导轨或架体的爬升状态相一致	防坠爬升器的工作状态与导轨或架体的爬升状态不一致，扣10分	观察防坠爬升器的工作状态是否与导轨或架体的爬升状态相一致
5）导轨爬升前，导轨锁定销键和导轨底部调节支腿应处于松开状态	导轨爬升前，导轨锁定销键和导轨底部调节支腿未处于松开状态，扣10分	观察导轨爬升前，导轨锁定销键和导轨底部调节支腿是否处于松开状态

续表

检查评定内容	扣分标准	检查方法
6）架体爬升前，架体防倾调节支腿应退出，挂钩锁定销应处于拔出状态	架体爬升前，架体防倾调节支腿未退出或挂钩锁定销应处于拔出状态，扣10分	观察架体爬升前，架体防倾调节支腿是否退出，挂钩锁定销是否处于拔出状态
7）架体爬升到位后，挂钩连接座应及时插入承力销和挂钩锁定销，并应确保防倾调节支腿紧密顶撑在混凝土结构上	架体爬升到位后，挂钩连接座未及时插入承力销和挂钩锁定销，扣5分；防倾调节支腿未紧密顶撑在混凝土结构上，扣5分	观察架体爬升到位后，挂钩连接座是否插入承力销和挂钩锁定销，并看防倾调节支腿是否紧密顶撑在混凝土结构上
8）架体爬升到位后，应及时建立下层附墙连接装置及相邻分段架体之间、架体与构筑物之间的连接	架体爬升到位后，未及时建立下层附墙连接装置及相邻分段架体之间、架体与构筑物之间的连接，扣5分	观察架体爬升到位后，是否及时建立下层附墙连接装置及相邻分段架体之间、架体与构筑物之间的连接
9）架体爬升过程应设专人检查防坠爬升器，确保棘爪处于正常工作状态	架体爬升过程未设专人检查防坠爬升器，扣5分	查架体爬升过程是否设有专人检查防坠爬升器

5.5.9 检查验收

对液压爬升模板检查验收环节的安全检查可按表5.5.9执行。

液压爬升模板检查验收安全检查表   表5.5.9

检查项目	检查验收	本检查子项应得分数	10分
本检查子项所执行的标准、文件与条款号	《液压爬升模板工程技术规程》JGJ 195-2010 第3.0.3、4.2.4、6.1.5、6.2.2、6.2.3、7.4.1、8.2.5条；《建筑施工模板安全技术规范》JGJ 162-2008 第6.4.1条		

检查评定内容	扣分标准	检查方法
1）承载体、爬升装置、防倾和防坠装置以及架体结构的主要构配件进场应进行验收	附墙装置、爬升装置、防倾和防坠装置以及架体结构的主要构配件进场未履行验收手续或无验收记录，扣10分	查附墙装置、爬升装置、防倾和防坠装置以及架体结构的主要构配件是否具有产品合格证、材质证明及材料复检报告，是否履行进场验收手续
2）应提供至少两个机位的出厂前爬模装置的安装试验、爬升性能试验和承载试验检验报告	无爬模装置的安装试验、爬升性能试验和承载试验检验报告，扣10分	查爬模装置是否具有安装试验、爬升性能试验和承载试验检验报告

续表

检查评定内容	扣分标准	检查方法
3）爬模装置安装完毕应办理完工验收手续并形成验收记录	爬模装置安装完毕未办理完工验收手续或无验收记录，扣10分	查爬模装置安装完毕的验收记录
4）架体每次爬升前应组织安全检查，并应形成安全检查记录	架体每次爬升前未组织安全检查或未形成安全检查记录，扣10分	查爬模各爬升阶段的安全检查记录，以及相应责任人是否签字确认
5）检查验收内容和指标应有量化内容，并应由责任人签字确认	检查验收内容和指标未量化或未经责任人签字确认，扣5分	查验收记录是否有标准规定的量化内容，以及相应责任人是否签字确认

5.5.10　架体构造

液压爬升模板架体构造如图 5.5.10 所示，其安全检查可按表 5.5.10 执行。

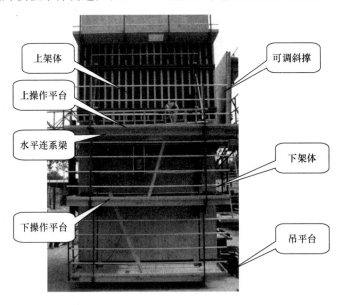

图 5.5.10　架体构造

液压爬升模板架体构造安全检查表　　表5.5.10

检查项目	架体构造	本检查子项应得分数	10分
本检查子项所执行的标准、文件与条款号	《液压爬升模板工程技术规程》JGJ 195‑2010 第5.2.2条		
检查评定内容	扣分标准	检查方法	
1）上架体高度、宽度应能满足支模、脱模、绑扎钢筋和浇筑混凝土的操作需要	上架体高度、宽度不满足结构施工操作需要，扣5分	通过钢卷尺测量，查上架体高度、宽度是否能满足支模、脱模、绑扎钢筋和浇筑混凝土的操作的需要	
2）下架体高度应能满足油缸、导轨、挂钩连接座和吊平台的安装和施工要求，宽度应能满足上架体模板水平移动400mm～600mm的空间需要，并应能满足导轨爬升、模板清理和涂刷隔离剂要求	下架体高度和宽度不满足爬模装置操作需要或模板工程施工操作需要，扣5分	通过钢卷尺测量，查下架体高度是否满足油缸、导轨、挂钩连接座和吊平台的安装和施工要求，查宽度是否能满足上架体模板水平移动400mm～600mm的空间需要，以及是否能满足导轨爬升、模板清理和涂刷隔离剂要求	
3）上架体和下架体均应采用纵向连系梁将平面架体连成整体	上架体和下架体未采用纵向连系梁将平面架体连成整体，扣10分	观察上架体和下架体是否采用纵向连系梁将平面架体连成整体	
4）架体主框架水平支承跨度不应大于6m	架体主框架水平支承跨度大于6m，扣5分	通过钢卷尺测量，查架体主框架水平支承跨度是否小于6m	
5）架体的水平悬臂长度不得大于水平支承跨度的1/3	架体的水平悬臂长度大于水平支承跨度的1/3，扣10分	通过钢卷尺测量，查架体的水平悬臂长度是否小于水平支承跨度的1/3	
6）在爬升和使用工况下，架体竖向悬臂高度均不应大于架体高度的2/5，且不得大于6m	在爬升和使用工况下，架体竖向悬臂高度大于架体高度的2/5或大于6m，扣10分	通过钢卷尺测量，查爬升和使用情况下，架体竖向悬臂高度是否小于架体高度的2/5，且是否小于6m	

5.5.11　安全防护

液压爬升模板安全防护如图5.5.11所示，安全检查可按表5.5.11执行。

图 5.5.11　安全防护

(a) 通行梯道；(b) 金属翻板封闭；(c) 临边防护

液压爬升模板安全防护检查表　　　　表 5.5.11

检查项目	安全防护	本检查子项应得分数	10 分
本检查子项所执行的标准、文件与条款号	《液压爬升模板工程技术规程》JGJ 195 - 2010 第 9.0.8、9.0.9 条；《建筑施工高处作业安全技术规范》JGJ 80 - 2016 第 3.0.6、4.1.1、4.3.5、6.1.2、6.1.3、6.1.4、8.2.1 条		
检查评定内容	扣分标准	检查方法	备注
1) 上下操作平台间应设置专用通行梯道，梯道应牢固，保持畅通	上下操作平台间未设置专用通行梯道，扣 10 分；梯道不牢固或通行不畅通，扣 3 分~5 分	观察上下操作平台间是否设置了专用通行梯道，梯道是否固定稳当，通行是否畅通	为确保防火安全和施工安全，安全防护措施以采用金属材质为宜
2) 上下操作平台应满铺脚手板，牢固固定	上下操作平台未牢固满铺脚手板，扣 5 分	观察上下操作平台是否满铺脚手板，脚手板是否固定牢固	

续表

检查评定内容	扣分标准	检查方法	备注
3) 上下架体全高范围及吊平台底部应按临边作业要求设置安全防护栏杆和安全立网	上、下架体全高范围及吊平台底部未按临边作业要求设置安全防护栏杆，扣10分；未设置全封闭安全立网，扣5分	观察上下架体全高范围及吊平台底部是否按照临边作业要求设置了安全防护栏杆、挡脚板和安全立网	
4) 操作层应在外侧设置高度不低于180mm的挡脚板	操作层未在外侧设置高度不低于180mm的挡脚板，扣5分	观察操作层是否在外侧设置高度不低于180mm的挡脚板	
5) 下操作平台及吊平台与结构表面之间应设置翻板和兜网	下操作平台及吊平台与结构表面之间未设置翻板和兜网，扣5分	观察下操作平台及吊平台与结构表面之间是否设置了翻板和兜网	
6) 操作平台上应按消防要求设置消防设施	操作平台上未按消防要求设置消防设施，扣5分	观察操作平台上是否按消防要求设置了消防设施	

5.5.12 安全作业

液压爬升模板安全作业检查可按表5.5.12执行。

液压爬升模板安全作业检查表　　　　　　表5.5.12

检查项目	安全作业	本检查子项应得分数	10分
本检查子项所执行的标准、文件与条款号	《液压爬升模板工程技术规程》JGJ 195-2010 第9.0.3、9.0.5、9.0.12、9.0.16条；《建筑施工模板安全技术规范》JGJ 162-2008第6.1.1、6.4.2条；《建筑施工高处作业安全技术规范》JGJ 80-2016第6.1.4条		

检查评定内容	扣分标准	检查方法
1) 爬模操作人员应经培训并定岗作业	爬模操作人员未经培训或未定岗定责，扣10分	查爬模操作人员培训记录，是否定岗定责
2) 操作平台上的施工荷载应均匀，并应在设计允许范围内	操作平台上施工荷载不均匀或超载，10分	观察是否在操作平台显著位置标明允许荷载值（设备、材料及人员等荷载分布），查看操作平台使用是否满足设计允许荷载值要求

续表

检查评定内容	扣分标准	检查方法
3）爬模装置安装、爬升、拆除时应设置安全警戒，并应设置专人监护	爬模装置安装、爬升、拆除时未设置安全警戒或无专人监护，扣 5 分	观察爬模装置安装、爬升、拆除过程中是否设置了安全警戒标志，是否派专人监护
4）操作平台与地面之间应有可靠的通信联络，并统一指挥	操作平台与地面之间无可靠的通信联络，或未统一指挥，扣 5 分	查是否建立了专门的指挥管理组织机构及管理制度，并检查其合理性，查操作平台与地面之间通信联络是否顺畅，有无统一指挥

第6章 地下暗挖与顶管工程

6.1 矿山法隧道

6.1.1 矿山法隧道构造

矿山法为隧道采用暗挖法施工最常见的一种，主要指用钻眼爆破方法开挖断面而修筑隧道及地下工程的施工方法，因借鉴矿山开拓巷道的方法而得名。矿山法隧道结构具体是由洞身、衬砌、洞门及附属结构等部分组成，其中洞身是隧道结构的主体部分，是车辆通行的通道，其净空应符合国家规定的隧道建筑限界的要求，其长度由两端洞门的位置来决定；衬砌主要是承受地层压力、维持岩体稳定、防止坑道周围地层变形的永久性支撑物，由拱圈、边墙、托梁和仰拱组成；洞门位于隧道出入口处，用来保护洞口土体和边坡稳定，排除仰坡流下的水，主要由端墙、翼墙及端墙

图 6.1.1　矿山法隧道施工全貌

背部的排水系统所组成；附属建筑物是主体构造物以外保证隧道正常使用所需的各种辅助设施。矿山法隧道施工全貌如图 6.1.1 所示。

6.1.2 相关安全技术标准

与矿山法隧道施工安全技术相关的标准主要有：

1. 《铁路隧道工程施工安全技术规程》TB 10304；

2. 《公路隧道施工技术规范》JTG F60；

3. 《公路工程施工安全技术规范》JTG F90；

4. 《隧道施工安全九条规定》安监总管二〔2014〕104 号；

5. 相关企业标准，如中国铁建股份有限公司制定的企业标准《客货共线铁路隧道工程施工技术规程》Q/CR 9653 等。

6.1.3　迎检需准备资料

矿山法隧道施工工序较多，危险作业过程突出，为配合矿山法隧道的安全检查，施工现场需准备的相关资料也较多，主要包括：

1. 隧道施工组织设计，隧道暗挖安全专项施工方案，隧道监控量测实施方案、非标准段支撑架专项施工方案及计算书、通风及防尘专项施工方案；

2. 针对重大风险源（爆破作业、涌水涌泥、有毒气体地层，穿越建（构）筑物或既有地铁线等）制定的专项方案；

3. 隧道施工设计文件，包括成套设计图纸、地质断面图纸；

4. 专项施工方案审核、审批页与专家论证报告及方案修改回复；

5. 专项施工方案交底记录；

6. 安全技术交底、职业危害安全技术措施交底及记录；

7. 监控量测相关记录、阶段性报告；

8. 超前地质预报相关记录、阶段性报告；

9. 模板台车制造许可证、产品合格证、备案证明、使用说明书和验收证明；

10. 作业架合格证明、验收证明；

11. 爆破器材检验合格证、技术指标和说明书；

12. 特种设备的设计文件、制造单位、产品质量合格证明、使用维护说明、生产许可证、验收合格证、使用登记证、租赁合同；

13. 特种设备的日常使用状况记录及运行故障和事故记录；

14. 特种作业人员的特种作业操作证、上岗证书；

15. 班组交接班检查记录，人员进出洞、上下井登记记录；

16. 隐患排查、安全检查记录。

6.1.4　方案与交底

矿山法隧道方案与交底安全检查可按表 6.1.4 执行。

矿山法隧道方案与交底安全检查表格　　　　　　表 6.1.4

检查项目	方案与交底	本检查子项应得分数	10 分
本检查子项所执行的标准、文件与条款号	《公路隧道施工技术规范》JTG F60－2009 第 3.1.2、6.4.1、6.4.2 条；《铁路隧道工程施工安全技术规程》TB10304－2009 第 2.1.3 条；《公路工程施工安全技术规范》JTG F90－2015 第 3.0.2、3.0.5 条；住建部令第 37 号、建办质〔2018〕31 号文		
检查评定内容	扣分标准	检查方法	
1）编制专项施工方案前应对工程周边环境进行核查，并应进行安全评估	编制方案前未对工程周边环境进行核查或未进行安全评估，扣 10 分	查专项施工方案中是否有对工程周边环境的保护措施，是否有安全评估的相关资料	

续表

检查评定内容	扣分标准	检查方法
2）施工前应编制专项施工方案，并应对模板台车、作业架进行设计	未编制专项施工方案，扣 10 分；模板台车、作业架未进行设计，扣 10 分；方案编制内容不全或无针对性，扣 3 分～5 分	查是否编制了安全专项施工方案，方案中模板台车、作业台架设计图纸是否齐全；查是否有计算书，计算书中是否对台车或作业架结构、构件、地基基础进行了计算
3）钻爆作业应编制爆破专项施工方案，进行爆破设计	钻爆作业前未编制爆破专项施工方案，扣 10 分；未进行爆破设计，扣 10 分；方案编制内容不全或无针对性，扣 3 分～5 分	查是否有爆破专项施工方案，是否对爆破参数进行了详细的设计
4）针对特殊地质地段，有毒气体地层，穿越既有管线或结构物，降水、洞口、横通道、竖井或正洞连接处、断面尺寸变化处、工程周边环境保护等特殊部位、工序应制定专项施工方案	未对特殊部位、工序制定专项施工方案，每项扣 5 分	查针对特殊地段是否制定了专项施工方案或专项措施，专项方案或专项措施是否有针对性
5）矿山法隧道专项施工方案或专项措施应进行审核、审批	矿山法隧道专项施工方案或特殊部位、工序的专项施工方案未进行审核、审批，扣 10 分	查专项施工方案的审核、审批页是否有施工单位技术、安全等部门以及企业技术负责人审批签字
6）矿山法隧道专项施工方案、爆破专项施工方案、超过一定规模的非标准段支模体系专项施工方案应组织专家论证	未组织专家对矿山法隧道专项施工方案以及爆破专项施工方案、超过一定规模的非标准段支模体系专项施工方案进行论证，扣 10 分	查专家论证意见、方案修改回复意见、会议签到表等，确认矿山法隧道施工安全专项施工方案以及各重要工序、部位的安全专项施工方案是否按住建部令第 37 号和建办质〔2018〕31 号文件的规定组织了专家论证
7）专项施工方案实施前，应进行安全技术交底，并应有文字记录	专项施工方案实施前，未进行安全技术交底，扣 10 分；交底无针对性或无文字记录，扣 3 分～5 分	查是否有安全技术交底记录，记录中是否有方案编制人员或项目技术负责人（交底人）的签字以及现场管理人员和作业人员（接底人）的签字

6.1.5 洞口及交叉口工程

洞口及交叉口工程安全检查可按表 6.1.5 执行。

洞口及交叉口工程安全检查表格   表6.1.5

检查项目	洞口及交叉口	本检查子项应得分数	10分
本检查子项所执行的标准、文件与条款号	《铁路隧道工程施工安全技术规程》TB 10304-2009 第2.1.9、3.1.3、3.1.6、3.1.7、3.2.1、3.2.2、3.2.3条;《公路隧道施工技术规范》JTG F60-2009 第5.1.3、5.1.4、5.1.5、5.1.6、5.1.9、14.4.3条;《公路工程施工安全技术规范》JTG F90-2015 第9.1.5、9.1.6、9.2.1、9.2.4、9.2.5、9.2.6、9.2.7、9.2.8条		
检查评定内容	扣分标准	检查方法	
1)洞口应按专项施工方案要求采取加固措施	洞口未按专项施工方案要求采取加固措施,扣10分	查是否对洞口按照专项方案要求进行加固,加固措施是否到位	
2)洞口边坡和仰坡应按设计要求施工,并应按自上而下顺序进行,截、排水系统应完善	洞口边坡和仰坡未按设计要求施工,扣5分 未施作截、排水系统,扣5分	对照设计图纸及施工方案,查洞口边仰坡开挖施工顺序是否正确;查看截、排水系统是否按设计要求及时施作	
3)横通道、竖井与正洞连接处应按设计要求进行加固	横通道、竖井与正洞连接处未按设计要求进行加固,扣10分	对照设计图纸查横通道、竖井及正洞连接处是否进行了加固	
4)进出洞、上下井应建立登记管理制度,并应形成登记记录	未建立进出洞、上下井登记制度,扣5分;登记记录不全,扣3分	查进出洞或上下井登记管理制度,查相对应的进出、上下登记簿,登记内容是否完整	
5)洞口邻近建(构)筑物时应按设计要求采取防护措施	未按设计要求对洞口邻近建(构)筑物采取保护措施或保护措施不完善,扣10分	查洞口周围是否有建(构)筑物,是否按设计要求对其采取了相应的防护措施	

6.1.6 地层超前支护加固

地层超前支护加固如图6.1.6所示;地层超前支护加固安全检查可按表6.1.6执行。

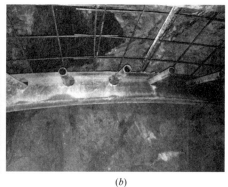

(a)   (b)

图6.1.6 两种常见的地层超前支护加固
(a)管棚支护;(b)超前小导管支护

地层超前支护加固安全检查表格　　　　　表 6.1.6

检查项目	地层超前支护加固	本检查子项应得分数	10 分
本检查子项所执行的标准、文件与条款号	《铁路隧道工程施工安全技术规程》TB10304-2009 第 3.2.8、7.1.3、7.1.5、7.1.7、7.2.3、7.3.2、7.3.3 条；《公路隧道施工技术规范》JTG F60-2009 第 5.1.3 条		

检查评定内容	扣分标准	检查方法
1）超前支护、加固应符合设计要求，并应对地下管线等周边环境进行保护	未按设计要求进行超前支护、加固或未对地下管线等工程周边环境进行保护，扣 10 分	对照设计图纸及施工方案，查看超前支护、加固是否符合设计要求，是否对地下管线等周边环境采取相应的保护措施
2）超前加固前，掌子面应按设计要求进行封闭	超前加固前掌子面未按设计要求封闭，扣 5 分	对照设计图纸，查施工记录或现场观察在超前加固前是否对掌子面及时进行了封闭
3）超前支护的大管棚或小导管的材质、规格、长度、间距、外插角等应符合设计要求	大管棚或小导管的材质、规格、长度、间距、外插角等不符合设计要求，扣 5 分	对照设计图纸，观察超前支护的大管棚或小导管的材质、规格、长度、间距、外插角等应符合设计要求，并检查相应的隐蔽验收记录
4）管棚、超前小导管或开挖面深孔等部位注浆参数应符合设计要求，注浆完成后，应在注浆体强度达到设计要求后再进行开挖	管棚、超前小导管或开挖面深孔等部位注浆参数不符合设计要求，扣 10 分；开挖时浆体未达到设计规定强度，扣 5 分	对照设计图纸，检查注浆记录是否符合设计要求，并观察注浆质量是否符合设计要求
5）浆液配置或存放过程中应设专人管理	浆液配置或存放过程中无专人管理，扣 5 分	检查浆液配置或存放过程中是否安排专人进行了管理
6）浅埋地段应按设计要求进行地面注浆加固	浅埋地段未按设计要求进行地面注浆加固，扣 5 分	对照设计图纸及施工方案，查看浅埋地段地表是否按设计要求进行了注浆加固

6.1.7　隧道开挖

隧道开挖安全检查可按表 6.1.7 执行。

隧道开挖安全检查表格　　　　　　　　　　　　**表 6.1.7**

检查项目	隧道开挖	本检查子项应得分数	10 分
本检查子项所执行的标准、文件与条款号	《铁路隧道工程施工安全技术规程》TB 10304-2009 第 5.1.5、5.1.6、5.1.12、5.2.2、5.2.3、5.2.4、5.3.1、5.3.2 条;《公路隧道施工技术规范》JTG F60-2009 第 3.1.4、5.1.7、5.3.1、6.1.2、6.1.5、6.2.2、6.2.3 条		
检查评定内容	扣分标准	检查方法	
1）开挖前应进行开挖面地质描述，并应按专项施工方案进行地质超前预报	未进行开挖面地质描述和地质超前预报，扣 10 分	对照设计图纸及施工方案，查看开挖前是否对地质进行了描述，是否进行了地质超前预报，目前开挖里程是否已超过了有效的预报里程范围	
2）开挖应严格控制每循环进尺、相邻隧道作业面纵向间距，当围岩地质情况发生变化时，应及时调整开挖方法	开挖方法和步序不符合设计要求，扣 5 分~7 分　开挖循环进尺不符合设计要求，扣 3 分~5 分　相邻隧道作业面纵向间距不符合设计要求，扣 5 分	对照施工方案及设计图纸，确定目前开挖里程的围岩级别，观察每循环进尺是否符合规定，安全步距是否超标，有无对开挖方法调整的设计变更文件	
3）作业面周围应支护牢固，松动石块应及时清理	作业面周围支护不牢固或松动石块未时清除，扣 5 分	观察当前掌子面是否有松动石块，作业面周围支护是否符合设计要求	
4）核心土留置、台阶长度、导洞间距应符合设计要求	核心土留置、台阶长度、导洞间距不符合设计要求，扣 5 分	对照施工方案，在当前采用的开挖方法中，采用测距仪检查各参数是否符合设计和方案要求	
5）不良地质地段掌子面应及时支护、封闭	不良地质地段掌子面暴露时间过长或在长时间停工时未及时支护、封闭，扣 5 分	检查当前掌子面围岩是否为不良地质，是否及时进行了支护、封闭	
6）支护参数应根据地质变化及时进行调整	支护参数未根据地质变化及时进行调整，扣 5 分	检查当前支护的掌子面地质是否与设计相符，如有不符是否进行了及时调整	
7）双向开挖面相距 15m~30m 时，应改为单向开挖	双向开挖面相距 15m~30m 时，未改为单向开挖，扣 10 分	检查双向开挖的里程桩号，确认是否开挖面相距在 15m~30m 之间，如在其区间，则进一步确认是否已停止一端开挖改为了单向开挖	
8）开挖过程中降水作业应按专项施工方案实施	开挖过程中降水作业未按专项施工方案实施，扣 5 分	检查专项施工方案是否制定了开挖过程中的降水作业，检查现场是否有积水，是否对积水采取了抽排等相关措施	

6.1.8 爆破

爆破安全检查可按表 6.1.8 执行。

爆破安全检查表格　　　　　　　　表 6.1.8

检查项目	爆破	本检查子项应得分数	10 分
本检查子项所执行的标准、文件与条款号	《铁路隧道工程施工安全技术规程》TB 10304－2009 第 3.3.3、5.1.4、5.1.7、5.2.1、5.2.4、5.4.1、5.5.3 条；《公路隧道施工技术规范》JTG F60－2009 第 6.4.1～6.4.3、6.4.9、6.4.10 条；《公路工程施工安全技术规范》JTG F90－2015 第 9.3.1～9.3.3 条		

检查评定内容	扣分标准	检查方法
1）爆破器材应具有检验合格证、技术指标和说明书	爆破器材无检验合格证、技术指标和说明书，扣 10 分	检查爆破器材是否具有检验合格证、技术指标和说明
2）爆破器材的存储、运输和处置应符合相关规定	爆破器材的存储、运输和处置不符合相关规定，扣 5 分～10 分	检查爆破器材的存储、运输和处置是否符合《爆破安全规程》GB 6722 的规定
3）起爆设备或检测仪表应定期标定	起爆设备或检测仪表未定期标定，扣 5 分	检查标定证书是否齐全、是否在有效期内
4）装药量应符合设计要求	装药量超出爆破设计的限制值，扣 10 分	检查钻机钻杆长度是否符合爆破设计参数的规定，钻孔深度是否符合要求
5）工作面爆破后，应对爆破面进行检查，全面找顶，盲炮处理应符合有关安全规定	爆破后作业面找顶不净或存在危石，扣 5 分；盲炮处理不符合有关安全规定，扣 10 分	观察爆破面是否有松石，是否有盲炮未处理
6）爆破作业应在上一循环喷射混凝土终凝大于 4h 后进行	爆破作业时上一循环喷射混凝土终凝时间小于 4h，扣 5 分	检查上一循环喷射混凝土施工时间记录表
7）爆破时人员、设备与爆破点的距离应大于爆破安全距离，不满足要求时，应有安全防护措施	爆破时人员、设备与爆破点的距离小于爆破安全距离时无安全防护措施，扣 10 分	检查爆破前是否有专人指挥、检查安全距离是否符合规定，是否对爆破作业采取安全防护措施

6.1.9 初期支护

初期支护安全检查可按表 6.1.9 执行。

初期支护安全检查表格　　　　　　　　　　表 6.1.9

检查项目	初期支护	本检查子项应得分数	10 分
本检查子项所执行的标准、文件与条款号	《铁路隧道工程施工安全技术规程》TB 10304－2009 第 7.4.1、7.4.3、7.5.3、7.5.7、7.6.4、7.6.5、7.6.6、7.6.8 条；《公路隧道施工技术规范》JTG F60－2009 第 8.1.1、8.1.3、8.3.1、8.3.3、8.4.2、8.5.4、8.5.5 条；《公路隧道施工技术规范》JTG F90－2015 第 9.5.1～9.5.4 条		

检查评定内容	扣分标准	检查方法
1）型钢、钢格栅、混凝土、锚杆、钢筋网等支护材料的材质、规格应符合设计要求	型钢、钢格栅、混凝土、锚杆、钢筋网等支护材料的材质、规格不符合设计要求，每项扣 5 分	查各类型钢等材料是否具有质量合格证、产品性能检验报告，并查构配件及原材料进场验收记录，核查型钢、混凝土等支护材料信息是否符合设计中规定的品种、规格、型号、材质
2）钢架间距应符合设计要求，钢架与围岩之间应顶紧密贴	钢架间距超过设计规定，扣 10 分；钢架与围岩未顶紧密贴，扣 5 分	对照设计图纸，用尺量检查钢架间距是否符合设计要求，观察钢架与围岩之间是否有空隙
3）钢架节段间接长应按设计要求连接	钢架节段间接长方式不符合设计要求，扣 5 分	对照设计图纸及施工方案，查钢架节段连接方式是否设计要求、连接质量是否符合要求
4）钢架底脚基础应坚实、牢固、无悬空，不得有积水浸泡	钢架底部未垫实或有积水浸泡，每处扣 2 分	观察钢架底脚底脚基础是否有悬空、基础是否牢固、是否有积水浸泡现象
5）钢架之间应采用纵向钢筋连成整体，连接钢筋直径、间距应符合设计要求	钢架之间纵向连接钢筋直径、间距不符合设计要求，扣 10 分	查钢架之间是否采用纵向钢筋连成整体，对照设计图纸用尺量检查钢筋直径、间距是否符合设计要求
6）钢筋网的钢筋间距、搭接长度应符合设计要求，且应与锚杆连接牢固	钢筋网的钢筋间距、搭接长度不符合设计要求或与锚杆连接不牢固，扣 5 分	对照设计图纸，用尺量检查钢筋网间距、搭接长度是否符合设计要求，查是否与锚杆进行了连接、连接是否牢固可靠
7）锚杆及锁脚锚管材质、规格、长度及花眼布置应符合设计要求，锚管应按设计要求注浆	锚杆及锁脚锚管材质、规格、长度及花眼布置不符合设计要求，扣 10 分；锚管未按设计要求注浆，扣 5 分	查锚杆及锁脚锚管材料是否具有质量合格证、产品性能检验报告，对照设计图纸检查其规格、长度、花眼布置是否符合设计要求，查锚管是否按设计要求进行了注浆

检查评定内容	扣分标准	检查方法
8）初期支护应按设计要求及时封闭成环	初期支护未及时封闭成环，扣5分	查已开挖成型断面是否及时进行了封闭、封闭是否按设计要求成环
9）支护结构变形、损坏应及时进行处理	支护结构变形、损坏未及时处理，扣5分	查支护结构是否有变形、损坏的，如果有是否及时进行了更换等处理
10）初期支护应及时进行背后回填注浆	未及时进行背后回填注浆，扣5分	查初期支护背后是否有脱空、空洞（可采用敲击等检查手段），是否进行了回填注浆处理
11）喷射混凝土外观应完好，不应有裂缝、脱落或钢筋、锚杆外露现象	喷射混凝土开裂、脱落或钢筋、锚杆外露，每项扣3分	观察喷射混凝土表面是否平整、外观是否良好，是否存在裂缝、脱落或钢筋、锚杆外露现象
12）喷射混凝土厚度、强度应符合设计要求	喷射混凝土厚度、强度达不到设计要求，每处扣3分	采用钻芯取样、检查初喷试块报告的方式分别检查喷射混凝土的厚度、强度是否符合设计要求
13）初期支护断面侵限处理（换拱）应符合专项施工方案要求	初期支护断面侵限处理（换拱）不符合专项施工方案要求，扣10分	观察初期支护断面是否存在侵限现象，对照施工方案检查是否按专项方案要求进行了处理

6.1.10 监测

隧道监测安全检查可按表6.1.10执行。

隧道监测安全检查表格 表 6.1.10

检查项目	监测	本检查子项应得分数	10分
本检查子项所执行的标准、文件与条款号	《铁路隧道工程施工安全技术规程》TB 10304-2009 第 9.1.3、9.1.14、9.1.18 条；《公路隧道施工技术规范》JTG F60-2009 第 10.1.2、10.3.1、10.3.2、10.3.3 条；《公路工程施工安全技术规范》JTG F90-2015 第 9.1.15、9.17.1 条		

检查评定内容	扣分标准	检查方法
1）隧道施工应按监测方案实施施工监测，并应明确监测项目、监测报警值、监测方法和监测点的布置、监测周期等内容	未编制监测方案或未应按监测方案实施施工监测，扣10分；监测内容不全，扣5分	对照监测方案，查看现场是否按方案要求实施监测，查看方案中是否明确了监测项目、监测报警值、监测方法和监测点的布置、监测周期等内容

续表

检查评定内容	扣分标准	检查方法
2）监测的时间间隔应根据施工进度确定，当监测结果变化速率较大时，应加密观测次数	监测的时间间隔不符合监测方案要求，扣 5 分	对照施工进度表，查监测记录表中监测时间间隔是否与施工进度相对应，查出现异常数据变化时是否加密了观测次数
3）隧道施工监测过程中，应按设计及工程实际及时处理监测数据，并应按设计要求提交阶段性监测报告，及时反馈、指导施工	未按设计及工程实际及时处理监测数据并提交监测报告或监测报告内容不完整，扣 5 分	查监测记录表是否及时对监测数据进行了处理，查是否有阶段性监测报告，是否根据监测报告对施工进行了调整
4）当监测值达到所规定的报警值时，应停止施工，查明原因，采取补救措施	当监测值达到所规定的报警值时未停止施工或未采取补救措施，扣 10 分	查监测记录表是否有监测值达到所规定的报警值的情况，是否及时停工调查并采取了补救措施

6.1.11　防水工程

防水工程安全检查可按表 6.1.11 执行。

防水工程安全检查表格　　　　表 6.1.11

检查项目	防水工程	本检查子项应得分数	5 分
本检查子项所执行的标准、文件与条款号	《铁路隧道工程施工安全技术规程》TB 10304 - 2009 第 8.3.1～8.3.6 条；《公路隧道施工技术规范》JTG F60 - 2009 第 11.3.6 条；《公路工程施工安全技术规范》JTG F90 - 2015 第 9.1.11、9.8.1 条		
检查评定内容	扣分标准	检查方法	
1）施工现场应配备消防器材	施工现场未配备消防器材，扣 5 分	检查现场是配备了足够的灭火器，灭火器是否在有效期内	
2）施工现场应采取措施防止电焊焊渣飘落到防水材料上	无防止电焊焊渣飘落到防水材料上的措施，扣 5 分	观察电焊作业时是否采取了防焊渣飘落的措施	
3）热风口、射钉枪枪口严禁对着人	热风口、射钉枪对人，扣 5 分	观察热风口、射钉枪是否对着人作业	
4）防水板、土工布等易燃材料余料应妥善管理、及时清理	防水板、土工布等易燃材料余料未及时清理，扣 5 分	观察现场是否及时对防水板、土工布等易燃材料进行了清理，查易燃材料保管是否到位	

6.1.12　二次衬砌

二次衬砌安全检查可按表 6.1.12 执行。

二次衬砌安全检查表格　　　　　　　　　　　　　**表 6.1.12**

检查项目	二次衬砌	本检查子项应得分数	10 分
本检查子项所执行的标准、文件与条款号	《铁路隧道工程施工安全技术规程》TB 10304-2009 第 8.1.3～8.2.4 条；《公路隧道施工技术规范》JTG F60-2009 第 8.7.1 条；《公路工程施工安全技术规范》JTG F90-2015 第 9.1.9、9.1.10、9.6.1、9.6.5、9.6.6 条		
检查评定内容	扣分标准	检查方法	
1) 二次衬砌应及时施作，二次衬砌与掌子面距离应符合设计规定的安全距离	二次衬砌与掌子面距离超过设计规定的安全距离，扣 5 分	用测距仪或计算里程桩号的方法检查二次衬砌与掌子面安全距离是否符合设计要求	
2) 模板台车的工作平台面应满铺防滑板，并应固定牢固，四周应按临边作业要求设置防护栏杆	模板台车的工作平台面未牢固满铺防滑板，扣 5 分模板台车的工作平台面四周未按临边作业要求设置防护栏杆，扣 5 分	查模板台车工作平台面是否满铺防滑板，防滑板固定是否牢固，四周是否按临边作业要求设置了防护栏杆	
3) 模板台车应设置登高扶梯，并应设置栏杆和扶手	模板台车未设置登高扶梯，扣 5 分；扶梯未设置栏杆和扶手，扣 3 分	查模板台车是否设置了登高扶梯，是否按要求设置了栏杆和扶手	
4) 厂家生产的模板台车应提供合格证明	厂家生产的模板台车无合格证明，扣 10 分	查模板台车是否有合格证明	
5) 模板台车使用前应进行验收	模板台车使用前未经验收，扣 10 分	查模板台车是否有验收文件资料，资料是否齐全有效	
6) 模板台车移动时应统一指挥，设备、电线、管路应撤除并应采取保护措施	模板台车移动时无统一指挥，扣 5 分；设备、电线、管路未撤除或未加保护，扣 5 分	查模板台车移动时是否有专人统一指挥，相应的设备、管线是否撤除并采取了保护措施	
7) 模板台车堵头拆除应采取防护措施	模板台车堵头拆除无防护措施，扣 5 分	查堵头拆除时是否采取了防护措施	
8) 模板台车应设置安全警示标志	模板台车未设安全警示标志，扣 5 分	查模板台车是否设置了安全警示标志，标志是否齐全	
9) 非标准段采用支模施工时应编制专项施工方案，并对支撑体系进行设计	非标准段采用支模施工时未编制专项施工方案或未对支撑体系进行设计，扣 10 分	检查非标准施工是否编制了专项施工方案，是否对支撑体系进行了设计	

6.1.13 作业架

作业架安全检查可按表 6.1.13 执行。

作业架安全检查表格 表 6.1.13

检查项目	作业架	本检查子项应得分数	5分
本检查子项所执行的标准、文件与条款号	《铁路隧道工程施工安全技术规程》TB 10304-2009 第 8.1.5～8.1.9 条;《公路隧道施工技术规范》JTG F60-2009 第 9.1.9 条		
检查评定内容	扣分标准	检查方法	
1)作业架的工作平台面应满铺防滑板,并应固定牢固,四周应按临边作业要求设置防护栏杆	作业架的工作平台面未牢固满铺防滑板,扣5分 作业架的工作平台面四周未按临边作业要求设置防护栏杆,扣5分	查作业架工作平台面是否满铺防滑板,防滑板是否固定牢固,工作平台面四周是否按作业要求设置了防护栏杆	
2)作业架应设置登高扶梯,并应设置栏杆和扶手	作业架未设置登高扶梯,扣5分;扶梯未设置栏杆和扶手,扣3分	查作业架是否设置了登高扶梯,是否设置了栏杆和扶手	
3)厂家生产的作业架应提供合格证明	厂家生产的作业架无合格证明,扣5分	查作业架是否有合格证明	
4)作业架使用前应进行验收	作业架使用前未经验收,扣5分	查作业架使用前是否进行了验收,是否有验收合格资料	

6.1.14 隧道施工运输

隧道施工运输安全检查可按表 6.1.14 执行。

隧道施工运输安全检查表格 表 6.1.14

检查项目	隧道施工运输	本检查子项应得分数	5分
本检查子项所执行的标准、文件与条款号	《铁路隧道工程施工安全技术规程》TB 10304-2009 第 6.2.3、6.2.4、6.2.6、8.1.10 条;《公路隧道施工技术规范》JTG F60-2009 第 7.1.3、7.1.4、7.2.1、14.3.4 条;《公路工程施工安全技术规范》JTG F90-2015 第 9.4.2、9.4.3 条		
检查评定内容	扣分标准	检查方法	
1)竖井垂直运输材料过程中,井下作业人员应撤离至安全地带	竖井垂直运输材料过程中,井下作业人员未撤离至安全地带,扣5分	观察竖井在垂直运输材料时,井下作业人员是否已撤离至安全地带	

续表

检查评定内容	扣分标准	检查方法
2）运输车辆应有产品合格证明	运输车辆无产品合格证明，扣3分	查运输车辆是否有产品合格证明
3）洞内运输车辆应制动有效，不得人料混载、超载、超宽、超高运输	洞内运输车辆制动失效或人料混载、超载、超宽、超高运输，扣5分	检查运输车辆制动系统是否有效，是否存在人料混载、超载、超宽、超高运输等现象
4）洞内车辆照明、信号系统应完善	洞内车辆照明、信号系统不完善，扣3分	检查洞内车辆照明、信号系统是否完善
5）洞内应设置交通引导标志和车辆限速标志，车辆严禁超速行驶	洞内无交通引导标志、车辆限速标志，或车辆超速行驶，扣3分	检查洞内是否设置了交通引导标志，是否设置了车辆限速标志
6）隧道内车辆行驶道路应畅通，不得有堆积物料、积泥（水）等影响车辆通行	隧道内道路不畅通，影响车辆通行，扣5分	检查隧道内道路是否畅通，是否有堆积物料、积泥（水）等影响车辆通行的情况

6.1.15 作业环境

作业环境安全检查可按表6.1.15执行。

作业环境安全检查表格　　　　　表 6.1.15

检查项目	作业环境	本检查子项得分数	5分
本检查子项所执行的标准、文件与条款号	《铁路隧道工程施工安全技术规程》TB 10304-2009 第 11.1.2～11.1.8、11.2.4、11.3.7、11.4.5 条；《公路隧道施工技术规范》JTG F60-2009 第 12.1.2、12.1.3、12.2.7、13.0.8、13.0.9 条；《公路工程施工安全技术规范》JTG F90-2015 第 9.4.3、9.9.1、9.9.2、9.10.1、9.10.3 条		

检查评定内容	扣分标准	检查方法
1）施工前应编制通风、防尘专项方案，并应对通风量进行计算	无通风、防尘专项方案或未对通风量进行计算，扣5分	检查是否编制了通风、防尘专项方案，方案中是否对通风量进行了计算，计算是否正确
2）施工前应进行职业危害安全技术措施交底	未进行职业危害防治措施交底，扣3分	检查是否进行了职业危害安全技术措施交底
3）隧道施工前应按时测定粉尘和有害气体的浓度，浓度超限时应采取有效处理措施	隧道施工前未按时测定粉尘和有害气体的浓度，扣5分；浓度超限时无有效处理措施，扣5分	检查是否有粉尘和有害气体浓度测定记录，测量频率是否符合要求，测量记录是否有浓度超限的情况，是否有相应的有效处理措施

续表

检查评定内容	扣分标准	检查方法
4）作业面应通风良好，风速、送风量应满足施工要求	通风不良，送风参数不能满足施工要求，扣5分	检查作业面通风情况是否良好（感觉是否有呼吸不适等情况），风速、送风量是否满足施工要求
5）风管应完好，不得有破损、漏风，吊挂应平直	风管破损、漏风或吊挂不平直，扣5分	检查风管是否完好，是否有破损、漏风的情况，查风管吊挂是否平直
6）爆破后应通风，通风时间不应少于15min	爆破后未通风或通风时间少于15min时有人员进洞，扣5分	检查爆破后是否及时进行通风，通风时间是否符合大于15min的规定
7）凿岩、放炮、喷射混凝土等扬尘作业，应采取喷雾、洒水净化等防尘措施	凿岩、放炮、喷射混凝土等扬尘作业无防尘措施，扣5分	检查凿岩、放炮、喷射混凝土等扬尘作业时是否采取了喷雾、洒水净化等防尘措施，查防尘措施是否到位
8）作业人员在粉尘较大场所应戴防尘口罩，在凿岩等噪声较大场所应戴防噪声护具	作业人员在粉尘较大场所未戴防尘口罩或在凿岩等噪声较大场所未戴防噪声护具，每人次扣2分	检查在粉尘较大场所作业人员是否佩戴了防尘口罩，查噪声较大场所是否佩戴了防噪声护具
9）风、水、电线路应按专项施工方案要求布设	风、水、电线路未按专项施工方案要求布设，扣5分	对照施工方案，检查风、水、电线路是否按专项施工方案要求进行布置
10）作业面、运输道路应无积水、泥泞	作业面、运输道路积水、泥泞，扣3分	检查作业面、运输道路是否有积水、泥泞现象
11）洞内光线不足时应设置足够照明	作业面照明不足，扣3分	检查洞内照明是否充足，是否能满足作业工作施工需要
12）洞内应设置警示、应急避险、通信、排水设施	未设置警示、通信、排水设施，扣3分	检查洞内是否设置了警示、应急避险、通信、排水等设施，设施设置是否齐全、可靠

6.2 盾构法隧道

6.2.1 盾构法隧道构造

　　盾构法是隧道暗挖法施工中的一种全机械化施工方法，是使用盾构机械在围岩中推进，一边防止土石崩塌，一边在其内部进行开挖、衬砌作业而修筑隧道的方法。采用盾构法修建的隧道被称为盾构法隧道。盾构是一种既能承受地层压力、又能在地层中掘进的隧道专用工程机械，现代盾构集机、电、液、传、感、信息技术于一体，具有开挖切削土体、输送土碴、拼装隧道衬砌、测量导向纠偏等功能。盾构机械的所谓盾是指保持开挖面稳定性的刀盘和压力舱、支护围岩的盾构钢壳，所谓构是指构成隧道衬砌的管片和壁后注浆体。与 TBM 一般适用于岩质隧道不同，盾构一般适用于以土作为围岩的隧道工程施工中，而土体不具有自立稳定性，所以保持开挖面稳定的系统（盾）就非常重要。盾构施工的主要原理就是尽可能在不扰动围岩的前提下完成施工，从而最大限度地减少对地面建筑物及地基内埋设物的影响，主要适用于各类软土地层和软岩地层的隧道掘进，尤其适用于城市地下隧道工程，比如水底公路隧道、地铁区间隧道、排水排污隧道、引水隧道及公用管线隧道等。盾构法隧道构造如图 6.2.1 所示。

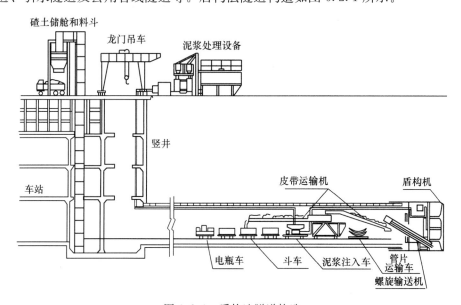

图 6.2.1　盾构法隧道构造

6.2.2　相关安全技术标准

与盾构法隧道施工安全技术相关的标准主要有：

1.《盾构法隧道施工及验收规范》GB 50446；

2.《铁路隧道盾构法技术规程》TB 10181；

3.《盾构法开仓及气压作业技术规范》CJJ 217；

4.《铁路隧道工程施工安全技术规程》TB 10304；

5.《地下铁道工程施工及验收规范》GB 50299；

6.《公路工程施工安全技术规范》JTG F90。

6.2.3　迎检需准备资料

盾构法隧道施工过程较多，为配合盾构法隧道的安全检查，施工现场需准备的相关资料也较多，主要包括：

1. 隧道施工组织设计，隧道专项施工方案，盾构机吊装安全专项方案，隧道监测实施方案，通风防尘专项施工方案；

2. 针对特殊及重要部位、工序制定的专项方案；

3. 隧道施工设计文件，包括成套设计图纸、地质断面图纸；

4. 专项施工方案审核、审批页与专家论证报告及方案修改回复；

5. 专项施工方案交底记录；

6. 安全技术交底、职业危害安全技术措施交底及记录；

7. 盾构机选型论证文件、改造后的盾构机应组织适用性验收文件；

8. 盾构机及其配套设备制造许可证、质量合格证明文件、出厂验收合格文件；

9. 盾构机维护维修保养记录、管片拼装机定期检查及维护保养记录、车辆及轨道日常保养记录；

10. 盾构开挖掘进、开仓作业等施工记录；

11. 洞门端头加固改良土体抽芯检测报告；

12. 盾构气压作业安全教育培训资料；

13. 隧道监测相关记录、阶段性报告；

14. 超前地质预报相关记录、阶段性报告；

15. 特种设备的设计文件、制造单位、产品质量合格证明、使用维护说明、生产许可证、验收合格证、使用登记证、租赁合同；

16. 特种设备的日常使用状况记录及运行故障和事故记录；

17. 特种作业人员的特种作业操作证、上岗证书；

18. 班组交接班检查记录，人员进出洞、上下井登记记录；

19. 隐患排查、安全检查记录。

6.2.4 方案与交底

盾构法隧道方案与交底安全检查可按表 6.2.4 执行。

盾构法隧道方案与交底安全检查表　　　　　表 6.2.4

检查项目	方案与交底	本检查子项应得分数	10 分
本检查子项所执行的标准、文件与条款号		《盾构法隧道施工及验收规范》GB 50446－2017 第 3.0.3、4.1.2、7.2.1、7.2.2、7.4.2、7.10.1、7.11.1、8.2.4 条；《铁路隧道盾构法技术规程》TB 10181－2017 第 7.1.3 条；《盾构法隧道开仓及气压作业技术规范》CJJ 217－2014 第 3.0.1、5.3.7 条；《铁路隧道工程施工安全技术规程》TB10304－2009 第 15.1.5 条；《公路工程施工安全技术规范》JTG F90－2015 第 3.0.2 条；住建部令第 37 号、建办质〔2018〕31 号文	

检查评定内容	扣分标准	检查方法	备注
1）施工前应编制专项施工方案	未编制专项施工方案，扣 10 分；方案编制内容不全或无针对性，扣 3 分～5 分	查是否编制了安全专项施工方案，并查看方案的完整性、针对性	
2）针对盾构机始发、接收、解体、调头、过站、端头加固、围护结构破除、负环及洞门管片拆除、穿越既有管线、铁路或轨道线、结构物，盾构开仓与换刀，联络通道等重要部位、工序，应制定专项施工方案	未对重要部位、工序制定专项施工方案，每项扣 5 分	查看是否有针对盾构施工的重要部位、工序编制了专项施工方案	根据实际情况确定，判断是否有其他重要部位、工序
3）盾构法隧道专项施工方案及重要部位、工序的专项施工方案应进行审核、审批	盾构专项施工方案或重要部位、工序的专项施工方案未进行审核、审批，扣 10 分	查专项施工方案的审核、审批页是否有施工单位技术、安全等部门以及企业技术负责人审批签字	
4）盾构法隧道专项施工方案以及穿越既有设施、首次盾构开仓与换刀、联络通道等工序的专项施工方案应组织专家论证	未组织专家对盾构专项施工方案以及穿越既有设施、首次盾构开仓与换刀、联络通道等工序的专项施工方案进行论证，扣 10 分	查专家论证意见、方案修改回复意见、会议签到表等，确认盾构施工安全专项施工方案以及各重要工序安全专项施工方案是否按住建部令第 37 号和建办质〔2018〕31 号文件的规定组织了专家论证	各地区另有规定的，尚应从其规定

续表

检查评定内容	扣分标准	检查方法	备注
5) 专项施工方案实施前，应进行安全技术交底，并应有文字记录	专项施工方案实施前，未进行安全技术交底，扣10分；交底无针对性或无文字记录，扣3分～5分	查是否有安全技术交底记录，记录中是否有方案编制人员或项目技术负责人（交底人）的签字以及现场管理人员和作业人员（接底人）的签字	

6.2.5 盾构机选型与安装调试

盾构机选型与安装调试安全检查可按表6.2.5执行。

盾构机选型与安装调试安全检查表　　　　　　表6.2.5

检查项目	盾构机选型与安装调试	本检查子项应得分数	10分
本检查子项所执行的标准、文件与条款号	《盾构法隧道施工及验收规范》GB 50446-2017 第3.0.2、4.3.1、4.3.2、4.3.4、4.3.5、4.3.8～4.3.13、4.4.1～4.4.3条；《盾构法隧道开仓及气压作业技术规范》CJJ 217-2014 第4.1.1～4.1.3条；《铁路隧道工程施工安全技术规程》TB10304-2009 第15.2.2、15.2.3、15.2.4条；《地下铁道工程施工及验收规范》GB 50299-1999（2003年版）第8.1.2、8.1.3、8.1.4条		

检查评定内容	扣分标准	检查方法
1) 盾构机始发前应组织选型论证	盾构机始发前未组织选型论证，扣10分	查是否有盾构机始发的相应选型论证资料，对照规范要求查选型论证是否合理
2) 经改造的盾构机应组织适用性验收	经改造的盾构机未组织适用性验收，扣10分	经改造的盾构机查其适用性验收资料，确认是否组织了适用性验收，并确认验收是否符合要求
3) 盾构及其配套设备制造完成后应经组装调试合格后出厂，并应出具质量合格证明文件	盾构或其配套设备无质量合格证明文件，扣10分	查盾构及其配套设备是否有质量合格证明文件
4) 新造或改造盾构机出厂应进行验收	新造或经改造的盾构机未进行出厂验收，扣10分	新造或改造的盾构机，查其验收资料，确认是否进行了验收，验收是否合格
5) 盾构机维修后，液压系统、集中润滑系统、电气系统、PLC系统、人闸、密封等主要系统应经测试或检测，并应形成记录	盾构机维修后主要系统未进行测试或检测或无检测记录，扣10分	查是否有盾构机测试或检测记录，记录涵盖的检测系统是否齐全

续表

检查评定内容	扣分标准	检查方法
6）安装调试完成后应组织现场验收	安装调试完成后未组织现场验收或无验收记录，扣 10 分	查是否有相应的现场验收记录
7）盾构机应严格按吊装安全专项方案和安全操作规程进行吊装	盾构机吊装过程未严格执行吊装安全专项方案和安全操作规程，扣 5 分	查是否有盾构机吊装安全专项方案和安全操作规程，在实际吊装过程中是否严格执行方案与规程要求

6.2.6 始发与接收

盾构始发托架及反力架如图 6.2.6-1、图 6.2.6-2 所示，始发与接收安全检查可按表 6.2.6 执行。

图 6.2.6-1 始发托架

图 6.2.6-2 反力架

始发与接收安全检查表　　　　　　　　　　　　　表 6.2.6

检查项目	始发与接收	本检查子项应得分数	10 分
本检查子项所执行的标准、文件与条款号	《盾构法隧道施工及验收规范》GB 50446－2017 第 4.2.2、4.4.3、4.5.1、4.5.2 条；《铁路隧道盾构法技术规程》TB 10181－2017 第 7.4.2～7.4.8、7.4.11 条；《铁路隧道工程施工安全技术规程》TB 10304－2009 第 15.3.1、15.3.2、15.3.4～15.3.6、15.6.1、15.6.2、15.6.4、15.6.5 条；《公路工程施工安全技术规范》JTG F90－2015 第 9.12.1 条		
检查评定内容	扣分标准	检查方法	
1）始发前应对地勘资料进行详细复核，做好前期准备工作	始发前未对地勘资料进行详细复核，扣 10 分	查看是否有地勘复核记录	

续表

检查评定内容	扣分标准	检查方法
2）始发前应按专项施工方案要求对始发与接收井端头进行加固	未按专项方案要求对始发与接收井端头进行加固，扣10分	查是否有关于始发方面的专项施工方案，查现场是否按方案要求对始发与接收井端头进行了加固
3）洞门凿除前，应对端头加固改良后土体进行抽芯检测	洞门凿除前未对端头加固改良后土体进行抽芯检测，扣10分	查是否有针对端头加固改良土体的抽芯检测记录，记录是否完整
4）洞门凿除应对掌子面进行钻孔探测地质情况	洞门凿除前未对掌子面钻孔探测地质情况，扣5分	查是否有对掌子面进行钻孔探测地质情况的记录，记录是否完整
5）盾构洞门应按设计要求制作洞圈和密封装置	盾构洞门未按设计要求制作洞圈（钢环）和密封装置，扣5分	查是否按设计求制作了洞圈和密封装置
6）始发与接收前应对盾构机姿态进行复核	始发与接收前未对盾构机姿态进行复核，扣5分	查是否在始发与接收前对盾构机姿态进行了复核，是否有复核记录
7）始发前应对反力架、托架受力进行验算，并应对反力架、托架进行安装质量及焊缝检测，确认合格	始发前未对反力架托架受力进行验算，扣10分；未对反力架托架进行安装质量及焊缝检测，扣5分	查是否有对反力架或托架受力的验算书，是否有对反力架或托架安装质量及焊缝检测的记录
8）始发时应按专项施工方案要求对负环管片采取限位、固定措施	始发时未按专项施工方案要求对负环管片采取限位、固定措施，扣5分	查始发时是否按专项施工方案要求对负环管片采取了限位固定措施
9）始发与接收时应对管片采取限位、固定措施，并应对管片螺栓进行复紧	始发与接收时未对管片采取限位、固定措施或未按要求对管片螺栓进行复紧，扣5分	查是否有对管片进行限位、固定的措施，是否对管片螺栓进行了复紧
10）盾构机司机上岗前应经实际操作培训，并应考核合格	盾构机司机上岗前未经实际操作培训或考核不合格，扣5分	查盾构司机是否有岗位证书，证书是否过期

6.2.7 掘进施工

盾构掘进施工安全检查可按表6.2.7执行。

掘进施工安全检查表

表 6.2.7

检查项目	掘进施工	本检查子项应得分数	10分
本检查子项所执行的标准、文件与条款号	《盾构法隧道施工及验收规范》GB 50446－2017 第 7.1.3、7.1.4、7.1.6、7.1.10、7.1.11、7.1.12 条；《铁路隧道盾构法技术规程》TB 10181－2017 第 7.1.7、7.1.10、7.5.3～7.5.6、7.5.17～7.5.20、7.6.1、7.6.2、7.7.2～7.7.6 条；《铁路隧道工程施工安全技术规程》TB 10304－2009 第 15.4.1、15.4.2、15.4.7～15.4.10 条；《公路工程施工安全技术规范》JTG F90－2015 第 9.12.2 条；《地下铁道工程施工及验收规范》GB 50299－1999（2003 年版）第 8.4.1、8.4.3 条		

检查评定内容	扣分标准	检查方法
1）正式掘进前应进行试掘进，并应根据结果优化掘进参数	正式掘进前未进行试掘进，扣10 分	查是否有试掘进记录，是否根据试掘进结果对参数进行了优化
2）出现掘进参数异常、姿态异常、地面沉降超限等现象时，应及时采取有效纠正措施	掘进参数异常、姿态异常、地面沉降超限时，未及时采取有效纠正措施，扣5 分	查是否出现过掘进中参数异常、姿态异常、地面沉降超限等现象，是否有相应的记录，是否采取了有效的纠正措施
3）施工过程中应对掘进参数、注浆量、出土量、豆砾石填充量等进行详细记录	施工过程未详细记录掘进参数、注浆量、出土量、豆砾石充量，扣5 分	查是否有关于掘进参数、注浆量、出土量等方面的详细记录
4）同步注浆、二次注浆应符合设计要求，并应及时注浆到位	同步注浆、二次注浆配比未按设计要求实施，或注浆量不足、注浆不及时、注浆压力达不到要求，扣5 分	对照设计图纸及施工方案，查同步注浆、二次注浆是否符合设计规定；对照注浆记录，查注浆是否及时、注浆是否到位
5）出土过量时应采取有效控制措施；	出土过量时未采取有效措施，扣5 分	查是否有出土过量现象，是否制定了相应的有效的控制措施并付诸实施
6）穿越既有结构物、既有轨道线路或铁路和特殊地段前应对设备和刀具进行检查，确保连续掘进作业要求；	穿越既有建（构）筑物、既有轨道线路或铁路和特殊地段前未对设备和刀具进行检查，扣10 分	查在穿越特殊地段前是否对设备及刀具进行了检查，是否有相应的检查记录
7）盾构机长期停滞在地质软弱地层，应制定并采取防止沉降、坍塌、渗漏的措施；	盾构机长期停滞在地质软弱地层，未制定采取防止沉降、坍塌、渗漏的措施，扣10 分	查盾构机是否有长期停滞在软弱地层的情况，是否制定并采取了防止沉降、坍塌、渗漏的措施

续表

检查评定内容	扣分标准	检查方法
8）掘进施工过程中，应对盾构机进行维修保养，并应对盾构机维修和保养进行详细记录；	未对盾构机进行维修保养，扣5 分；无维修和定期保养记录或记录不全，扣 3 分	查是否有试掘进记录，是否根据结果对参数进行了优化
9）盾构机长期停滞，再次使用前应对盾构机的安全性能进行检查验收	盾构机长期停用复工后未进行检查验收，扣 10 分	查是否出现过掘进中参数异常、姿态异常、地面沉降超限等现象，是否有相应的记录，是否采取了有效的纠正措施

6.2.8　开仓与刀具更换

开仓与刀具安全检查可按表 6.2.8 执行。

开仓与刀具更换安全检查表　　　　　　表 6.2.8

检查项目	开仓与刀具更换	本检查子项应得分数	10 分
本检查子项所执行的标准、文件与条款号	《盾构法隧道施工及验收规范》GB 50446 - 2017 第 7.8.3～7.8.8 条；《盾构法开仓及气压作业技术规范》CJJ 217 - 2014 第 3.0.1～3.0.6、4.3.1 ～ 4.3.6、5.1.3、5.2.4、5.3.1、5.3.3、5.3.6、5.3.7、5.3.9 条；《地下铁道工程施工及验收规范》GB 50299 - 1999（2003 年版）第 8.5.4、8.5.5 条		

检查评定内容	扣分标准	检查方法
1）开仓作业应制定开仓操作规程，严禁作业人员违规操作	未制定开仓操作规程或作业人员违规操作，扣 10 分	检查有无开仓操作规程，观察是否有违规操作行为
2）开仓应办理审批手续，手续签认应齐全	开仓未办理审批手续，扣 10 分；手续签认不齐全，扣 5 分	检查是否办理了审批手续，查手续签认是否齐全
3）进仓作业时，应经气体检测合格，并应按专项施工方案进行地层加固	进仓作业时未经气体检测合格或未按专项方案进行地层加固，扣 10 分	查是否有气体检测装置，有无气体检测记录，是否按专项方案要求进行了地层加固
4）常压开仓过程中应安排专人观察土仓内掌子面地质情况	常压开仓过程中未安排专人观察土仓内掌子面地质情况，扣 5 分	观察是否有专人在常压开仓过程中观察土仓内掌子面地质情况

检查评定内容	扣分标准	检查方法
5）盾构气压作业人员应经培训，持证上岗，并应配备劳动防护用品	盾构气压作业人员无证作业或未配备劳动防护用品，扣5分	查盾构气压作业人员是否经过了培训，是否有上岗作业证，是否配备了劳动防护用品
6）盾构气压作业前应对作业人员、控制室内气压或闸门管理员进行专门的培训、教育、安全技术交底	盾构气压作业前未对作业人员、控制室内气压或闸门管理员进行专门的培训、教育、安全技术交底，扣10分	查盾构气压作业前对作业人员、控制室内气压或闸门管理员进行的教育培训记录，查安全技术交底记录
7）盾构气压环境内不得有易燃易爆物品，气压作业用电应使用安全电压，照明灯具应有防爆措施	盾构气压环境内有易燃易爆物品，扣10分 气压作业用电未使用安全电压或照明灯具无防爆措施，扣5分	观察盾构气压环境下是否存放有易燃易爆物品；观察是否采用了安全电压，照明灯具是否有防爆措施
8）盾构气压作业应采取两种不同动力空压机保证不间断供气	盾构气压作业未采取两种不同动力空压机或供气间断，扣10分	观察盾构气压作业是否采取了两种不同动力装置的空气机，供气是否连续
9）作业人员气压作业时间和加、减压时间应符合带压进仓作业规定	作业人员气压作业时间或加、减压时间不符合带压进仓作业规定，扣5分	对照带压进仓作业的规定，查作业人员作业时间和加、减压时间记录
10）气压作业区与常压作业区之间以及隧道与外部均应配备通信设施	气压作业区与常压作业区之间或隧道与外部无通信设施，扣10分	观察气压作业区与常压作业区之间、隧道与外部之间是否配置了通信设施，测试通信是否正常
11）开仓作业全过程应做好记录，开仓审批、作业时间、刀具更换等应做详细记录	开仓作业全过程未做记录，扣10分；无开仓审批、作业时间、刀具更换详细记录，每项扣3分	查是否有开仓作业记录，记录是否完整

6.2.9 洞门及联络通道施工

洞门及联络通道施工安全检查可按表6.2.9执行。

洞门及联络通道施工安全检查表　　　　表 6.2.9

检查项目	洞门及联络通道施工	本检查子项应得分数	10 分
本检查子项所执行的标准、文件与条款号	《盾构法隧道施工及验收规范》GB 50446－2017 第 4.5.2、7.4.2、7.4.5 条；《铁路隧道工程施工安全技术规程》TB 10304－2009 第 15.3.7、15.8.1、15.8.2 条；《公路工程施工安全技术规范》JTG F90－2015 第 9.12.6 条		
检查评定内容	扣分标准	检查方法	
1）洞门、联络通道施工前，应按专项施工方案要求对通道周围地层进行加固，并应对加固改良后土体进行抽芯检测	未按专项方案要求对通道周围地层进行加固，扣 10 分；未对加固改良后土体应进行抽芯检测，扣 5 分	对照洞门、联络通道的专项施工方案，查是否按其要求对通道周围地层进行了加固，是否有加固后对改良土体的抽芯检测记录	
2）联络通道管片拆除前，应进行钻孔探测地质情况	联络通道管片拆除前未进行钻孔探测地质情况，扣 10 分	查联络通道管片拆除前是否对地质情况进行了钻孔探测，是否有探测记录	
3）洞门、联络通道施工现场应按应急预案准备抢险物资	洞门、联络通道施工现场未按应急预案准备抢险物资，扣 5 分	观察洞门、联络通道施工现场是否有应急抢险物资，物资配备是否齐全	
4）负环及洞门、联络通道管片拆除应按专项施工方案要求实施	负环及洞门、联络通道管片拆除未按专项方案要求实施，扣 5 分	对照负环及洞门、联络通道管片拆除专项施工方案，观察管片拆除操作是否符合方案要求	
5）负环及洞门、联络通道管片拆除现场应设立专人进行安全管理	负环及洞门、联络通道管片拆除现场未设立专人进行安全管理，扣 5 分	查负环及洞门、联络通道管片拆除现场是否设立专人进行安全管理	
6）联络通道施工前后一定范围内管片应按专项施工方案要求进行支撑保护	联络通道施工前后一定范围内管片未按专项方案要求进行支撑保护，扣 10 分	查联络通道施工前后一定范围内管片是否按专项施工方案规定方式和参数进行了支撑保护	
7）洞门或联络通道管片拆除后，应及时封闭，避免出现渗漏、掉渣等	洞门或联络通道管片拆除后，未及时封闭或出现渗漏、掉渣，扣 5 分	观察洞门及联络通道管片拆除后是否及时进行了封闭，有无出现渗漏、掉渣等现象	

6.2.10　监测

隧道监测施工安全检查可按表 6.2.10 执行。

隧道监测安全检查表　　　　　表 6.2.10

检查项目	监测	本检查子项应得分数	10分
本检查子项所执行的标准、文件与条款号	《盾构法隧道施工及验收规范》GB 50446 - 2017 第 15.1.1～15.1.4、15.1.6、15.1.11、15.1.12、15.3.1、15.4.1～15.4.4、15.5.1、15.5.2、15.5.3、15.6.4～15.6.6 条；《公路工程施工安全技术规范》JTG F90 - 2015 第 9.12.7 条；《地下铁道工程施工及验收规范》GB 50299 - 1999（2003 年版）第 8.9.1 条		
检查评定内容	扣分标准	检查方法	
1）隧道施工应按监测方案实施施工监测，并应明确监测项目、监测报警值、监测方法和监测点的布置、监测周期等内容	未编制监测方案或未按监测方案实施施工监测，扣 10 分；监测内容不全，扣 5 分	对照监测方案，查看现场是否按方案要求实施监测，查看方案中是否明确了监测项目、监测报警值、监测方法和监测点的布置、监测周期等内容	
2）监测的时间间隔应根据施工进度确定，当监测结果变化速率较大时，应加密观测次数	检测的时间间隔不符合检测方案要求，扣 5 分	查施工监测记录；针对出现的监测结果突变的情况，查是否加密了观测频率	
3）隧道施工监测过程中，应按设计及工程实际及时处理监测数据，并应按设计要求提交阶段性监测报告，及时反馈、指导施工	未按设计及工程实际及时处理监测数据并提交监测报告或监测报告内容不完整，扣 5 分	查是否形成了监测曲线变化图，查是否有阶段性监测报告；查施工记录或观察施工现场，判断是否根据监测报告对施工步序进行了调整	
4）当监测值达到所规定的报警值时，应停止施工，查明原因，采取补救措施	当监测值达到所规定的报警值时未停止施工或未采取补救措施，扣 10 分	查监测记录表是否有监测值达到所规定的报警值的情况；如有，查施工记录，判断是否及时停工调查并采取了补救措施	
5）盾构机通过后应对地层空洞隐患进行探测	盾构机通过后未进行地层空洞隐患探测，扣 5 分	查是否有地层空洞隐患探测记录	

6.2.11　管片堆放与拼装

管片堆放与拼装如图 6.2.11 所示，安全检查可按表 6.2.11 执行。

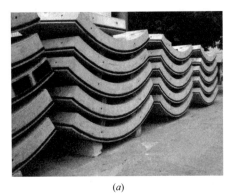
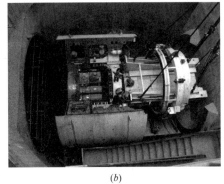

(a)　　　　　　　　　　　　　　　　(b)

图 6.2.11　管片场地堆放与拼装

(a) 管片场地堆放；(b) 管片拼装全貌

管片堆放与拼装安全检查表　　　　　　　　表 6.2.11

检查项目	管片堆放与拼装	本检查子项应得分数	10 分
本检查子项所执行的标准、文件与条款号	《盾构法隧道施工及验收规范》GB 50446-2017 第 6.8.1~6.8.3、9.1.3、9.1.4、9.2.4、9.2.9 条；《铁路隧道盾构法技术规程》TB 10181-2017 第 7.1.2、7.3.5 条；《铁路隧道工程施工安全技术规程》TB 10304-2009 第 15.5.1、15.5.2、15.5.3、15.5.4 条；《公路工程施工安全技术规范》JTG F90-2015 第 9.12.3 条；《地下铁道工程施工及验收规范》GB 50299-1999（2003 年版）第 8.6.1、8.6.2、8.6.4 条		
检查评定内容	扣分标准	检查方法	
1) 管片堆放场地应坚实、平整，排水设施应完善，排水应畅通	管片堆放场地达不到坚实、平整要求或排水不畅通，扣 5 分	查管片堆放场地是否坚实、平整，是否设置了完善的排水设施，排水是否畅通	
2) 管片堆放场地的通道应保持通畅	管片堆放场地的通道不通畅，扣 5 分	查管片堆放场地通道是否通畅，是否有障碍物等	
3) 管片堆放高度、堆放纵横间距、支撑垫块应符合专项施工方案要求	管片堆放超高或堆放纵横间距、支撑垫块等不符合专项施工方案要求，扣 5 分	对照专项施工方案，查管片堆放高度、纵横间距、支撑垫块等是否符合要求	
4) 拼装机旋转时，旋转范围内应设置隔离设施，做好防护，清除障碍物	拼装机旋转时，旋转范围内未设置隔音设施或旋转范围内有人或障碍物，扣 5 分	查是否在拼装机旋转有范围内设置了隔离设施，是否对障碍物进行了清理	
5) 管片吊运、拼装过程中应连接牢固，并应采取防滑脱装置	管片吊运、拼装过程中连接不牢或无防滑脱装置，扣 5 分	查管片吊运、拼装过程中是否连接牢固，是否采取了防滑脱装置	
6) 管片翻转、吊运、拼装设备应进行定期检查和保养，并应形成保养记录	管片翻转、吊运、拼装设备未进行定期检查、保养或无检查、保养记录，扣 5 分	查管片翻转、吊运、拼装设备是否进行了定期检查和保养，是否有保养记录	

6.2.12 隧道施工运输

隧道施工运输安全检查可按表 6.2.12 执行。

隧道施工运输安全检查表   表 6.2.12

检查项目	隧道施工运输	本检查子项应得分数	10 分
本检查子项所执行的标准、文件与条款号	《盾构法隧道施工及验收规范》GB 50446 - 2017 第 8.2.3、14.1.1、14.1.5、14.2.1、14.2.3 条；《铁路隧道盾构法技术规程》TB 10181 - 2017 第 7.1.6、7.5.14 条；《铁路隧道工程施工安全技术规程》TB 10304 - 2009 第 15.9.4、15.9.6、15.10.2、15.10.4 条；《公路工程施工安全技术规范》JTG F90 - 2015 第 9.12.6、9.12.7 条；《地下铁道工程施工及验收规范》GB 50299 - 1999（2003 年版）第 8.10.1 条		

检查评定内容	扣分标准	检查方法
1）运输设备应有产品合格证，牵引力应进行计算，并应满足最大纵坡和载重要求	运输设备无产品合格证，扣 5 分；运输设备牵引力未进行计算或不满足最大纵坡和载重要求，扣 10 分	查运输设备是否有产品合格证，是否有针对牵引力的计算书，对照计算书查计算结果是否满足最大纵坡和载重要求
2）车辆停驶时应采取防溜车措施	车辆停驶时无防溜车措施，扣 3 分	查车辆停驶时是否采取了防溜车措施
3）车辆应处于安全状态，警示装置应齐全，动力和制动功能等应良好	车辆、警示装置不齐全或动力、制动功能等存在故障，带病行驶，扣 5 分	查车辆警示装置是否齐全，观察动力和制动功能等重要系统是否良好，确认是否存在车辆带病作业的现象
4）施工场地内或隧道内应设置交通引导标志和车辆限速标志，车辆严禁超速行驶	施工场地或隧道内无交通引导标志和车辆限速标志，或车辆超速行驶，扣 3 分	观察隧道内是否设置了交通引导标志和限速标志，观察过往车辆是否按规定的速度行驶
5）平板车不得搭载人员	平板车搭载人，扣 10 分	观察平板车是否有载人现象
6）车辆应连接可靠，并应设置保险链，严禁超载、超限	车辆连接不可靠或无保险链，扣 5 分；车辆超载、超限，扣 5 分	观察车辆间连接是否设置了保险链，对照车辆相关证书资料观察、确认是否有超载、超限的情况
7）轨道端头应设车挡	轨道端头无车挡，扣 5 分	观察轨道端头是否设置了车挡
8）运输应有联络信号，且信号应合理、准确	无运输联络信号或联络信号不合理、不准确，扣 5 分	查运输道路中是否设置了联络信号，观察、测试信号是否合理、准确

检查评定内容	扣分标准	检查方法
9）隧道内车辆行驶道路应畅通，不得有堆积物料、积泥（水）等影响车辆通行	隧道内道路不畅通，影响车辆通行，扣5分	查隧道内车辆行驶道路是否畅通，是否有堆积物料、积泥积水等现象而影响车辆通行
10）车辆、轨道应进行日常保养，并应形成记录	车辆、轨道无日常检修保养记录，扣5分	查是否有车辆、轨道日常保养记录，记录是否齐全
11）隧道内应采取人车分行措施，行车区域内施工作业应采取有效的安全防护措施	无人车分行措施或行车区域内施工作业无有效安全防护措施，扣5分	观察隧道内是否采取了人车分行的措施，行车区域内施工作业是否采取了有效的安全防护措施

6.2.13 安全防护与保护措施

安全防护与保护措施安全检查可按表6.2.13执行。

安全防护与保护措施安全检查表　　　　　表6.2.13

检查项目	安全防护与保护措施	本检查子项应得分数	10分
本检查子项所执行的标准、文件与条款号	《盾构法隧道施工及验收规范》GB 50446－2017 第12.0.1～12.0.3、12.0.5～12.0.7、12.0.9条；《铁路隧道盾构法技术规程》TB 10181－2017 第6.3.2、11.1.3、11.1.6、11.2.1、11.2.2、11.2.3、11.3.1条		

检查评定内容	扣分标准	检查方法
1）施工前应编制通风、防尘专项方案，并应对通风量进行计算	无通风、防尘专项方案或未对通风量进行计算，扣10分	查是否有通风、防尘专项方案，方案中是否对通风量进行了计算
2）施工前应进行职业危害安全技术措施交底	未进行职业危害防治措施交底，扣5分	查是否有职业危害安全技术措施交底记录，记录中签字人员是否齐全
3）施工前应进行氧气及瓦斯、沼气等有毒有害气体、粉尘浓度等检测，有毒有害气体浓度超限时应采取有效处理措施	未进行氧气及瓦斯、沼气等有毒有害气体、粉尘浓度检测或有毒有害气体浓度超限时未采取有效处理措施，扣10分	查现场是否配备了有毒有害检测装置，是否有检测记录，浓度超限时是否有相关的有效处理措施记录
4）作业面应通风良好，风速、新风量应满足施工要求	通风不良，作业面风速过弱，新风量不能满足施工要求，扣5分	查作业面通风是否良好，检查送风设施的数量、型号，判断风速及送风量是否能够满足施工要求

续表

检查评定内容	扣分标准	检查方法
5) 风管应完好, 不得有破损、漏风, 吊挂应平直	风管破损、漏风或吊挂不平直, 扣 5 分	观察风管是否有破损、漏风的现象, 吊挂是否平直
6) 风、水、电线路应按专项施工方案要求布设	风、水、电线路未按专项施工方案要求布设, 扣 5 分	对照专项施工方案, 查风、水、电线路布设是否符合方案要求
7) 洞内光线不足时应设置足够照明	作业面照明亮度不足, 扣 3 分	查洞内光线照明是否充足, 是否设置相应的照明装置
8) 洞内应设置警示、通信、排水设施及消防器材	未设置警示、通信、排水设施及消防器材, 扣 5 分	查洞内是否设置有警示、通信、排水设施及消防器材
9) 压力软管耐压强度应符合设计要求, 布置于作业区及人行道范围的压力软管应采取防脱、限位措施	压力软管耐压强度不符合设计要求, 扣 5 分; 布置于作业区及人行道范围的压力软管无防脱、限位措施, 扣 5 分	对照方案及设计图纸, 查压力软管耐压强度是否符合设计要求, 在布置于作业区及人行道范围的压力软管是否有防脱、限位措施
10) 竖井人员上下应设置登高扶梯, 并应设置栏杆和扶手	竖井人员上下未设置登高扶梯, 扣 10 分; 扶梯未设置栏杆和扶手, 扣 5 分	查竖井内是否设置了登高扶梯, 是否对应设置了栏杆和扶手, 扶梯构造是否符合 JGJ 80-2016 第 5.1 节规定

6.3 顶管

6.3.1 顶管构造

顶管是一种借助顶推装置, 将管道在地下逐节顶进的非开挖施工技术。顶管施工借助于主顶油缸及管道间中继间等的推力, 把工具管或掘进机从工作井内穿过土层一直推到接收井内吊起; 与此同时, 也就把紧随工具管或掘进机后的管道埋设在两井之间, 以期实现非开挖敷设地下管道的施工方法。顶管主要由工作井(或接收井)、顶管机、主顶系统、穿墙止水环、泥水系统、触变泥浆系统、测量系统及纠偏系统等所组成。顶管施工原理及构造如图 6.3.1 所示。

6.3.2 相关安全技术标准

与顶管施工安全技术相关的标准主要有:

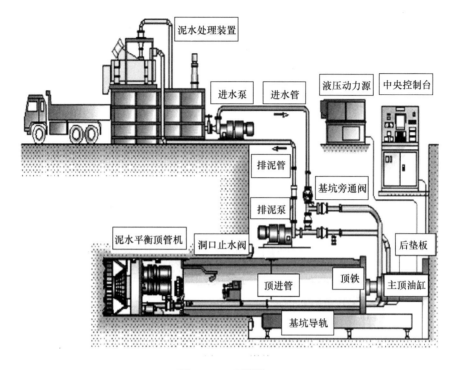

图 6.3.1　顶管施工

1.《给水排水管道工程施工及验收规范》GB 50268；

2.《给水排水工程顶管技术规程》CECS 246；

3.《顶管施工技术及验收规范》（试行）（中国非开挖技术协会行业标准）；

4.《顶管工程施工规程》DG/TJ 08-2049（上海市地方标准）；

5.《顶管技术规程》DBJ/T 15-106（广东省地方标准）；

6.《建筑施工土石方工程安全技术规范》JGJ 180；

7.《施工现场临时用电安全技术规范》JGJ 46。

6.3.3　迎检需准备资料

为配合顶管施工的安全检查，施工现场需准备的相关资料包括：

1. 隧道施工组织设计，隧道暗挖、爆破安全专项施工方案，隧道监控量测实施方案、非标准段支撑架专项施工方案及计算书、通风及防尘专项施工方案；

2. 顶管施工设计文件，包括成套设计图纸、地质断面图纸；

3. 专项施工方案审核、审批页与专家论证报告及方案修改回复；

4. 专项施工方案交底记录；

5. 安全技术交底、职业危害安全技术措施交底及记录；

6. 监控量测相关记录、阶段性报告;

7. 顶管设备、配套设备和辅助系统应有产品合格证;

8. 特种设备的设计文件、制造单位、产品质量合格证明、使用维护说明、生产许可证、验收合格证、使用登记证、租赁合同;

9. 特种设备的日常使用状况记录及运行故障和事故记录;

10. 特种作业人员的特种作业操作证、上岗证书;

11. 班组交接班检查记录,人员进出洞、上下井登记记录;

12. 隐患排查、安全检查记录。

6.3.4　方案与交底

顶管施工方案与交底安全检查可按表 6.3.4 执行。

顶管施工方案与交底安全检查表　　　　　　表 6.3.4

检查项目	方案与交底	本检查子项应得分数	10 分
本检查子项所执行的标准、文件与条款号	《给水排水管道工程施工及验收规范》GB 50268 - 2008 第 3.1.5、3.1.13 条;《顶管施工技术及验收规范》(试行) 第 1.0.9 条;住建部令第 37 号、建办质 [2018] 31 号文		

检查评定内容	扣分标准	检查方法	备注
1) 顶管施工前应编制专项施工方案	未编制专项施工方案,扣 10 分;方案编制内容不全或无针对性,扣 3 分～5 分	查是否编制了安全专项施工方案,并查看方案的针对性	
2) 专项施工方案应进行审核、审批	专项施工方案未进行审核、审批,扣 10 分	查专项施工方案的审核、审批页是否有施工单位技术、安全等部门以及企业技术负责人审批签字	
3) 专项施工方案应组织专家论证	专项施工方案未组织专家论证,扣 10 分	查专家论证意见、方案修改回复意见、会议签到表等,确认顶管施工安全专项施工方案是否按住建部令第 37 号和建办质 [2018] 31 号文件的规定组织了专家论证	各地区另有规定的,尚应从其规定
4) 专项施工方案实施前,应进行安全技术交底,并应有文字记录	专项施工方案实施前,未进行安全技术交底,扣 10 分;交底无针对性或无文字记录,扣 3 分～5 分	查是否有安全技术交底记录,记录中是否有方案编制人员或项目技术负责人(交底人)的签字以及现场管理人员和作业人员(接底人)的签字	

6.3.5　顶管设备

顶管设备如图 6.3.5 所示；顶管设备安全检查可按表 6.3.5 执行。

(a)　　　　　　　　　　　　　　　(b)

图 6.3.5　顶管相关设备

(a) 泥水平衡顶管机下井组装；(b) 顶管顶进装置

顶管设备安全检查表　　　　　　　表 6.3.5

检查项目	顶管设备	本检查子项应得分数	10 分
本检查子项所执行的标准、文件与条款号	《给水排水管道工程施工及验收规范》GB 50268 - 2008 第 3.1.9 条；《顶管施工技术及验收规范》（试行）第 8.7.2 条；《顶管工程施工规程》DG/TJ 08-2049 - 2016 第 3.0.6 条		
检查评定内容	扣分标准	检查方法	
1）顶管设备、配套设备和辅助系统应有产品合格证	进场的顶管设备、配套设备和辅助系统无产品合格证，扣 10 分	查顶管各类设备、配套及辅助系统等是否具有产品合格证	
2）顶管设备的型号应与管道的型号和水文地质条件相适应	顶管设备的型号与管道的型号或水文地质条件不匹配，扣 10 分	对照专项方案，查顶管设备的型号与管道的型号、水文地质条件相符	
3）顶管设备安装完成后应进行试车，确认安全可靠后方可进行作业	设备安装完毕后未进行试车直接进行顶进作业，扣 10 分	查是否有试车记录，试车是否符合要求	
4）顶管设备安装、拆卸应按操作规程进行	顶管设备安装、拆卸未按操作规程进行，扣 10 分	查顶管设备是否有安拆操作规程，安拆过程是否按操作规程进行	
5）所有设备、装置在使用中应定期检查、维修和保养	设备、装置在使用中未定期检查、维修和保养，扣 5 分	查是否有定期检查、维修和保养记录，记录是否完整、有效	

6.3.6 起重吊装

起重吊装安全检查可按表 6.3.6 执行。

起重吊装安全检查表 表 6.3.6

检查项目	起重吊装	本检查子项应得分数	10 分
本检查子项所执行的标准、文件与条款号	《给水排水管道工程施工及验收规范》GB 50268 - 2008 第 6.1.9 条；《顶管技术规程》DBJ/T 15-106 - 2015 第 8.1.1、8.1.2、8.1.4、8.1.5、8.6.1 条		
检查评定内容	扣分标准	检查方法	
1) 起重机械设备应有制造许可证、产品合格证、备案证明和安装使用说明书	起重机械设备无制造许可证、产品合格证、备案证明和安装使用说明书，扣 10 分	检查起重机械设备是否有制造许可证、产品合格证、备案证明、安装使用说明等	
2) 起重设备使用前应进行验收，验收合格后应办理起重机械使用登记	起重设备使用前未进行验收，扣 10 分；未办理起重机械使用登记，扣 5 分	检查是否有验收记录，是否办理了使用登记	
3) 起重设备的各种安全装置应符合国家现行相关标准要求，并应灵敏可靠	起重设备的安全装置不齐全或不灵敏可靠，扣 10 分	对照国家现行相关标准检查各种安全装置是否符合要求，检查是否灵敏可靠	
4) 起重机械的钢丝绳磨损、断丝、变形、锈蚀和吊钩、卷筒、滑轮磨损应在规定允许范围	起重机械的钢丝绳、卷筒、滑轮欠完好，扣 5 分	检查钢丝绳、卷筒、滑轮等是否有磨损等缺陷，且磨损程度是否在规定允许的范围内	
5) 起重作业前应试吊，确认安全后方可起吊	起重作业前未进行试吊，扣 10 分	检查作业前是否进行了试吊，是否有试吊记录	
6) 下管时应穿保险钢丝绳	下管时未穿保险钢丝绳，扣 10 分	检查下管时是否穿设了保险钢丝绳	
7) 起重机械与架空线路安全距离应符合国家现行相关标准要求	起重机械与架空线路安全距离不符合国家现行相关标准要求，扣 10 分	对照《起重机械安全规程》GB 6067 的规定，检查安全距离是否符合要求	
8) 起重司机、信号司索工等操作人员应取得特种作业操作证	起重机械操作人员无对应的特种作业操作证，扣 5 分	检查起重司机、信号司索工等操作人员是否有特种作业操作证，并检查证书有效期是否在规定的范围内	
9) 起重机械的提升荷载不得超过额定荷载	起重机械超负荷使用，扣 10 分	对照起重机械的额定荷载，检查确认提升荷载是否在额定荷载以下	
10) 严禁起重臂及吊物下有人员作业、停留或通行	起重臂及吊物下有人员作业、停留或通行，扣 5 分	检查起得作业时起重臂及吊物下是否设置了安全警戒，是否有人员作业、停留或通行	

6.3.7 工作井

工作井安全检查可按表6.3.7执行。

工作井安全检查表　　　　　　　　　　　　　　表6.3.7

检查项目	工作井	本检查子项应得分数	10分
本检查子项所执行的标准、文件与条款号	《给水排水管道工程施工及验收规范》GB 50268-2008 第6.2.1、6.2.2、6.2.3、6.2.4、6.2.6、6.3.6条；《给水排水工程顶管技术规程》CECS 246；2008 第10.2.6条；《顶管工程施工规程》DG/TJ08-2049-2016 第4.0.1条		

检查评定内容	扣分标准	检查方法
1）工作井结构应符合设计要求，能满足井壁支护及承受顶管推进后坐力要求	工作井结构不符合设计要求或不能满足井壁支护及承受顶管推进后坐力要求，扣10分	对照设计图纸，检查工作井结构是否符合设计要求、是否满足井壁支护及承受顶管推进后坐力的要求
2）工作井施工应按先支护后开挖的顺序进行开挖	工作井施工未按先支护后开挖的顺序进行开挖，扣5分	对照施工方案，检查工作井是否按先支护后开挖的顺序进行的施工
3）工作井周边堆载应在支护设计允许范围内，机械设备与井边的距离应符合设计安全距离要求	工作井周边堆载超过支护设计允许范围或机械设备与井边的距离小于设计安全距离，扣10分	对照设计图纸，尺量检查工作井周边堆载、机械设备施工与工作井的距离是否符合安全距离的要求
4）后背墙的尺寸、材料和构造应符合设计要求，其承载力和刚度应满足顶管最大允许顶力和设计要求	后背墙的尺寸、材料、构造不符合设计要求或其承载力和刚度不满足顶管最大允许顶力和设计要求，扣10分	对照设计图纸，检查后背墙的尺寸、材料和构造是否与图纸相符；检查其强度和刚度是否满足顶管最大允许顶力和设计的要求
5）后背墙平面应与掘进轴线保持垂直，表面应平整坚实	后背墙平面与掘进轴线不垂直，扣5分；表面不平整坚实，扣5分	检查后背墙平面与掘进轴线是否垂直，表面是否平整坚实
6）顶管进出洞口的土体应根据地质情况、顶管机选型、管道直径、埋深和周围环境按设计要求进行加固处理	进出洞口的土体未设计要求进行加固处理，扣10分	检查顶管进出洞口土体是否根据现场情况进行了加固处理，加固处理是否符合设计要求

6.3.8 顶进

顶进安全检查可按表6.3.8执行。

顶进安全检查表　　　　　　　　表 6.3.8

检查项目	顶进	本检查子项应得分数	10分
本检查子项所执行的标准、文件与条款号	《给水排水管道工程施工及验收规范》GB 50268-2008 第 6.1.2、6.1.5、6.1.6、6.2.7、6.3.1、6.3.3 条；《给水排水工程顶管技术规程》CECS 246：2008 第 3.1.1～3.1.6 条；《顶管工程施工规程》DG/TJ 08-2049-2016 第 3.0.1 条；《顶管施工技术及验收规范》（试行）第 3.3.16、8.2.3、8.3.3 条；《顶管技术规程》DBJ/T 15-106-2015 第 8.4.1 条		

检查评定内容	扣分标准	检查方法
1）顶管施工前应对施工沿线进行踏勘，了解结构物、地下管线和地下障碍物的情况	顶管施工前未对施工沿线的建（构）筑物、地下管线和地下障碍物的情况进行踏勘；扣 10 分	查看是否有对施工沿线相应的踏勘记录，记录中对结构物、地下管线等情况的了解是否详细
2）施工前应对后背土体进行允许抗力验算，验算不满足要求时应对后背土体加固，以满足施工安全、周围环境保护要求	施工前未对后背土体进行允许抗力验算或验算不满足要求时未对后背土体采取有效加固措施，扣 10 分	检查是否有后背土体的允许抗力验算，验算结果是否满足要求，不满足时是否有土体加固措施
3）顶进装置安装轴线应与管道轴线平行、对称	顶进装置安装轴线与管道轴线不平行或不对称，扣 10 分	借助相应的检测工具检查现场顶进装置的安装轴线与管道轴线是否平行、对称
4）顶铁在导轨上应滑动平稳、无阻滞现象	顶铁在导轨上滑动不平稳或有阻滞现象，扣 5 分	目测观察顶铁在导轨上滑动是否平稳、无阻滞
5）顶进作业时，作业人员不得在顶铁上方及侧面停留，并应随时观察顶铁有无异常现象	顶进作业时作业人员停留在顶铁上方及侧面等危险区域，扣 10 分	检查顶进时作业人员是否有在顶铁上方及侧面停留，是否安排专人对顶铁的异常现象进行随时观察
6）千斤顶和油表应配套使用，不得混用	千斤顶和油表未配套使用或混用，扣 5 分	对照标定证书等资料，检查千斤顶与油表是否是配套使用、有无混用现象
7）顶进中如发现油压突然增高，应立即停止顶进，检查原因并经处理后方可继续顶进	顶进中发现油压突然增高未及时停止施工，检查处理，扣 10 分	检查顶进过程是否有油压突然增高现象，如有，则观察是否停止顶进进行检查并采取相应的处理措施
8）千斤顶活塞退回时，油压应根据操作规程控制	千斤顶活塞退回时油压过大或速度过快，扣 5 分	检查千斤顶退回时油压是否按"油压不得过大，速度不得过快"基本规程进行控制
9）手掘式顶管时，严禁挖土人员走出工具管进行作业	手掘式顶管时，挖土人员走出工具管进行作业，扣 10 分	检查手掘式顶管时，是否有挖土人员在工具管进行作业

续表

检查评定内容	扣分标准	检查方法
10）一次顶进距离大于 100m 时，应采用中继间技术	一次顶进距离大于 100m 时，未采用中继间技术，扣 5 分	对照图纸，查看顶进距离是否大于 100m，是否采用了中继间技术
11）顶管作业必须建立交接班制度，并应有文字记录	顶管作业未建立交接班制度或无记录，扣 5 分	查看是否有交接班制度，是否有相应的文字记录

6.3.9　监测

监测安全检查可按表 6.3.9 执行。

监测安全检查表 表 6.3.9

检查项目	监测	本检查子项应得分数	10 分
本检查子项所执行的标准、文件与条款号	《给水排水管道工程施工及验收规范》GB 50268-2008 第 6.1.7、6.1.8、6.3.7 条；《给水排水工程顶管技术规程》CECS 246；2008 第 13.1.1～13.1.3、13.1.5 条；《顶管工程施工规程》DG/TJ 08-2049-2016 第 3.0.4 条；《顶管施工技术及验收规范》（试行）第 1.0.6、1.0.11、10.11.8 条；《顶管技术规程》DBJ/T 15-106-2015 第 10.1.1、10.1.2、10.1.4、10.1.6、10.2.2、10.3.1～10.3.7、10.4.1、10.4.2、10.4.4 条		

检查评定内容	扣分标准	检查方法
1）顶管施工应进行监测，监测项目应包括工作井基坑和管道沿线影响范围内的地表、临近结构物、地下管线，并应明确监测项目、监测警值、监测方法和监测点的布置、监测周期等内容	未按监测方案实施进行顶管施工监测，扣 10 分；监测项目不全，扣 5 分	检查是否有监测方案、监测记录表等，并查监测项目是否齐全、监测报警值、监测方法等是否明确
2）监测的时间间隔应根据施工进度确定，当监测结果变化速率较大、变形量或变形速率异常变化、建筑本身、周边建筑物及地表出现异常时，应加大观测频率	监测的时间间隔不符合监测方案要求，扣 5 分	对照施工进度表，查监测记录表中监测时间间隔是否与施工进度相对应，查出现异常数据变化时是否加大了观测频率
3）顶管施工过程中，应提交阶段性监测报告	无阶段性监测报告，扣 10 分；监测报告内容不完整，扣 5 分	查监测记录表是否及时对监测数据进行了处理，查是否有阶段性监测报告，是否根据监测报告对施工工艺进行了调整
4）当监测值大于所规定的报警值时，应停止施工，查明原因，采取补救措施	当监测值大于所规定的报警值时未立即停止施工，查明原因，采取补救措施，扣 10 分	查监测记录表是否有监测值达到所规定的报警值的情况，如有则进一步检查是否及时停工调查并采取了补救措施

6.3.10　检查验收

检查验收安全检查可按表 6.3.10 执行。

检查验收安全检查表　　　　　　　表 6.3.10

检查项目	检查验收	本检查子项应得分数	10 分
本检查子项所执行的标准、文件与条款号	《给水排水管道工程施工及验收规范》GB 50268 - 2008 第 3.1.9 条；《顶管技术规程》DBJ/T 15-106 - 2015 第 11.0.1 条		
检查评定内容	扣分标准	检查方法	
1）顶管设备、配套设备和辅助系统应进行验收，并应形成记录，合格后方可进场	顶管设备、配套设备和辅助系统进场前未履行验收手续或无验收记录，扣 10 分	查是否对顶管配套的设备系统进行了验收，验收是否合格	
2）工作井施工完毕，应办理验收手续并形成验收记录	工作井施工完毕后，未办理验收手续或无验收记录，扣 10 分	查是否有工作井完工验收手续，是否形成了验收记录	
3）检查验收内容和指标应有量化内容，并应由责任人签字确认	验收内容和指标未进行量化或未经责任人签字确认，扣 5 分	查各阶段的验收记录是否有标准规定的量化内容，以及是否经相应责任人签字确认	
4）验收合格后应在明显位置悬挂验收合格牌	验收合格后未在明显位置悬挂验收合格牌，扣 5 分	查是否在明显位置悬挂了验收合格牌	

6.3.11　降水、排泥与通风

降水、排泥与通风安全检查可按表 6.3.11 执行。

降水、排泥与通风安全检查表　　　　　表 6.3.11

检查项目	降水、排泥及通风	本检查子项应得分数	10 分
本检查子项所执行的标准、文件与条款号	《给水排水管道工程施工及验收规范》GB 50268 - 2008 第 6.2.3 条；《给水排水工程顶管技术规程》CECS 246；2008 第 3.1.5、12.3.1、12.7.1~12.7.7、12.8.1~12.8.3、12.8.5 条；《顶管工程施工规程》DG/TJ 08-2049 - 2016 第 7.8.1~7.8.3、7.9.1~7.9.5 条；《顶管技术规程》DBJ/T 15-106 - 2015 第 8.9.1、8.9.2 条		
检查评定内容	扣分标准	检查方法	
1）作业深度范围内有地下水时，应采取有效降水措施	作业深度范围内有地下水时无有效降水措施，扣 10 分	对照地质勘查报告及结合现场实际，检查作业深度范围内是否有地下水，是否采取了有效的降水措施	

续表

检查评定内容	扣分标准	检查方法
2）工作井四周地面应设置截、排水设施	工作井四周地面未设置截、排水设施，扣5分	检查工作井四周地面是否设置了防、排水设施，设施是否齐全、到位
3）工作井底封底前应设置带盖的集水坑，集水坑内的积水应及时排除	井底封底前未设置带盖的集水坑或积水坑内积水未及时排除，扣5分	检查工作井底是否设置了带盖的集水坑，集水坑内的积水是否及时进行了排除
4）气压平衡、泥水平衡、土压平衡顶管排放的泥浆应采用管道、排泥泵或运输小车及时有组织外运、排放，采用泥水排放出泥时，应设置泥浆沉淀池	顶管产生的泥浆未及时有组织排放或采用泥水排放出泥时未设置沉淀池，扣5分	查顶管排放的泥浆是否采用了合理的方式进行了外运、排放，是否按规定设置了泥浆沉淀池
5）管道内应设置通风装置，通风量宜为每人 $25m^3/h \sim 30m^3/h$，出口空气质量应符合环保要求	管道内未设置通风装置，扣10分；通风量或空气质量不符合要求，扣3分～5分	查是否有通风装置，通风量是否满足要求，检测出口空气质量是否符合环保要求
6）管道内应设置有毒有害气体检测报警装置	管道内未设置有毒有害气体检测报警装置，扣10分	检查管道内是否设置了有毒气体检测报警装置
7）地层中存在有害气体时必须采用封闭式顶管机，并应增大通风量	地层中存在有害气体时未采用封闭式顶管机或未增大通风量，扣10分	检查地层中是否存在有害气体，是否采用了封闭式顶管机，是否设置增大通风量的设施

6.3.12　安全防护

安全防护安全检查可按表 6.3.12 执行。

安全防护安全检查表　　　　　　　　　表 6.3.12

检查项目	安全防护	本检查子项应得分数	10分
本检查子项所执行的标准、文件与条款号	《给水排水管道工程施工及验收规范》GB 50268 - 2008 第 6.1.9、6.2.3 条；《建筑施工土石方工程安全技术规范》JGJ 180 - 2009 第 6.2.1、6.2.3 条、《建筑施工高处作业安全技术规范》JGJ 80 - 2016 第 5.1 节		
检查评定内容	扣分标准	检查方法	
1）工作井周边应设置防护栏杆	工作井周边未设置防护栏杆，扣10分	检查工作井周边是否设置了防护栏杆	

续表

检查评定内容	扣分标准	检查方法
2）地面井口周围应设置防汛墙和防雨设施	地面井口周围未设置防汛墙和防雨设施，扣5分	检查地面井口周围是否设置了防汛墙和防雨设施，设置是否符合要求
3）作业区应设置警示标志和警戒区域	作业区未设置警戒区域，扣5分；无警示标志，扣3分	检查作业区是否设置了警示标志和警戒区域
4）工作井内应设置人员上下的专用梯道，梯道应牢固并保持畅通	工作井内未设置人员上下的专用梯道，扣10分；梯道不牢固或通行不畅通，扣3分～5分	检查工作井内是否设置了人员上下的安全通道，通道是否符合攀登作业要求
5）降水井口应设置防护盖板或围栏，并应设置明显的警示标志	降水井口未设置防护盖板或围栏，扣5分；无明显警示标志，扣3分	检查降水井口是否设置了防护盖板或围栏、是否设置了明显的警示标志
6）地面与顶管工作面之间应设置联络通信设备	地面与顶管工作面之间未设置联络通信设备，扣5分	检查联络通信设备是否配合齐全有效

6.3.13 供电

供电安全检查可按表 6.3.13 执行。

供电安全检查表　　　　　　　　表 6.3.13

检查项目	供电	本检查子项应得分数	5分
本检查子项所执行的标准、文件与条款号	《给水排水管道工程施工及验收规范》GB 50268－2008 第 6.1.9 条；《顶管工程施工规程》DG/TJ 08-2049－2016 第 7.10.2～7.10.4 条；《施工现场临时用电安全技术规范》JGJ 46－2005 第 8.1.4、10.2.2 条		

检查评定内容	扣分标准	检查方法
1）顶管施工应设置备用电源，并应能自动切换；动力、照明应分路供电	顶管施工未设置备用电源，扣5分；动力、照明未分路供电，扣3分	检查是否设置了可自动切换的备用电源，检查动力、照明是否实行了分路供电
2）进管电缆应悬挂于管壁	进管电缆未悬挂于管壁，扣3分	检查进管电缆是否悬挂于管壁上

续表

检查评定内容	扣分标准	检查方法
3）顶管距离超过 800m 时，宜采用调压器配电或将高压电引进管内并增设变压器进行供电	顶管距离超过 800m 时，未采用调压器配电或未通过增设变压器将高压电引进管内供电，扣 5 分	对照设计图纸，检查顶管距离是否超过了 800m；如超过，则进一步检查是否增设了变压器进行供电，是否采用了调压器配电
4）井内与管内照明应采用不超过 36V 的低压防爆灯	井内与管内照明电压大于 36V 或未采用低压防爆灯，扣 5 分	检查井内或管内是否采用了低于 36V 的低压防爆灯照明
5）管内供电系统应安装有效漏电保护装置	管内供电系统无漏电保护装置，扣 5 分	检查管内供电系统是否安装了有效的漏电保护装置

6.3.14　拆除

拆除安全检查可按表 6.3.14 执行。

拆除安全检查表　　　　　　　　表 6.3.14

检查项目	拆除	本检查子项应得分数	5 分
本检查子项所执行的标准、文件与条款号	《给水排水管道工程施工及验收规范》GB 50268－2008 第 6.3.6 条；《顶管施工技术及验收规范》（试行）第 10.2.2、10.2.3 条		

检查评定内容	扣分标准	检查方法
1）工作井洞口封门拆除应符合国家现行相关标准要求	工作井洞口封门拆除不符合国家现行相关标准要求，扣 5 分	对照国家相关现行标准要求，检查工作井洞口封门拆除是否存在违规操作行为
2）顶管施工完成后，提升设备、顶进设备拆除顺序应符合专项施工方案要求	工程顶管施工完成后，提升设备、顶进设备未按施工方案拆除顺序拆除，扣 5 分	对照施工方案，检查提升设备、顶进设备拆除顺序是否符合要求
3）机械拆除时，施工载荷不应超过工作井支护结构承载力	机械拆除的施工载荷大于支护结构承载力，扣 5 分	对照设计图纸确定的工作井支护结构承载力，对比机械拆除时施工荷载是否小于此承载力

第7章 起重吊装工程

市政工程吊装作业中，被起吊的构件往往体积大、自重大、作业环境复杂，如各类预制桥梁整跨或节段的吊装作业等；大跨度、高墩柱的预制梁吊装还经常采用专用的定型吊装设备，如架桥机；预制拱桥的节段拼装还经常使用缆索吊装工工艺。因此，相比房屋建筑施工，市政工程施工现场采用的吊装设备种类多、起重量大，工艺和环境更为复杂。《标准》在起重吊装工程章节不仅给出了汽车起重机及履带起重机等常规的流动式起重机的安全管理规定，也给出了塔式起重机、物料提升机、门式起重机、施工升降机等常规载物、载人起重设备的安全管理规定，还给出了架桥机、缆索起重机这两种专用吊装装备的安全管理规定。

7.1 流动式起重机

7.1.1 流动式起重机构造

起重机械是现代工业生产不可缺少的设备，被广泛的应用于各种物料的起重、运输、装卸和人员输送等作业中。按结构形式，起重机主要分为轻小型起重设备、桥架式、臂架式、缆索式，流动式起重机是臂架类型起重机械中无轨运行的起重设备，它具有自身动力装置驱动的行驶装置，转移作业时不需要拆卸和安装，机动性强、负荷变化范围大、稳定性能好、操纵简单方便、适用范围广。

流动式起重机是通过改变臂架仰角来改变载荷幅度的旋转类起重机，流动式起重机的结构由起重臂、回转平台、车架和支腿四部分组成。

从机构角度看，流动式起重机的组成为：起升机构、回转机构、变幅机构、伸缩机构、支腿机构和运行机构，其构造如图7.1.1所示。

7.1.2 相关安全技术标准

与流动式起重机施工安全技术相关的标准主要有：

1.《建筑机械使用安全技术规程》JGJ 33；

2.《施工现场机械设备检查技术规范》JGJ 160；

3.《起重机械安全规程 第1部分：总则》GB 6067.1；

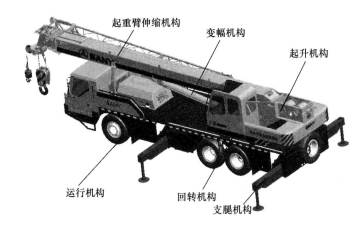

图 7.1.1　流动式起重机

　　4.《建筑施工起重吊装工程安全技术规范》JGJ 276；

　　5.《施工现场临时用电安全技术规范》JGJ 46；

　　6.《建筑施工高处作业安全技术规范》JGJ 80。

7.1.3　迎检需准备资料

　　为配合流动式起重机的安全检查，施工现场需准备的相关资料包括：

　　1. 流动式起重机专项施工方案；

　　2. 专项施工方案审核、审核页与专家论证报告及方案修改回复；

　　3. 专项施工方案交底记录、安全技术交底记录；

　　4. 日常维修保养记录；

　　5. 起重机械特种设备制造许可证、产品合格证、备案证明和安装使用说明书；

　　6. 起重拔杆安装使用说明书；

　　7. 起重拔杆安装验收记录；

　　8. 进场吊具、索具性能检验报告；

　　9. 地质勘测报告、地基承载力检测报告；

　　10. 起重机械安装、拆卸单位专业承包资质和安全生产许可证；

　　11. 重机械安装拆卸工、起重司机、信号工、司索工特种作业资格证书。

7.1.4　方案与交底

　　流动式起重机方案与交底安全检查可按表 7.1.4 执行。

流动式起重机方案与交底安全检查表 表 7.1.4

检查项目	方案与交底	本检查子项应得分数	10 分
本检查子项所执行的标准、文件与条款号	《建筑施工起重吊装工程安全技术规范》JGJ 276 - 2012 第 3.0.1 条；住建部令第 37 号和建办质〔2018〕31 号文		
检查评定内容	扣分标准	检查方法	
1）起重吊装作业前应编制专项施工方案	未编制专项施工方案，扣 10 分；方案编制内容不全或无针对性，扣 3 分～5 分	查是否编制了安全专项施工方案，并查看方案的针对性和完整性	
2）专项施工方案应进行审核、审批	专项施工方案未进行审核、审批，扣 10 分	查专项施工方案的审核、审批页是否有施工单位技术、安全部门以及企业技术负责人审批签字	
3）超过一定规模的起重吊装及起重机械安装和拆卸工程，其专项施工方案应组织专家论证	超过一定规模的起重吊装及起重机械安装和拆卸工程专项施工方案未组织专家论证，扣 10 分	对采用非常规起重设备、方法，且单件起吊重量在 100kN 及以上的起重吊装工程，以及起重量 300kN 及以上，或搭设基础标高在 200m 及以上的流动式起重机安装和拆卸工程，查其安全专项施工方案是否按住建部令第 37 号规定组织了专家论证	
4）专项施工方案实施前，应进行安全技术交底，并应有文字记录	专项施工方案实施前，未进行安全技术交底，扣 10 分；交底无针对性或无文字记录，扣 3 分～5 分	查是否有安全技术交底记录，记录中是否有方案编制人员或项目技术负责人（交底人）的签字以及现场管理人员和作业人员（接底人）的签字	

7.1.5 起重机械

流动式起重机其起重机械设备本身的安全检查可按表 7.1.5 执行。作为非常规起重设备的拔杆式起重机（桅杆式起重机），其结构构造如图 7.1.5 所示。

流动式起重机起重机械安全检查表 表 7.1.5

检查项目	起重机械	本检查子项应得分数	10 分
本检查子项所执行的标准、文件与条款号	《建筑机械使用安全技术规程》JGJ 33 - 2012 第 4.1.1、4.11、4.5.5、4.5.9 条		
检查评定内容	扣分标准	检查方法	
1）起重机进入施工现场时，应有特种设备制造许可证、产品合格证、备案证明和安装使用说明书	起重机无制造许可证、产品合格证、备案证明和安装使用说明书，扣 5 分	查起重机械特种设备制造许可证、产品合格证、备案证明和安装使用说明书	

续表

检查评定内容	扣分标准	检查方法
2）起重拔杆组装应符合设计要求	起重拔杆组装不符合设计要求，扣 10 分	对照安装使用说明书，核查起重拔杆的组装顺序和工艺
3）起重拔杆组装后应履行验收程序，填写安装验收表，并应由责任人签字确认	起重拔杆组装后未履行验收程序或验收记录无责任人签字，扣 10 分	查起重拔杆组装完毕后是否有验收记录，相应责任人是否签字确认
4）起重机应安装荷载限制器及行程限位装置，并应灵敏可靠	未安装荷载限制装置或不灵敏，扣 10 分； 未安装行程限位装置或不灵敏，扣 10 分	观察起重机是否安装荷载限制器及行程限位装置，试验检测其灵敏度是否符合设计或说明书要求

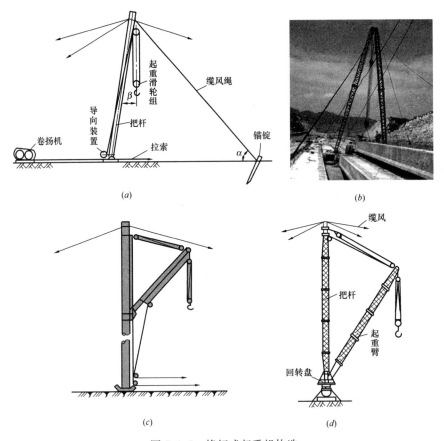

图 7.1.5　桅杆式起重机构造

（a）独脚拔杆；（b）人字拔杆；（c）悬臂拔杆；（d）牵缆式拔杆

7.1.6 钢丝绳与索具

流动式起重机钢丝绳与索具安全检查可按表 7.1.6 执行。

流动式起重机钢丝绳与索具安全检查表　　表 7.1.6

检查项目	钢丝绳与索具	本检查子项应得分数	10 分
本检查子项所执行的标准、文件与条款号	《建筑机械使用安全技术规程》JGJ 33-2012 第 4.1.30、4.5.7 条；《起重机械安全规程 第 1 部分：总则》GB 6067.1-2010 第 4.2.4.5、4.2.5.1、4.2.5.3、4.2.1.5 条		
检查评定内容	扣分标准	检查方法	
1) 钢丝绳磨损、断丝、变形、锈蚀应在允许范围内	钢丝绳磨损、断丝、变形、锈蚀达到报废标准，扣 10 分	目测钢丝绳磨损、断丝、变形、锈蚀程度，检查是否超过报废标准	
2) 钢丝绳的规格、型号、穿绕应符合产品说明书要求	钢丝绳的规格、型号不符合产品说明书要求或穿绕不正确，扣 10 分	查钢丝绳的规格、型号是否符合起重机产品说明要求，观察钢丝绳的穿绕是否符合要求	
3) 吊钩、卷筒、滑轮磨损应在国家现行相关标准允许范围内	吊钩、卷筒、滑轮磨损达到报废标准扣 10 分	目测吊钩、卷筒、滑轮的磨损是否超过报废标准	
4) 吊钩、卷筒、滑轮应设置钢丝绳防脱装置	吊钩、卷筒、滑轮未设置钢丝绳防脱装置，扣 10 分	目测检查吊钩、卷筒、滑轮是否设置钢丝绳防脱装置	
5) 起重拔杆的缆风绳、地锚应符合设计要求	起重拔杆的缆风绳、地锚设置不符合设计要求，扣 8 分	对照专项方案，现场检查起重机缆风绳、地锚施工是否符合要求	
6) 钢丝绳、索具端部固接方式应符合国家现行相关标准要求	钢丝绳、索具端部固接方式不符合国家现行相关标准要求，扣 10 分	现场观察钢丝绳、索具端部的固结方式是否符合国家现行相关标准要求	
7) 索具安全系数应符合国家现行相关标准要求	索具安全系数不符合国家现行相关标准要求，扣 10 分	查进场索具性能检验报告，安全系数是否符合国家现行相关标准规定	
8) 吊索规格应相互匹配，机械性能应符合设计要求	吊索规格不匹配或机械性能不符合设计要求，扣 5 分	查吊具索具的规格是否互相匹配，对照说明书查机械性能是否符合要求	

7.1.7 作业环境

流动式起重机作业环境安全检查可按表 7.1.7 执行。

流动式起重机作业环境安全检查表　　　　表 7.1.7

检查项目	作业环境	本检查子项应得分数	10 分
本检查子项所执行的标准、文件与条款号	《建筑机械使用安全技术规程》JGJ 33 - 2012 第 4.1.8、4.1.23、4.3.1、4.3.4 条；《施工现场临时用电安全技术规范》JGJ 46 - 2005 第 4.14 条；《建筑施工起重吊装工程安全技术规范》JGJ 276 - 2012 第 3.0.5 条		
检查评定内容	扣分标准	检查方法	
1) 起重机行走、作业处地面承载能力应符合产品说明书要求	起重机行走、作业处地面承载能力不符合产品说明书要求时未采取有效加固措施，扣 10 分	查起重机说明书，起重机行走、作业面承载力是否符合专项方案，不符时，是否采取相关有效措施	
2) 当起重机支撑在既有结构上时，应对既有结构的承载力进行确认或验算	当起重机支撑在既有结构上时，未对既有结构的承载力进行确认或验算，扣 10 分	对照施工方案，查既有结构的承载力检验报告，当起重机支撑在结构上时是否达到专项方案要求	
3) 地面铺垫措施应符合产品说明书及国家现行相关标准要求，支腿应伸展到位	地面铺垫措施达不到产品说明书及国家现行相关标准要求或支腿伸展不到位，扣 5 分	观察地面铺垫是否符合要求，观察支腿是否伸展到位	
4) 起重机与架空线路安全距离应符合国家现行相关标准要求	起重机与架空线路安全距离应符合国家现行相关标准要求，扣 10 分	观察并测量起重机与架空线路安全距离是否符合要求	
5) 作业现场照明应充足	作业现场照明不足，扣 5 分	观察作业现场是否照明充足	

7.1.8　资质与人员

流动式起重机资质与人员安全检查可按表 7.1.8 执行。

流动式起重机资质与人员安全检查表　　　　表 7.1.8

检查项目	资质与人员	本检查子项应得分数	10 分
本检查子项所执行的标准、文件与条款号	《建筑起重机械安全监督管理规定》住建部第 166 号令第十条、第二十五条；《建筑机械使用安全技术规程》JGJ 33 - 2012 第 4.1.5 条		
检查评定内容	扣分标准	检查方法	
1) 起重机械安装、拆卸单位应取得起重设备安装工程专业承包资质和安全生产许可证	起重机械安装、拆卸单位未取得专业承包资质和安全生产许可证，扣 10 分	查起重机械安装、拆卸单位专业承包资质和安全生产许可证	

续表

检查评定内容	扣分标准	检查方法
2）起重机械安装拆卸工、起重机械司机、起重信号司索工应取得特种作业资格证书	起重机械安装拆卸工、起重机械司机、起重信号司索工未取得特种作业资格证书，扣 10 分	查起重机械安装拆卸工、起重司机、信号工司索工特种作业资格证书
3）起重司机操作证应与操作机型相符	起重机司机操作证与操作机型不符，扣 10 分	对照起重机械型号，查起重司机证件是否相符合
4）起重机作业应设专职信号指挥和司索人员，一人不得同时兼顾信号指挥和司索作业	未设专职信号指挥和司索人员，扣 10 分	观察起重机作业是否分别设置专职信号指挥和司索人员
5）大型吊装作业时应有专人监护	大型吊装作业时无专人监护，扣 5 分	观察大型吊装作业时是否派专人监护

7.1.9 起重吊装

流动式起重机起重吊装安全检查可按表 7.1.9 执行。

流动式起重机起重吊装安全检查表　　　表 7.1.9

检查项目	起重吊装	本检查子项应得分数	10 分
本检查子项所执行的标准、文件与条款号	《建筑机械使用安全技术规程》JGJ 33 - 2012 第 4.1.17、4.1.18、4.1.19、4.2.9 条		

检查评定内容	扣分标准	检查方法
1）吊索具系挂点位置和系挂方式应符合专项施工方案要求	吊索具系挂点位置或系挂方式不符合专项施工方案要求，扣 10 分	对照专项施工方案，观察吊索具系挂点位置和系挂方式是否符合要求
2）起重量不得超过起重机的额定起重量	起重机超载作业，扣 10 分	对照起重机械说明书，查起重量是否符合要求
3）双机协作起吊作业时，单机荷载不应超过额定起重量的 80%	双机起吊作业时，单机载荷超过额定起重量的 80%，扣 10 分	双机协作起吊作业时，查单机载荷是否超过额定起重量的 80%
4）起重机作业时，严禁起重臂架及吊物下有人员作业、停留或通行	起重作业时起重臂架及吊物下有人员作业、停留或通行，扣 10 分	观察起重机作业时，起重臂下方是否有人，被吊重物是否从人的正上方通过

267

续表

检查评定内容	扣分标准	检查方法
5）起重机严禁采用吊具载运人员，被吊物体上不应有人、浮置物、悬挂物件	起重机采用吊具载运人员或被吊物体上有人、浮置物、悬挂物件，扣 10 分	观察起重机是否用吊具载运人员，吊运的物体上是否有人、浮置物、悬挂物件
6）吊运易洒落物件或吊运气瓶时，应使用专用吊笼	吊运易洒落物件或吊运气瓶时未使用专用吊笼，扣 6 分	观察吊运易洒落物件或吊运气瓶时，是否使用专用吊笼
7）起重机械不应吊装重量不明、埋于地下或黏结在地面的物件	吊装重量不明、埋于地下或黏结在地面的物件，扣 10 分	观察起重机械是否吊装重量不明、埋于地下或粘结在地面的物件
8）被吊重物应确保在起重臂架的正下方，严禁斜拉、斜吊	进行斜拉、斜吊，扣 10 分	观察被吊重物是否在起重臂的正下方，是否存在斜拉、斜吊

7.1.10　操作控制

流动式起重机操作控制安全检查可按表 7.1.10 执行。

流动式起重机操作控制安全检查表　　　　表 7.1.10

检查项目	操作控制	本检查子项应得分数	10 分
本检查子项所执行的标准、文件与条款号	《建筑机械使用安全技术规程》JGJ 33 - 2012 第 4.1.21、4.2.7、4.2.9、4.3.13 条		
检查评定内容	扣分标准	检查方法	
1）吊运重物起升或下降速度应平稳、均匀	吊运重物起升或下降速度不平稳、不均匀或进行突然制动，扣 10 分	观察吊运重物起升或下降的速度，是否平稳、均匀	
2）起重机主、副钩不应同时作业	起重机主、副钩同时作业，扣 10 分	观察起重机主、副钩是否同时作业	
3）大型构件吊装应设置牵引绳，作业人员不得直接推、拉被吊运物	大型构件吊装时，未设置牵引绳或作业人员直接推、拉被吊运物，扣 5 分	观察大型构件吊装是否设置牵引绳，作业人员是否直接推、拉被吊运物	
4）双机同步提升时，应采取同步措施	双机同步提升时，未采取同步措施，扣 10 分	观察双机提升时，是否同步	

续表

检查评定内容	扣分标准	检查方法
5）起重机在松软不平的地面起吊时，不应同时进行两个动作	起重机在松软不平的地面起吊时同时进行两个动作，扣10分	观察起重机在松软不平的地面起吊时，是否同时进行两个动作
6）起重机在满负荷或接近满负荷时，严禁降落臂架或同时进行两个动作	起重机在满负荷或接近满负荷时降落臂架或同时进行两个动作，扣10分	观察起重机在满负荷或接近满负荷时，是否降落臂杆或同时进行两个动作
7）起重机回转未停稳时，不得反向动作	起重机回转未停稳时进行反向动作，扣10分	观察起重机回转未停稳时，是否反向动作

7.1.11 悬空作业

流动式起重机悬空作业安全检查可按表7.1.11执行。

流动式起重机悬空作业安全检查表 表7.1.11

检查项目	悬空作业	本检查子项应得分数	10分
本检查子项所执行的标准、文件与条款号	《建筑施工高处作业安全技术规范》JGJ 80－2016 第5.2.2、6.1.2、6.1.3条		

检查评定内容	扣分标准	检查方法
1）结构吊装应设置牢固可靠的高处作业操作平台	结构吊装时未设置高处作业操作平台，扣10分 平台承载力不足或固定不牢固，扣3分～5分	观察结构吊装是否设置了高处作业操作平台，检查作业平台是否牢固可靠
2）操作平台外围应按临边作业要求设置防护栏杆	操作平台外围未按临边作业要求设置防护栏杆，扣10分	观察操作平台外围是否按照临边作业要求设置了防护栏杆
3）操作平台面应满铺脚手板，并应固定牢固	操作平台面未牢固满铺脚手板，扣5分	观察操作平台脚手板是否满铺、是否牢固，有无过大探头板
4）人员上下高处作业面应设置爬梯	未设置登高爬梯或爬梯的承载力、构造不符合国家现行相关标准要求，扣5分	观察人员上下高处作业面是否设置了爬梯，检查爬梯扶手否牢固
5）高处作业人员应系挂安全带，安全带应有牢靠悬挂点，安全带应高挂低用	高处作业人员未正确系挂安全带或悬挂点不牢固，扣8分	观察高处作业人员是否系挂安全带，安全带的系挂点是否牢固，是否高挂低用

7.1.12　构件码放

流动式起重机构件码放安全检查可按表 7.1.12 执行。

流动式起重机构件码放安全检查表　　　　表 7.1.12

检查项目	构件码放	本检查子项应得分数	10 分
本检查子项所执行的标准、文件与条款号	《建筑施工易发事故防治安全标准》JGJ/T 429－2018 第 4.1.1 条		
检查评定内容	扣分标准	检查方法	
1）构件码放荷载应在作业面承载能力允许范围内	构件码放荷载超过作业面承载能力，扣 10 分	对照施工方案，查是否有地基承载力报告，计算查构件码放荷载是否超过报告中的承载力（观察构件码放作业面的堆载情况）	
2）构件码放高度应满足防倾覆要求	构件码放高度不满足防倾覆要求，扣 4 分	观察测量构件码放的高度（垛高一般不超过 2m），是否有倾覆的迹象	
3）大型构件码放应有保证稳定的措施	大型构件码放无保证稳定措施，扣 8 分	观察大型构件码放是否有具体保证稳定措施	

7.1.13　警戒监护

流动式起重机警戒监护安全检查可按表 7.1.13 执行。

流动式起重机警戒监护安全检查表　　　　表 7.1.13

检查项目	警戒监护	本检查子项应得分数	10 分
本检查子项所执行的标准、文件与条款号	《建筑机械使用安全技术规程》JGJ 33－2012 第 4.1.17 条		
检查评定内容	扣分标准	检查方法	
1）起重吊装应设置作业警戒区	未设置作业警戒区，扣 10 分	观察起重吊装过程中是否设置了警戒	
2）警戒区应设专人监护	警戒区未设专人监护，扣 5 分	观察起重吊装过程中是否派专人监护	

7.2 塔式起重机

7.2.1 塔式起重机类型

塔式起重机主要用于建筑施工中物料的垂直和水平输送及建筑构件的安装。由金属结构、工作机构和电气系统三部分组成。金属结构包括塔身、动臂和底座等。工作机构有起升、变幅、回转和行走四部分。电气系统包括电动机、控制器、配电柜、连接线路、信号及照明装置等。

市政施工中,随着桥梁施工技术水平的提高,高墩柱、大跨度、多匝道的桥梁建设工程日益增多,施工难度也逐渐增大,对垂直起重设备的要求也越来越高,然而由于塔机的起升高度和工作幅度的性能优势,使其被广泛应用。

塔式起重机可以按设计的形式、结构、安装方式等不同分为很多个品种,其类型如图 7.2.1 所示。

图 7.2.1 各种类型塔机工作实例(一)
(*a*) 移动式;(*b*) 固定式 (*c*) 动臂式;(*d*) 平臂式

图 7.2.1 各种类型塔机工作实例（二）

（e）下回转式；（f）上回转式；（g）经辅机拆装的塔机；

（h）平头式；（i）尖头式

7.2.2 相关安全技术标准

与塔式起重机施工安全技术相关的标准主要有：

1.《塔式起重机安全规程》GB 5144；

2.《建筑施工塔式起重机安装、使用、拆卸安全技术规程》JGJ 196；

3.《建筑起重机械安全监督管理规定》建设部第 166 号令；

4.《起重机械安全规程》GB 6067；

5.《起重机械使用管理规则》TSG Q5001；

6.《建筑施工高处作业安全技术规范》JGJ 80；

7.《施工现场临时用电安全技术规范》JGJ 46；

8.《塔式起重机混凝土基础工程技术规程》JGJ/T 187；

9.《大型塔式起重机混凝土基础工程技术规程》JGJ/T 301；

10.《起重机 钢丝绳 保养、维护、检验和报废》GB/T 5972；

11.《建筑机械使用安全技术规程》JGJ 33。

7.2.3 迎检需准备资料

为配合塔式起重机的安全检查，施工现场需准备的相关资料包括：

1. 塔式起重机专项施工方案（含拆除方案）；

2. 塔式起重机基础专项方案（含计算书）；

3. 基础隐蔽资料检查记录、混凝土强度报告；

4. 专项施工方案审核、审批页与专家论证报告（需要论证的方案）及方案修改回复；

5. 专项施工方案交底记录；

6. 塔式起重机的制造许可证、产品合格证、备案证明和产品说明书；

7. 安装、拆卸单位的安装工程专业承包资质和安全生产许可证；

8. 安装、拆卸作业人员的特种作业操作证；

9. 塔式起重机安装完成安装验收表、专业机构出具的检测报告、使用登记证；

10. 塔式起重机操作人员的特种作业证；

11. 塔式起重机维修保养记录、交接班记录、周检、月检记录。

7.2.4 方案与交底

塔式起重机方案与交底的安全检查可按表 7.2.4 执行。

塔式起重机方案与交底安全检查表　　　　　　　　　　表 7.2.4

检查项目	方案与交底	本检查子项应得分数	10 分
本检查子项所执行的标准、文件与条款号	《建筑施工塔式起重机安装、使用、拆卸安全技术规程》JGJ 196 - 2010 第 2.0.10、2.0.11、2.0.12、2.0.14 条；《塔式起重机安全规程》GB 5144 - 2006 第 10.5、10.6、10.7、10.8；住建部令第 37 号、建办质〔2018〕31 号文		

检查评定内容	扣分标准	检查方法	备注
1) 塔式起重机安装、拆卸前应编制专项施工方案，并应对地基基础进行设计	未编制专项施工方案或未对地基基础进行设计，扣 10 分；方案编制内容不全或无针对性，扣 3 分～5 分	查是否编制了安全专项施工方案、基础设计方案，查看方案的针对性，查是否有计算书，计算书中是否对地基承载力进行了计算	
2) 多塔作业应制定专项施工方案	多塔作业未制定专项施工方案，扣 10 分	查是否编制了多机作业方案，是否采取防碰撞的措施。查任意两台塔式起重机之间的最小架设距离是否符合规定	
3) 专项施工方案应进行审核、审批	专项施工方案未进行审核、审批，扣 10 分	查专项施工方案的审核、审批页是否有施工单位技术、安全等部门以及企业技术负责人审批签字	
4) 超过一定规模的塔式起重机安装和拆卸工程专项施工方案应组织专家论证	超过一定规模的塔式起重机安装和拆卸工程专项施工方案未组织专家论证，扣 10 分	对搭设总高度 200m 及以上，或搭设基础标高在 200m 及以上的塔式起重机的安装和拆卸工程，查专家论证意见、方案修改回复意见、会议签到表等，确认其安全专项施工方案是否按住建部令第 37 号和建办质〔2018〕31 号文件的规定组织了专家论证	各地区另有规定的，尚应从其规定
5) 专项施工方案实施前，应进行安全技术交底，并应有文字记录	专项施工方案实施前未进行安全技术交底，扣 10 分；交底无针对性或无文字记录，扣 3 分～5 分	查是否有安全技术交底记录，记录中是否有方案编制人员或项目技术负责人（交底人）的签字以及现场管理人员和作业人员（接底人）的签字	

7.2.5　安全装置

塔式起重机的安全装置如图 7.2.5 所示，安全检查可按表 7.2.5 执行。

图 7.2.5 安全装置

(a) 起重量限制器；(b) 起重力矩限制器；(c) 起升高度限位；

(d) 变幅限位；(e) 回转限位；(f) 行走限位；(g) 夹轨器

检查项目	安全装置	本检查子项应得分数	10 分
本检查子项所执行的标准、文件与条款号	《塔式起重机安全规程》GB 5144－2006 第 6.1.1、6.1.2、6.2.1～6.2.4、6.3.1～6.3.2、6.3.1～6.3,4 条		

塔式起重机安全装置安全检查表　　　　表 7.2.5

检查评定内容	扣分标准	检查方法
1) 塔式起重机应安装起重量限制器，并应灵敏可靠	未安装起重量限制器或不灵敏，扣 10 分	查是否安装了起重量限制器，是否灵敏
2) 塔式起重机应安装起重力矩限制器，并应灵敏可靠	未安装起重力矩限制器或不灵敏，扣 10 分	查是否安装了起重力矩限制器，是否灵敏
3) 塔式起重机应安装起升高度限位器，并应灵敏可靠，其安全越程应符合国家现行相关标准要求	未安装起升高度限位器或不灵敏，扣 10 分；安全越程不符合国家现行相关标准要求，扣 5 分	查是否安装了起升高度限位器，是否灵敏，安全越程是否符合规范
4) 小车变幅的塔式起重机应安装小车行程限位开关，并应灵敏可靠	小车变幅的塔式起重机未安装小车行程限位开关或不灵敏，扣 10 分	查是否安装了小车行程限位开关，是否灵敏
5) 动臂变幅的塔式起重机应安装臂架幅度限位开关，并应灵敏可靠	动臂变幅的塔式起重机未安装臂架幅度限位开关或不灵敏，扣 10 分	查是否安装了臂架幅度限位开关，是否灵敏
6) 回转部分不设集电器的塔式起重机应安装回转限位器，并应灵敏可靠	回转部分不设集电器的塔式起重机未安装回转限位器或不灵敏，扣 5 分	查是否安装了回转限位器，是否灵敏
7) 行走式塔式起重机应安装行走限位器和夹轨器，并应灵敏可靠	行走式塔式起重机未安装行走限位器和夹轨器或不灵敏、可靠，扣 10 分	查是否安装了行走限位器和夹轨器，是否灵敏

7.2.6　保护装置

塔式起重机的保护装置如图 7.2.6 所示，安全检查可按表 7.2.6 执行。

图 7.2.6 保护装置

(a) 断绳装置；(b) 缓冲器和止挡装置；(c) 红色障碍灯；(d) 风速仪

塔式起重机保护装置安全检查表   表 7.2.6

检查项目	保护装置	本检查子项应得分数	10分
本检查子项所执行的标准、文件与条款号	《塔式起重机安全规程》GB 5144-2006 第 6.4、6.5、6.6、6.7、6.8、6.9、6.10、6.11 条		
检查评定内容	扣分标准	检查方法	
1) 小车变幅的塔式起重机应安装断绳保护装置和断轴保护装置	小车变幅的塔式起重机未安装断绳保护装置和断轴保护装置，扣10分	查是否安装了断绳保护及断轴保护装置	
2) 塔机行走和小车变幅轨道行程末端应安装缓冲器和止挡装置	塔机行走和小车变幅轨道行程末端未安装缓冲器和止挡装置，扣10分	查是否安装缓冲器和止挡装置，是否灵敏有效	

续表

检查评定内容	扣分标准	检查方法
3）塔式起重机顶部高度大于30m且高于周围建筑物时，应在塔顶和臂架端部安装红色障碍指示灯	塔式起重机顶高度大于30m且高于周围建筑物时，未安装红色障碍指示灯，扣5分	查是否安装了红色障碍指示灯
4）起重臂架根部铰点高度大于50m的塔式起重机应安装风速仪，并应灵敏可靠	起重臂架根部铰点高度大于50m的塔式起重机未安装风速仪或不灵敏，扣5分	查是否安装风速仪，是否灵敏

7.2.7　吊钩、滑轮、钢丝绳与索具

塔式起重机的吊钩、滑轮、钢丝绳与索具如图7.2.7所示，安全检查可按表7.2.7执行。

(a)　(b)

(c)

图7.2.7　防脱装置

(a) 吊钩及防脱绳装置；(b) 滑轮及防脱绳装置；(c) 卷筒及防脱绳装置

塔式起重机吊钩、滑轮、钢丝绳与索具安全检查表　　　表 7.2.7

检查项目	吊钩、滑轮、钢丝绳与索具	本检查子项应得分数	10 分
本检查子项所执行的标准、文件与条款号	《塔式起重机安全规程》GB 5144 - 2006 第 5.2.1～5.2.4、5.3.1、5.3.2、5.4.1～5.4.5 条；《建筑施工塔式起重机安装、使用、拆卸安全技术规程》JGJ 196 - 2010 第 6.1、6.2、6.3 节		
检查评定内容	扣分标准	检查方法	
1）吊钩规格、型号应符合产品说明书要求，其磨损、变形应在国家现行相关标准允许范围内	吊钩规格、型号不符合产品说明书要求或达到报废标准，扣 10 分	查规格、型号是否符合产品说明书要求，磨损、变形是否在允许范围内	
2）滑轮、卷筒的磨损应在国家现行相关标准允许范围内	滑轮、卷筒磨损达到报废标准，扣 10 分	查滑轮、卷筒磨损是否在允许范围内	
3）吊钩、滑轮、卷筒应设置钢丝绳防脱装置，并应完好可靠	吊钩、滑轮、卷筒未设置钢丝绳防脱装置或装置失效，扣 10 分	查吊钩、滑轮、卷筒是否安装了防脱装置，是否完好可靠	
4）钢丝绳磨损、断丝、变形、锈蚀应在国家现行相关标准允许范围内	钢丝绳达到报废标准，扣 10 分	查钢丝绳磨损、断丝、变形、锈蚀是否在允许范围内	
5）钢丝绳的规格、型号、穿绕应符合产品说明书要求，端部固接方式应符合国家现行相关标准要求	钢丝绳的规格、型号不符合产品说明书要求或穿绕不正确，扣 10 分；钢丝绳端部固接方式不符合国家现行相关标准要求，扣 5 分	查是否符合产品说明书的要求，固定方式是否正确	
6）当吊钩处于最低位置时，卷筒上钢丝绳不应少于 3 圈	当吊钩处于最低位置时，卷筒上钢丝绳少于 3 圈，扣 10 分	查吊钩处于最低位置时，卷筒上钢丝绳是否有 3 圈以上	
7）卷筒上钢丝绳尾端固定方式应符合产品说明书要求，并应设置安全可靠的固定装置	卷筒上钢丝绳尾端固定方式不符合产品说明书要求或未设置安全可靠的固定装置，扣 10 分	查是否符合产品说明书的要求，固定方式是否正确	
8）索具安全系数和端部固接方式应符合国家现行相关标准要求	索具安全系数不符合国家现行相关标准要求，扣 10 分；索具端部固接方式不符合国家现行相关标准要求，扣 5 分	查索具的安全系数，固接方式是否正确（当采用编结固定时，编结长度不应小于 20 倍绳径，且不应小于 300mm；当采用绳夹固定时，绳夹规格应与绳径匹配，数量不应少于 3 个，间距不应小于绳径的 6 倍，绳夹夹座应安放在长绳一侧，不得正反交错设置）	

7.2.8　附着装置

塔式起重机附着装置的安全检查可按表 7.2.8 执行

塔式起重机附着装置安全检查表　　　　表 7.2.8

检查项目	附着装置	本检查子项应得分数	10 分
本检查子项所执行的标准、文件与条款号	《建筑施工塔式起重机安装、使用、拆卸安全技术规程》JGJ 196 - 2010 第 3.1.4 条、3.3.1～3.3.4 条		
检查评定内容	扣分标准	检查方法	
1）塔式起重机应按使用说明书要求安装附着装置	未按使用说明书要求安装附着装置，扣 10 分	检查塔式起重机是否按使用说明书要求安装	
2）附着装置水平距离不符合产品说明书要求时，应进行设计	附着装置水平距离不符合说明书要求时未进行设计，扣 10 分	查附着装置水平距离不符合说明书要时是否有设计计算书	
3）附着前、附着后塔身垂直度应符合国家现行相关标准要求	附着前、附着后塔身垂直度不符合国家现行相关标准要求，扣 10 分	在空载、风速不大于 3m/s 状态下，测量塔身对支承面垂直度是否超过 0.4%；附着状态下最高附着点以下塔身对支承面垂直度是否超过 0.2%	
4）当采用内爬式塔式起重机时，应对承载结构进行承载力验算	采用内爬式塔式起重机时，未对承载结构进行承载力验算，扣 10 分	查方案中是否进行承载力计算	

7.2.9　安装、拆卸与验收

塔式起重机安装、拆卸与验收的安全检查可按表 7.2.9 执行。

塔式起重机安装、拆卸与验收安全检查表　　　　表 7.2.9

检查项目	安装、拆卸与验收	本检查子项应得分数	10 分
本检查子项所执行的标准、文件与条款号	《塔式起重机安全规程》GB 5144 - 2006 第 10.1.1～10.1.3、10.2 条；《建筑施工塔式起重机安装、使用、拆卸安全技术规程》JGJ 196 - 2010 第 3.1.1～3.1.4、5.0.1～5.0.8 条		
检查评定内容	扣分标准	检查方法	
1）塔式起重机应有制造许可证、产品合格证、备案证明和产品说明书	无制造许可证、产品合格证、备案证明和产品说明书，扣 10 分	查是否具有制造许可证、产品合格证、备案证明和产品说明书	

续表

检查评定内容	扣分标准	检查方法
2）安装、拆卸单位应取得起重设备安装工程专业承包资质和安全生产许可证	安装、拆卸单位无起重设备安装工程专业承包资质和安全生产许可证，扣10分	查是否具有专业承包资质和安全生产许可证
3）安装、拆卸作业人员应取得特种作业操作证	安装、拆卸作业人员无相应特种作业操作证，扣5分	查安、拆人员是否持证上岗
4）恶劣气候条件下不得进行塔式起重机安拆	恶劣气候条件下进行塔式起重机安拆，扣10分	查是否在恶劣气候条件下进行塔机的安拆作业
5）塔式起重机安装完成后应履行验收程序，填写安装验收表，并经责任人签字，验收后应办理使用登记	安装完成后未履行验收程序，扣10分；未经责任人签字确认，扣5分 验收后未办理使用登记，扣5分	查是否履行验收程序、验收表是否经责任人签字

7.2.10 顶升

塔式起重机顶升作业的安全检查可按表7.2.10执行。

塔式起重机顶升作业安全检查表　　　　表7.2.10

检查项目	顶升	本检查子项应得分数	10分
本检查子项所执行的标准、文件与条款号	《建筑施工塔式起重机安装、使用、拆卸安全技术规程》JGJ 196-2010 第3.4.6条；《塔式起重机安全规程》GB 5144-2006 第9.1、9.2条		

检查评定内容	扣分标准	检查方法
1）塔式起重机顶升加节应符合使用说明书要求	塔式起重机顶升加节不符合使用说明书要求，扣10分	查顶升操作是否符合说明书要求
2）顶升前，应将回转下支座与顶升套架可靠连接，并应将塔式起重机配平	顶升前，未将回转下支座与顶升套架可靠连接，扣10分；塔式起重机未配平，扣5分	顶升前查是否将回转下支座与顶升套架可靠连接，并查塔式起重机是否配平
3）顶升时，不得进行起升、回转、变幅等操作	顶升时，进行起升、回转、变幅等操作，扣10分	顶升中查是否进行起升、回转、变幅等操作
4）顶升结束后，应将标准节与回转下支座可靠连接	顶升结束后，未将标准节与回转下支座可靠连接，扣10分	顶升结束后查是否将标准节与回转下支座可靠连接

281

续表

检查评定内容	扣分标准	检查方法
5）塔式起重机加节后需进行附着时，应按先安装附着装置、后顶升加节的顺序进行	塔式起重机加节后需进行附着时，未按先安装附着装置、后顶升加节的顺序进行，扣 5 分	加节后需进行附着时，对照方案查是否按照先安装附着装置、后顶升加节的顺序进行操作
6）拆除作业时，应先降节，后拆除附着装置	拆除作业时，先拆除附着装置后降节，扣 5 分	拆除作业时，查是否存在先拆除附着装置后降节的操作

7.2.11　轨道与基础

塔式起重机轨道与基础的安全检查可按表 7.2.11 执行。

塔式起重机轨道与基础安全检查表　　　　　表 7.2.11

检查项目	轨道与基础	本检查子项应得分数	5 分
本检查子项所执行的标准、文件与条款号	《塔式起重机安全规程》GB 5144 - 2006 第 10.6、10.7、10.8、10.9 条；《建筑机械使用安全技术规程》JGJ 33 - 2012 第 4.4.1、4.4.2、4.4.3、4.4.4 条		
检查评定内容	扣分标准	检查方法	
1）塔式起重机基础形式、材料、尺寸应符合产品说明书要求，并应履行验收程序	基础形式、材料、尺寸不符合产品说明书要求，扣 5 分；未履行验收程序，扣 3 分	查基础形式、材料、尺寸是否符合说明书要求，是否履行了验收程序	
2）基础应设置防、排水设施	基础未设置防、排水设施，扣 3 分	查基础是否设置了防、排水的设施	
3）行走式塔式起重机的轨道、路基箱、枕木、道钉、压板等设施应符合产品说明书要求	行走式塔式起重机的轨道、路基箱、枕木、道钉、压板等铺设不符合产品说明书要求，扣 3 分	对照产品说明书，查行走式塔式起重机的轨道、路基箱、枕木、道钉、压板等铺设是否符合要求	

7.2.12　结构设施

塔式起重机结构设施的安全检查可按表 7.2.12 执行。

塔式起重机结构设施安全检查表　　　　　表 7.2.12

检查项目	结构设施	本检查子项应得分数	10 分
本检查子项所执行的标准、文件与条款号	《塔式起重机安全规程》GB 5144 - 2006 第 4 章		
检查评定内容	扣分标准	检查方法	
1）主要受力结构件变形、锈蚀应在国家现行相关标准允许范围内	主要受力结构件变形、锈蚀超出国家现行相关标准允许范围，扣 10 分	查主要受力结构件是否有裂纹和变形；锈蚀是否符合相关标准要求	

续表

检查评定内容	扣分标准	检查方法
2）平台、起重臂走道、梯子、护栏、护圈设置应符合产品说明书要求	平台、起重臂走道、梯子、护栏、护圈设置不符合产品说明书要求，扣5分	查平台、起重臂走道，梯子、护栏、护圈设置是否符合说明书要求及《塔式起重机安全规程》GB 5144 的规定
3）高强螺栓、销轴、紧固件的紧固、连接应符合产品说明书要求，高强螺栓应使用力矩扳手或专用工具紧固	高强螺栓、销轴、紧固件的紧固、连接不符合产品说明书要求，每处扣5分	查安全防护设施是否齐全，规格和预紧力是否符合说明书要求；销轴是否连接可靠
4）司机室设置应符合国家现行相关标准要求	司机室设置不符合国家现行相关标准要求，扣5分	查是否设置了规范、稳固的司机室

7.2.13 安全使用

塔式起重机安全使用的安全检查可按表 7.2.13 执行。

塔式起重机安全使用安全检查表　　　　表 7.2.13

检查项目	安全使用	本检查子项应得分数	10分
本检查子项所执行的标准、文件与条款号	《塔式起重机安全规程》GB 5144 - 2006 第 11.1～11.3 条；《建筑施工塔式起重机安装、使用、拆卸安全技术规程》JGJ 196 - 2010 第 2.0.14、2.0.15、4.0.1～4.0.23 条		

检查评定内容	扣分标准	检查方法
1）起重司机、信号司索工应取得特种作业操作证	起重司机、信号司索工无相应特种作业操作证，扣5分	查司机和指挥是否持证上岗
2）行走式塔式起重机停止作业时，应锁紧夹轨器	行走式塔式起重机停止作业时未锁紧夹轨器，扣5分	对行走式塔式起重机，查其停止作业时是否锁紧夹轨器
3）每班作业前应进行例行检查，并应填写检查记录	每班作业前未进行例行检查或未填写检查记录，扣5分	查是否进行了塔基例行检查，是否有记录
4）实行多班作业，应填写交接班记录	实行多班作业未填写交接班记录，扣5分	查是否按规定填写了交接班记录
5）多台塔式起重机作业时，两台塔式起重机之间的最小架设距离应符合国家现行相关标准规定	多台塔式起重机作业时，两台塔式起重机之间的最小架设距离不符合国家现行相关标准要求，扣10分	多台塔式起重机作业时，观察、测量低位塔机的起重臂端部与另一塔机的塔身之间是否有2m距离安全，处于高位塔式起重机的最低位置的部件与低位塔式起重机中处于最高位置部件之间的垂直距离是否大于2m
6）塔式起重机严禁采用吊具载运人员	采用吊具载运人员，扣10分	查是否用吊具载运人员

7.2.14　电气安全

塔式起重机电气安全的安全检查可按表 7.2.14 执行。

塔式起重机电气安全安全检查表　　　　　　表 7.2.14

检查项目	电气安全	本检查子项应得分数	5 分
本检查子项所执行的标准、文件与条款号	《塔式起重机安全规程》GB 5144 - 2006 第 8 章；《施工现场临时用电安全技术规范》JGJ 46 - 2005 第 4.1.4 条		
检查评定内容	扣分标准	检查方法	
1）塔式起重机应采用 TN-S 接零保护系统供电	未采用 TN-S 接零保护系统供电，扣 5 分	查是否采用 TN-S 接零保护系统供电	
2）电缆使用及固定应符合国家现行相关标准要求	电缆使用及固定不符合国家现行相关标准要求，扣 5 分	查电缆保护、固定措施是否合规	
3）塔式起重机应设置非自动复位型紧急断电开关，并应灵敏可靠	未设置非自动复位型紧急断电开关或不灵敏，扣 5 分	查是否设置了非自动复位型紧急断电开关，并测试是否灵敏，且便于司机操作	
4）塔式起重机应按国家现行相关标准要求设置避雷装置	未设置避雷装置，扣 5 分；避雷装置不符合国家现行相关标准要求，扣 5 分	查是否设置了可靠、有效的避雷装置	
5）塔式起重机与架空线路的安全距离应符合国家现行相关标准规定	塔式起重机与架空线路的安全距离不符合国家现行相关标准要求时，无防护措施，扣 5 分	对照标准规定，查安全距离是否符合要求	

7.3　门式起重机

7.3.1　门式起重机构造

门式起重机是一种沿道轨方向作纵向运动，提升小车做横向运动，吊钩作升降运动的起重吊运设备，又叫龙门吊，主要用于室外的货场、料场的货物装卸作业。在市政工程施工中，门式起重机主要用作钢筋加工场钢筋的装卸以及预制场中预制梁的吊装。

门式起重机的金属结构像门形框架，承载主梁下安装两条支腿，可以直接在地面的轨道上行走，主梁两端可具有外伸悬臂梁。以 MG 型通用门式起重机为例，该起重机为了运输和现场拼装方便，金属结构件采用销轴或法兰连接，其结构由：大车行走、支腿、主梁座、主梁、提升小车、均衡梁、操作室、操作室底座、副提升电动葫芦等组成，其结构构造如图 7.3.1 所示。

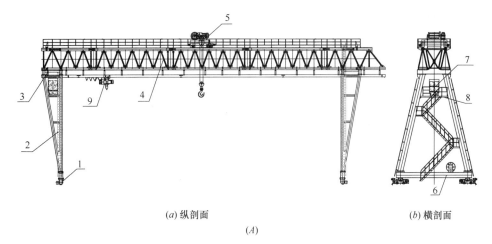

(a) 纵剖面   *(b)* 横剖面

(A)

1—大车行走；2—支腿；3—主梁座；4—主梁；5—提升小车；6—均衡梁；7—操作室；
8—操作室底座；9—副提升电动葫芦

(B)

图 7.3.1 门式起重机

（A）门式起重机结构示意；（B）门式起重机工程实例

7.3.2　相关安全技术标准

与门式起重机施工安全技术相关的标准主要有：

1.《通用门式起重机》GB/T 14406；
2.《起重机设计规范》GB/T 3811；
3.《起重机械安全规程》GB 6067；
4.《起重机 钢丝绳 保养、维护、检验和报废》GB/T 5972；
5.《建筑机械使用安全技术规范》JGJ 33；
6.《建筑施工起重吊装工程安全技术规范》JGJ 276。

7.3.3　迎检需准备资料

为配合门式起重机的安全检查，施工现场需准备的相关资料包括：

1. 门式起重机专项施工方案（包括安装方案和拆卸方案）；
2. 专项施工方案审核、审批页与专家论证报告及方案修改回复；
3. 专项施工方案交底记录；
4. 门式起重机制造许可证、产品合格证、备案证明和产品说明书；
5. 安装、拆卸单位起重设备安装工程专业承包资质和安全生产许可证；
6. 安装、拆卸作业人员、起重司机、信号司索工的特种作业操作证；
7. 地基承载力检验报告；
8. 对既有结构的承载力验算报告；
9. 安装完成验收表；
10. 使用登记证；
11. 交接班检查、日常检查和周期检查记录。

7.3.4　方案与交底

门式起重机方案与交底安全检查可按表 7.3.4 执行。

门式起重机方案与交底安全检查表　　　　表 7.3.4

检查项目	方案与交底	本检查子项应得分数	10 分
本检查子项所执行的标准、文件与条款号	住建部令第 37 号、建办质〔2018〕31 号文		
检查评定内容	扣分标准	检查方法	
1）门式起重机安装、拆卸前应编制专项施工方案	未编制专项施工方案，扣 10 分；方案编制内容不全或无针对性，扣 3 分～5 分	查是否编制了专项施工方案，并查看方案的针对性	

检查评定内容	扣分标准	检查方法
2）专项施工方案应进行审核、审批	专项施工方案未进行审核、审批，扣 10 分	查专项施工方案的审核、审批页是否有施工单位技术、安全等部门以及企业技术负责人审批签字
3）起重量 300kN 及以上的门式起重机安装和拆卸工程，其专项施工方案应组织专家论证	起重量 300kN 及以上的门式起重机安装和拆卸工程专项施工方案未组织专家论证，扣 10 分	针对起重量 300kN 及以上的门式起重机安装和拆卸工程，查专家论证意见、方案修改回复意见、会议签到表等，确认其安全专项施工方案是否按住建部令第 37 号和建办质〔2018〕31 号文件的规定组织了专家论证
4）专项施工方案实施前，应进行安全技术交底，并应有文字记录	专项施工方案实施前，未进行安全技术交底，扣 10 分；交底无针对性或无文字记录，扣 3 分～5 分	查是否有安全技术交底记录，记录中是否有方案编制人员或项目技术负责人（交底人）的签字以及现场管理人员和作业人员（接底人）的签字

7.3.5 安全装置

门式起重机安全装置安全检查可按表 7.3.5 执行。

门式起重机安全装置安全检查表   表 7.3.5

检查项目	安全装置		本检查子项应得分数	10 分
本检查子项所执行的标准、文件与条款号	《起重机械安全规程 第 1 部分：总则》GB 6067.1 - 2010 第 9.2.1、9.2.2、9.3.1 条；《起重机械安全规程 第 5 部分：桥式和门式起重机》GB 6067.5 - 2014 第 9.2、9.3 条			
检查评定内容	扣分标准		检查方法	
1）门式起重机应安装起重量限制器，并应灵敏可靠	未安装起重量限制器或不灵敏，扣 10 分		观察门式起重机是否安装起重量限制器	
2）门式起重机应安装起升高度限位器，并应灵敏可靠，其安全越程应符合国家现行相关标准规定	未安装起升高度限位器或不灵敏，扣 10 分；安全越程不符合国家现行相关标准规定，扣 5 分		观察门式起重机是否安装起升高度限位器	
3）门式起重机和起重小车均应安装运行行程限位器，并灵敏可靠	未安装运行行程限位器或不灵敏，扣 10 分		观察门式起重机和起重小车是否安装运行行程限位器	

7.3.6　保护装置

门式起重机保护装置安全检查可按表 7.3.6 执行。

门式起重机保护装置安全检查表　　　　　　表 7.3.6

检查项目	保护装置	本检查子项应得分数	10 分
本检查子项所执行的标准、文件与条款号	《起重机械安全规程 第 1 部分：总则》GB 6067.1 - 2010 第 9.2.9、9.2.10、9.6.1、9.4.2、9.5.1～9.5.6、9.4.1 条；《起重机械安全规程 第 5 部分：桥式和门式起重机》GB 6067.5 - 2014 第 9.4 条		
检查评定内容	扣分标准	检查方法	
1）同轨运行的门式起重机之间应安装防碰撞装置	同轨运行的门式起重机之间未安装防碰撞装置，扣 5 分	观察同轨运行的门式起重机之间是否安装防碰撞装置	
2）门式起重机和小车行走轨道行程末端应安装缓冲器和止挡装置	门式起重机和小车行走轨道行程末端未安装缓冲器和止挡装置，扣 10 分	观察门式起重机和小车行走轨道行程末端是否安装缓冲器和止挡装置	
3）起升高度大于 12m 时应安装风速风级报警器，并应灵敏可靠	起升高度大于 12m 时未安装风速风级报警器或不灵敏，扣 5 分	观察门式起重机是否安装风速风级报警器	
4）在主梁一侧落钩的单梁起重机应设置防倾覆安全钩，并应有效	在主梁一侧落钩的单梁起重机未设置防倾覆安全钩或失效，扣 10 分	观察在主梁一侧落钩的单梁起重机是否设置防倾覆安全钩	
5）门式起重机应安装联锁保护安全装置，并应灵敏可靠	未安装联锁保护安全装置或不灵敏，扣 10 分	观察门式起重机是否安装联锁保护安全装置	
6）门式起重机应安装有效的抗风防滑装置，并应固定牢固	未安装有效的抗风防滑装置或固定不牢固，扣 5 分	观察门式起重机是否安装抗风防滑装置，观察装置是否固定牢固	

7.3.7　吊钩、滑轮、钢丝绳与索具

门式起重机吊钩、滑轮、钢丝绳与索具安全检查可按表 7.3.7 执行。

门式起重机吊钩、滑轮、钢丝绳与索具   表 7.3.7

检查项目	吊钩、滑轮、钢丝绳与索具	本检查子项应得分数	10 分
本检查子项所执行的标准、文件与条款号	《起重机械安全规程 第 1 部分：总则》GB 6067.1 - 2010 第 4.2.2.2、4.2.2.10、4.2.4.5、4.2.5.3、4.2.2.3、4.2.4.2、4.2.5.1、4.2.1.6、4.2.1.5、4.1.1、4.2.4.3 条；《建筑施工起重吊装工程安全技术规范》JGJ 276 - 2012 第 4.3.1 条		

检查评定内容	扣分标准	检查方法
1）吊钩规格、型号应符合产品说明书要求，其磨损、变形应在国家现行相关标准允许范围内	吊钩规格、型号不符合产品说明书要求或达到报废标准，扣 10 分	对照产品说明书查吊钩规格、型号，目测吊钩磨损、变形情况
2）滑轮、卷筒磨损应在国家现行相关标准允许范围内	滑轮、卷筒磨损达到报废标准，扣 10 分	目测滑轮、卷筒磨损情况
3）吊钩、滑轮、卷筒应设置钢丝绳防脱装置并应完好可靠	吊钩、滑轮、卷筒未设置钢丝绳防脱装置或装置失效，扣 10 分	观察吊钩、滑轮、卷筒是否设置钢丝绳防脱装置
4）钢丝绳磨损、断丝、变形、锈蚀应在国家现行相关标准允许范围内	钢丝绳达到报废标准，扣 10 分	目测钢丝绳磨损、断丝、变形、锈蚀情况
5）钢丝绳的规格、型号、穿绕应符合产品说明书要求，端部固接方式应符合国家现行相关标准要求	钢丝绳的规格、型号不符合产品说明书要求或穿绕不正确，扣 10 分 钢丝绳端部固接方式不符合国家现行相关标准要求，扣 5 分	对照产品说明书观察钢丝绳规格、型号、穿绕方式，观察端部固结方式
6）当吊钩处于最低位置时，卷筒上钢丝绳不应少于 3 圈	当吊钩处于最低位置时，卷筒上钢丝绳少于 3 圈，扣 10 分	将吊钩置于最低位置，目测卷筒上钢丝绳圈数
7）卷筒上钢丝绳尾端固定方式应符合产品说明书要求，并应设置安全可靠的固定装置	卷筒上钢丝绳尾端固定方式不符合产品说明书要求或未设置安全可靠的固定装置，扣 10 分	对照产品说明书观察卷筒上钢丝绳尾端固定方式
8）索具安全系数和端部固接方式应符合国家现行相关标准要求	索具安全系数不符合国家现行相关标准规定，扣 10 分 索具端部固接方式不符合国家现行相关标准要求，扣 5 分	对照现行相关标准查索具安全系数和观测端部固定方式

7.3.8　轨道与基础

门式起重机轨道与基础安全检查可按表7.3.8执行。

门式起重机轨道与基础安全检查表　　　　　　　表7.3.8

检查项目	轨道与基础	本检查子项应得分数	10分
本检查子项所执行的标准、文件与条款号	《建筑机械使用安全技术规程》JGJ 33 - 2012 第2.0.11、4.6.1、4.6.4条		
检查评定内容	扣分标准	检查方法	
1）地基承载力应符合产品说明书要求，基础应坚实稳固，满足承载力要求，并应设置防、排水设施	地基未经验算或承载力不符合产品说明书要求，扣10分 基础不坚实稳固或未设置防、排水设施，扣5分	对照产品说明书，查是否有地基承载力检验报告，报告中的承载力特征值是否达到产品说明书要求；观察地基周围是否设置防、排水设施	
2）基础与轨道的固定方式应符合产品说明书要求，并应固定牢固	基础与轨道的固定方式不符合产品说明书要求或固定不牢固，扣10分	对照产品说明书观察基础与轨道的固定方式	
3）轨道铺设公差应符合产品说明书要求	轨道铺设跨距偏差、弯曲偏差、接头处高低偏差、左右错位偏差不符合产品说明书要求，扣5分	对照产品说明书，采用卷尺量测，判断轨道铺设公差是否满足要求	
4）轨道不应有明显扭度，接头处间隙不应过大	轨道有明显扭度或接头处间隙过大，每处扣3分	观察轨道扭曲、接头处间隙情况	
5）轨道顶面或侧面不应有过大磨损量	轨顶面或侧面磨损量过大，扣3分	观察轨道顶面或侧面磨损情况	
6）路基箱、枕木、道钉、压板等设施应符合产品说明书要求	路基箱、枕木、道钉、压板等设施不符合产品说明书要求，扣5分	对照产品说明书，检查路基箱、枕木、道钉、压板等设施	
7）当门式起重机支撑在既有结构上时，应对既有结构的承载力进行确认或验算	当门式起重机支撑在既有结构上时，未对既有结构的承载力进行确认或验算，扣10分	当门式起重机支撑在既有结构上时，查对既有结构的承载力验算报告	

7.3.9　安装、拆卸与验收

门式起重机安装、拆卸与验收安全检查可按表7.3.9执行。

门式起重机安装、拆卸与验收安全检查表　　　　表 7.3.9

检查项目	安装、拆卸与验收	本检查子项应得分数	10分
本检查子项所执行的标准、文件与条款号	《起重机械安全规程　第 1 部分：总则》GB 6067.1－2010 第 16.1 条		
检查评定内容	扣分标准	检查方法	
1）门式起重机应有制造许可证、产品合格证、备案证明和产品说明书	无制造许可证、产品合格证、备案证明和产品说明书，扣 10分	查门式起重机是否具有制造许可证、产品合格证、备案证明和产品说明书	
2）安装、拆卸单位应取得起重设备安装工程专业承包资质和安全生产许可证	安装、拆卸单位无起重设备安装工程专业承包资质和安全生产许可证，扣 10分	查安装、拆卸单位是否具有起重设备安装工程专业承包资质和安全生产许可证	
3）安装、拆卸作业人员应取得特种作业操作证	安装、拆卸作业人员无相应特种作业操作证，扣 5分	查安装、拆卸作业人员是否具有特种作业操作证	
4）当遇恶劣气候不能继续安拆时，应对已安装或尚未拆除部分采取固定措施	中途停止安装时未对已安装或尚未拆除部分采取固定措施，扣 5分	查是否对已安装或尚未拆除部分采取固定措施	
5）门式起重机安装完成后应履行验收程序，填写安装验收表，并经责任人签字，验收后应办理使用登记	安装完成后未履行验收程序，扣 10分；未经责任人签字确认，扣 5分；验收后未办理使用登记，扣 5分	查安装验收表，查看责任人签字情况，查使用登记证	

7.3.10　安全使用

门式起重机安全使用安全检查可按表 7.3.10 执行。

门式起重机安全使用安全检查表　　　　表 7.3.10

检查项目	安全使用	本检查子项应得分数	10分
本检查子项所执行的标准、文件与条款号	《起重机械安全规程 第 1 部分：总则》GB 6067.1－2010 第 18.1.3、18.2.1、18.4.2 条；《建筑机械使用安全技术规程》JGJ 33－2012 第 2.0.1、4.6.16 条		
检查评定内容	扣分标准	检查方法	
1）门式起重机安装完毕后应进行调试和试运行，试吊荷载不应小于现场实际起重量	门式起重机使用前未按实际吊重进行调试和试运行，扣 10分	查门式起重机调试和试运行记录，查试吊记录	

续表

检查评定内容	扣分标准	检查方法
2）起重司机、信号司索工应取得特种作业操作证	起重司机、信号司索工无相应特种作业操作证，扣 5 分	查起重司机、信号司索工特种作业操作证
3）门式起重机使用期间应进行交接班检查、日常检查和周期检查，并应形成检查记录	使用期间未进行交接班检查、日常检查和周期检查或无检查记录，扣 5 分	查交接班检查、日常检查和周期检查记录
4）起重机停止作业时，应锁紧夹轨器	起重机停止作业时，未锁紧夹轨器，扣 5 分	观察起重机停止作业时，夹轨器锁止情况

7.3.11　安全防护及警示标识

门式起重机安全防护及警示标识安全检查可按表 7.3.11 执行。

门式起重机安全防护及警示标识安全检查表　　表 7.3.11

检查项目	安全防护及警示标识	本检查子项应得分数	10 分
本检查子项所执行的标准、文件与条款号	《起重机械安全规程 第 1 部分：总则》GB 6067.1 - 2010 第 10.1.1、10.1.3、10.1.4 条；《通用门式起重机》GB/T 14406 - 2011 第 5.4.8.1、5.4.8.3～5.4.8.5 条		

检查评定内容	扣分标准	检查方法
1）门式起重机应在明显位置设置主要性能标志和安全警示标志	未在明显位置设置主要性能标志和安全警示标志，扣 5 分	观察门式起重机上是否有性能标志和安全警示标志
2）门式起重机应在其端部和顶部安装红色障碍警示灯	未在端部和顶部安装警示灯或警示灯失效，扣 5 分	观察门式起重机端部和顶部是否安装红色障碍警示灯
3）安拆及使用场地安全区域位置应设置围栏或警戒线	安拆及使用场地安全区域位置未设置围栏或警戒线，扣 5 分	观察安拆及使用场地安全区域围栏或警戒线设置情况

7.3.12　结构设施

门式起重机结构设施安全检查可按表 7.3.12 执行。

门式起重机结构设施安全检查表   表 7.3.12

检查项目	结构设施	本检查子项应得分数	10分
本检查子项所执行的标准、文件与条款号	《起重机械安全规程 第1部分：总则》GB 6067.1-2010 第3.3.6、3.4.1、3.4.2、3.4.3、3.6.1、3.7、3.8.1条		
检查评定内容	扣分标准	检查方法	
1）门式起重机主要受力结构件应无明显变形、开焊、裂缝及严重锈蚀等现象	门式起重机主要受力结构件有明显变形、开焊、裂缝及严重锈蚀等现象，扣10分	全数目测主要受力结构件变形、开焊、裂缝及锈蚀情况	
2）平台、通道、梯子、护栏设置应符合产品说明书要求	平台、通道、梯子、护栏设置不符合产品说明书要求，扣5分	对照产品说明书检查平台、通道、梯子、护栏设置情况	
3）高强螺栓、销轴、紧固件的紧固、连接应符合产品说明书要求，高强螺栓应使用力矩扳手或专用工具紧固	高强螺栓、销轴、紧固件的紧固、连接不符合产品说明书要求，每处扣5分	对照产品说明书检查高强螺栓、销轴、紧固件的紧固、连接情况，高强螺栓使用力矩扳手检查紧固值	

7.3.13 电气控制与保护

门式起重机电气控制与保护安全检查可按表 7.3.13 执行。

门式起重机电气控制与保护安全检查表   表 7.3.13

检查项目	电气控制与保护	本检查子项应得分数	10分
本检查子项所执行的标准、文件与条款号	《起重机械安全规程 第1部分：总则》GB 6067.1-2010 第6.2.4、8.8.2、8.8.3、8.8.7、8.9、15.3.3条；《通用门式起重机》GB/T 14406-2011 第5.9.4.1、5.9.4.9、5.9.4.10、5.9.4.12、5.9.4.15条		
检查评定内容	扣分标准	检查方法	
1）门式起重机应设置非自动复位型紧急断电开关，并应灵敏可靠	未安装非自动复位型急停开关或不灵敏，扣10分	观察是否设置非自动复位型紧急断电开关	
2）门式起重机在其他防雷保护范围以外时应按国家现行相关标准要求设置避雷装置	门式起重机在其他防雷保护范围以外未设置避雷装置，扣10分；避雷装置不符合国家现行相关标准要求，扣5分	观察是否在防雷保护范围外设置避雷装置，并检查避雷装置是否符合国家现行标准	
3）门式起重机的金属结构和所有电气设备系统金属外壳应进行可靠接地	金属结构和电气设备系统金属外壳未进行可靠接地，扣5分	观察门式起重机的金属结构和所有电气设备系统金属外壳是否进行接地	

续表

检查评定内容	扣分标准	检查方法
4）门式起重机与架空线路的安全距离或防护措施应符合国家现行相关标准要求	门式起重机与架空线路的安全距离不符合国家现行相关标准规定时，无防护措施，扣 10 分	查门式起重机与架空线路的距离是否符合国家现行相关标准
5）工作电缆设置应整洁，并应采取保护措施	工作电缆拖地、泡水或无保护措施，扣 5 分	观察工作电缆的设置情况，是否采取保护措施
6）门式起重机电气绝缘应符合国家现行相关标准要求	电气绝缘不符合国家现行相关标准要求，扣 5 分	当额定电压不大于 500V 时，测试门式起重机电气线路对地绝缘电阻是否高于 $0.8M\Omega$，潮湿环境下是否高于 $0.14M\Omega$

7.4　架桥机

7.4.1　架桥机构造

架桥机是以导梁作为承载移动支架，利用起重装置与移动机具来吊装、运输混凝土预制梁片，将预制梁片吊装到桥梁支座上的专用机械设备，属于起重机范畴。近年来，预制混凝土梁以其制造质量易于控制、不受桥下部工程工期影响而越来越广泛被采用。用于混凝土梁架设的导梁式架桥机以其结构简单，可靠性高，移动性能好而得到广泛应用。

市政工程施工中较常见的架桥机结构为步履式双导梁架桥机，其结构包括主梁，设置在主梁上梁上的提升小车，和设置在主梁下梁上的前支腿、中支腿、后托架、后支腿，主梁常采用箱式桁架结构，在前支腿、中支腿的低端分别设置有轨导轮，其结构构造如图 7.4.1 所示。

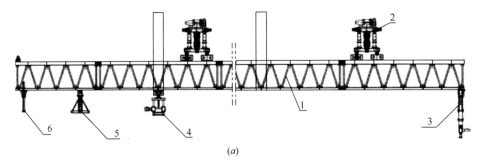

(a)

1—主梁；2—提升小车；3—前支腿；4—中支腿；5—后托架；6—后支腿

(b)

图 7.4.1 架桥机构造

（a）架桥机结构示意；（b）架桥机工作实例

7.4.2 相关安全技术标准

与架桥机施工安全技术相关的标准主要有：

1.《架桥机通用技术条件》GB/T 26470；

2.《架桥机安全规程》GB 26469；

3.《起重机械安全规程》GB 6067；

4.《市政架桥机安全使用技术规程》JGJ 266；

5.《公路桥涵施工技术规范》JTG/T F50；

6.《公路工程施工安全技术规范》JTG F90；

7.《铁路架桥机架梁技术规范》Q/CR 9213；

8.《铁路桥涵工程施工安全技术规程》TB 10303。

7.4.3 迎检需准备资料

为配合架桥机的安全检查，施工现场需准备的相关资料包括：

1. 架桥机架梁作业专项施工方案；

2. 非定型产品架桥机整套设计文件，包括设计图纸、计算书；

3. 专项施工方案审核、审批页与专家论证报告及方案修改回复；

4. 专项施工方案交底记录；

5. 架桥机制造许可证、产品合格证、备案证明和安装使用说明书；

6. 安装、拆卸单位起重设备安装工程专业承包资质和安全生产许可证；

7. 安装、拆卸作业人员特种作业操作证；

8. 架桥机安装完成验收表、使用登记证；

9. 地基承载力检验报告；

10. 运梁车司机操作证；

11. 架桥机操作人员特种作业资格证；

12. 预应力筋张拉记录；

13. 架桥机安装及调试记录、试运行记录、试吊记录、调试记录、试验记录；

14. 架桥机日常检查记录表、月检、定期检查记录表、使用前检查记录表；

15. 管理、使用、维护档案。

7.4.4　方案与交底

架桥机方案与交底安全检查可按表 7.4.4 执行。

架桥机方案与交底安全检查表　　　　表 7.4.4

检查项目	方案与交底	本检查子项应得分数	10 分
本检查子项所执行的标准、文件与条款号	《市政架桥机安全使用技术规程》JGJ 266 - 2011 第 3.0.5、3.0.10 条；《建筑起重机械安全管理规定》（建设部令第 166 号）第十五条；住建部令第 37 号、建办质〔2018〕31 号文		
检查评定内容	扣分标准	检查方法	
1）使用架桥机进行架梁作业应编制专项施工方案	未编制专项施工方案，扣 10 分	查是否编制了专项施工方案，并查看方案的针对性	
2）当架桥机采用非定型产品时，应对架桥机进行设计	当架桥机采用非定型产品时，未进行设计，扣 10 分	查是否编制了架桥机的整套设计文件，架桥机设计图纸是否齐全	
3）专项施工方案应进行审核、审批	专项施工方案未进行审核、审批，扣 10 分	查专项施工方案的审核、审批页是否有施工单位技术、安全等部门以及企业技术负责人审批签字	
4）工作高度超过 10m、城市道桥单跨跨度大于 20m 或单根预制梁重量大于 600kN 的架桥机专项施工方案，应组织专家论证	工作高度超过 10m、城市道桥单跨跨度大于 20m 或单根预制梁重量大于 600kN 的架桥机专项施工方案未组织专家论证，扣 10 分	查专家论证意见、方案修改回复意见、会议签到表等，确认超规模架桥机安全专项施工方案是否按住建部令第 37 号和建办质〔2018〕31 号文件的规定组织了专家论证	

检查评定内容	扣分标准	检查方法
5）专项施工方案实施前，应进行安全技术交底，并应有文字记录	未进行安全技术交底，扣 10 分；交底无针对性或无文字记录，扣 3 分～5 分	查是否有安全技术交底记录，记录中是否有方案编制人员或项目技术负责人（交底人）的签字以及现场管理人员和作业人员（接底人）的签字

7.4.5 结构设施及零部件

架桥机结构设施及零部件安全检查可按表 7.4.5 执行。

结构设施及零部件安全检查表　　　　　　表 7.4.5

检查项目	结构设施及零部件	本检查子项应得分数	10 分
本检查子项所执行的标准、文件与条款号	《架桥机安全规程》GB 26469－2011 第 3.1.1、3.3.6、3.4.2、3.4.3、3.4.6、3.5.2～3.5.5、3.6.1～3.6.3、3.7.1.2、3.7.2.1、3.8.1、4.1.8、4.1.9、4.2.3、4.2.5～4.2.7、4.3.3、4.4.1～4.4.3、4.6、4.7 条		

检查评定内容	扣分标准	检查方法
1）架桥机主要受力结构件应无明显变形、开焊、裂缝及严重锈蚀等现象	主要受力结构件有明显变形、开焊、裂缝及严重锈蚀等现象，扣 10 分	全数目测架桥机主要受力构件变形、开焊、裂缝以及锈蚀的程度
2）高强螺栓、销轴、紧固件的紧固、连接应符合产品说明书要求，高强螺栓应使用力矩扳手或专用工具紧固	高强螺栓、销轴、紧固件的紧固、连接不符合产品说明书要求，每处扣 5 分	对照产品说明书检查高强螺栓、销轴、紧固件的紧固、连接情况，高强螺栓使用力矩扳手检查紧固值
3）平台、通道、梯子、护栏设置应符合产品说明书要求	平台、通道、梯子、护栏设置不符合产品说明书要求，扣 5 分	对照产品使用说明书检查平台、通道、梯子、护栏设置情况
4）司机室的设置应符合国家现行相关标准要求	司机室的设置不符合国家现行相关标准要求，扣 5 分	观察司机室的设置情况
5）吊钩、滑轮、卷筒的磨损、变形、锈蚀应在国家现行相关标准允许范围内	吊钩、滑轮、卷筒达到报废标准，扣 10 分	全数目测吊钩、滑轮卷筒的磨损、变形、锈蚀情况
6）吊钩、滑轮、卷筒应安装钢丝绳防脱装置并应完好可靠；	吊钩、滑轮、卷筒未安装完好可靠的钢丝绳防脱装置，扣 5 分	观察吊钩、滑轮、卷筒的钢丝绳防脱装置安装情况

续表

检查评定内容	扣分标准	检查方法
7）钢丝绳磨损、断丝、变形、锈蚀应在国家现行相关标准允许范围内	钢丝绳达到报废标准，扣10分	全数目测钢丝绳磨损、断丝、变形、锈蚀情况
8）钢丝绳的规格、型号、穿绕应符合产品说明书要求，端部固接方式应符合国家现行相关标准要求	钢丝绳的规格、型号、穿绕不符合产品说明书要求，扣10分；端部固接方式不符合国家现行相关标准要求，扣5分	对照产品说明书观测钢丝绳的规格、型号、穿绕情况，观测钢丝绳的端部固接方式
9）当吊钩处于最低位置时，卷筒上钢丝绳不应少于3圈	当吊钩处于最低位置时，卷筒上钢丝绳少于3圈，扣10分	将吊钩下放至最低位置，观测卷筒上的钢丝绳圈数
10）卷筒上钢丝绳尾端固定方式应符合产品说明书要求，并应设置安全可靠的固定装置	卷筒上钢丝绳尾端固定方式不符合产品说明书要求或未设置安全可靠的固定装置，扣10分	对照产品说明书观测卷筒上钢丝绳尾端固定方式，观测固定装置设置情况
11）车轮、传动齿轮的磨损、变形应符合国家现行相关标准要求	车轮、传动齿轮达到报废标准，扣10分	全数目测车轮、传动齿轮的磨损、变形情况

7.4.6　安全装置

架桥机安全装置安全检查可按表7.4.6执行。

安全装置安全检查表 表 7.4.6

检查项目	安全装置	本检查子项应得分数	10 分
本检查子项所执行的标准、文件与条款号	《架桥机安全规程》GB 26469－2011 第 7.2.1～7.2.3、7.6.3、5.4、7.5、6.5.8、7.2.4、7.3.1～7.3.4、7.4.1～7.4.3、7.6.1、7.6.2 条		

检查评定内容	扣分标准	检查方法
1）架桥机应设置起升高度限制器和行程限位器，并应灵敏可靠	未设置起升高度限制器和行程限位器或不灵敏，扣10分	观察架桥机是否设置起升高度限制器和行程限位器
2）在轨道上运行的架桥机的运行机构、吊梁小车的运行机构均应设置缓冲装置，轨道端部止挡装置应牢固可靠	运行机构未设缓冲装置，扣10分；端部止挡装置不牢固可靠，扣5分	观察运行机构是否设置缓冲装置，轨道端部是否设置止挡装置

检查评定内容	扣分标准	检查方法
3）架桥机应设置起重量限制器，并应灵敏可靠	未设置起重量限制器或不灵敏，扣10分	观察架桥机是否设置起重量限制器
4）架桥机应设置支腿机械锁定装置，并应灵敏可靠	未设置支腿机械锁定装置或不灵敏，扣5分	观察架桥机是否设置支腿机械锁定装置
5）架桥机应设置安全制动器及超速开关，并应灵敏可靠	未设置安全制动器或不灵敏，扣10分 未设置超速开关或不灵敏，扣5分	观察架桥机是否设置安全制动器及超速开关
6）架桥机应设置锚定装置，并应进行有效锚定	未设置锚定装置或未进行有效锚定，扣5分	观察架桥机是否设置锚定装置
7）架桥机应设置抗风防滑装置，并应灵敏可靠	未设置抗风防滑装置或不灵敏，扣5分	观察架桥机是否设置抗风防滑装置
8）架桥机应设置联锁保护装置，并应灵敏可靠	未设置联锁保护装置或不灵敏，扣10分	观察架桥机是否设置联锁保护装置
9）架桥机应设置可正常使用的风速仪和防护罩	未设置可正常使用的风速仪和防护罩，扣5分	观察架桥机是否设置可正常使用的风速仪和防护罩

7.4.7 安装、拆卸与验收

架桥机安装、拆卸与验收安全检查可按表7.4.7执行。

安装、拆卸与验收安全检查表　　表7.4.7

检查项目	安装、拆卸与验收	本检查子项应得分数	10分
本检查子项所执行的标准、文件与条款号	《市政架桥机安全使用技术规程》JGJ 266-2011第3.0.1、3.0.3、3.0.12、4.1.6、4.4.5条；《架桥机安全规程》GB 26469-2011第12.2条		
检查评定内容	扣分标准	检查方法	
1）架桥机应有制造许可证、产品合格证、备案证明和安装使用说明书	无制造许可证、产品合格证、备案证明和安装使用说明书，扣10分	查架桥机是否具有制造许可证、产品合格证、备案证明和安装使用说明书	
2）架桥机的安装、拆卸单位应有起重设备安装工程专业承包资质和施工企业安全生产许可证	安装、拆卸单位无起重设备安装工程专业承包资质和安全生产许可证，扣10分	查架桥机的安装、拆卸单位是否具有起重设备安装工程专业承包资质和施工企业安全生产许可证	

续表

检查评定内容	扣分标准	检查方法
3）架桥机安装、拆卸作业人员应取得特种作业操作证	安装、拆卸作业人员无相应特种作业操作证，扣5分	查架桥机安装、拆卸作业人员是否具有特种作业操作证
4）恶劣天气条件不应进行架桥机安拆工作	恶劣天气条件进行架桥机安、拆工作，扣10分	现场查看恶劣天气是否进行架桥机安拆工作
5）架桥机安装时应对其主梁和横移轨道进行调平，并应具备自锁功能	架桥机安装时，其主梁和横移轨道未调平或无自锁功能，扣10分	查架桥机安装时主梁和横移轨道调平情况以及自锁功能情况
6）架桥机轨道上枕木、道钉、压板等设施应符合产品说明书要求	架桥机轨道上枕木、道钉、压板等设施不符合产品说明书要求，扣5分	对照产品说明书检查轨道上枕木、道钉、压板等设施情况
7）当遇特殊情况中断安装、拆卸作业时，应切断电源并将已安拆部分采取临时固定措施	当遇特殊情况中断安装、拆卸作业时，未切断电源并对已安拆部分进行临时固定，扣5分	查遇特殊情况时是否切断电源，是否将安拆部分采取临时固定措施
8）架桥机主机对位后，应采取可靠的制动措施	架桥机主机对位后，无可靠的制动措施，扣5分	查架桥机主机对位后，是否采取可靠的制动措施
9）架桥机安装完成后应履行验收程序，填写安装验收表，并应经责任人签字，验收后应办理使用登记	安装完成后未按规定履行验收程序，扣10分；未经责任人签字，扣5分；验收后未办理使用登记，扣5分	查架桥机安装完成后是否填写安装验收表，责任人是否签字，是否办理使用登记

7.4.8　梁体运输

架桥机梁体运输安全检查可按表7.4.8执行。

梁体运输安全检查表　　　　　　　　　　表7.4.8

检查项目	梁体运输		本检查子项应得分数	10分
本检查子项所执行的标准、文件与条款号	《公路桥涵施工技术规范》JTG/T F50-2011 第16.4.8条；《铁路桥涵工程施工安全技术规程》TB 10303-2009 第5.5.5、5.5.11、5.5.12、6.3.10条			
检查评定内容	扣分标准		检查方法	
1）运梁通道应作硬化处理，地基承载力应符合设计要求	运梁通道未作硬化处理，扣10分　地基承载力不符合设计要求，扣10分		对照设计文件，查看运梁通道是否硬化处理、查是否有地基承载力检验报告，报告中的承载力特征值是否达到设计要求	

检查评定内容	扣分标准	检查方法
2）运梁车司机应经专业培训，持证上岗	运梁车司机未经专业培训或无相应资格证，扣 5 分	查运梁车司机是否持证上岗
3）运梁时应有专人负责指挥	运梁时无专人负责指挥，扣 5 分	观察运梁时是否有专人负责指挥
4）运送 T 梁时，应用钢丝绳沿吊装孔道将其捆绑牢固，并应在 T 梁两侧用斜撑抵住翼板腹板交界处，底端抵住平车，用两个手拉葫芦带钢丝绳沿两侧加固紧	运送 T 梁时，未对 T 梁采取有效固定措施，扣 10 分	观察运送 T 梁时，是否用钢丝绳沿吊装孔道将其捆绑牢固，并观察 T 梁两侧是否采用斜撑抵住翼板腹板交界处，底端抵住平车，是否采用两个手拉葫芦带钢丝绳沿两侧加固紧
5）运梁车制动器应灵敏可靠	运梁车制动器不灵敏，扣 10 分	试验运梁车制动器制动效果
6）运梁车载重运行时应匀速前进，速度应符合国家现行相关标准要求	运梁车载重运行时未匀速前进或速度过快，扣 5 分	观察运梁车载重运行时每分钟运行距离，计算车速，观察是否匀速
7）下坡道架梁时，运梁车应采取可靠的防溜措施	下坡道架梁时，运梁车无可靠的防溜措施，扣 5 分	观察下坡道架梁时，是否采取防溜措施
8）运梁时，梁体两侧安全范围内不得有人员停留	运梁时，梁体两侧安全范围内有人员停留，扣 3 分	观察运梁时，梁体两侧是否有人停留

7.4.9 梁体架设

架桥机梁体架设安全检查可按表 7.4.9 执行。

梁体架设安全检查表　　　　　表 7.4.9

检查项目	梁体架设	本检查子项应得分数	10 分
本检查子项所执行的标准、文件与条款号	《架桥机安全规程》GB 26469 - 2011 第 13.2.1～13.2.5 条；《公路工程施工安全技术规范》JTG F90 - 2015 第 8.11.3 条；《公路桥涵施工技术规范》JTG/T F50 - 2011 第 16.4.9 条；《铁路桥涵工程施工安全技术规程》TB 10303 - 2009 第 6.3.5、6.3.10 条		
检查评定内容	扣分标准	检查方法	
1）架桥机应在显著位置悬挂安全使用规程	未在显著位置悬挂架桥机安全使用规程，扣 5 分	观察架桥机上是否悬挂安全使用规程	

续表

检查评定内容	扣分标准	检查方法
2）架桥机操作人员应取得相应的特种作业资格证	架桥机操作人员无相应特种作业资格证，扣 5 分	查架桥机操作人员是否有特种作业资格证
3）待架梁的自重和外形尺寸应在架桥机作业能力覆盖范围内	待架梁的自重和外形尺寸超出架桥机作业能力覆盖范围，扣 10 分	查架梁的梁体自重，查架桥机作业能力覆盖范围
4）起吊梁体时应两端分别进行，单端起吊后梁体倾斜度应符合待架梁梁体的相关设计规定	两端同时起吊梁体，扣 5 分；单端起吊后梁体倾斜度超过梁体设计规定，扣 3 分	观察梁体起吊是否两端分别进行，查起吊后梁体倾斜度
5）采用拖拉喂梁时应保证前吊梁小车与运梁车驮梁小车行走同步	采用拖拉喂梁时吊梁小车与运梁车驮梁小车行走不同步，扣 5 分	观察拖拉喂梁时候前吊梁小车与运梁车驮梁小车是否同步
6）T 梁梁体架设后应及时用临时支架撑好梁体两侧，防止梁体侧倾	T 梁梁体架设后未及时对梁体两侧进行有效支撑，扣 5 分	观察 T 梁梁体架设后是否支撑好梁体两侧
7）架桥机过跨前，梁片应进行横隔板焊接，并应按设计要求张拉预应力筋	架桥机过跨前，梁片横隔板未焊接或未按设计要求张拉预应力筋，扣 10 分	观察架桥机过跨前，梁片横隔板是否焊接，是否按设计要求张拉预应力筋，查张拉记录

7.4.10　调试与试验

架桥机调试与试验安全检查可按表 7.4.10 执行。

调试与试验安全检查表　　　　　　　　表 7.4.10

检查项目	调试与试验	本检查子项应得分数	10 分
本检查子项所执行的标准、文件与条款号	《市政架桥机安全使用技术规程》JGJ 266‐2011 第 4.4.2、4.4.3、4.4.4 条；《架桥机安全规程》GB 26469‐2011 第 14.2.1、14.2.2、14.3.3 条		
检查评定内容	扣分标准	检查方法	
1）架桥机安装完成后应进行调试，调试内容应包括机械、电气设备、液压系统等设备及元器件的检查，油缸支腿伸缩试验，整机纵移、横移运行试验，整机制动试验	架桥机安装完成后未进行调试，扣 10 分；调试内容不全面，扣 3 分～5 分	查架桥机安装及调试记录	

续表

检查评定内容	扣分标准	检查方法
2）架桥机拼装调整完毕后应进行试运行，并应检验架桥机吊梁小车、制动系统、液压电气系统的运行情况	架桥机拼装调整完毕后未进行试运行，扣10分；未检验架桥机吊梁小车、制动系统、液压电气系统的运行情况，扣5分～7分	查架桥机试运行记录
3）架桥机调试完成后应以不小于现场实际起重量进行试吊	架桥机调试完成后未进行试吊，扣10分	查架桥机试吊记录
4）架桥机应保持经常性调试，并应有调试记录	架桥机未进行经常性调试或无调试记录，扣5分	查架桥机调试记录
5）架桥机应根据使用条件进行相应试验，并应形成试验记录，试验记录应包括试验过程、荷载工况和程序的阐述，并应附有具备相应资质的试验人员及负责人签字	未根据使用条件进行相应试验，扣10分；无试验记录或未经责任人签字，扣5分	查架桥机试验记录，查试验记录签字情况

7.4.11 检查与维护

架桥机检查与维护安全检查可按表 7.4.11 执行。

检查与维护安全检查表　　　　表 7.4.11

检查项目	检查与维护	本检查子项应得分数	10 分
本检查子项所执行的标准、文件与条款号	《架桥机安全规程》GB 26469 - 2011 第 14.1.1～14.1.3 条；《市政架桥机安全使用技术规程》JGJ 266 - 2011 第 6.4.1、6.4.2、6.4.3 条		
检查评定内容	扣分标准	检查方法	
1）每次换班或每个工作日开始工作前应对架桥机进行日常检查	架桥机未进行日常检查，扣5分	查架桥机日常检查记录表	
2）施工单位应制定周期检查计划，并应进行定期检查	未制定周期检查计划或未进行定期检查，扣5分	查架桥机月检或定期检查记录表	
3）架桥机停止使用一个月以上，使用前应进行检查	架桥机停止使用一个月以上，使用前未进行检查，扣5分	查架桥机停止使用一月以上后，使用前检查记录表	
4）施工单位应建立架桥机管理、使用、维护档案	未建立架桥机管理、使用维护档案，扣5分	查架桥机管理、使用、维护档案	

7.4.12　电气设备

架桥机电气设备安全检查可按表 7.4.12 执行。

电气设备安全检查表　　　　　　　　表 7.4.12

检查项目	电气设备	本检查子项应得分数	10 分
本检查子项所执行的标准、文件与条款号	《架桥机安全规程》GB 26469 - 2011 第 6.1、6.5.9、6.6、11.3.1、11.3.2、11.3.3、6.3.5.1 条;《市政架桥机安全使用技术规程》JGJ 266 - 2011 第 6.1.5 条		
检查评定内容	扣分标准	检查方法	
1) 架桥机应在操作处、承载支腿处等可方便控制的位置设置非自动复位型紧急断电开关,并应灵敏可靠	未设置非自动复位型紧急断电开关或不灵敏,扣 10 分	观察是否设置非自动复位型紧急断电开关	
2) 架桥机在其他防雷保护范围以外时应按国家现行相关标准要求设置避雷装置	架桥机在其他防雷保护范围以外未设置避雷装置,扣 10 分,避雷装置不符合国家现行相关标准要求,扣 5 分	观察是否在防雷保护范围外设置避雷装置	
3) 架桥机的金属结构和所有电气设备系统金属外壳应进行可靠接地	金属结构和电气设备系统金属外壳未进行可靠接地,扣 5 分	观察架桥机的金属结构和所有电气设备系统金属外壳是否进行接地	
4) 架桥机与架空线路的安全距离或防护措施应符合国家现行相关标准要求	架桥机与架空线路的安全距离不符合国家现行相关标准规定时,无防护措施,扣 10 分	查架桥机与架空线路的距离是否符合国家现行相关标准	
5) 架桥机上的电线应敷设于线槽或金属管中,不便敷设的地方应穿金属软管	架桥机上的电线未敷设于线槽或金属管中或不变敷设处未穿金属软管,扣 5 分	观察架桥机上电线敷设情况	
6) 作业面照明应有足够亮度,照明回路应单独供电并应设短路保护	作业面照明亮度不够,扣 5 分 照明回路未单独供电或未设短路保护,扣 5 分	观察作业面照明情况,查短路保护设置情况	
7) 架桥机电气绝缘应符合国家现行相关标准要求	电气绝缘不符合国家现行相关标准要求,扣 5 分	按国家现行相关标准相对照查架桥机电气绝缘情况	

7.4.13　安全防护

架桥机安全防护安全检查可按表 7.4.13 执行。

安全防护安全检查表   表 7.4.13

检查项目	安全防护	本检查子项应得分数	10分
本检查子项所执行的标准、文件与条款号	《架桥机安全规程》GB 26469 - 2011 第 7.7 条;《铁路桥涵工程施工安全技术规程》TB 10303 - 2009 第 5.5.24、6.3.2、6.3.3、6.3.17 条		

检查评定内容	扣分标准	检查方法
1)架桥机应在醒目位置设置安全警示标志	未在醒目位置设置安全警示标志,扣5分	观察架桥机上是否设置安全警示标志
2)架桥机安全区域应设置围栏或警戒线	安全区域未设置围栏或警戒线,扣5分	观察架桥机安全区域是否设置围挡或警戒线
3)架梁时,墩台应安装吊篮、步板、梯子等安全防护设施	架梁时未安装吊篮、步板、梯子等安全防护设施,扣5分	观察架梁时,墩台是否安装吊篮、步板、梯子等安全防护设施
4)横向连接、湿接缝施工应安装工作平台或吊篮	横向连接、湿接缝施工未安装工作平台或吊篮,扣5分	观察横向连接、湿接缝施工是否安装工作平台或吊篮
5)架桥机位于通车道路、河道上方时,架桥机下方应设置能防止穿透的防护棚	架桥机位于通车道路、河道上方时,架桥机下方未设置防护棚,扣10分;防护棚设置不满足防穿透要求,扣5分	观察架桥机位于通车道路、河道上方时,架桥机下方是否设置防护棚,对照专项施工方案要求观察防护棚设置
6)水上施工时应设置防护和救生设施	水上施工时未设置防护和救生设施,扣5分	观察水上施工时防护和救生设施设置情况
7)每一跨预制梁架设完毕后应及时按临边作业要求搭设桥梁两边的防护栏杆	每一跨预制梁架设完毕后未及时按临边作业要求搭设桥梁两边的防护栏杆,扣5分	观察桥梁两边的防护栏杆搭设情况
8)同跨预制梁应根据实际情况设置安全兜网	同跨预制梁间未设置安全兜网,扣5分	观察同跨预制梁间安全网兜设置情况

7.5 施工升降机

7.5.1 施工升降机简介

目前市政工程用的施工电梯的种类很多,市场上流通的大部分为无对重式的施工升降机，该设计简化了安装过程：驱动系统置于笼顶上方，减小笼内噪声，使吊笼内净空增大，同时也使传动更加平稳、机构振动更小。施工电梯为适应桥梁墩柱、烟囱等倾斜建筑施工的需要，它根据建筑物外形，可将导轨架倾斜安装，而吊笼保持水平，沿倾斜导轨架上下运行（图 7.5.1）。

(a)   (b)

图 7.5.1 施工电梯在桥梁施工中的应用

(a) 无对重式；(b) 倾斜式

7.5.2 相关安全技术标准

与施工升降机施工安全技术相关的标准主要有：

1.《吊笼有垂直导向的人货两用施工升降机》GB 26557；

2.《建筑施工升降机安装、使用、拆卸安全技术规程》JGJ 215；

3.《建筑施工高处作业安全技术规范》JGJ 80；

4.《施工现场临时用电安全技术规范》JGJ 46；

5.《起重机 钢丝绳 保养、维护、检验和报废》GB/T 5972；

6.《建筑机械使用安全技术规程》JGJ 33；

7.《施工现场机械设备检查技术规程》JGJ 160；

8.《建筑施工扣件式钢管脚手架安全技术规范》JGJ 130。

7.5.3 迎检需准备资料

为配合施工升降机的安全检查，施工现场需准备的相关资料包括：

1. 施工升降机专项施工方案（含拆除方案）；

2. 施工升降机基础专项方案（含计算书）；

3. 基础隐蔽资料检查记录、混凝土强度报告；

4. 专项施工方案审核、审批页及方案修改回复；

5. 专项施工方案交底记录；

6. 施工升降机的制造许可证、产品合格证、备案证明和产品说明书；

7. 安装、拆卸单位的安装工程专业承包资质和安全生产许可证；

8. 安装、拆卸作业人员的特种作业操作证；

9. 施工升降机安装完成安装验收表、专业机构出具的检测报告、使用登记证；

10. 施工升降机操作人员的特种作业证。

7.5.4 安全装置

施工升降机的主要安全装置如图 7.5.4 所示，安全检查可按表 7.5.4 执行。

(a)

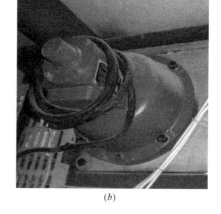

(b)

(c)

(d)

图 7.5.4 施工升降机安全装置

（a）起重量限制器；（b）防坠安全器；（c）缓冲器；（d）安全钩

施工升降机安全装置安全检查表　　　　　　　　　表 7.5.4

检查项目	安全装置		本检查子项应得分数	10 分
本检查子项所执行的标准、文件与条款号	《吊笼有垂直导向的人货两用施工升降机》GB 26557－2011 第 5.4.3.1、5.6.1、5.6.2、5.6.2.1、5.6.2.4~5.6.2.10、5.6.2.15、5.6.2.16 条			
检查评定内容	扣分标准		检查方法	
1）施工升降机应安装起重量限制器，并应灵敏可靠	未安装起重量限制器或不灵敏，扣 10 分		查施工升降机是否安装了起重量限制器，并检查其启动灵敏性	
2）施工升降机应安装渐进式防坠安全器并应灵敏可靠，防坠器应在有效的标定期内使用	未安装渐进式防坠安全器或不灵敏，扣 10 分；防坠器使用超过有效的标定期限，扣 10 分		查是否安装了渐进式防坠安全器并灵敏可靠，检查防坠器是否在有效的标定期内使用	
3）对重钢丝绳应安装防松绳装置，并应灵敏可靠	对重钢丝绳未安装防松绳装置或不灵敏，扣 5 分		查对重钢丝绳是否安装了防松绳装置，是否灵敏可靠	
4）底架应安装吊笼和对重缓冲器，缓冲器应符合国家现行相关标准要求	底架未安装吊笼和对重缓冲器，扣 10 分；缓冲器不符合国家现行相关标准要求，扣 5 分		观察底架是否安装了吊笼和对重缓冲器，查缓冲器是否安装正确	
5）SC 施工升降机应安装一对以上安全钩	SC 施工升降机未安装安全钩，扣 10 分		查 SC 施工升降机是否安装了安全钩	

7.5.5　限位装置

施工升降机的限位装置如图 7.5.5 所示，安全检查可按表 7.5.5 执行。

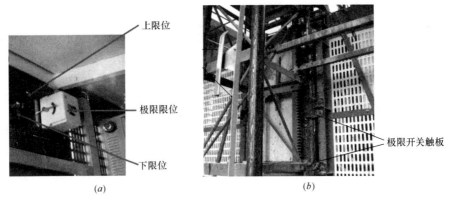

(a)　　　　　　　　　　　　　　　(b)

图 7.5.5　施工升降机限位装置

(a) 上、下限位、极限位位置示意；(b) 极限开关触板位置示意

施工升降机限位装置安全检查表 表 7.5.5

检查项目	限位装置	本检查子项应得分数	10 分
本检查子项所执行的标准、文件与条款号	《吊笼有垂直导向的人货两用施工升降机》GB 26557 - 2011 第 5.10.2.1、5.10.2.2.1~5.10.2.2.3、5.10.2.2.5 条		
检查评定内容	扣分标准	检查方法	
1) 施工升降机应安装非自动复位型极限开关，并应灵敏可靠	未安装非自动复位型极限开关或不灵敏，扣 10 分	查是否安装了非自动复位型极限开关，并检查其启动灵敏性	
2) 施工升降机应安装自动复位型上、下限位开关，并应灵敏可靠	未安装自动复位型上、下限位开关或不灵敏，扣 10 分	查是否安装了自动复位型上、下限位开关，并检查其启动灵敏性	
3) 上极限开关与上限位开关之间的安全越程应符合国家现行相关标准要求	上极限开关与上限位开关安全越程不符合国家现行相关标准要求，扣 5 分	对照产品说明书，查上极限开关与上限位开关之间的安全越程是否符合规定	
4) 极限开关、限位开关应设置独立的触发元件	极限开关、限位开关共用一个触发元件，扣 5 分	检查极限开关、限位开关是否设置独立的触发元件	

7.5.6 防护设施

施工升降机防护设施的安全检查可按表 7.5.6 执行。

施工升降机防护设施安全检查表 表 7.5.6

检查项目	防护设施	本检查子项应得分数	10 分
本检查子项所执行的标准、文件与条款号	《吊笼有垂直导向的人货两用施工升降机》GB 26557 - 2011 第 5.5.2.1~5.5.2.3、5.5.3.1、5.5.3.2、5.5.3.8.1、5.5.3.9.1 条；《建筑施工高处作业安全技术规范》JGJ 80 - 2016 第 4.1.4、4.1.5、7.1.1、7.1.2 条		
检查评定内容	扣分标准	检查方法	
1) 吊笼和对重升降通道周围应设置高度不小于 2m 的防护围栏	吊笼和对重升降通道周围未设置防护围栏，扣 10 分；围栏高度小于 2m，扣 5 分	查吊笼和对重升降通道周围是否设置防护围栏，检查防护围栏是否大于或等于 1.8m	
2) 围栏门、吊笼门均应安装机电联锁装置，并应灵敏可靠	围栏门、吊笼门未安装机电连锁装置或不灵敏，扣 5 分	查围栏门、吊笼门是否安装机电联锁装置，并检查其启动灵敏性	

续表

检查评定内容	扣分标准	检查方法
3）停层平台两侧应按临边作业要求设置防护栏杆、挡脚板和安全立网，平台面应满铺脚手板，并牢固固定	停层平台两侧未设置防护栏杆，扣10分；防护栏杆未设置挡脚板和安全立网，扣5分；停层平台面未牢固满铺脚手板，每处扣5分	查停层平台两侧是否按临边作业要求设置防护栏杆、挡脚板、平台面是否满铺脚手板、是否牢固
4）停层处应设置具有防外开装置的层门，并应定型化	停层未设置层门，扣10分；层门无防外开装置，扣10分；未采用定型化产品，扣3分	查停层处是否设置了层门，层门是否有防外开装置，是否实现了标准化
5）层门高度应符合国家现行相关标准要求，并应安装牢固，具有足够的承载力	层门高度不符合国家现行相关标准要求，扣3分；层门安装不牢固或承载力不足，扣10分	查层门高度是否低于1.8m，查层门是否牢固可靠
6）地面进出口应设置防护棚	地面进出口未设置防护棚，扣10分；防护棚设置不符合国家现行相关标准要求，扣3分～5分	查是否设置了防护棚，防护棚长度是否满足高处坠落半径要求；查棚顶结构构造是否满足承载力要求（JGJ 80 - 2016第7.2节要求）

7.5.7　附墙架

施工升降机附墙架的安全检查可按表7.5.7执行。

施工升降机附墙架安全检查表　　　　　　　　表7.5.7

检查项目	附墙架	本检查子项应得分数	10分
本检查子项所执行的标准、文件与条款号	《吊笼有垂直导向的人货两用施工升降机》GB 26557 - 2011第5.4.2条；《建筑施工升降机安装、使用、拆卸安全技术规程》JGJ 215 - 2010第4.1.9、4.1.10、4.1.11条		
检查评定内容	扣分标准	检查方法	
1）附墙架应采用配套标准产品，当标准附墙架产品不满足施工现场要求时，应对附墙架另行设计，附墙架的设计应满足构件刚度、承载力、稳定性等要求，制作应符合设计要求	附墙架采用非配套标准产品时未进行设计，扣10分	查附墙架是否采用配套标准产品；对附墙架另行设计的，检查附墙架是否有设计计算书，附墙架的设计是否满足构件刚度、承载力、稳定性等要求；查附墙件制作是否符合设计书要求	

检查评定内容	扣分标准	检查方法
2）附墙架与结构物连接方式、角度应符合产品说明书要求，连接处应牢固可靠	附墙架与结构物连接方式、角度不符合产品说明书要求或连接不牢固，扣 10 分	检查测量附墙架与结构物连接方式、角度是否符合产品说明书要求，连接是否牢固
3）附墙架间距、最高附着点以上导轨架的自由高度应符合产品说明书要求	附墙架间距、最高附着点以上导轨架的自由高度超过产品说明书要求，扣 10 分	查附墙架间距、最高附着点以上导轨架的自由高度是否符合产品说明书要求

7.5.8 钢丝绳、滑轮与对重

施工升降机钢丝绳、滑轮与对重的安全检查可按表 7.5.8 执行。

施工升降机钢丝绳、滑轮与对重安全检查表　　表 7.5.8

检查项目	钢丝绳、滑轮与对重	本检查子项应得分数	10 分
本检查子项所执行的标准、文件与条款号	《吊笼有垂直导向的人货两用施工升降机》GB 26557 - 2011 第 5.7.3.2、5.7.5 条		
检查评定内容	扣分标准	检查方法	
1）对重钢丝绳数不得少于 2 根并应相对独立	对重钢丝绳数少于 2 根或未相对独立，扣 5 分	检查对重钢丝绳数是否有 2 根及以上，是否相对独立	
2）钢丝绳磨损、断丝、变形、锈蚀应在国家现行相关标准允许范围内	钢丝绳达到报废标准，扣 10 分	查钢丝绳是否符合《起重机　钢丝绳　保养、维护、检验和报废》GB/T 5972 - 2016 的要求	
3）钢丝绳的规格、型号、穿绕应符合产品说明书要求，端部固接应符合国家现行相关标准要求	钢丝绳的规格、型号不符合产品说明书要求或穿绕不正确，扣 10 分；钢丝绳的端部固接不符合国家现行相关标准要求，扣 10 分	检查钢丝绳的规格、型号、穿绕应符合产品说明书要求；查端部固接是否符合 GB/T 5972 的规定（当采用编结固定时，编结长度不应小于 20 倍绳径，且不应小于 300mm；当采用绳夹固定时，绳夹规格应与绳径匹配，数量不应少于 3 个，间距不应小于绳径的 6 倍，绳夹夹座应安放在长绳一侧，不得正反交错设置）	
4）滑轮应设置钢丝绳防脱装置	滑轮未设置钢丝绳防脱装置或装置失效，扣 5 分	观察滑轮是否设置可靠钢丝绳的防脱装置（防脱装置与滑轮或卷筒轮缘最外缘的间隙不应超过钢丝绳直径的 20%，卷筒两端的凸缘至最外层钢丝绳的距离不应小于钢丝绳直径的 2 倍）	

续表

检查评定内容	扣分标准	检查方法
5）对重重量、固定方式应符合产品说明书要求	对重重量、固定方式不符合产品说明书要求，扣 10 分	检查对重重量、固定方式是否符合产品说明书要求
6）对重除导向轮或滑靴外应设置防脱轨保护装置	对重未设置防脱轨保护装置，扣 5 分	观察对重除导向轮或滑靴外是否设置了防脱轨保护装置

7.5.9　安装、拆卸与验收

施工升降机安装、拆卸与验收的安全检查可按表 7.5.9 执行。

施工升降机安装、拆卸与验收安全检查表　　　　表 7.5.9

检查项目	安装、拆卸与验收	本检查子项应得分数	10 分
本检查子项所执行的标准、文件与条款号	《建筑施工升降机安装、使用、拆卸安全技术规程》JGJ 215 - 2010 第 4.1.2～4.1.5、4.2.1、4.3.1～4.3.5、6.0.2 条		

检查评定内容	扣分标准	检查方法
1）施工升降机应有制造许可证、产品合格证、备案证明和产品说明书	无制造许可证、产品合格证、备案证明和产品说明书，扣 10 分	检查施工升降机是否有制造许可证、产品合格证、备案证明和产品说明书
2）安装、拆卸单位应取得起重设备安装工程专业承包资质和安全生产许可证	安装、拆卸单位无设备安装工程专业承包资质和安全生产许可证，扣 10 分	查安装、拆卸单位是否有起重设备安装工程专业承包资质和安全生产许可证
3）安装、拆卸作业人员应取得特种作业操作证	安装、拆卸作业人员无相应特种作业操作证，扣 5 分	查安拆作业人员是否取得特种作业操作证，是否持证上岗
4）安装、拆卸作业应编制专项施工方案，并应进行审核、审批	未编制安装、拆卸专项施工方案，扣 10 分；专项施工方案未经审核、审批，扣 10 分	查安装、拆卸作业是否编制了专项施工方案，专项施工方案是否进行审核、审批
5）施工升降机安装完成后应履行验收程序，填写安装验收表，并经责任人签字，验收后应办理使用登记	安装完成后未履行验收程序，扣 10 分；未经责任人签字确认，扣 5 分；验收后未办理使用登记，扣 5 分	查安装完成后是否履行验收程序，是否填写安装验收表，是否经责任人签字，验收后是否按规定时间（验收合格之日起 30 日以内）办理使用登记

7.5.10　安全使用

施工升降机安全使用的安全检查可按表 7.5.10 执行。

施工升降机安全使用安全检查表　　　表 7.5.10

检查项目	安全使用	本检查子项应得分数	10 分
本检查子项所执行的标准、文件与条款号	《建筑施工升降机安装、使用、拆卸安全技术规程》JGJ 215 - 2010 第 5.1.1、5.2.20~5.2.23、5.2.35 条		
检查评定内容	扣分标准	检查方法	
1）司机应取得特种作业操作证书	司机无相应特种作业操作证，扣 5 分	查司机是否持证上岗	
2）每班作业前应进行例行检查，并应填写检查记录	作业前未进行例行检查或未填写检查记录，扣 5 分	查作业前是否进行了例行检查，是否有班前检查记录	
3）每日作业结束后，应将吊笼返回最底层停放	每日作业结束后未将吊笼返回最底层停放，扣 5 分	查作业后是否将吊笼返回最底层停放	
4）实行多班作业，应填写交接班记录	实行多班作业未填写交接班记录，扣 3 分	查实行多班作业，是否按规定填写交接班记录	
5）施工升降机应安装信号联络装置，并应清晰有效	施工升降机未安装信号联络装置，扣 10 分；信号联络不清晰，扣 5 分	查施工升降机是否安装信号联络装置，并检测信号联络是否清晰有效	
6）施工升降机应按规定的时间间隔进行超载试验和额定载重量坠落试验	未按时进行超载试验和额定载重坠落试验，扣 10 分	查施工升降机 1.25 倍超载试验和额定载重量坠落试验记录，并检查是否每三个月进行一次试验	

7.5.11　导轨架

施工升降机导轨架的安全检查可按表 7.5.11 执行。

施工升降机导轨架安全检查表　　　表 7.5.11

检查项目	导轨架	本检查子项应得分数	10 分
本检查子项所执行的标准、文件与条款号	《建筑施工升降机安装、使用、拆卸安全技术规程》JGJ 215 - 2010 第 4.2.17~4.2.20 条		
检查评定内容	扣分标准	检查方法	
1）导轨架垂直度应符合国家现行相关标准要求	导轨架垂直度不符合使用产品说明书和国家现行相关标准要求，扣 10 分	测量导轨架垂直度是否符合产品说明书及 GB 10054.1 的具体要求	
2）标准节质量应符合产品说明书要求	标准节质量不符合产品说明书要求，扣 10 分	检查标准节质量是否符合产品说明书要求	
3）对重导轨材质与接头应符合国家现行相关标准要求	对重导轨材质与接头不符合国家现行相关标准要求，扣 5 分	查对重导轨是否符合 GB 10054.1 要求（接头平直，阶差不大于 0.5mm）	

续表

检查评定内容	扣分标准	检查方法
4）标准节连接螺栓使用应符合产品说明书要求	标准节连接螺栓使用不符合产品说明书要求，扣 5 分	查标准节连接螺栓的使用是否符合产品说明书要求

7.5.12　基础

施工升降机基础的安全检查可按表 7.5.12 执行。

施工升降机基础安全检查表
表 7.5.12

检查项目	基础	本检查子项应得分数	10 分
本检查子项所执行的标准、文件与条款号	《建筑施工升降机安装、使用、拆卸安全技术规程》JGJ 215 - 2010 第 4.1.1 条		
检查评定内容	扣分标准	检查方法	
1）基础形式、材料、尺寸应符合产品说明书要求，并应履行验收手续	基础形式、材料、尺寸不符合产品说明书，扣 10 分；未履行验收手续，扣 5 分	查基础制作和验收是否符合产品说明书要求；查基础施工验收记录	
2）基础设置在既有结构上时，应对其支承结构进行承载力验算	基础设置在既有结构上时，未对其支承结构进行承载力验算，扣 10 分	查基础设置在既有结构上时，是否对其支承结构进行承载力验算（查方案和计算书）	
3）基础应设置防、排水设施	未设置防、排水设施，扣 5 分	现场检查基础是否设置了防、排水设施	

7.5.13　电气安全

施工升降机电气安全检查可按表 7.5.13 执行。

施工升降机电气安全检查表
表 7.5.13

检查项目	电气安全	本检查子项应得分数	10 分
本检查子项所执行的标准、文件与条款号	《吊笼有垂直导向的人货两用施工升降机》GB 26557 - 2011 第 5.11.4.3 条；《施工现场临时用电安全技术规范》JGJ 46 - 2005 第 4.1.2 条		
检查评定内容	扣分标准	检查方法	
1）吊笼应安装非自动复位型急停开关，任何时候均可切断控制电路停止吊笼运行	未安装非自动复位型急停开关或不灵敏，扣 10 分	观察吊笼是否安装了非自动复位型急停开关，并试验是否任何时候均可切断控制电路停止吊笼运行	

检查评定内容	扣分标准	检查方法
2）施工升降机在其他避雷装置保护范围以外时，应按国家现行相关标准要求设置避雷装置	施工升降机在其他避雷装置保护范围以外未设置避雷装置，扣10分；避雷装置不符合国家现行相关标准要求，扣5分	检查施工升降机在其他避雷装置保护范围（按 JGJ 46 的规定）以外，是否设置避雷装置
3）施工升降机的金属结构和所有电气设备系统金属外壳应进行可靠接地	金属结构和电气设备系统金属外壳未进行可靠接地，扣5分	查金属结构和所有电气设备系统金属外壳是否进行可靠接地
4）施工升降机与架空线路安全距离或防护措施应符合国家现行相关标准要求	施工升降机与架空线路的安全距离不符合国家现行相关标准要求时，无防护措施，扣10分	观察并测量施工升降机与架空线路安全距离或防护措施是否符合 JGJ 46 的具体要求
5）电缆导向架设置应符合产品说明书要求	电缆导向架设置不符合产品说明书要求，扣5分	查电缆导向架设置是否符合说明书要求
6）吊笼顶窗应安装电气安全开关，并应灵敏可靠	吊笼顶窗未安装电气安全开关或不灵敏，扣5分	查吊笼顶窗是否安装了电气安全开关，并检测电气安全开关是否灵敏可靠

7.6　物料提升机

7.6.1　物料提升机简介

物料提升机（图 7.6.1）是建筑工地常用的一种物质垂直运输机械，由于物料提升机只能载货，不能载人，因此在市政工程中使用较少（桥梁施工中有所采用），适用于垂直输送粉状、颗粒状、小块状磨琢性或无磨琢性物料，如生料、水泥、煤、石灰石、干黏土、熟料等。

7.6.2　相关安全技术标准

与物料提升机施工安全技术相关的标准主要有：

1.《龙门架及井架物料提升机安全技术规范》JGJ 88；

2.《建筑机械使用安全技术规程》JGJ 33；

3.《施工现场机械设备检查技术规程》JGJ 160；

4.《货用施工升降机》GB 10054；

(a)　　　　　　　　　　　(b)

图 7.6.1　物料提升机

(a) 龙门架式；(b) 井架式

5.《起重机　钢丝绳　保养、维护、检验和报废》GB/T 5972；

6.《建筑施工高处作业安全技术规范》JGJ 80；

7.《施工现场临时用电安全技术规范》JGJ 46；

8.《建筑施工扣件式钢管脚手架安全技术规范》JGJ 130。

7.6.3　迎检需准备资料

为配合物料提升机的安全检查，施工现场需准备的相关资料包括：

1. 物料提升机专项施工方案（含拆除方案）；

2. 物料提升机基础专项方案（含计算书）；

3. 基础隐蔽资料检查记录、混凝土强度报告；

4. 专项施工方案审核、审批页及方案修改回复；

5. 专项施工方案交底记录；

6. 物料提升机的制造许可证、产品合格证、备案证明和产品说明书；

7. 安装、拆卸单位的安装工程专业承包资质和安全生产许可证；

8. 安装、拆卸作业人员的特种作业操作证；

9. 物料提升机安装完成安装验收表、专业机构出具的检测报告、使用登记证；

10. 物料提升机操作人员的特种作业证。

7.6.4 安全装置

物料提升机安全装置的安全检查可按表 7.6.4 执行。

物料提升机安全装置安全检查表　　　表 7.6.4

检查项目	安全装置	本检查子项应得分数	10 分
本检查子项所执行的标准、文件与条款号	《龙门架及井架物料提升机安全技术规范》JGJ 88－2010 第 6.1.1～6.1.7 条		
检查评定内容	扣分标准	检查方法	
1）物料提升机应安装起重量限制器、防坠安全器，并应灵敏可靠	未安装起重量限制器或不灵敏，扣 10 分 未安装防坠安全器或不灵敏，扣 10 分	查是否安装了起重量限制器、防坠安全器，检查是否灵敏可靠	
2）吊笼安全停靠装置应采用刚性结构，并应定型化，应能承担吊笼自重、额定荷载及运料人员等全部工作荷载	未设置刚性停靠装置或承载力不足，扣 10 分；未达到定型化，扣 3 分	查吊笼是否安装了安全停靠装置，检查其运行情况，判断是否能承担吊笼自重、额定荷载及运料人员等全部工作荷载并运行平稳	
3）物料提升机应安装上限位开关，并应灵敏可靠，安全越程不应小于 3m	未安装上限位开关或不灵敏，扣 10 分；安全越程小于 3m，扣 5 分	查是否安装上限位开关，是否灵敏可靠，测试安全越程是否小于 3mm	
4）底架应安装吊笼和对重缓冲器，缓冲器应符合国家现行相关标准要求	底架未安装吊笼和对重缓冲器，扣 10 分；缓冲器安装不符合国家现行相关标准要求，扣 5 分	查底架是否安装吊笼和对重缓冲器，检查缓冲器安装是否符合规定	
5）物料提升机应安装通信装置，并应同时具备语音和影像显示功能	未安装通信装置，扣 10 分；通信装置不符合影音显示规定要求，扣 3 分	查是否安装通信装置，检查检查语音和影像功能是否齐全	
6）安装高度超过 30m 的物料提升机应安装渐进式防坠安全器和自动停靠装置	安装高度超过 30m 时未安装渐进式防坠安全器和自动停靠装置，扣 10 分	查安装高度超过 30m 的物料提升机是否安装了渐进式防坠器，是否有自动停靠装置	

7.6.5 防护设施

物料提升机防护设施的安全检查可按表 7.6.5 执行。

物料提升机防护设施安全检查表　　　　　　　　　　表7.6.5

检查项目	防护设施	本检查子项应得分数	10分
本检查子项所执行的标准、文件与条款号	《龙门架及井架物料提升机安全技术规范》JGJ 88 - 2010 第6.2.1~6.2.4条；《建筑施工高处作业安全技术规范》JGJ 80 - 2016 第4.1.4、4.1.5、7.2.1、7.2.2条		
检查评定内容	扣分标准	检查方法	
1）地面进料口应设置高度不小于1.8m的防护围栏	地面进料口未设置防护围栏，扣10分；围栏高度小于1.8m，扣5分	观察地面进料口是否设置了围栏，测量高度是否达到1.8m	
2）停层平台两侧应按临边作业要求设置防护栏杆、挡脚板，平台面应满铺脚手板，并应牢固固定	停层平台两侧未设置防护栏杆，扣10分；防护栏杆未设置挡脚板和安全立网，扣5分；停层平台面未牢固满铺脚手板，每处扣5分	查停层平台两侧是否按临边作业要求设置了防护栏杆、挡脚板，平台面是否满铺脚手板，是否牢固	
3）停层平台应设置具有防外开装置的平台门，并应定型化	停层平台未设置平台门，扣10分；平台门无防外开装置，扣10分；平台门未实现定型化，扣3分	观察停层平台是否设置了平台门，平台门是否设置防外开装置，是否为定型化的产品	
4）平台门高度应符合国家现行相关标准要求，并应安装牢固，具有足够承载力	平台门高度不符合国家现行相关标准要求，扣3分；平台门安装不牢固或承载力不足，扣5分	测量平台门高度是否达到1.8m，检查平台门安装是否牢固，是否有足够的承载力	
5）地面进料口应设置防护棚	地面进料口未设置防护棚，扣10分；防护棚设置不符合国家现行相关标准要求，扣5分	查进料口是否设置了防护棚，防护棚长度是否满足高处坠落半径要求；查棚顶结构构造是否满足承载力要求（JGJ 80 - 2016 第7.2节要求）	
6）卷扬机应设置定型化操作棚	未设置卷扬机操作棚，扣5分；未实现定型化，扣2分	现场查看卷扬机是否设置了定型化操作棚	

7.6.6　附墙架、缆风绳与地锚

物料提升机附墙架、缆风绳与地锚的安全检查可按表7.6.6执行。

物料提升机附墙架、缆风绳与地锚安全检查表　　表 7.6.6

检查项目	附墙架、缆风绳与地锚	本检查子项应得分数	10 分
本检查子项所执行的标准、文件与条款号	《龙门架及井架物料提升机安全技术规范》JGJ 88 - 2010 第 8.2.1、8.2.2、8.3.1、8.3.2、8.4.1、8.4.2 条		
检查评定内容	扣分标准	检查方法	
1）当物料提升机安装高度在 30m 及以上时必须设置附墙架	安装高度在 30m 及以上时未设置附墙架，扣 10 分	检查当物料提升机安装高度在 30m 及以上时是否设置了附墙架	
2）附墙架结构形式、材质、间距、最高附着点以上导轨架的自由高度应符合产品说明书要求	附墙架结构形式、材质、间距、最高附着点以上导轨架的自由高度不符合产品说明书要求，扣 10 分	查附墙架结构、材质、间距、最高附着点以上导轨架的自由高度是否符合产品说明书要求	
3）附墙架与导轨架间、附墙架与结构物间应采用刚性连接，并应牢固可靠	附墙架与导轨架间、附墙架与结构物间未采用刚性连接或连接不牢靠，扣 10 分	观察附墙架与导轨架、建筑结构是否采用刚性连接（既能受拉又能受压），并检查是否牢固可靠	
4）缆风绳设置数量、位置、直径、角度应符合产品说明书要求，并应与地锚可靠连接	缆风绳设置数量、位置、直径、角度不符合产品说明书要求，扣 5 分～7 分 缆风绳与地锚连接不牢固，扣 5 分	查缆风绳设置数量、位置、直径、角度是否符合产品说明书要求，并检查是否与地锚进行可靠连接	
5）地锚设置应符合国家现行相关标准要求	地锚设置不符合国家现行相关标准要求，扣 5 分	查地锚的样式、间距、防脱装置、埋置深度、锚固体构造是否符合方案设计要求（JGJ 88 - 2010 第 8.4.2 条具体规定）	

7.6.7　钢丝绳

物料提升机钢丝绳的安全检查可按表 7.6.7 执行。

物料提升机钢丝绳安全检查表　　表 7.6.7

检查项目	钢丝绳	本检查子项应得分数	10 分
本检查子项所执行的标准、文件与条款号	《龙门架及井架物料提升机安全技术规范》JGJ 88 - 2010 第 5.4.1 ～5.4.6 条		
检查评定内容	扣分标准	检查方法	
1）钢丝绳磨损、断丝、变形、锈蚀应在国家现行相关允许范围内	钢丝绳达到报废标准，扣 10 分	查钢丝绳是否符合《起重机　钢丝绳　保养、维护、检验和报废》GB/T 5972 - 2016 的要求	

检查评定内容	扣分标准	检查方法
2）钢丝绳端部绳夹设置应符合国家现行相关标准要求	钢丝绳端部绳夹设置不符合国家现行相关标准要求，每处扣2分	查钢丝绳绳夹是否符合国家现行相关标准要求（绳夹规格应与绳径匹配，数量不应少于3个，间距不应小于绳径的6倍，绳夹夹座应安放在长绳一侧，不得正反交错设置）
3）当吊笼处于最低位置时，卷筒上钢丝绳不应少于3圈	当吊笼处于最低位置时，卷筒上钢丝绳少于3圈，扣10分	查吊笼处于最低位置时，卷筒上钢丝绳是否有3圈
4）钢丝绳应设置过路保护措施	未设置钢丝绳过路保护措施，扣5分	查钢丝绳是否设置了过路保护措施

7.6.8　架体结构

物料提升机架体结构的安全检查可按表7.6.8执行。

物料提升机架体结构安全检查表　　　　表7.6.8

检查项目	架体结构	本检查子项应得分数	10分
本检查子项所执行的标准、文件与条款号	《龙门架及井架物料提升机安全技术规范》JGJ 88－2010 第4.1.1~4.1.7、4.1.9~4.1.11条		
检查评定内容	扣分标准	检查方法	
1）主要结构件应无明显变形、严重锈蚀，焊缝应无明显可见裂纹	主要结构件有明显变形、严重锈蚀或焊缝有明显可见裂纹，扣10分	观察主要结构件有无明显变形、是否严重锈蚀，焊缝有无明显可见裂纹	
2）结构件安装应符合产品说明书要求，各连接螺栓应齐全、紧固	结构件安装不符合产品说明书要求，扣10分；连接螺栓不齐全或不紧固，每处扣2分	查结构件安装是否符合产品说明书要求，各连接螺栓是否齐全、紧固	
3）导轨架垂直度偏差不应大于导轨架高度的0.15%	导轨架垂直度偏差大于导轨架高度的0.15%，扣10分	测量导轨架垂直度偏差是否大于导轨架高度的0.15%	
4）井架式物料提升机停靠平台通道处的结构应采取加强措施	井架停靠平台通道处的结构无加强措施，扣5分	检查停靠平台通道处的结构是否采取了加强措施	

7.6.9　动力与传动装置

物料提升机动力与传动装置的安全检查可按表7.6.9执行。

物料提升机动力与传动装置安全检查表　　　　表 7.6.9

检查项目	动力与传动装置	本检查子项应得分数	10 分
本检查子项所执行的标准、文件与条款号	《龙门架及井架物料提升机安全技术规范》JGJ 88 - 2010 第 5.1.1～5.1.7、5.2.1、5.2.2、5.3.1～5.3.3 条		
检查评定内容	扣分标准	检查方法	
1）卷扬机、曳引机应安装牢固，当卷扬机卷筒与导轨架底部导向轮的距离小于 20 倍卷筒宽度时，应设置排绳器	卷扬机、曳引机安装不牢固，扣 5 分；卷筒与导轨架底部导向轮的距离小于 20 倍卷筒宽度时未设置排绳器，扣 5 分	检查卷扬机、曳引机是否安装牢固，当卷扬机卷筒与导轨架底部导向轮的距离小于 20 倍卷筒宽度时，观察是否设置排绳器	
2）钢丝绳应在卷筒上排列整齐，尾端应与卷筒压紧装置连接牢固	钢丝绳应在卷筒上排列不整齐，扣 5 分；尾端与卷筒压紧装置连接不牢固，扣 5 分	检查钢丝绳在卷筒上排列是否整齐，尾端是否与卷筒压紧装置连接牢固	
3）滑轮与导轨架、吊笼应采用刚性连接，滑轮应与钢丝绳相匹配	滑轮与导轨架、吊笼未采用刚性连接，扣 10 分；滑轮与钢丝绳不匹配，扣 10 分	观察滑轮与导轨体、吊笼是否采用刚性连接，滑轮是否与钢丝绳相匹配	
4）滑轮、卷筒磨损应在国家现行相关允许范围内	滑轮、卷筒磨损达到报废标准，扣 10 分	观察滑轮、卷筒磨损程度	
5）滑轮、卷筒应设置钢丝绳防脱装置并应完好可靠	滑轮、卷筒未设置钢丝绳防脱装置或装置无效，扣 5 分	检查滑轮、卷筒是否设置钢丝绳防脱装置，是否完好可靠（防脱装置与滑轮或卷筒缘最外缘的间隙不应超过钢丝绳直径的 20%，卷筒两端的凸缘至最外层钢丝绳的距离不应小于钢丝绳直径的 2 倍）	
6）当曳引钢丝绳为 2 根及以上时，应设置曳引力自动平衡装置	当曳引钢丝绳为 2 根及以上时，未设置曳引力自动平衡装置，扣 5 分	当曳引钢丝绳为 2 根及以上时，检查是否设置曳引力自动平衡装置	

7.6.10　安拆、验收和使用

物料提升机安拆、验收和使用的安全检查可按表 7.6.10 执行。

物料提升机安拆、验收和使用安全检查表　　　　表7.6.10

检查项目	安拆、验收和使用	本检查子项应得分数	10分
本检查子项所执行的标准、文件与条款号	《龙门架及井架物料提升机安全技术规范》JGJ 88‑2010第9.1.1~9.1.4、9.2.1、9.2.2、11.0.1~11.0.11节		
检查评定内容	扣分标准	检查方法	
1）物料提升机应有制造许可证、产品合格证、备案证明和产品说明书	无制造许可证、产品合格证、备案证明和产品说明书，扣10分	检查物料提升机是否有制造许可证、产品合格证、备案证明和产品说明书	
2）安装、拆卸单位应取得起重设备安装工程专业承包资质和安全生产许可证	安装、拆卸单位无专业承包资质和安全生产许可证，扣10分	查安装、拆卸单位是否具有起重设备安装工程专业承包资质和安全生产许可证	
3）安装、拆卸作业人员及司机应取得特种作业操作证书	安装、拆卸作业人员及司机无相应特种作业操作证，扣5分	查安装、拆卸作业人员及司机是否取得特种作业操作证书	
4）安装、拆卸作业应编制专项施工方案，并应进行审核、审批	未编制安装、拆卸专项施工方案，扣10分；专项施工方案未经审核、审批，扣10分	查安装、拆卸作业是否编制专项施工方案，方案是否按规定进行审核、审批	
5）物料提升机安装完成后应履行验收程序，填写安装验收表，并经责任人签字，验收后应办理使用登记	安装完成后未履行验收程序，扣10分；验收表无责任人签字，扣5分；验收后未办理使用登记，扣5分	查物料提升机安装完成后是否履行验收程序，填写安装验收表，是否经责任人签字，验收后是否办理使用登记	
6）每班作业前应进行例行检查，并应填写检查记录	作业前未进行例行检查或未填写检查记录，扣5分	查每班作业前是否进行例行检查，是否填写检查记录	
7）物料提升机严禁载运人员	利用物料提升机载运人员，扣10分	查是否有载运人员的情况	
8）每日作业结束后，应将吊笼返回最底层停放	每日作业结束后未将吊笼返回最底层停放，扣5分	查每日作业结束后，是否将吊笼返回最底层停放	
9）实行多班作业，应填写交接班记录	实行多班作业未填写记录，扣3分	实行多班作业，查交接班记录	

7.6.11　基础

物料提升机基础的安全检查可按表7.6.11执行。

物料提升机基础安全检查表　　　　　　表 7.6.11

检查项目	基础	本检查子项应得分数	10 分
本检查子项所执行的标准、文件与条款号	《龙门架及井架物料提升机安全技术规范》JGJ 88 - 2010 第 8.1.1、8.1.2 条		
检查评定内容	扣分标准	检查方法	
1）基础尺寸、混凝土强度等级、地基承载力应符合产品说明书要求	基础尺寸、混凝土强度等级及地基承载力不符合产品说明书要求，扣 10 分	测量基础尺寸、查看混凝土强度报告和地基承载力报告，判断是否符合产品说明书要求	
2）基础应设置防、排水设施	基础未设置防、排水措施，扣 5 分	查基础是否设置了防、排水设施	
3）30m 及以上物料提升机的基础应进行设计	30m 及以上物料提升机的基础未进行设计，扣 10 分	查 30m 及以上物料提升机的基础是否进行了设计计算（查专项施工方案和计算书、设计图）	

7.6.12　吊笼

物料提升机吊笼的安全检查可按表 7.6.12 执行。

物料提升机吊笼安全检查表　　　　　　表 7.6.12

检查项目	吊笼	本检查子项应得分数	10 分
本检查子项所执行的标准、文件与条款号	《龙门架及井架物料提升机安全技术规范》JGJ 88 - 2010 第 4.1.8 条		
检查评定内容	扣分标准	检查方法	
1）吊笼内净高度不应小于 2m	吊笼内净高度小于 2m，扣 5 分	测量吊笼内净高度是否达到 2m	
2）吊笼应设置吊笼门，并应定型化，开启高度不应低于 1.8m	吊笼未设置吊笼门，扣 10 分；未采用定型化产品，扣 3 分 吊笼门开启高度低于 1.8m，扣 5 分	检查吊笼是否设置吊笼门，是否定型化，测量吊笼门开启高度是否达到 1.8m	
3）吊笼门及两侧立面应沿全高度封闭	吊笼门及两侧立面未沿全高度封闭，扣 5 分	检查吊笼门及两侧立面是否沿全高度封闭	
4）吊笼应设置可靠的防护顶板	吊笼未设置防护顶板，扣 5 分	检查吊笼是否设置了可靠的防护顶板	

续表

检查评定内容	扣分标准	检查方法
5) 吊笼底板应固定牢固，承载力应符合国家现行相关标准要求，并应无明显变形、锈蚀、破损	吊笼底板固定不牢固，扣5分； 吊笼底板承载力不符合国家现行相关标准要求，扣10分；底板有明显变形、锈蚀、破损，扣5分	检查吊笼底板是否固定，检测吊笼底板设置是否稳固，且查看吊笼底板是否有明显变形、锈蚀、破损
6) 吊笼应设置滚动导靴，并应可靠有效	吊笼未设置有效的滚动导靴，扣10分	查吊笼是否设置滚动导靴，并可靠有效

7.6.13 电气安全

物料提升机电气安全的安全检查可按表 7.6.13 执行。

物料提升机电气安全安全检查表　　　　　　　　表 7.6.13

检查项目	电气安全	本检查子项应得分数	10 分
本检查子项所执行的标准、文件与条款号	《龙门架及井架物料提升安全技术规范》JGJ 88 - 2010 第 7.0.1～7.0.8 条		

检查评定内容	扣分标准	检查方法
1) 物料提升机应设置非自动复位型紧急断电开关，并应灵敏可靠	未设置非自动复位型急停开关或不灵敏，扣10分	查看物料提升机是否设置了非自动复位型紧急断电开关，并检测是否灵敏可靠
2) 物料提升机在其他避雷保护范围以外时，应按国家现行相关标准要求设置避雷装置	物料提升机在其他避雷装置保护范围以外未设置避雷装置，扣10分；避雷装置不符合国家现行相关标准要求，扣5分	查物料提升机在其他避雷保护范围以外时，是否设置了避雷装置
3) 物料提升机的金属结构和所有电气设备系统金属外壳应进行可靠接地	金属结构和电气设备系统金属外壳未进行可靠接地，扣5分	查物料提升机的金属结构和所有电气设备系统金属外壳是否进行可靠接地
4) 工作照明开关应与主电源开关相互独立	工作照明开关与主电源开关共用，扣5分	查工作照明开关是否和主电源开关相互独立
5) 动力设备的控制开关严禁采用倒顺开关	动力设备的控制开关采用倒顺开关，扣5分	检查动力设备的控制开关，查是否采用了倒顺开关

7.7 缆索起重机

7.7.1 缆索起重机构造

缆索起重机是指以柔性钢索作为大跨距架空承载构件,供悬吊重物的载重小车在承载索上往返运行,具有垂直运输和水平运输功能。在市政工程中,目前主要用于山区或跨河流拱桥拼装施工。缆索起重机构造复杂,组成结构上分为索塔、承重主索、起重索、牵引索、缆风索、工作索、锚碇、滑轮、电动卷扬机、跑车、扣挂系统、集中监控系统等组成,其中塔架又包括基础、索鞍、横移系统(若有,分索鞍横移和塔架横移)。缆索起重机整体构造如图 7.7.1 所示。

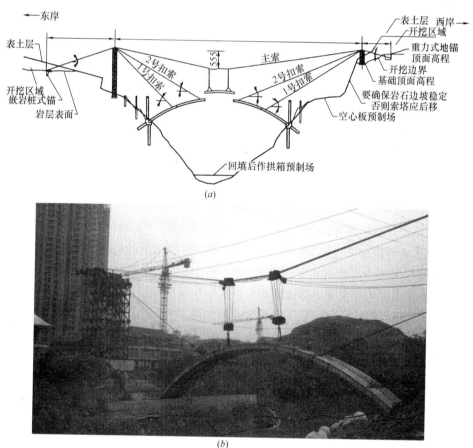

图 7.7.1 缆索起重机构造

(a) 拱桥起重机组成;(b) 拱桥缆索起重机吊装作业

7.7.2　相关安全技术标准

与缆索起重机施工安全技术相关的标准主要有：

1.《公路桥涵施工技术规范》JTG/T F50；

2.《公路工程施工安全技术规范》JTG F90；

3.《水电水利工程缆索起重机安全操作规程》DL/T 5266；

4.《水利水电建设用缆索起重机技术条件》SL 375；

5.《起重机械安全规程　第 1 部分：总则》GB 6067.1；

6.《缆索起重机》GB/T 28756 - 2012；

7.《钢结构工程施工质量验收规范》GB 50205；

8. 企业标准，如中铁大桥局（集团）股份公司的企业标准《缆索吊机及扣挂法拱桥施工》QB MBEC1007。

7.7.3　迎检需准备资料

为配合缆索起重机的安全检查，施工现场需准备的相关资料包括：

1. 缆索吊装专项施工方案（含拆除方案）；

2. 缆索起重机专项设计文件，包括成套设计图纸、计算书；

3. 专项施工方案审核、审批页与专家论证报告及方案修改回复；

4. 专项施工方案交底记录；

5. 索塔地基承载力检测报告；

6. 承重索跨中垂度测量记录；

7. 锚碇锚固试验记录；

8. 缆索起重机特种设备制造许可证、产品合格证、备案证明和使用说明书；

9. 从事缆索起重机安装、改造、拆卸、维修的单位的起重设备安装工程专业承包资质和安全生产许可证；

10. 缆索起重机安装、拆卸作业人员特种作业操作证；

11. 起重司机、信号司索工特种作业操作证；

12. 锚碇、塔架专项验收记录；

13. 缆索起重机安装完成后的安装验收表；

14. 缆索起重机试吊资料与试吊检查记录、试吊观测记录、试吊报告；

15. 缆索起重机使用过程监测记录；

16. 缆索起重机使用期间的交接班检查、日常检查和周期检查记录。

7.7.4　方案与交底

缆索起重机方案与交底安全检查可按表 7.7.4 执行。

缆索起重机方案与交底安全检查表   表 7.7.4

检查项目	方案与交底	本检查子项应得分数	10 分
本检查子项所执行的标准、文件与条款号	《公路工程施工安全技术规范》JTG F90 - 2015 附录 A；《公路桥涵施工技术规范》JTG/T F50 - 2015 第 15.4.3 条；住建部令第 37 号、建办质〔2018〕31 号文		
检查评定内容	扣分标准	检查方法	备注
1）缆索起重机使用前应编制专项施工方案	未编制专项施工方案，扣 10 分；编制内容不全，扣 3 分~5 分	查是否编制了安全专项施工方案，并查看方案是否具有针对性	
2）缆索起重机吊装作业前应编制完整的设计文件，并应对索塔、缆索、锚碇、挂扣系统、牵引系统、起重系统和附属设施进行设计	未编制设计文件，扣 10 分；未对受力结构、构件和附属设施进行设计，扣 10 分；设计文件中图纸或计算书不齐全，扣 3 分~5 分	查缆索起重机系统是否编制完整的设计文件，是否对缆索起重机结构、构件和附属装置进行设计计算，设计文件中图纸或计算书是否齐全	
3）专项施工方案应进行审核、审批	专项施工方案未进行审核、审批，扣 10 分	查专项施工方案的审核、审批页是否有施工单位技术、安全等部门以及企业技术负责人审批签字	
4）起重量 300kN 及以上的缆索起重机安装和拆卸工程，以及采用缆索起重机进行的单件重量在 100kN 及以上的起重吊装工程，其专项施工方案应组织专家论证	起重量 300kN 及以上的缆索起重机安装和拆卸工程，以及采用缆索起重机进行的单件重量在 100kN 及以上的起重吊装工程，其专项施工方案未组织专家论证，扣 10 分	超规模的缆索起重机安拆工程及吊装工程，查专家论证意见、方案修改回复意见、会议签到表等，确认其安全专项施工方案是否按住建部令第 37 号和建办质〔2018〕31 号文件的规定组织了专家论证	各地区另有规定的，尚应从其规定
5）专项施工方案实施前，应进行安全技术交底，并应有文字记录	专项施工方案实施前，未进行安全技术交底，扣 10 分；交底无针对性或无文字记录，扣 3 分~5 分	查是否有安全技术交底记录，记录中是否有方案编制人员或项目技术负责人（交底人）的签字以及现场管理人员和作业人员（接底人）的签字	

7.7.5 构配件和材质

构配件和材质安全检查可按表 7.7.5 执行。

缆索吊机构配件和材质安全检查表　　　表 7.7.5

检查项目	构配件和材质	本检查子项应得分数	10 分
本检查子项所执行的标准、文件与条款号	由于涉及标准及具体条文较多，此处仅列出标准名称：《起重机 钢丝绳 保养、维护、检验和报废》GB/T 5972 - 2016、《缆索起重机》GB/T 28756 - 2012、《重要用途钢丝绳》GB 8918 - 2006、《起重机械 滑轮》GB/T 27546 - 2011、《销轴》GB/T 882 - 2008、《钢结构施工质量验收规范》GB 50205 - 2001、《起重吊钩 第 1 部分：力学性能、起重量、应力及材料》GB/T 10051.1 - 2010		

检查评定内容	扣分标准	检查方法
1）缆索起重机的承重结构构配件和连接件应有质量合格证、材质证明，其品种、规格、型号、材质应符合设计要求，主要受力钢丝绳应进行力学性能抽检	承重结构构配件和连接件无质量合格证、材质证明，扣 10 分；其品种、规格、型号、材质不符合设计要求，扣 10 分；主要受力钢丝绳未进行力学性能抽检，扣 5 分	查缆索起重机所用的承重构配件和连接件是否有质量合格证、材质证明，查其品种、规格、型号、材质是否符合有关标准或设计的要求，查主要受力钢丝绳是否进行力学性能试验
2）缆索起重机的索鞍、跑车与吊点、铰座应交由专业工厂加工制作，并应有出厂合格证和无损探伤检测记录	索鞍、跑车与吊点、铰座无出厂合格证和无损探伤监测记录，扣 5 分	查缆索起重机所采用的索鞍、跑车与吊点、铰座等构件是否有设计图，是否由专业工厂加工制作或有出厂合格证，是否有无损探伤检测记录
3）缆索起重机的液压、卷扬装置应有产品合格证	液压、卷扬装置无产品合格证，扣 5 分	查缆索起重机所采用的液压或卷扬等装置是否有产品合格证
4）索塔塔架构配件应无明显变形、锈蚀及外观缺陷	索塔塔架构配件有明显变形、锈蚀及外观缺陷，扣 5 分	查构配件是否有明显的变形、锈蚀及外观缺陷
5）钢丝绳磨损、断丝、变形、锈蚀应在允许范围内	钢丝绳磨损、断丝、变形、锈蚀达到报废标准，扣 10 分	查钢丝绳磨损、断丝、变形、锈蚀是否在允许范围内
6）吊钩、卷筒、滑轮磨损应在允许范围内	吊钩、卷筒、滑轮磨损达到报废标准扣 10 分	查吊钩、卷筒、滑轮磨损是否在允许范围内

7.7.6　索塔

　　索鞍与主索钢丝绳直径关系如图 7.7.6-1 所示，索鞍横移与塔架整体横移如图 7.7.6-2 所示，索塔结构安全检查可按表 7.7.6 执行。

图 7.7.6-1 索鞍直径与主索直径的关系

(*a*)   (*b*)

图 7.7.6-2 索鞍横移与塔架整体横移

(*a*) 索鞍横移；(*b*) 塔架横移

缆索吊机索塔安全检查表   表 7.7.6

检查项目	索塔	本检查子项应得分数	10 分
本检查子项所执行的标准、文件与条款号	《公路桥涵施工技术规范》JTG/T F50－2011 第 5.4.2、15.4.3 条		
检查评定内容	扣分标准	检查方法	
1) 索塔地基承载力应有检测报告，承载力应符合设计要求；基础周围应设置防、排水设施	索塔无地基承载力检测报告或承载力不符合设计要求，扣 10 分 基础周围未设置防、排水设施，扣 3 分	查索塔基础地基承载力有无检测报告；查承载力特征值是否符合专项方案的要求；对照施工方案，观察场地、防排水设施设置是否齐备，场地是否有积水	
2) 塔架基础形式、尺寸、材料应符合设计要求	塔架基础形式、尺寸、材料不符合设计要求，扣 10 分	对照施工方案，观察基础外观质量，查基础验收记录，必要时进行尺量	

续表

检查评定内容	扣分标准	检查方法
3）塔架结构构造应符合设计要求，并应牢固、稳定	塔架结构构造不符合设计要求，扣 10 分；架体不牢固、稳定，扣 10 分	查塔架是否按设计文件的要求进行安装，构件连接是否满足设计要求，连接系是否按设计文件要求进行安装
4）当主索鞍采用滑动或滚动方式时，索鞍轮直径不应小于 15 倍主索直径；当主索鞍与主索锁定时，索鞍曲率半径应满足主索受力要求	当主索鞍采用滑动或滚动方式时，索鞍轮直径小于 15 倍主索直径，扣 10 分；当主索鞍与主索锁定时，索鞍曲率半径不满足主索受力要求，扣 10 分	检查主索鞍转向轮的轮径与钢丝绳绳径是否匹配，查索主索鞍与主索锁定时，索鞍曲率半径是否满足主索受力要求，即弯曲应力和接触应力是否超过规定值
5）主索鞍应在横向设支撑装置	主索鞍横向未设支撑装置，扣 5 分	查主索鞍是否在横向设支撑装置
6）索鞍横移或塔架整体横移时，应做专项设计，并应采取有效措	索鞍横移或塔架整体横移时未做专项设计或无有效措施，扣 10 分	查索鞍横移或塔架整体横移时，是否有专项设计、是否具备有效措施
7）索塔纵横向应按设计要求设置风缆及地锚	索塔的纵横向未按设计要求设置风缆及地锚，扣 10 分	查索塔纵横向是否按设计要求设置风缆及地锚
8）塔架顶部应按国家现行相关标准要求设置避雷装置	塔架顶部未设置避雷装置，扣 5 分	查塔架顶部应设置避雷装置，查接地电阻是否满足不大于 10Ω 的条件

7.7.7　缆索与锚碇

缆索起重机缆索与锚碇构造如图 7.7.7 所示，缆索与锚碇安全检查可按表 7.7.7 执行。

（a）　　　　　　　　　　　　　　（b）

图 7.7.7　缆索与锚碇

（a）缆索；（b）锚碇

缆索起重机缆索与锚碇安全检查表格 表7.7.7

检查项目	缆索与锚碇	本检查子项应得分数	10分
本检查子项所执行的标准、文件与条款号	《公路桥涵施工技术规范》JTG/T F50－2011 第15.4.3、15.4.4、15.4.9条；《缆索起重机》GB/T 28756－2012 第5.5.1.2、5.5.2.1条；《缆索吊机及扣挂法拱桥施工》QB MBEC1007－2010 第4.3.4条		
检查评定内容	扣分标准	检查方法	备注
1）主承重索、牵引索、起重索、缆风索、工作索、扣索的规格、型号、数量以及穿绕布置方式应符合设计要求	主承重索、牵引索、起重索、缆风索、工作索、扣索的规格、型号、数量以及穿绕布置方式不符合设计要求，扣10分	现场查看主承重索、牵引索、起重索、缆风索、工作索、扣索的规格、型号、数量以及穿绕布置方式是否符合设计要求	
2）同一组主承重索应相互平行，跨中垂度误差应小于100mm	同一组主承重索跨中垂度误差大于100mm，扣5分	查测量文件，现场测量	
3）主承重索安全系数不应小于3，牵引索安全系数不应小于4；起重索安全系数不应小于6；缆风索安全系数不应小于3；采用钢丝绳做扣索时，扣索安全系数不应小于3	缆索安全系数不符合要求，扣10分	查设计文件及计算书	与JTG/T F50－2011的规定有所不同，以此为准
4）主承重索与锚碇连接处夹角应为25°～30°	主承重索与锚碇连接处夹角超出25°～30°范围，扣3分	查设计文件，现场测量	在地形条件限制的情况下，应适当放宽要求
5）锚碇形式、尺寸、材料应符合设计要求	锚碇形式、尺寸、材料不符合设计要求，扣10分	查锚碇设计文件，查证明材料性能的报告，现场查看，必要时尺量	
6）锚碇使用前，应进行锚固试验	锚碇使用前未进行锚固试验，扣5分	检查是否有试验报告	该条主要针对预应力岩锚
7）锚碇抗滑移及抗拔安全系数不应小于2，抗倾覆安全系数不应小于1.5	锚碇抗滑移及抗拔安全系数小于2或抗倾覆安全系数小于1.5，扣10分	查设计文件及计算书	
8）锚碇布置在水中时应采取防碰撞、防冲刷措施和缆索抗振措施	锚碇布置在水中时，无防碰撞、防冲刷措施和缆索抗振措施，扣5分	现场查看水中锚碇是否有防碰撞、防冲刷和缆索抗振措施	

7.7.8　扣挂系统

缆索起重机扣挂系统构造如图 7.7.8 所示；扣挂系统安全检查可按表 7.7.8 执行。

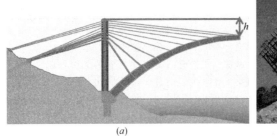

(a)　　　　　　　　　　　　　　　　　(b)

图 7.7.8　扣挂系统

(a) 扣挂系统工作原理示意；(b) 扣挂系统工程实例

缆索起重机扣挂系统安全检查表格　　　　　　　　　表 7.7.8

检查项目	扣挂系统	本检查子项应得分数	10 分
本检查子项所执行的标准、文件与条款号	《公路桥涵施工技术规范》JTG/T F50－2011 第 15.4.3、15.4.4、15.4.5 条		
检查评定内容	扣分标准	检查方法	
1）扣塔上索鞍顶面高程应高于拱肋扣点高程	扣塔上索鞍顶面高程低于拱肋扣点高程，扣 10 分	查设计文件，现场查看实际安装情况	
2）拱肋应按设计要求设置扣索和风缆	拱肋未按设计要求设置扣索和风缆，扣 10 分	查设计文件和计算书，并对照设计文件查看现场实际安装情况	
3）扣索或扣索合力位置应与所扣挂拱肋在同一竖直面内	扣索或扣索合力位置与所扣挂拱肋不在同一竖直面内，扣 10 分	查设计文件，现场查看实际情况是否与设计文件相符	
4）风缆及地锚设置应符合设计要求，并应满足吊装段挂扣稳定要求	风缆及地锚设置不符合设计要求，扣 10 分；不能满足吊装段挂扣稳定要求，扣 5 分	查设计文件及计算书，现场查看实际情况是否与设计相符	
5）固定风缆应在桥跨合拢后、横向连接构件达到设计要求后方可拆除	提前拆除固定风缆，扣 10 分	查方案中风缆的拆除时间，查现场实际施工情况	
6）在河流中设置拱肋稳定缆风索时，应采取可靠防护措施或减振措施	在河流中设置拱肋稳定缆风索时，无可靠防护措施或减振措施，扣 5 分	现场查看水中锚碇是否有可靠的防碰撞、防冲刷和缆索抗振措施	

7.7.9　跑车及吊点

缆索起重机跑车及吊点构造如图 7.7.9 所示，跑车及吊点安全检查可按表 7.7.9 执行

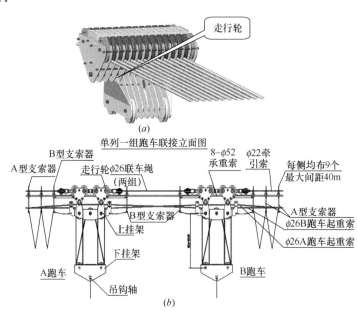

图 7.7.9　跑车及吊点

（a）走形轮与主缆结合示意；（b）跑车及吊点构造示意

缆索起重机跑车及吊点安全检查表格　　　　　表 7.7.9

检查项目	跑车及吊点	本检查子项应得分数	10 分
本检查子项所执行的标准、文件与条款号	《缆索起重机》GB/T 28756 - 2012 第 5.5.4.1、5.5.4.3、5.5.4.5、 5.5.7.1、 5.5.7.2、 5.9.1、 5.9.2.1.1、 5.9.2.2.1、5.9.2.2.2 条		
检查评定内容	扣分标准	检查方法	
1）跑车走行轮槽与主索钢丝绳应吻合，走行轮轮径应符合主索钢丝绳受力及耐久性要求	跑车走行轮槽与主索钢丝绳不吻合或走行轮轮径不符合主索钢丝绳受力及耐久性要求，扣 10 分	查车轮绳槽半径是否为承载索直径的（0.55～0.6）倍，对照设计文件，查走行轮轮径是否满足承重索受力和耐久性要求	
2）吊点上下挂架及滑车组连接应牢固稳妥	吊点上下挂架及滑车组连接不牢固稳妥，扣 10 分	查设计文件及计算书，查上下挂架是否按设计文件进行制作和连接	
3）缆索起重机应安装起重量限制器，并应灵敏可靠	未安装起重量限制器或不灵敏，扣 10 分	查缆索起重机是否安装起重量限制器，是否灵敏可靠	

续表

检查评定内容	扣分标准	检查方法
4）缆索起重机应安装垂直起吊和水平运输运行行程限位器，并应灵敏可靠	未安装垂直起吊和水平运输运行行程限位器或不灵敏，扣 10 分	查缆索起重机是否安装垂直起吊和水平运输运行行程限位器，是否灵敏可靠
5）吊钩的规格、型号应符合设计要求，防脱钩装置应完好、有效	吊钩的规格、型号不符合设计要求，扣 10 分；吊钩无防脱钩装置或防脱装置无效，扣 10 分	查吊钩的规格、型号是否符合设计要求，防脱钩装置是否完好、有效

7.7.10　安装、拆卸与验收

缆索起重机安装、拆卸与验收安全检查可按表 7.7.10 执行。

缆索起重机安装、拆卸与验收安全检查表格　　　表 7.7.10

检查项目	安装、拆卸与验收	本检查子项应得分数	10 分
本检查子项所执行的标准、文件与条款号	《水电水利工程缆索起重机安全操作规程》DL/T 5266－2011 第 4.0.1、4.0.2、4.0.3、4.0.4 条		

检查评定内容	扣分标准	检查方法
1）缆索起重机应有特种设备制造许可证、产品合格证、备案证明和使用说明书	缆索起重机无制造许可证、产品合格证、备案证明和使用说明书，扣 10 分	查缆机特种设备制造许可证、产品合格证、备案证明和使用说明书
2）从事缆索起重机安装、改造、拆卸、维修的单位应取得起重设备安装工程专业承包资质和安全生产许可证	从事缆索起重机安装、改造、拆卸、维修的单位无专业承包资质和安全生产许可证，扣 10 分	查从事缆索起重机安装、改造、拆卸、维修单位起重设备安装工程专业承包资质和安全生产许可证
3）安装、拆卸作业人员应取得特种作业操作证	安装、拆卸特种作业人员无相应特种作业操作证，扣 5 分	查安装、拆卸作业人员特种作业操作证
4）缆索起重机索塔高度、主跨和边跨长度、主索初始垂度、主索初始安装张力、跨中最大载重下的垂跨比、初始塔偏应符合设计要求	塔架高度、主跨和边跨长度、主索初始垂度、主索初始安装张力、跨中最大载重下的垂跨比、初始塔偏不符合设计要求，每项扣 5 分	根据现场测量记录，查现场实际情况与设计文件是否相符
5）构件螺栓连接时严禁对螺栓孔进行切割扩孔	构件螺栓连接时对螺栓孔进行切割扩孔，扣 5 分	查构件连接时是否对螺栓孔进行切割扩孔
6）钢结构焊缝应饱满，焊药应清除干净，不得有未焊透、夹砂、咬肉、裂纹等缺陷	焊接各部位焊缝有显著焊接缺陷，每处扣 3 分	查钢结构焊缝是否饱满，焊药是否清除干净，是否有未焊透、夹砂、咬肉、裂纹等缺陷

检查评定内容	扣分标准	检查方法
7）各部位螺栓连接或销接处应连接紧密，螺栓应上足拧紧，销轴端头应安装保险销	螺栓连接或销接不紧固或销轴头无保险销，每处扣3分	查各部位螺栓连接或销接处是否连接紧密，螺栓是否上足拧紧，销轴端头是否安装保险销
8）锚碇、塔架施工完成后应进行专项验收	锚碇、塔架施工完成后未进行专项验收，扣5分	查锚碇、塔架施工完成后是否进行专项验收，是否有验收记录和影像资料
9）缆索起重机安装完成后应履行验收程序，填写安装验收表，并经责任人签字，验收应办理使用登记	安装完成后未履行验收程序，扣10分；未经责任人签字确认，扣5分；验收后未办理使用登记，扣5分	缆索起重机安装完成后是否履行验收程序，是否填写安装验收表，并经责任人签字，是否在验收后办理使用登记
10）塔架拆除应维持塔架为稳定框架结构，并应及时调整缆风绳高度	塔架拆除不能维持架体稳定或未及时调整缆风绳高度，扣10分	查拆除方案，查现场是否按方案执行

7.7.11 动力与传动机构

缆索起重机动力与传动机构安全检查可按表 7.7.11 执行。

缆索起重机动力与传动机构安全检查表格　　表 7.7.11

检查项目	动力与传动机构	本检查子项应得分数	10 分
本检查子项所执行的标准、文件与条款号	《缆索起重机》GB/T 28756 - 2012 第 5.5.2.6、5.5.4.3、5.9.4.1 条		

检查评定内容	扣分标准	检查方法
1）卷扬机底座应平稳，地锚应牢固可靠	卷扬机底座不平稳，扣5分；地锚不牢固，扣5分	查卷扬机底座是否平稳，地龙锚固是否牢固可靠
2）吊钩、滑轮、卷筒应设置钢丝绳防脱装置并应完好可靠	吊钩、滑轮、卷筒未设置钢丝绳防脱装置或装置失效，扣5分	查吊钩、滑轮、卷筒是否设置钢丝绳防脱装置并应完好可靠
3）滑轮轮径、绳槽半径应与钢丝绳绳径相匹配	滑轮轮径或绳槽半径与钢丝绳绳径相不匹配，扣5分	查设计文件和现场实际情况，滑轮轮径、绳槽半径是否与钢丝绳绳径相匹配
4）缆索钢丝绳的规格、型号、穿绕应符合产品说明书要求，端部固接方式应符合国家现行相关标准要求	缆索钢丝绳的规格、型号不符合产品说明书要求，扣10分；端部固接方式不符合国家现行相关标准要求，扣5分	查缆索钢丝绳的规格、型号、穿绕是否符合产品说明书要求，端部固接方式是否符合国家现行相关标准要求
5）卷筒上钢丝绳尾端应设置安全可靠的固定装置，并应有防松或自紧性能	卷筒上钢丝绳尾端未设置安全可靠的固定装置，扣10分	查卷筒上钢丝绳尾端是否设置安全可靠的固定装置，是否有防松或自紧性能

续表

检查评定内容	扣分标准	检查方法
6）钢丝绳全部放出时，卷筒上钢丝绳不应少于 3 圈	钢丝绳全部放出时，卷筒上钢丝绳少于 3 圈，扣 10 分	现场查看钢丝绳全部放出时，卷筒上钢丝绳是否少于 3 圈
7）索具安全系数和端部固接方式应符合相关标准要求	索具安全系数不符合国家现行相关标准规定，扣 10 分；索具端部固接方式不符合国家现行相关标准要求，扣 5 分	查设计文件，查端部固接是否满足相关规范要求（当采用编结固定时，编结长度不应小于 20 倍绳径，且不应小于 300mm；当采用绳夹固定时，绳夹规格应与绳径匹配，数量不应少于 3 个，间距不应小于绳径的 6 倍，绳夹夹座应安放在长绳一侧，不得正反交错设置）

7.7.12　吊装与监测

缆索起重机吊装与监测安全检查可按表 7.7.12 执行。

缆索起重机吊装与监测安全检查表格　　　　表 7.7.12

检查项目	吊装与监测	本检查子项应得分数	10 分
本检查子项所执行的标准、文件与条款号	《缆索起重机》GB/T 28756 - 2012 第 6.4.1～6.4.5、6.5.1～6.5.4、6.6.1～6.6.3、6.7.1～6.7.5 条		

检查评定内容	扣分标准	检查方法
1）缆索起重机安装完成后，正式吊装前应按设计荷载进行静、动载试吊，检验合格后方可用于正式吊装	缆索起重机正式吊装前未按设计荷载进行静、动载试吊，扣 10 分	检查是否按规定进行试吊并留有试吊相关资料
2）试吊过程中应检查各部位工作性能，并形成完整的检查记录	试吊过程中未检查各部位工作性能，扣 10 分；无检查记录，扣 5 分	检查是否有完整的试吊检查记录
3）试吊过程中应观测承重主索跨中垂度、塔架顶偏位、锚碇位移，测试主索索力，并形成完整的观测记录	试吊过程中未对塔架顶偏位、锚碇位移、主索索力进行观测，扣 10 分；无观测记录，扣 5 分	检查是否有完整的观测记录
4）试吊工作结束后，应形成试吊报告，并应交缆索起重机设计单位核算是否符合设计要求	试吊结束后未经缆索起重机设计单位核算，扣 10 分；未形成试吊报告，扣 5 分	检查是否有试吊报告，是否交缆索起重机设计单位核算是否符合设计要求
5）起重司机、信号司索工应取得特种作业操作证	起重司机、信号司索工无相应特种作业操作证，扣 5 分	检查起重司机、信号司索工是否有特种作业操作证

续表

检查评定内容	扣分标准	检查方法
6）缆索起重机使用过程中应对缆索起重机各部位进行监测，并应形成监测记录	缆索起重机使用过程中未对缆索起重机各部位进行监测，扣10分；无监测记录，扣5分	检查缆索起重机使用过程中是否有监测记录
7）吊装过程中主塔和扣塔塔顶最大偏位不得超过设计允许值	吊装施工中主塔和扣塔塔顶最大偏位超过设计允许值，扣10分	检查吊装过程中主塔和扣塔塔顶最大偏位是否超过设计允许值
8）缆索起重机使用期间应进行交接班检查、日常检查和周期检查	缆索起重机使用期间未进行交接班检查、日常检查和周期检查，扣5分	检查缆索起重机使用期间是否进行交接班检查、日常检查和周期检查；并查看相应的检查记录
9）除正常检修和维护保养外，严禁使用缆索起重机载运人员	除正常检修和维护保养外，使用缆索起重机载运人员，扣10分	现场查看
10）超过一定规模的缆索起重机应配备集中监控系统	超过一定规模的缆索起重机未配备集中监控系统，扣5分	现场查看

7.7.13 安全防护

缆索起重机安全防护安全检查可按表7.7.13执行。

缆索起重机安全防护安全检查表格　　表7.7.13

检查项目	安全防护	本检查子项应得分数	10分
本检查子项所执行的标准、文件与条款号	《建筑施工高处作业安全技术规范》JGJ 80-2016第4章"临边与洞口作业"、第6章"操作平台"、第7章"交叉作业"的具体规定		

检查评定内容	扣分标准	检查方法
1）滑轮和索道系统上冰雪应采取措施及时碾除	滑轮和索道系统上冰雪未及时碾除，扣5分	检查滑轮和索道系统上冰雪是否及时铲除
2）人员上下操作或检查应设置专用通道	人员上下操作或检查未设置专用通道，扣10分；通道设置不符合国家现行相关标准要求，扣3分～5分	检查人员上下操作或检查是否设置专用通道，通道是否满足安全性要求
3）缆索起重机塔顶或其他操作部位应设置稳固的操作平台	缆索起重机塔顶或其他操作部位未设置操作平台，扣10分	检查缆索起重机塔顶或其他操作部位是否设置稳固的操作平台

续表

检查评定内容	扣分标准	检查方法
4）操作平台面应按临边作业要求设置防护栏杆、挡脚板，平台面应满铺脚手板，并牢固固定	操作平台周边未按临边作业要求设置防护栏杆，扣 10 分；栏杆底部未设置挡脚板，扣 3 分；操作平台面未牢固满铺脚手板，扣 5 分	检查操作平台面是否按临边作业要求设置防护栏杆、挡脚板，平台面是否满铺脚手板，并牢固固定
5）跨（临）铁路、道路、航道的缆索起重机下部应设置可靠的防护棚	跨（临）铁路、道路、航道的缆索起重机下部未设置可靠的防护棚，扣 5 分	检查跨（临）铁路、道路、航道的缆索起重机下部是否设置可靠的防护棚

附录 A 危险性较大的分部分项
工程安全管理规定

中华人民共和国住房和城乡建设部令 ［2018］ 第 37 号

《危险性较大的分部分项工程安全管理规定》已经 2018 年 2 月 12 日第 37 次
部常务会议审议通过，现予发布，自 2018 年 6 月 1 日起施行。

住房城乡建设部部长　王蒙徽
2018 年 3 月 8 日

危险性较大的分部分项工程安全管理规定

第一章　总　　则

第一条　为加强对房屋建筑和市政基础设施工程中危险性较大的分部分项
工程安全管理，有效防范生产安全事故，依据《中华人民共和国建筑法》《中
华人民共和国安全生产法》《建设工程安全生产管理条例》等法律法规，制定
本规定。

第二条　本规定适用于房屋建筑和市政基础设施工程中危险性较大的分部分
项工程安全管理。

第三条　本规定所称危险性较大的分部分项工程（以下简称"危大工程"），
是指房屋建筑和市政基础设施工程在施工过程中，容易导致人员群死群伤或者造
成重大经济损失的分部分项工程。

危大工程及超过一定规模的危大工程范围由国务院住房城乡建设主管部门
制定。

省级住房城乡建设主管部门可以结合本地区实际情况，补充本地区危大工程
范围。

第四条　国务院住房城乡建设主管部门负责全国危大工程安全管理的指导
监督。

县级以上地方人民政府住房城乡建设主管部门负责本行政区域内危大工程的
安全监督管理。

第二章　前　期　保　障

第五条　建设单位应当依法提供真实、准确、完整的工程地质、水文地质和工程周边环境等资料。

第六条　勘察单位应当根据工程实际及工程周边环境资料，在勘察文件中说明地质条件可能造成的工程风险。

设计单位应当在设计文件中注明涉及危大工程的重点部位和环节，提出保障工程周边环境安全和工程施工安全的意见，必要时进行专项设计。

第七条　建设单位应当组织勘察、设计等单位在施工招标文件中列出危大工程清单，要求施工单位在投标时补充完善危大工程清单并明确相应的安全管理措施。

第八条　建设单位应当按照施工合同约定及时支付危大工程施工技术措施费以及相应的安全防护文明施工措施费，保障危大工程施工安全。

第九条　建设单位在申请办理安全监督手续时，应当提交危大工程清单及其安全管理措施等资料。

第三章　专　项　施　工　方　案

第十条　施工单位应当在危大工程施工前组织工程技术人员编制专项施工方案。

实行施工总承包的，专项施工方案应当由施工总承包单位组织编制。危大工程实行分包的，专项施工方案可以由相关专业分包单位组织编制。

第十一条　专项施工方案应当由施工单位技术负责人审核签字、加盖单位公章，并由总监理工程师审查签字、加盖执业印章后方可实施。

危大工程实行分包并由分包单位编制专项施工方案的，专项施工方案应当由总承包单位技术负责人及分包单位技术负责人共同审核签字并加盖单位公章。

第十二条　对于超过一定规模的危大工程，施工单位应当组织召开专家论证会对专项施工方案进行论证。实行施工总承包的，由施工总承包单位组织召开专家论证会。专家论证前专项施工方案应当通过施工单位审核和总监理工程师审查。

专家应当从地方人民政府住房城乡建设主管部门建立的专家库中选取，符合专业要求且人数不得少于5名。与本工程有利害关系的人员不得以专家身份参加专家论证会。

第十三条　专家论证会后，应当形成论证报告，对专项施工方案提出通过、修改后通过或者不通过的一致意见。专家对论证报告负责并签字确认。

专项施工方案经论证需修改后通过的，施工单位应当根据论证报告修改完善后，重新履行本规定第十一条的程序。

专项施工方案经论证不通过的，施工单位修改后应当按照本规定的要求重新组织专家论证。

第四章 现 场 安 全 管 理

第十四条 施工单位应当在施工现场显著位置公告危大工程名称、施工时间和具体责任人员，并在危险区域设置安全警示标志。

第十五条 专项施工方案实施前，编制人员或者项目技术负责人应当向施工现场管理人员进行方案交底。

施工现场管理人员应当向作业人员进行安全技术交底，并由双方和项目专职安全生产管理人员共同签字确认。

第十六条 施工单位应当严格按照专项施工方案组织施工，不得擅自修改专项施工方案。

因规划调整、设计变更等原因确需调整的，修改后的专项施工方案应当按照本规定重新审核和论证。涉及资金或者工期调整的，建设单位应当按照约定予以调整。

第十七条 施工单位应当对危大工程施工作业人员进行登记，项目负责人应当在施工现场履职。

项目专职安全生产管理人员应当对专项施工方案实施情况进行现场监督，对未按照专项施工方案施工的，应当要求立即整改，并及时报告项目负责人，项目负责人应当及时组织限期整改。

施工单位应当按照规定对危大工程进行施工监测和安全巡视，发现危及人身安全的紧急情况，应当立即组织作业人员撤离危险区域。

第十八条 监理单位应当结合危大工程专项施工方案编制监理实施细则，并对危大工程施工实施专项巡视检查。

第十九条 监理单位发现施工单位未按照专项施工方案施工的，应当要求其进行整改；情节严重的，应当要求其暂停施工，并及时报告建设单位。施工单位拒不整改或者不停止施工的，监理单位应当及时报告建设单位和工程所在地住房城乡建设主管部门。

第二十条 对于按照规定需要进行第三方监测的危大工程，建设单位应当委托具有相应勘察资质的单位进行监测。

监测单位应当编制监测方案。监测方案由监测单位技术负责人审核签字并加盖单位公章，报送监理单位后方可实施。

监测单位应当按照监测方案开展监测，及时向建设单位报送监测成果，并对监测成果负责；发现异常时，及时向建设、设计、施工、监理单位报告，建设单位应当立即组织相关单位采取处置措施。

第二十一条　对于按照规定需要验收的危大工程，施工单位、监理单位应当组织相关人员进行验收。验收合格的，经施工单位项目技术负责人及总监理工程师签字确认后，方可进入下一道工序。

危大工程验收合格后，施工单位应当在施工现场明显位置设置验收标识牌，公示验收时间及责任人员。

第二十二条　危大工程发生险情或者事故时，施工单位应当立即采取应急处置措施，并报告工程所在地住房城乡建设主管部门。建设、勘察、设计、监理等单位应当配合施工单位开展应急抢险工作。

第二十三条　危大工程应急抢险结束后，建设单位应当组织勘察、设计、施工、监理等单位制定工程恢复方案，并对应急抢险工作进行后评估。

第二十四条　施工、监理单位应当建立危大工程安全管理档案。

施工单位应当将专项施工方案及审核、专家论证、交底、现场检查、验收及整改等相关资料纳入档案管理。

监理单位应当将监理实施细则、专项施工方案审查、专项巡视检查、验收及整改等相关资料纳入档案管理。

第五章　监　督　管　理

第二十五条　设区的市级以上地方人民政府住房城乡建设主管部门应当建立专家库，制定专家库管理制度，建立专家诚信档案，并向社会公布，接受社会监督。

第二十六条　县级以上地方人民政府住房城乡建设主管部门或者所属施工安全监督机构，应当根据监督工作计划对危大工程进行抽查。

县级以上地方人民政府住房城乡建设主管部门或者所属施工安全监督机构，可以通过政府购买技术服务方式，聘请具有专业技术能力的单位和人员对危大工程进行检查，所需费用向本级财政申请予以保障。

第二十七条　县级以上地方人民政府住房城乡建设主管部门或者所属施工安全监督机构，在监督抽查中发现危大工程存在安全隐患的，应当责令施工单位整改；重大安全事故隐患排除前或者排除过程中无法保证安全的，责令从危险区域内撤出作业人员或者暂时停止施工；对依法应当给予行政处罚的行为，应当依法作出行政处罚决定。

第二十八条　县级以上地方人民政府住房城乡建设主管部门应当将单位和个人的处罚信息纳入建筑施工安全生产不良信用记录。

第六章 法 律 责 任

第二十九条 建设单位有下列行为之一的，责令限期改正，并处1万元以上3万元以下的罚款；对直接负责的主管人员和其他直接责任人员处1000元以上5000元以下的罚款：

（一）未按照本规定提供工程周边环境等资料的；

（二）未按照本规定在招标文件中列出危大工程清单的；

（三）未按照施工合同约定及时支付危大工程施工技术措施费或者相应的安全防护文明施工措施费的；

（四）未按照本规定委托具有相应勘察资质的单位进行第三方监测的；

（五）未对第三方监测单位报告的异常情况组织采取处置措施的。

第三十条 勘察单位未在勘察文件中说明地质条件可能造成的工程风险的，责令限期改正，依照《建设工程安全生产管理条例》对单位进行处罚；对直接负责的主管人员和其他直接责任人员处1000元以上5000元以下的罚款。

第三十一条 设计单位未在设计文件中注明涉及危大工程的重点部位和环节，未提出保障工程周边环境安全和工程施工安全的意见的，责令限期改正，并处1万元以上3万元以下的罚款；对直接负责的主管人员和其他直接责任人员处1000元以上5000元以下的罚款。

第三十二条 施工单位未按照本规定编制并审核危大工程专项施工方案的，依照《建设工程安全生产管理条例》对单位进行处罚，并暂扣安全生产许可证30日；对直接负责的主管人员和其他直接责任人员处1000元以上5000元以下的罚款。

第三十三条 施工单位有下列行为之一的，依照《中华人民共和国安全生产法》《建设工程安全生产管理条例》对单位和相关责任人员进行处罚：

（一）未向施工现场管理人员和作业人员进行方案交底和安全技术交底的；

（二）未在施工现场显著位置公告危大工程，并在危险区域设置安全警示标志的；

（三）项目专职安全生产管理人员未对专项施工方案实施情况进行现场监督的。

第三十四条 施工单位有下列行为之一的，责令限期改正，处1万元以上3万元以下的罚款，并暂扣安全生产许可证30日；对直接负责的主管人员和其他直接责任人员处1000元以上5000元以下的罚款：

（一）未对超过一定规模的危大工程专项施工方案进行专家论证的；

（二）未根据专家论证报告对超过一定规模的危大工程专项施工方案进行修改，或者未按照本规定重新组织专家论证的；

（三）未严格按照专项施工方案组织施工，或者擅自修改专项施工方案的。

第三十五条　施工单位有下列行为之一的，责令限期改正，并处 1 万元以上 3 万元以下的罚款；对直接负责的主管人员和其他直接责任人员处 1000 元以上 5000 元以下的罚款：

（一）项目负责人未按照本规定现场履职或者组织限期整改的；

（二）施工单位未按照本规定进行施工监测和安全巡视的；

（三）未按照本规定组织危大工程验收的；

（四）发生险情或者事故时，未采取应急处置措施的；

（五）未按照本规定建立危大工程安全管理档案的。

第三十六条　监理单位有下列行为之一的，依照《中华人民共和国安全生产法》《建设工程安全生产管理条例》对单位进行处罚；对直接负责的主管人员和其他直接责任人员处 1000 元以上 5000 元以下的罚款：

（一）总监理工程师未按照本规定审查危大工程专项施工方案的；

（二）发现施工单位未按照专项施工方案实施，未要求其整改或者停工的；

（三）施工单位拒不整改或者不停止施工时，未向建设单位和工程所在地住房城乡建设主管部门报告的。

第三十七条　监理单位有下列行为之一的，责令限期改正，并处 1 万元以上 3 万元以下的罚款；对直接负责的主管人员和其他直接责任人员处 1000 元以上 5000 元以下的罚款：

（一）未按照本规定编制监理实施细则的；

（二）未对危大工程施工实施专项巡视检查的；

（三）未按照本规定参与组织危大工程验收的；

（四）未按照本规定建立危大工程安全管理档案的。

第三十八条　监测单位有下列行为之一的，责令限期改正，并处 1 万元以上 3 万元以下的罚款；对直接负责的主管人员和其他直接责任人员处 1000 元以上 5000 元以下的罚款：

（一）未取得相应勘察资质从事第三方监测的；

（二）未按照本规定编制监测方案的；

（三）未按照监测方案开展监测的；

（四）发现异常未及时报告的。

第三十九条　县级以上地方人民政府住房城乡建设主管部门或者所属施工安全监督机构的工作人员，未依法履行危大工程安全监督管理职责的，依照有关规定给予处分。

第七章　附　则

第四十条　本规定自 2018 年 6 月 1 日起施行。

附录 B　住房城乡建设部办公厅关于实施《危险性较大的分部分项工程安全管理规定》有关问题的通知

建办质〔2018〕31 号

各省、自治区住房城乡建设厅，北京市住房城乡建设委、天津市城乡建设委、上海市住房城乡建设管委、重庆市城乡建设委，新疆生产建设兵团住房城乡建设局：

为贯彻实施《危险性较大的分部分项工程安全管理规定》（住房城乡建设部令第 37 号），进一步加强和规范房屋建筑和市政基础设施工程中危险性较大的分部分项工程（以下简称危大工程）安全管理，现将有关问题通知如下：

一、关于危大工程范围

危大工程范围详见附件 1。超过一定规模的危大工程范围详见附件 2。

二、关于专项施工方案内容

危大工程专项施工方案的主要内容应当包括：

（一）工程概况：危大工程概况和特点、施工平面布置、施工要求和技术保证条件；

（二）编制依据：相关法律、法规、规范性文件、标准、规范及施工图设计文件、施工组织设计等；

（三）施工计划：包括施工进度计划、材料与设备计划；

（四）施工工艺技术：技术参数、工艺流程、施工方法、操作要求、检查要求等；

（五）施工安全保证措施：组织保障措施、技术措施、监测监控措施等；

（六）施工管理及作业人员配备和分工：施工管理人员、专职安全生产管理人员、特种作业人员、其他作业人员等；

（七）验收要求：验收标准、验收程序、验收内容、验收人员等；

（八）应急处置措施；

（九）计算书及相关施工图纸。

三、关于专家论证会参会人员

超过一定规模的危大工程专项施工方案专家论证会的参会人员应当包括：

（一）专家；

（二）建设单位项目负责人；

（三）有关勘察、设计单位项目技术负责人及相关人员；

（四）总承包单位和分包单位技术负责人或授权委派的专业技术人员、项目负责人、项目技术负责人、专项施工方案编制人员、项目专职安全生产管理人员及相关人员；

（五）监理单位项目总监理工程师及专业监理工程师。

四、关于专家论证内容

对于超过一定规模的危大工程专项施工方案，专家论证的主要内容应当包括：

（一）专项施工方案内容是否完整、可行；

（二）专项施工方案计算书和验算依据、施工图是否符合有关标准规范；

（三）专项施工方案是否满足现场实际情况，并能够确保施工安全。

五、关于专项施工方案修改

超过一定规模的危大工程专项施工方案经专家论证后结论为"通过"的，施工单位可参考专家意见自行修改完善；结论为"修改后通过"的，专家意见要明确具体修改内容，施工单位应当按照专家意见进行修改，并履行有关审核和审查手续后方可实施，修改情况应及时告知专家。

六、关于监测方案内容

进行第三方监测的危大工程监测方案的主要内容应当包括工程概况、监测依据、监测内容、监测方法、人员及设备、测点布置与保护、监测频次、预警标准及监测成果报送等。

七、关于验收人员

危大工程验收人员应当包括：

（一）总承包单位和分包单位技术负责人或授权委派的专业技术人员、项目负责人、项目技术负责人、专项施工方案编制人员、项目专职安全生产管理人员及相关人员；

（二）监理单位项目总监理工程师及专业监理工程师；

（三）有关勘察、设计和监测单位项目技术负责人。

八、关于专家条件

设区的市级以上地方人民政府住房城乡建设主管部门建立的专家库专家应当具备以下基本条件：

（一）诚实守信、作风正派、学术严谨；

（二）从事相关专业工作 15 年以上或具有丰富的专业经验；

（三）具有高级专业技术职称。

九、关于专家库管理

　　设区的市级以上地方人民政府住房城乡建设主管部门应当加强对专家库专家的管理，定期向社会公布专家业绩，对于专家不认真履行论证职责、工作失职等行为，记入不良信用记录，情节严重的，取消专家资格。

　　《关于印发〈危险性较大的分部分项工程安全管理办法〉的通知》（建质〔2009〕87号）自2018年6月1日起废止。

　　附件：1. 危险性较大的分部分项工程范围
　　　　　2. 超过一定规模的危险性较大的分部分项工程范围

中华人民共和国住房和城乡建设部办公厅

2018年5月17日

附件 1

危险性较大的分部分项工程范围

一、基坑工程

（一）开挖深度超过 3m（含 3m）的基坑（槽）的土方开挖、支护、降水工程。

（二）开挖深度虽未超过 3m，但地质条件、周围环境和地下管线复杂，或影响毗邻建、构筑物安全的基坑（槽）的土方开挖、支护、降水工程。

二、模板工程及支撑体系

（一）各类工具式模板工程：包括滑模、爬模、飞模、隧道模等工程。

（二）混凝土模板支撑工程：搭设高度 5m 及以上，或搭设跨度 10m 及以上，或施工总荷载（荷载效应基本组合的设计值，以下简称设计值）10kN/m² 及以上，或集中线荷载（设计值）15kN/m 及以上，或高度大于支撑水平投影宽度且相对独立无联系构件的混凝土模板支撑工程。

（三）承重支撑体系：用于钢结构安装等满堂支撑体系。

三、起重吊装及起重机械安装拆卸工程

（一）采用非常规起重设备、方法，且单件起吊重量在 10kN 及以上的起重吊装工程。

（二）采用起重机械进行安装的工程。

（三）起重机械安装和拆卸工程。

四、脚手架工程

（一）搭设高度 24m 及以上的落地式钢管脚手架工程（包括采光井、电梯井脚手架）。

（二）附着式升降脚手架工程。

（三）悬挑式脚手架工程。

（四）高处作业吊篮。

（五）卸料平台、操作平台工程。

（六）异型脚手架工程。

五、拆除工程

可能影响行人、交通、电力设施、通信设施或其他建、构筑物安全的拆除工程。

六、暗挖工程

采用矿山法、盾构法、顶管法施工的隧道、洞室工程。

七、其他

（一）建筑幕墙安装工程。

（二）钢结构、网架和索膜结构安装工程。

（三）人工挖孔桩工程。

（四）水下作业工程。

（五）装配式建筑混凝土预制构件安装工程。

（六）采用新技术、新工艺、新材料、新设备可能影响工程施工安全，尚无国家、行业及地方技术标准的分部分项工程。

附件 2

超过一定规模的危险性较大的分部分项工程范围

一、深基坑工程

开挖深度超过 5m（含 5m）的基坑（槽）的土方开挖、支护、降水工程。

二、模板工程及支撑体系

（一）各类工具式模板工程：包括滑模、爬模、飞模、隧道模等工程。

（二）混凝土模板支撑工程：搭设高度 8m 及以上，或搭设跨度 18m 及以上，或施工总荷载（设计值）15kN/m² 及以上，或集中线荷载（设计值）20kN/m 及以上。

（三）承重支撑体系：用于钢结构安装等满堂支撑体系，承受单点集中荷载 7kN 及以上。

三、起重吊装及起重机械安装拆卸工程

（一）采用非常规起重设备、方法，且单件起吊重量在 100kN 及以上的起重吊装工程。

（二）起重量 300kN 及以上，或搭设总高度 200m 及以上，或搭设基础标高在 200m 及以上的起重机械安装和拆卸工程。

四、脚手架工程

（一）搭设高度 50m 及以上的落地式钢管脚手架工程。

（二）提升高度在 150m 及以上的附着式升降脚手架工程或附着式升降操作平台工程。

（三）分段架体搭设高度 20m 及以上的悬挑式脚手架工程。

五、拆除工程

（一）码头、桥梁、高架、烟囱、水塔或拆除中容易引起有毒有害气（液）体或粉尘扩散、易燃易爆事故发生的特殊建、构筑物的拆除工程。

（二）文物保护建筑、优秀历史建筑或历史文化风貌区影响范围内的拆除工程。

六、暗挖工程

采用矿山法、盾构法、顶管法施工的隧道、洞室工程。

七、其他

（一）施工高度 50m 及以上的建筑幕墙安装工程。

（二）跨度 36m 及以上的钢结构安装工程，或跨度 60m 及以上的网架和索膜结构安装工程。

（三）开挖深度 16m 及以上的人工挖孔桩工程。

（四）水下作业工程。

（五）重量 1000kN 及以上的大型结构整体顶升、平移、转体等施工工艺。

（六）采用新技术、新工艺、新材料、新设备可能影响工程施工安全，尚无国家、行业及地方技术标准的分部分项工程。

附录C 危险性较大的分部分项工程安全管理新旧文件对比

危险性较大的分部分项工程安全管理新旧文件主要调整内容对比 表C-1

项 目	《危险性较大的分部分项工程安全管理办法》	《危险性较大的分部分项工程安全管理规定》	内容变化
文号	建质〔2009〕87号	住建部令第37号	以前的文件是住建部部门文号，新的文件是住建部令的形式
制定目的	第一条 为加强对危险性较大的分部分项工程安全管理，明确安全专项施工方案编制内容，规范专家论证程序，确保安全专项施工方案实施，积极防范和遏制建筑施工生产安全事故的发生，依据《建设工程安全生产管理条例》及相关安全生产法律法规制定本办法	第一条 为加强对房屋建筑和市政基础设施工程中危险性较大的分部分项工程安全管理，有效防范生产安全事故，依据《中华人民共和国建筑法》《中华人民共和国安全生产法》《建设工程安全生产管理条例》等法律法规，制定本规定	以前的文件中有"规范专家论证程序"和"明确安全专项施工方案编制内容"，新的文件淡化了这一管理要求
适用范围	第二条 本办法适用于房屋建筑和市政基础设施工程（以下简称"建筑工程"）的新建、改建、扩建、装修和拆除等建筑安全生产活动及安全管理	第二条 本规定适用于房屋建筑和市政基础设施工程中危险性较大的分部分项工程安全管理	以前的文件规定使用范围为"新建、改建、扩建、装修和拆除等建筑安全生产活动及安全管理"，新的文件简化为"危险性较大的分部分项工程安全管理"，适用范围和管理对象更明确

续表

项　目	《危险性较大的分部分项工程安全管理办法》	《危险性较大的分部分项工程安全管理规定》	内容变化
危大工程定义与范围	第三条　本办法所称危险性较大的分部分项工程是指建筑工程在施工过程中存在的、可能导致作业人员群死群伤或造成重大不良社会影响的分部分项工程。危险性较大的分部分项工程范围见附件一。 第五条　施工单位应当在危险性较大的分部分项工程施工前编制专项方案；对于超过一定规模的危险性较大的分部分项工程，施工单位应当组织专家对专项方案进行论证。超过一定规模的危险性较大的分部分项工程范围见附件二	第三条　本规定所称危险性较大的分部分项工程（以下简称"危大工程"），是指房屋建筑和市政基础设施工程在施工过程中，容易导致人员群死群伤或者造成重大经济损失的分部分项工程。 危大工程及超过一定规模的危大工程范围由国务院住房城乡建设主管部门制定。 省级住房城乡建设主管部门可以结合本地区实际情况，补充本地区危大工程范围	定义中原有的"造成重大不良社会影响"，在新文件中改为"重大经济损失"，调整后更易于量化，减少了主观判断的成分。 以前的文件中明文规定了危大工程及超过一定规模的危大工程范围，新的文件通过专门的文件"建办质〔2018〕31号"进行规定；并规定"省级住房城乡建设主管部门可以结合本地区实际情况，补充本地区危大工程范围"，规定更为灵活，在规定底线的条件下，便于各地因地制宜扩充危大工程范围
归口管理	—	第四条　国务院住房城乡建设主管部门负责全国危大工程安全管理的指导监督。 县级以上地方人民政府住房城乡建设主管部门负责本行政区域内危大工程的安全监督管理	新文件明确规定了危大工程安全管理的国家和地方政府归口部门
参建单位危大工程安全管理职责	—	第六条　勘察单位应当根据工程实际及工程周边环境资料，在勘察文件中说明地质条件可能造成的工程风险。 设计单位应当在设计文件中注明涉及危大工程的重点部位和环节，提出保障工程周边环境安全和工程施工安全的意见，必要时进行专项设计。 第七条　建设单位应当组织勘察、设计等单位在施工招标文件中列出危大工程清单，要求施工单位在投标时补充完善危大工程清单并明确相应的安全管理措施	以前的文件没有涉及勘察单位和设计单位在危大工程安全管理中的职责，新的文件提及勘察单位和设计单位职责

续表

项　目	《危险性较大的分部分项工程 安全管理办法》	《危险性较大的分部分项工程 安全管理规定》	内容变化
措施费用 保障	—	第八条　建设单位应当按照施工合同约定及时支付危大工程施工技术措施费以及相应的安全防护文明施工措施费，保障危大工程施工安全	新文件对建设单位提出了危大工程措施费用保障的职责
方案论证前的审核与审查	第九条　超过一定规模的危险性较大的分部分项工程专项方案应当由施工单位组织召开专家论证会。实行施工总承包的，由施工总承包单位组织召开专家论证会	第十二条　对于超过一定规模的危大工程，施工单位应当组织召开专家论证会对专项施工方案进行论证。实行施工总承包的，由施工总承包单位组织召开专家论证会。<u>专家论证前专项施工方案应当通过施工单位审核和总监理工程师审查</u>	以前的文件没强调"专家论证前专项施工方案应当通过施工单位审核和总监理工程师审查"，新的文件明确规定专家论证前专项施工方案应当通过施工单位审核和总监理工程师审查
参建单位方案签字	第十二条　施工单位应当根据论证报告修改完善专项方案，并经施工单位技术负责人、项目总监理工程师、<u>建设单位项目负责人</u>签字后，方可组织实施。 实行施工总承包的，应当由施工总承包单位、相关专业承包单位技术负责人签字	第十一条　专项施工方案应当由施工单位技术负责人审核签字、加盖单位公章，并由总监理工程师审查签字、加盖执业印章后方可实施。 危大工程实行分包并由分包单位编制专项施工方案的，专项施工方案应当由总承包单位技术负责人及分包单位技术负责人共同审核签字并加盖单位公章	以前的文件规定建设单位项目负责人须在专项施工方案签字，新的文件无此规定
方案交底签字	第十五条　专项方案实施前，编制人员或项目技术负责人应当向现场管理人员和作业人员进行安全技术交底	第十五条　专项施工方案实施前，编制人员或者项目技术负责人应当向施工现场管理人员进行方案交底。 施工现场管理人员应当向作业人员进行安全技术交底，并<u>由双方和项目专职安全生产管理人员共同签字确认</u>	以前的文件没有强调"由双方和项目专职安全生产管理人员共同签字确认"，新的文件规定由双方和项目专职安全生产管理人员共同签字确认

项 目	《危险性较大的分部分项工程安全管理办法》	《危险性较大的分部分项工程安全管理规定》	内容变化
现场实施监督人员	第十六条 施工单位应当指定专人对专项方案实施情况进行现场监督和按规定进行监测。发现不按照专项方案施工的，应当要求其立即整改；发现有危及人身安全紧急情况的，应当立即组织作业人员撤离危险区域。 施工单位技术负责人应当定期巡查专项方案实施情况	第十七条 施工单位应当对危大工程施工作业人员进行登记，项目负责人应当在施工现场履职。 项目专职安全生产管理人员应当对专项施工方案实施情况进行现场监督，对未按照专项施工方案施工的，应当要求立即整改，并及时报告项目负责人，项目负责人应当及时组织限期整改。 施工单位应当按照规定对危大工程进行施工监测和安全巡视，发现危及人身安全的紧急情况，应当立即组织作业人员撤离危险区域	以前的文件未强调对专项施工方案实施情况进行现场监督的责任人，新的文件明确规定"项目专职安全生产管理人员应当对专项施工方案实施情况进行现场监督"
违规信息报送机制	第十九条 监理单位应当对专项方案实施情况进行现场监理；对不按专项方案实施的，应当责令整改，施工单位拒不整改的，应当及时向建设单位报告；建设单位接到监理单位报告后，应当立即责令施工单位停工整改；施工单位仍不停工整改的，建设单位应当及时向住房城乡建设主管部门报告	第十九条 监理单位发现施工单位未按照专项施工方案施工的，应当要求其进行整改；情节严重的，应当要求其暂停施工，并及时报告建设单位。施工单位拒不整改或者不停止施工的，监理单位应当及时报告建设单位和工程所在地住房城乡建设主管部门	以前的文件强调由建设单位向住房城乡建设主管部门报告，新的文件规定由监理单位报告工程所在地住房城乡建设主管部门
危大工程第三方监测	—	第二十条 对于按照规定需要进行第三方监测的危大工程，建设单位应当委托具有相应勘察资质的单位进行监测。 监测单位应当编制监测方案。监测方案由监测单位技术负责人审核签字并加盖单位公章，报送监理单位后方可实施。 监测单位应当按照监测方案开展监测，及时向建设单位报送监测成果，并对监测成果负责；发现异常时，及时向建设、设计、施工、监理单位报告，建设单位应当立即组织相关单位采取处置措施	以前的文件没有关于第三方监测管理要求，新的文件明确了第三方监测管理要求

项　目	《危险性较大的分部分项工程安全管理办法》	《危险性较大的分部分项工程安全管理规定》	内容变化
监督管理	—	第五章　监督管理 第二十六条　县级以上地方人民政府住房城乡建设主管部门或者所属施工安全监督机构，应当根据监督工作计划对危大工程进行抽查。 县级以上地方人民政府住房城乡建设主管部门或者所属施工安全监督机构，可以通过政府购买技术服务方式，聘请具有专业技术能力的单位和人员对危大工程进行检查，所需费用向本级财政申请予以保障。 第二十七条　县级以上地方人民政府住房城乡建设主管部门或者所属施工安全监督机构，在监督抽查中发现危大工程存在安全隐患的，应当责令施工单位整改；重大安全事故隐患排除前或者排除过程中无法保证安全的，责令从危险区域内撤出作业人员或者暂时停止施工；对依法应当给予行政处罚的行为，应当依法作出行政处罚决定	以前的文件没有专门的监督管理要求，新的文件增加了县级以上地方人民政府住房城乡建设主管部门或者所属施工安全监督机构监督管理职责
法律责任	—	第六章　法律责任 第二十九条　建设单位有下列行为之一的，责令限期改正，并处1万元以上3万元以下的罚款；对直接负责的主管人员和其他直接责任人员处1000元以上5000元以下的罚款 ……	以前的文件没有设置法律责任条款，新的文件增加了相应责任主体的法律责任专项章节。但所规定的相应经济处罚较之《中华人民共和国安全生产法》

危险性较大的分部分项工程范围划分与专家论证相关
规定的新旧文件主要调整内容对比　　　　　表 C-2

项目	建质〔2009〕87 号	住房城乡建设部令第 37 号、建办质〔2018〕31 号	内容变化
危大工程范围	一、基坑支护、降水工程 开挖深度超过 3m（含 3m）或虽未超过 3m 但地质条件和周边环境复杂的基坑（槽）支护、降水工程 二、土方开挖工程 开挖深度超过 3m（含 3m）的基坑（槽）的土方开挖工程	一、基坑工程 （一）开挖深度超过 3m（含 3m）的基坑（槽）的土方开挖、支护、降水工程。 （二）开挖深度虽未超过 3m，但地质条件、周围环境和地下管线复杂，或影响毗邻建、构筑物安全的基坑（槽）的土方开挖、支护、降水工程	以前的文件将地下部分分为基坑支护、降水工程和土方开挖工程，新的文件统称为基坑工程，细化了"地质条件和周边环境复杂"的表达，减少了人为主观判定标准
	三、模板工程及支撑体系 （一）各类工具式模板工程：包括大模板、滑模、爬模、飞模等工程。 （二）混凝土模板支撑工程：搭设高度 5m 及以上；搭设跨度 10m 及以上；施工总荷载 10kN/m² 及以上；集中线荷载 15kN/m 及以上；高度大于支撑水平投影宽度且相对独立无联系构件的混凝土模板支撑工程。 （三）承重支撑体系：用于钢结构安装等满堂支撑体系	二、模板工程及支撑体系 （一）各类工具式模板工程：包括滑模、爬模、飞模、隧道模等工程。 （二）混凝土模板支撑工程：搭设高度 5m 及以上，或搭设跨度 10m 及以上，或施工总荷载（荷载效应基本组合的设计值，以下简称设计值）10kN/m² 及以上，或集中线荷载（设计值）15kN/m 及以上，或高度大于支撑水平投影宽度且相对独立无联系构件的混凝土模板支撑工程。 （三）承重支撑体系：用于钢结构安装等满堂支撑体系	工具式模板工程中剔除了大模板，增加了隧道模。 在架体荷载方面，明确了荷载数值为"荷载效应基本组合的设计值"，即：荷载为所有的参与组合的荷载乘各自分项系数后求和。此规定消除了各地对"施工总荷载"、"集中线荷载"的多种理解
	四、起重吊装及安装拆卸工程 （一）采用非常规起重设备、方法，且单件起吊重量在 10kN 及以上的起重吊装工程。 （二）采用起重机械进行安装的工程。 （三）起重机械设备自身的安装、拆卸	三、起重吊装及起重机械安装拆卸工程 （一）采用非常规起重设备、方法，且单件起吊重量在 10kN 及以上的起重吊装工程。 （二）采用起重机械进行安装的工程。 （三）起重机械安装和拆卸工程	新的文件将原表达"（三）起重机械设备自身的安装、拆卸。"调整为"（三）起重机械安装和拆卸工程。"消除了表达上的缺陷

项目	建质〔2009〕87号	住房城乡建设部令第37号、建办质〔2018〕31号	内容变化
危大工程范围	五、脚手架工程 （一）搭设高度24m及以上的落地式钢管脚手架工程。 （二）附着式整体和分片提升脚手架工程。 （三）悬挑式脚手架工程。 （四）吊篮脚手架工程。 （五）自制卸料平台、移动操作平台工程。 （六）新型及异型脚手架工程	四、脚手架工程 （一）搭设高度24m及以上的落地式钢管脚手架工程（包括采光井、电梯井脚手架）。 （二）附着式升降脚手架工程。 （三）悬挑式脚手架工程。 （四）高处作业吊篮。 （五）卸料平台、操作平台工程。 （六）异型脚手架工程	针对落地式钢管脚手架工程，新的文件增加了采光井、电梯井脚两个特殊部位的脚手架。 将以前文件中的"附着式整体和分片提升脚手架"规范表达为"附着式升降脚手架"。 将以前文件中的吊篮脚手架，自制卸料平台、操作平台和新型及异形脚手架的术语表达进行了调整
	六、拆除、爆破工程 （一）建筑物、构筑物拆除工程。 （二）采用爆破拆除的工程	五、拆除工程 可能影响行人、交通、电力设施、通信设施或其他建、构筑物安全的拆除工程	新的文件删除了以前文件中的爆破工程，将以前文件中作为超规模危大工程的"可能影响行人、交通、电力设施、通信设施或其他建、构筑物安全的拆除工程"列为唯一的非超规模的危大工程
	七、其他 （一）建筑幕墙安装工程。 （二）钢结构、网架和索膜结构安装工程。 （三）人工挖扩孔桩工程。 （四）地下暗挖、顶管及水下作业工程。 （五）预应力工程。 （六）采用新技术、新工艺、新材料、新设备及尚无相关技术标准的危险性较大的分部分项工程	六、暗挖工程 <u>采用矿山法、盾构法、顶管法施工的隧道、洞室工程</u>	新的文件将暗挖工程单独列项，并且将以前文件中的顶管调整为"顶管法施工的隧道"，并归入暗挖工程范畴，明确了暗挖工程包含矿山法、盾构法、顶管法施工的隧道、洞室工程4类工程
		七、其他 （一）建筑幕墙安装工程。 （二）钢结构、网架和索膜结构安装工程。 （三）人工挖孔桩工程。 （四）水下作业工程。 （五）<u>装配式建筑混凝土预制构件安装工程。</u> （六）采用新技术、新工艺、新材料、新设备<u>可能影响工程施工安全，尚无国家、行业及地方技术标准的分部分项工程</u>	新的文件"其他"项次中剔除了预应力工程，并将以前文件中的"地下暗挖、顶管"单独列为"暗挖工程"。 "其他"项次中增加了"装配式建筑混凝土预制构件安装工程"。 将以前文件中的兜底项的表达修改为"采用新技术、新工艺、新材料、新设备可能影响工程施工安全，尚无国家、行业及地方技术标准的分部分项工程"，减小了人为判断的空间

续表

项目	建质〔2009〕87 号	住房城乡建设部令第 37 号、建办质〔2018〕31 号	内容变化
超过一定规模的危大工程范围	一、深基坑工程 （一）开挖深度超过 5m（含 5m）的基坑（槽）的土方开挖、支护、降水工程。 （二）开挖深度虽未超过 5m，但地质条件、周围环境和地下管线复杂，或影响毗邻建筑（构筑）物安全的基坑（槽）的土方开挖、支护、降水工程	一、深基坑工程 开挖深度超过 5m（含 5m）的基坑（槽）的土方开挖、支护、降水工程	删除了人为主观判定标准，明确规定以深度为唯一判定标准，进一步减少各地主观解读、判断的可能性
	二、模板工程及支撑体系 （一）工具式模板工程：包括滑模、爬模、飞模工程。 （二）混凝土模板支撑工程：搭设高度 8m 及以上；搭设跨度 18m 及以上，施工总荷载 15kN/m² 及以上；集中线荷载 20kN/m 及以上。 （三）承重支撑体系：用于钢结构安装等满堂支撑体系，承受单点集中荷载 700kg 以上	二、模板工程及支撑体系 （一）各类工具式模板工程：包括滑模、爬模、飞模、隧道模等工程。 （二）混凝土模板支撑工程：搭设高度 8m 及以上，或搭设跨度 18m 及以上，或施工总荷载（设计值）15kN/m² 及以上，或集中线荷载（设计值）20kN/m 及以上。 （三）承重支撑体系：用于钢结构安装等满堂支撑体系，承受单点集中荷载 7kN 及以上	新的文件在各类工具式模板工程中增加了隧道模。 新的文件在施工总荷载、集中线荷载的表达上，明确了是设计值（荷载为所有的参与组合的荷载乘各自分项系数后求和），消除了各地对"施工总荷载"、"集中线荷载"的多种理解。 将荷载单位由 kg 改为 kN，力学概念上更清晰
	三、起重吊装及安装拆卸工程 （一）采用非常规起重设备、方法，且单件起吊重量在 100kN 及以上的起重吊装工程。 （二）起重量 300kN 及以上的起重设备安装工程；高度 200m 及以上内爬起重设备的拆除工程	三、起重吊装及起重机械安装拆卸工程 （一）采用非常规起重设备、方法，且单件起吊重量在 100kN 及以上的起重吊装工程。 （二）起重量 300kN 及以上，或搭设总高度 200m 及以上，或搭设基础标高在 200m 及以上的起重机械安装和拆卸工程	新的文件安装拆卸工程的表达上，调整为"起重机械安装拆卸工程"，消除了理解的歧义。 以前的文件将超规模的超高或高位起重设备的安装和拆除工程限定为"高度 200m 及以上内爬起重设备的拆除工程"，新的文件扩充为"搭设总高度 200m 及以上，或搭设基础标高在 200m 及以上的起重机械安装和拆卸工程"，即高度为设备自身高度和基座高度的双控指标，且不仅包含拆除工程，还纳入了安装工程

项目	建质〔2009〕87号	住房城乡建设部令第37号、建办质〔2018〕31号	内容变化
超过一定规模的危大工程范围	四、脚手架工程 （一）搭设高度50m及以上落地式钢管脚手架工程。 （二）提升高度150m及以上附着式整体和分片提升脚手架工程。 （三）架体高度20m及以上悬挑式脚手架工程	四、脚手架工程 （一）搭设高度50m及以上的落地式钢管脚手架工程。 （二）提升高度在150m及以上的附着式升降脚手架工程或附着式升降操作平台工程。 （三）分段架体搭设高度20m及以上的悬挑式脚手架工程	新的文件细化、规范了"附着式升降脚手架工程或附着式升降操作平台工程"的术语表达，与现行相关标准保持一致。 新的文件明确了悬挑脚手架高度20m的指标为分段搭设高度，避免了人为理解为架体总高度超过20m（不管分段与否的问题）
	五、拆除、爆破工程 （一）采用爆破拆除的工程。 （二）码头、桥梁、高架、烟囱、水塔或拆除中容易引起有毒有害气（液）体或粉尘扩散、易燃易爆事故发生的特殊建、构筑物的拆除工程。 （三）可能影响行人、交通、电力设施、通信设施或其他建、构筑物安全的拆除工程。 （四）文物保护建筑、优秀历史建筑或历史文化风貌区控制范围的拆除工程	五、拆除工程 （一）码头、桥梁、高架、烟囱、水塔或拆除中容易引起有毒有害气（液）体或粉尘扩散、易燃易爆事故发生的特殊建、构筑物的拆除工程。 （二）文物保护建筑、优秀历史建筑或历史文化风貌区影响范围内的拆除工程	新的文件剔除了以前文件中的爆破工程，将"（三）可能影响行人、交通、电力设施、通信设施或其他建、构筑物安全的拆除工程"纳入非超规模的危大工程，精简了拆除工程的范围
	六、其他 （一）施工高度50m及以上的建筑幕墙安装工程。 （二）跨度大于36m及以上的钢结构安装工程；跨度大于60m及以上的网架和索膜结构安装工程。 （三）开挖深度超过16m的人工挖孔桩工程。 （四）地下暗挖工程、顶管工程、水下作业工程。 （五）采用新技术、新工艺、新材料、新设备及尚无相关技术标准的危险性较大的分部分项工程	六、暗挖工程 采用矿山法、盾构法、顶管法施工的隧道、洞室工程 七、其他 （一）施工高度50m及以上的建筑幕墙安装工程。 （二）跨度36m及以上的钢结构安装工程，或跨度60m及以上的网架和索膜结构安装工程。 （三）开挖深度16m及以上的人工挖孔桩工程。 （四）水下作业工程。 （五）重量1000kN及以上的大型结构整体顶升、平移、转体等施工工艺。 （六）采用新技术、新工艺、新材料、新设备可能影响工程施工安全，尚无国家、行业及地方技术标准的分部分项工程	新的文件将暗挖工程单独列项，并且将以前文件中的顶管调整为"顶管法施工的隧道"，并归入暗挖工程范畴，明确了暗挖工程包含矿山法、盾构法、顶管法施工的隧道、洞室工程4类工程 新的文件"其他"项次中增加了"（五）重量1000kN及以上的大型结构整体顶升、平移、转体等施工工艺"。 将以前文件中的兜底项的表达修改为"采用新技术、新工艺、新材料、新设备可能影响工程施工安全，尚无国家、行业及地方技术标准的分部分项工程"，减小了人为判断的空间

续表

项目	建质〔2009〕87 号	住房城乡建设部令第 37 号、 建办质〔2018〕31 号	内容变化
专项施工 方案编制	第六条　建筑工程实行施工总承包的，专项方案应当由施工总承包单位组织编制。其中，<u>起重机械安装拆卸工程、深基坑工程、附着式升降脚手架等专业工程实行分包的，其专项方案可由专业承包单位组织编制</u>	第十条　施工单位应当在危大工程施工前组织工程技术人员编制专项施工方案。 　　实行施工总承包的，专项施工方案应当由施工总承包单位组织编制。危大工程实行分包的，专项施工方案可以由相关专业分包单位组织编制	以前的文件明确规定了"起重机械安装拆卸工程、深基坑工程、附着式升降脚手架等"专项方案可由专业承包单位组织编制，新的文件统一规定实行分包的危大工程，其专项施工方案均可由相关专业分包单位组织编制
专项方案 内容	第七条　专项方案编制应当包括以下内容： 　　（一）工程概况：危险性较大的分部分项工程概况、施工平面布置、施工要求和技术保证条件。 　　（二）编制依据：相关法律、法规、规范性文件、标准、规范及<u>图纸（国标图集）</u>、施工组织设计等。 　　（三）施工计划：包括施工进度计划、材料与设备计划。 　　（四）施工工艺技术：技术参数、工艺流程、施工方法、<u>检查验收</u>等。 　　（五）施工安全保证措施：<u>组织保障</u>、技术措施、<u>应急预案</u>、监测监控等。 　　（六）<u>劳动力计划：专职安全生产管理人员、特种作业人员</u>等。 　　（七）计算书及相关图纸	危大工程专项施工方案的主要内容应当包括： 　　（一）工程概况：危大工程概况和<u>特点</u>、施工平面布置、施工要求和技术保证条件； 　　（二）编制依据：相关法律、法规、规范性文件、标准、规范及<u>施工图设计文件</u>、施工组织设计等； 　　（三）施工计划：包括施工进度计划、材料与设备计划； 　　（四）施工工艺技术：技术参数、工艺流程、施工方法、操作要求、<u>检查要求</u>等； 　　（五）施工安全保证措施：<u>组织保障措施、技术措施、监测监控措施</u>等； 　　（六）<u>施工管理及作业人员配备和分工：施工管理人员、专职安全生产管理人员、特种作业人员、其他作业人员</u>等； 　　（七）<u>验收要求：验收标准、验收程序、验收内容、验收人员</u>等； 　　（八）<u>应急处置措施</u>； 　　（九）计算书及相关施工图纸	以前的文件规定专项施工方案为 7 个章节，新的文件规定为 9 个章节，将验收要求、应急处置措施单列章节，并对各章节的具体内容做了适当调整

361

续表

项目	建质〔2009〕87 号	住房城乡建设部令第 37 号、建办质〔2018〕31 号	内容变化
专项方案审批	第八条 专项方案应当由施工单位技术部门组织本单位施工技术、安全、质量等部门的专业技术人员进行审核。经审核合格的，由施工单位技术负责人签字。实行施工总承包的，专项方案应当由总承包单位技术负责人及相关专业承包单位技术负责人签字。 不需专家论证的专项方案，经施工单位审核合格后报监理单位，由项目总监理工程师审核签字	第十一条 专项施工方案应当由施工单位技术负责人审核签字、加盖单位公章，并由总监理工程师审查签字、加盖执业印章后方可实施。 危大工程实行分包并由分包单位编制专项施工方案的，专项施工方案应当由总承包单位技术负责人及分包单位技术负责人共同审核签字并加盖单位公章	在方案审批、签字方面，新的文件相比以前的文件做了局部调整，强调加盖公章和执业印章
专家论证会参会人员	第九条 超过一定规模的危险性较大的分部分项工程专项方案应当由施工单位组织召开专家论证会。实行施工总承包的，由施工总承包单位组织召开专家论证会。 下列人员应当参加专家论证会： （一）专家组成员； （二）建设单位项目负责人或技术负责人； （三）监理单位项目总监理工程师及相关人员； （四）施工单位分管安全的负责人、技术负责人、项目负责人、项目技术负责人、专项方案编制人员、项目专职安全生产管理人员； （五）勘察、设计单位项目技术负责人及相关人员	三、关于专家论证会参会人员 超过一定规模的危大工程专项施工方案专家论证会的参会人员应当包括： （一）专家； （二）建设单位项目负责人； （三）有关勘察、设计单位项目技术负责人及相关人员； （四）总承包单位和分包单位技术负责人或授权委派的专业技术人员、项目负责人、项目技术负责人、专项施工方案编制人员、项目专职安全生产管理人员及相关人员； （五）监理单位项目总监理工程师及专业监理工程师	在参会人员的组成方面，新的文件相比以前的文件做了局部调整，允许授权人员参会

续表

项目	建质〔2009〕87 号	住房城乡建设部令第 37 号、建办质〔2018〕31 号	内容变化
专家条件	第二十一条　专家库的专家应当具备以下基本条件： （一）诚实守信、作风正派、学术严谨； （二）从事专业工作 15 年以上或具有丰富的专业经验； （三）具有高级专业技术职称	八、关于专家条件 设区的市级以上地方人民政府住房城乡建设主管部门建立的专家库专家应当具备以下基本条件： （一）诚实守信、作风正派、学术严谨； （二）从事相关专业工作 15 年以上或具有丰富的专业经验； （三）具有高级专业技术职称	新的文件强调设置专家库的行政级别为"设区的市级以上地方人民政府住房城乡建设主管部门"
专家库管理	第二十条　各地住房城乡建设主管部门应当按专业类别建立专家库。专家库的专业类别及专家数量应根据本地实际情况设置。 专家名单应当予以公示。 第二十二条　各地住房城乡建设主管部门应当根据本地区实际情况，制定专家资格审查办法和管理制度并建立专家诚信档案，及时更新专家库	第二十五条　设区的市级以上地方人民政府住房城乡建设主管部门应当建立专家库，制定专家库管理制度，建立专家诚信档案，并向社会公布，接受社会监督。 九、关于专家库管理 设区的市级以上地方人民政府住房城乡建设主管部门应当加强对专家库专家的管理，定期向社会公布专家业绩，对于专家不认真履行论证职责、工作失职等行为，计入不良信用记录，情节严重的，取消专家资格	新的文件对专家库的管理规定做了调整，明确了设置专家库的行政级别为"设区的市级以上地方人民政府住房城乡建设主管部门"，并强调了对专家的信用管理
专家论证内容	第十一条　专家论证的主要内容： （一）专项方案内容是否完整、可行； （二）专项方案计算书和验算依据是否符合有关标准规范； （三）安全施工的基本条件是否满足现场实际情况。 专项方案经论证后，专家组应当提交论证报告，对论证的内容提出明确的意见，并在论证报告上签字。该报告作为专项方案修改完善的指导意见	四、关于专家论证内容 对于超过一定规模的危大工程专项施工方案，专家论证的主要内容应当包括： （一）专项施工方案内容是否完整、可行； （二）专项施工方案计算书和验算依据、施工图是否符合有关标准规范； （三）专项施工方案是否满足现场实际情况，并能够确保施工安全	新的文件对专家论证的内容规定有微调，但调整不大，将以前文件中规定的论证报告相关规定调整后放至新的文件的第十三条中

项目	建质〔2009〕87 号	住房城乡建设部令第 37 号、建办质〔2018〕31 号	内容变化
专项施工方案修改	第十二条　施工单位应当根据论证报告修改完善专项方案，并经施工单位技术负责人、项目总监理工程师、建设单位项目负责人签字后，方可组织实施。 实行施工总承包的，应当由施工总承包单位、相关专业承包单位技术负责人签字。 第十三条　专项方案经论证后需做重大修改的，施工单位应当按照论证报告修改，并重新组织专家进行论证	第十三条　专家论证会后，应当形成论证报告，对专项施工方案提出通过、修改后通过或者不通过的一致意见。专家对论证报告负责并签字确认。 专项施工方案经论证需修改后通过的，施工单位应当根据论证报告修改完善后，重新履行本规定第十一条的程序。 专项施工方案经论证不通过的，施工单位修改后应当按照本规定的要求重新组织专家论证	以前的文件未强调"专家对论证报告负责"，也未规定论证意见的结论划分，新的文件明确规定专家对论证报告负责，且明确规定了论证意见的三种结论"通过、修改后通过或者不通过"。 在方案论证后修改方面，以前的文件规定论证后必须修改，新的文件调整为：结论为修改后通过的才需修改。 在重新组织专家论证的条件方面，以前的文件规定的是"需做重大修改的"，新的文件调整为"经论证不通过的"
危大工程验收	第十七条　对于按规定需要验收的危险性较大的分部分项工程，施工单位、监理单位应当组织有关人员进行验收。验收合格的，经施工单位项目技术负责人及项目总监理工程师签字后，方可进入下一道工序	第二十一条　对于按照规定需要验收的危大工程，施工单位、监理单位应当组织相关人员进行验收。验收合格的，经施工单位项目技术负责人及总监理工程师签字确认后，方可进入下一道工序。 危大工程验收合格后，施工单位应当在施工现场明显位置设置验收标识牌，公示验收时间及责任人员 七、关于验收人员 危大工程验收人员应当包括： （一）总承包单位和分包单位技术负责人或授权委派的专业技术人员、项目负责人、项目技术负责人、专项施工方案编制人员、项目专职安全生产管理人员及相关人员； （二）监理单位项目总监理工程师及专业监理工程师； （三）有关勘察、设计和监测单位项目技术负责人	新的文件强化了危大工程的验收管理，建办质〔2018〕31 号文件中专门增加了危大工程验收人员的组成，并增加了验收后挂牌的规定